北京理工大学“双一流”建设精品出版工程

Design and Manufacture of Military Microsystems

军用微系统设计与制造

冯 跃 娄文忠 韩炎晖◎编著

北京理工大学出版社
BEIJING INSTITUTE OF TECHNOLOGY PRESS

内容简介

本书按照高等学校兵器科学与技术专业的教学要求编写，强调微系统（MEMS）技术与武器系统的紧密结合，在阐述微系统技术的基础物理理论、典型微纳器件、加工制备工艺和未来发展趋势的基础上，重点介绍微系统技术在军事国防领域的应用。全书共7章，主要内容包括：微系统技术基础、典型微系统原理、典型微传感器技术、典型微执行器技术、典型微能源技术、微系统加工技术、智能MEMS弹药引信技术等。

本书既注重基本原理和必要的理论分析，又力求反映最新的科技成果，同时也突出军事上的实用性。本书是针对高等工科院校兵器科学与技术专业本科生和研究生的专业科技课程而编著的，同时也可以作为其他相关专业学生的辅助教材。

图书在版编目（CIP）数据

军用微系统设计与制造/冯跃，娄文忠，韩炎晖编著．—北京：北京理工大学出版社，2021.1

ISBN 978-7-5682-9331-0

Ⅰ.①军…　Ⅱ.①冯…②娄…③韩…　Ⅲ.①武器系统　Ⅳ.①E92

中国版本图书馆CIP数据核字（2020）第252273号

出版发行／北京理工大学出版社有限责任公司
社　　址／北京市海淀区中关村南大街5号
邮　　编／100081
电　　话／（010）68914775（总编室）
　　　　　（010）82562903（教材售后服务热线）
　　　　　（010）68948351（其他图书服务热线）
网　　址／http：//www.bitpress.com.cn
经　　销／全国各地新华书店
印　　刷／三河市华骏印务包装有限公司
开　　本／787毫米×1092毫米　1/16
印　　张／18.25　　责任编辑／张海丽
字　　数／428千字　　文案编辑／张海丽
版　　次／2021年1月第1版　2021年1月第1次印刷　　责任校对／周瑞红
定　　价／78.00元　　责任印制／李志强

PREFACE 前言

微系统（MEMS）技术可以被称作人类制造技术的一次革命，它将对未来战争产生非常巨大的影响。微系统技术可减轻武器系统的重量、缩小体积，可增加作战有效载荷、提高命中精度，使战斗力倍增。两次海湾战争中，以美国为首的多国部队均能打败人数占优的伊拉克军队，所凭借的正是由微系统器件所组成的先进武器，如智能弹药、微型高速计算机、微型军事卫星、战场无线传感器网络与微型飞行器等。微系统器件是各种武器和军事手段的心脏、耳目和神经中枢。因此，未来战争必然是微型、智能战争，拥有更先进、更成熟的 MEMS 技术的一方将在战争中获得更大的优势。

作为 MEMS 技术最早应用的领域之一，军事国防对推动微系统技术的进步和发展起到了至关重要的作用。本书以 MEMS 微系统在军事国防领域的应用为重点，结合新兴前沿军事科技，对广义微传感系统的相关技术进行了全面系统的介绍，包括微传感器技术、微执行器技术、微能源技术、微系统加工技术和智能 MEMS 弹药引信技术等。本书以微系统相关技术为主，结合代表性军事应用案例进行编写，共分为 7 章。

第 1 章概述微系统技术，主要介绍 MEMS 微系统的基本概念、特点、军事需求以及结合前沿科技的发展趋势。

第 2 章介绍典型微系统原理，主要介绍常见的压阻效应、压电效应、静电效应等。

第 3 章典型微传感器技术，主要介绍常用的压力、加速度、温度、生化微传感器件和陀螺仪的原理、结构及典型军用案例。

第 4 章典型微执行器技术，主要介绍常用的静电、压电、热微执行器件的原理、结构及典型军用案例。

第 5 章典型微能源技术，主要介绍常用的化学电源、物理电源、超级电容微能源器件的原理、结构及典型军用案例。

第 6 章微系统加工技术，主要介绍典型的硅基、非硅基的 MEMS 制造工艺、微加工键合技术以及 3D 打印技术。

第 7 章智能 MEMS 弹药引信技术，主要介绍 MEMS 技术在现代引信中的应用与发展趋势。

本书第 1 章至第 5 章由冯跃副教授编写，第 6 章由北京东方计量测试研究所韩炎晖工程师编写，第7章由娄文忠教授编写。本书是集体劳动的产物，在此衷心感谢为本书编写、插图和资料整理做了大量工作的研究生，他们分别是博士生周子隆、王运来和周小军，硕士生唐绪松、钟科航、饶泽泓、卢庆和王文龙。本书在编写过程中参阅了国内外同行的参考书、期刊文献，在此向原著者谨致谢意！

由于编者水平、知识背景、研究方向限制，书中不足之处，恳请各位读者、专家不吝指正。

编著者

2020年春于北京理工大学

目 录
CONTENTS

第 1 章
微系统技术基础

在过去 20 年中，针对微米和亚微米尺度系统研究展现了爆炸式的增长，技术进步的速度也远远超过了人们对所涉及物理学的理解。以硅基和非硅基加工工艺为代表的一大批新型的加工技术在世界范围内得到了应用和推广，特征尺寸小于 100 μm 的器件和系统先后问世，微系统技术也从实验室研究走向成果落地转化，并广泛应用于航空航天、武器装备、战场医疗等领域。本章主要介绍微系统技术基础，包括微系统定义和内涵、微系统发展和微系统在军事国防中的应用，帮助读者建立对微系统技术和军用微系统的基本认知。

1.1　微系统的定义和内涵

1.1.1　微系统的定义

微系统（microsystem）也称微机电系统（microelectromechanical systems，MEMS）或微电子机械系统。一般可定义为通过微米加工技术（micromachining 或 microfabrication）和集成电路（integrated circuits，IC）制造技术，集成微传感器、微执行器、微驱动控制电路、微接口电路、微通信电路、微电源器等为一体的微型系统[1]。图 1－1 为典型的微系统组成示意图，微传感器将外界信息（声、光、热、力等）转换成电信号并传递给微信号控制处理电路，经过信号转换（包括数/模转换）、处理、分析、决策后，将指令传递给微执行器，微执行器根据指令对外界发生响应、操作、显示或通信等作用。微传感器可以将物理量转化为电学信号，微控制电路可以进行信号转换、放大、计算等处理，微执行器则根据指令自动完成人们所需要的操作，上述过程消耗的电能由微能源器提供，这样就形成具有感知、决策、通信和反应控制能力的智能集成微系统。

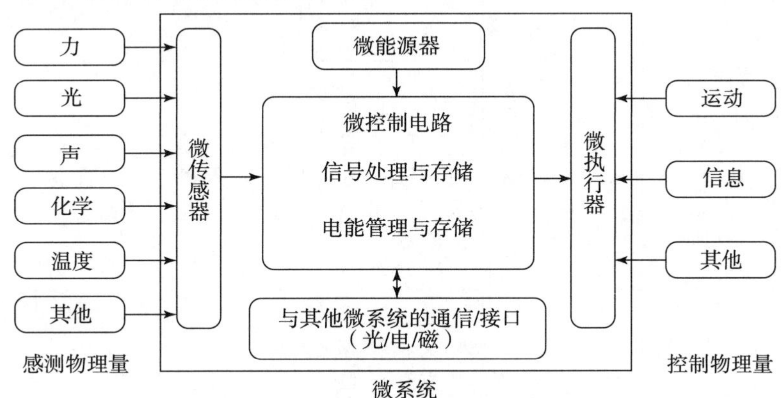

图 1－1　典型的微系统组成示意图

微系统的概念通常指上述较为全面的功能集成体，但由于制造能力、集成封装技术等的限制，目前多数微系统只包含微机械结构（microstructures）、微传感器（microsensors）、微执行器（microactuators）、微电子器件（microelectronic devices）中的一种或几种，以及部分控制处理电路。这种情况下通常用 MEMS 这一名词来代替微系统，目前 MEMS 已被世界各国广泛接受，根据不同的场合，可以指微系统的产品，也可以指设计这种产品的方法学和制造技术手段。

MEMS 是将微电子技术与机械工程融合到一起的一种工业技术，它的操作范围在微米级。与微机电系统概念相似，但操作尺度更小，在纳米范围的技术被称为纳机电系统（nanoelectromechanical systems，NEMS）。微机电系统在日本被称作微机械（micromachines），在欧洲被称作微系统技术（microsystems technology，MST）。

当前的 MEMS 器件包括用于安全气囊传感器、喷墨打印机头、计算机磁盘执行器读/写头、投影显示芯片、血压传感器、光学开关、微型阀、生物传感器和许多其他产品的加速度传感器，这些产品均已大量商业化制造。MEMS 被认为是 21 世纪最有前途的技术之一，它具有将硅基微电子技术与微加工技术相结合的潜力，从而彻底改变工业和消费类产品。它的技术和基于微系统的设备有可能极大地影响我们所有的生产和生活方式。如果说半导体微制造是第一次微制造革命，那么 MEMS 则是第二次革命。

1.1.2 微系统的功能及意义

微系统融合机、电、光、磁、生、化等多个领域，具有微型化、集成化、智能化、成本低、性能高、可批量生产等优点，已经被广泛应用于生物医疗、能源环境、汽车电子、消费电子、无线通信、军事国防、航空航天等领域，并将继续对人类的科学技术、工业生产、能源化工、军事国防等领域产生深远影响。表 1－1 为 MEMS 应用举例[2]。

表 1－1 MEMS 应用举例

行业	消费电子	医疗	通信	航空航天	汽车	国防
MEMS 惯性传感器（加速度传感器、陀螺仪等）	计步器、游戏控制、摄像机图像稳定、硬盘保护、地震测量	运动跟踪、起搏器		惯性导航、稳定平台、姿态控制、状态监控	安全气囊、车辆动态控制、导航系统、主动制导悬架、滚动检测	导弹制导、稳定平台、引信安全与解除保险机构
MEMS 光学器件	数字微镜器件投影仪、栅状光阀成像系统、微显示器、自动对焦镜头	显微光谱仪、自动聚焦镜片	光纤通信、可变光衰减器、光开关、可调滤波器	激光测距、太阳敏感器	激光测距、图像传感器	激光雷达、激光测距
MEMS 射频器件	声波滤波器		波段切换开关、旁路开关、可调滤波器			相控阵雷达的可变波束天线、移相器

续表

行业	消费电子	医疗	通信	航空航天	汽车	国防
MEMS 微流体器件	喷墨头、芯片冷却系统	芯片实验室、呼吸器、药物泵、微型针				
MEMS 压力传感器件	登山高度计、潜水器	血压测量、肾透析		飞行控制系统、机舱气压控制、液压系统	轮胎气压监测、油压监测	引信安全与解除保险机构、监测弹底压力、战机舱门、氧气罩的结构监控
MEMS 流量传感器件		药物流量监测		发动机进气口、机舱空气质量监测	喷油量控制	

2000 年以来，MEMS 进入高速发展期。全球 MEMS 产品的销售额从 2008 年的 55 亿美元迅速增长到 2017 年的 118 亿美元。根据市场研究机构 Yole Development 的预估，受智能汽车、5G、虚拟现实/增强现实、人工智能/机器学习等市场需求推动，到 2023 年全球 MEMS 销售额或将攀升至 310 亿美元。2016 年 12 月，中国工程院院士、清华大学副校长、教育部科技委国防学部主任尤政院士做了题为“中国制造与传感器技术”的报告，报告中明确指出传感器与中国制造发展紧密相关，而 MEMS 传感器作为新材料、新工艺传感器的革命性进步，必将推动整个传感器行业的发展。最后，尤院士建议将“核心传感器技术”上升为国家“制造强国”“工业强基”战略。

军事领域作为 MEMS 技术最早应用的领域之一，对推动 MEMS 的进步和发展起到了至关重要的作用。早在 1992 年，美国国防高级研究计划局（Defense Advanced Research Projects Agency，DARPA）就成立了微系统技术办公室（Microsystems Technology Office，MTO），负责对微处理器、MEMS 和光电元器件等微电子产品进行预先战略投资。DARPA 把 MEMS 技术确认为美国急需发展的新兴技术，在过去的几十年里大力推动电子材料、器件和系统技术革命性进步，资助了大量 MEMS 项目，大力发展小型惯性测量系统、微分析系统、射频传感系统、网络传感系统、战场无人值守传感系统等项目，并应用于单兵携带、战场实时监测、毒气以及细菌检测、弹药安全与解除保险、弹道修正、子母弹开舱控制、超低功率无线通信信号处理、高密度低功耗的数据存储器件、敌我识别系统等方面，为美国提供了强大的国防技术和经济优势。MEMS 的应用能使武器平台更灵敏、更准确、更具杀伤力，是未来军用武器装备中的支撑技术和关键技术。在军事领域中迅速推广应用 MEMS 将是保持军队技术优势、维护国家安全的重要战略。

1.1.3　微系统的特点

MEMS 的最大特点是微型化，典型 MEMS 器件的长度尺寸在 1 μm ~ 1 cm[3]。图 1 - 2

(a) 展示了美国桑迪亚国家实验室 (Sandia National Laboratories, SNL) 于 2002 年 1 月发布的一组 MEMS 齿轮和链条。该 MEMS 齿链机构的运动模式和功能与传统宏观齿轮和链条一样，但链条的链节长约 50 μm，比人类头发还细。常见的 MEMS 器件的特征尺寸一般在毫米量级，甚至更小。如美国亚德诺半导体技术有限公司 (Analog Devices Inc., ADI) 制造的 MEMS 加速度传感器 ADXL335 可以在 4 mm×4 mm×1.45 mm 尺寸内实现三轴 ±3g 加速度测量 [图 1-2 (b)]。小尺寸可以为 MEMS 器件带来高谐振频率、高灵敏度、低热噪声等特点。同时，小型化也意味着有效空间的增加、经济收益的提高、功耗的大幅降低，这为空间装备、弹药引信、移动终端等高集成度系统带来巨大的发展潜力。在不久的将来，MEMS 机器人甚至可以进入血管、细胞等人体狭小空间内执行如清除血栓、靶向给药等复杂操作。

(a) (b)

图 1-2 MEMS 器件

(a) MEMS 齿链机构；(b) MEMS 加速度传感器

MEMS 另一大特点是智能化和高度集成化。一个 MEMS 可以集合不同功能的微传感器、微处理器、微执行器和微能源器，可以独立与外界进行能量与信息的交换和控制，从而对多能量领域（声、光、电、热、磁、机械、化学等）进行测量与控制，实现智能化系统。例如，美国加州大学伯克利分校 (University of California Berkeley, UCB) 的工程师们在 2016 年开发的体积为 1 mm^3 的可植入人体无线传感器。它利用超声波充电，并可以电刺激神经和肌肉，以"电治疗"癫痫病或刺激免疫系统或抑制炎症。此外，美国已经开展对 MEMS 卫星的相关研究。通过堆叠覆盖有 MEMS 和电气组件的晶圆来构造卫星，将气相分析仪、环形激光光纤陀螺、图像传感器、微波接收/发射机、电动机、执行器等器件集成在一块芯片上构成芯片级卫星，利用 MEMS 卫星的低发射成本、高抗辐射和抗振动能力的优势，在低地轨道 (low earth orbit, LEO) 上布置数百个 1 kg 级卫星以获得预期数据。

由于多功能与高度集成化带来的多尺度、多效应叠加，多物理场、多能量场耦合，MEMS 必然是典型的多学科交叉的前沿性研究领域。其中涉及自然科学及工程技术的绝大多数领域，如电子工程、机械工程、物理科学、化学科学、生物医学、材料科学、能源科学等。因此，这种学科交叉所诞生的创新性使 MEMS 不仅广泛应用于为汽车工业、航空航天、航海、军事武器等传统领域注入新的活力，也为智能系统、消费电子、可穿戴设备、智能家居、合成生物学、微流控、无线通信等新兴领域开拓了广阔的应用空间。

此外，MEMS能迅速发展还在于其低廉的成本和易于批量化生产等特点。MEMS制造工艺起源于IC制造工艺，大量使用IC制造工艺方法，因此可以像集成电路产品一样大批量并行制造，且力求与IC技术集成或兼容，易于实现阵列结构和冗余结构。但是，由于MEMS三维结构多样性和功能复杂性的特点，其制造过程引入了许多新的微加工方法，如深反应离子蚀刻和键合技术，使MEMS元器件的制造与IC元器件的制造差距增大。因此，MEMS产品的生产线工艺研发成本较高。

尺寸的缩小赋予了MEMS很多卓越的性能，但也带来了其他问题。在MEMS尺度范畴内，经典宏观物理定律仍然适用，但是在多物理场耦合、元器件的比表面积（表面积与体积之比）急剧增加的影响下，在宏观状态如范德华力和静电力等可以忽略的作用因素一跃成为影响微系统功能的主要因素。因此，MEMS并不是宏观系统简单地等比例缩小，而是包含了新的机理和新的功能。例如，在宏观情况下惯性力控制流体处于湍流，而在微观情况下黏性力控制流体处于层流，这给微流体的混合带来极大的困难；而MEMS静电马达的工作原理、结构设计、控制方式都与传统电磁式马达迥异，温度的影响十分显著。

1.2 国防需求推动微系统发展

1.2.1 微系统的发展历程

MEMS是在20世纪50年代伴随着半导体技术的发展而出现的[4]。以1954年贝尔实验室（Bell Labs）的Smith研究员发现半导体硅和锗的压阻效应为起点，经过20多年的萌芽状态（20世纪60年代中期到80年代），在20世纪90年代进入飞速发展时期，到现在形成了一个强大、有活力、可持续发展的MEMS产学研用体系。

1959年，著名物理学家Richard Feynman在一年一度的美国物理协会的会议上发表了题为*There's Plenty of Room at the Bottom*：*An Invitation to Enter a New Field of Physics*的划时代演讲。演讲提出了微型计算机、微型机器的设想，并预言了机理研究和加工工艺会遇到的难题。这个演讲不仅为今后MEMS的研究指明了方向，还吸引了许多优秀人才加入MEMS研究中，对MEMS的发展产生了巨大影响。

在萌芽时期，MEMS的主要研究方向是利用硅各向异性蚀刻技术在平面硅衬底上加工出三维结构以及各种硅微型传感器。例如，在20世纪70年代，国际商业机器公司（International Business Machines Corporation，IBM）开发了隔膜型（diaphragm－type）微型压力传感器，利用硅微加工技术得到嵌有压阻传感器的薄隔膜［图1－3（a）］。当隔膜上下存在压力差时，隔膜会产生机械应力，用压阻传感器检测这种应力就可以计算出压力差。图1－3（b）则展示的是1979年惠·普公司（Hewlett－Packard Company，HP）发明的基于硅微加工技术的热喷墨打印机喷嘴。该打印机墨盒由一系列微小的喷嘴组成，每个喷嘴的腔室内均包含一个加热器。在热喷墨过程中，电流脉冲通过加热元件，使腔室内的墨水迅速汽化并形成气泡，从而将一小滴墨水推到纸张上，并且油墨的表面张力以及气泡的凝结和收缩，使得墨盒中墨水被带入腔室。尽管这个时期MEMS的主要产品只有压力传感器和打印机喷头，但多种MEMS元器件的原型如光学MEMS和微流体MEMS已经开始出现。

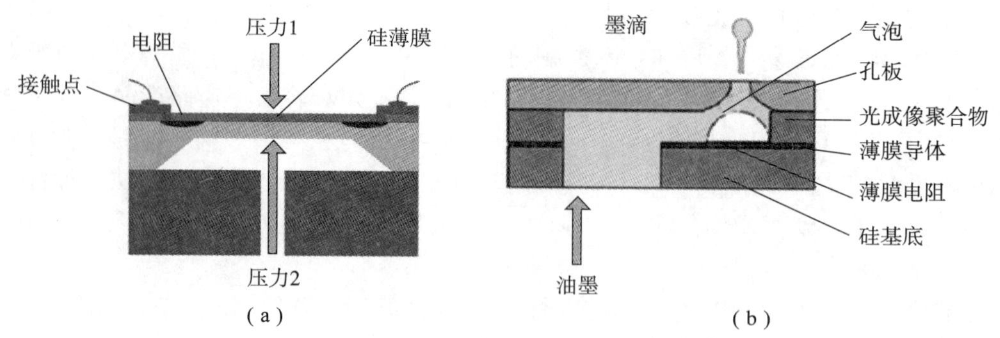

图 1－3　MEMS 压力传感器和打印机喷嘴

(a) MEMS 压力传感器；(b) MEMS 打印机喷嘴

20 世纪 80 年代，MEMS 隐隐有崛起的势头。美国犹他大学（The University of Utah，U of U）工程设计中心在 1986 年提交给 DARPA 的提案中首先引入“微机电系统”一词。在这个时期，MEMS 快速发展，世界各国相继开始着手研究 MEMS，基础理论与设计方法的研究不断深入、制造技术不断涌现与完善、新的器件不断开发、应用领域不断扩展。1982 年，IBM 的 Petersen 研究员发表了有关硅力学性能和蚀刻数据的重要论文 *Silicon as a Mechanical Material*，使硅成为搭建 MEMS 最常使用的材料。1986 年，美国麻省理工学院（Massachusetts Institute of Technology，MIT）的 Howe 教授等人完善了硅微加工牺牲层技术，从而制作出复杂的 MEMS 传感器（桥式共振蒸汽传感器），揭开了使用牺牲层进行硅表面微加工的序幕。1989 年，UCB 的 Muller 教授团队首次研究出基于硅表面微加工的静电马达（图 1－4）。该静电马达的转子直径为 60 μm，厚度为 1 μm，在 350 V 三相交流电的驱动下，最高转速可达 500 r/min。在 20 世纪 80 年代后期，国内清华大学、北京大学、复旦大学、南京工学院（现东南大学）、中国科学院上海冶金研究所（现中国科学院上海微系统与信息技术研究所）和中国科学院电子学研究所也相继开展 MEMS 的研究。

图 1－4　MEMS 静电马达

进入 20 世纪 90 年代，全球 MEMS 研究进入一个突飞猛进、日新月异的高速发展时期。世界各国投入大量研究资金，与 MEMS 相关的原理、材料、设计、仿真、加工、集成的研究更加深入，同时 MEMS 开始大量应用于航空航天、航海、国防、汽车、医疗、通信等领域。例如，ADI 推出的 ADXL 系列单轴、双轴、三轴加速度传感器广泛应用于汽车电子行业。如图 1－5 所示，该 MEMS 加速度传感器的敏感单元是由 4 根悬臂梁支撑的、单自由度质量块。叉指形可动电极固定在质量块上，与固定电极形成并行电容器。当在测量方向存在加速度时，质量块因为惯性力产生相对位移，从而改变总电容值，并由信号处理电路读出。该系列加速度传感器通过测量极端情况下的减速加速度（如碰撞），从而控制安全气囊的展开。

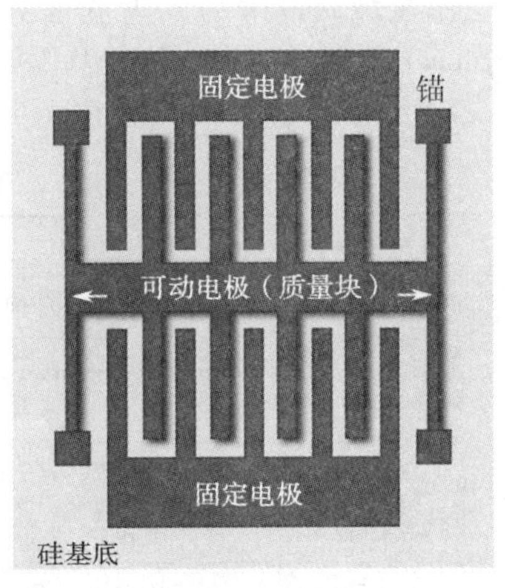

图 1－5　MEMS 单轴加速度传感器

20 世纪 90 年代，许多研究人员开始探索微流体技术，并试图使诸如聚合酶链式反应（polymerase chain reaction，PCR）之类的生化操作小型化。将样品搜集与最终分析所需的步骤整合到同一芯片上，展示了芯片实验室（lab－on－a－chip，或称微全分析系统，micro total analysis system，μTAS）技术在生化和微流体应用中的真正潜力。20 世纪 90 年代中期，光学 MEMS 器件开始出现，其中的代表是由德州仪器公司（Texas Instruments，TI）开发的数字光学处理（digital light processing，DLP）技术。如图 1－6 所示，它含有 10 万多个可独立寻址的、由微镜（micromirror）组成的数字微镜器件（digital micromirror device，DMD），每个微镜的面积为 12. 68 μm × 12. 68 μm，通过静电吸附使倾斜角度为 ±12°。当光源照在微镜阵列时，处在合适角度的微镜就可以将光反射到屏幕上照亮一个像素单元。

图 1－6　MEMS 数字微镜结构示意

进入 21 世纪，MEMS 在纳米器件、生物医疗、能源、游戏、数据存储等研究领域不断扩展[5]，并且，MEMS 逐渐从单一功能器件向多功能集成化发展。同时，智能手机、平板电脑、掌上游戏设备、可穿戴设备等消费电子产品的发展极大地促进了压力传感器、惯性传感器和微型麦克风等 MEMS 器件的应用，进一步推动了 MEMS 的发展，形成了强大且可持续发展的 MEMS 产学研用体系。经历了从无到有的过程后，在 21 世纪，国内 MEMS 也有了长足的发展。从早年的全部依赖进口，到现在已有一批中试线、生产线、代工线和产业公司。虽然国内 MEMS 产业在设备、设计、工艺、封装方面与世界顶尖水平相差较大，但经过多年的发展，国内 MEMS 行业已处于曙光阶段。相信随着国内科技的进步和需求的增加，未来中国 MEMS 行业一定会欣欣向荣。

纵观 MEMS 60 多年的发展历史，我们不难摸清其中的发展脉络：基础研究的进步推动着制造技术的发展；制造技术的发展促进了新的高性能器件诞生；新的高性能器件拓宽了新的应用领域，带来的巨大利润又促使国家或企业加大对基础研究和制造技术的投入。Feynman 在60多年前的那场高瞻远瞩的演讲，帮助人们推开了迈入微观世界的大门，奠定了 MEMS 的发展。MEMS 发展大事记见表 1-2。

表 1-2 MEMS 发展大事记

时间		事件
20 世纪 50 年代	1954 年	Smith 研究员发现硅的压阻效应
	1959 年	Richard Feynman 发表题为 *There's Plenty of Room at the Bottom*：*An Invitation to Enter a New Field of Physics* 的著名演讲
20 世纪 60 年代	1961 年	第一款硅压力传感器问世
	1967 年	表面微机械加工技术被发明；西屋公司（WH）制造了谐振门场效应晶体管
20 世纪 70 年代	1970 年	第一款硅加速度传感器问世
	1979 年	第一款微加工喷墨喷嘴问世
20 世纪 80 年代	1980 年	首次实现了硅基表面微加工工艺
	1982 年	光刻工艺应用于 MEMS
	1982 年	Petersen 研究员发表重要论文 *Silicon as a Mechanical Material* 吸引科学界使用硅作为 MEMS 的基本材料
	1987 年	第一次 MEMS 会议在盐湖城召开
20 世纪 90 年代	1992 年	MTO 成立；北卡罗来纳微电子中心在 DARPA 的赞助下开始研究多用户 MEMS 工艺
	1992 年	第一款微机械铰链结构问世
	1993 年	ADI 售出了第一款表面微机械单轴加速度传感器 ADXL50
	1994 年	深反应离子蚀刻获得专利
21 世纪	2001 年	三轴加速度传感器开始投放市场
	2003 年	MEMS 麦克风开始广泛应用
	2004 年	TI 的 DLP 芯片销售额增长至近 9 亿美元
	2005 年	ADI 公司交付了第 2 亿个 MEMS 惯性传感器
	2006 年	双轴 MEMS 陀螺仪上市
	2006 年	Perpetuum 公司推出第一款商业化 MEMS 振动能量采集器

1.2.2 航天领域微系统需求

MEMS 技术首先应用在航天技术领域，因为航天技术对器件功能密度比的要求非常高[6,7]。目前将卫星放入 LEO 的成本约为 5 000 美元/kg，在更廉价的燃料和可重复使用火箭正式使用之前，采用 MEMS 技术是唯一降低成本的方式。因此也可以说，MEMS 技术的另一大需求来自航天领域。MEMS 技术在航天领域应用有如下优势：极小的质量和体积，可以获得低发射质量；低功耗，大部分器件处于电静态；小的热常数，可用较低功率来维持温度；抗振动、抗冲击和抗辐射：机械结构，如开关，可以抗辐射加固；低惯性质量使 MEMS 可抗振动/冲击；高集成度，在一个芯片上集成了多种功能，大大简化了系统的结构；低成本，可以大批量生产。

目前 MEMS 在航天领域的应用主要可以分为三类：应用于传统卫星的元器件，作为其系统的一部分；基于 MEMS 的新型或改进器件；纳型（nano）和皮型（pico）卫星系统。图 1－7 为航天器中的主要系统和子系统，包括结构、热控制、通信、指令和数据处理、电能配置与存储以及有效负载。

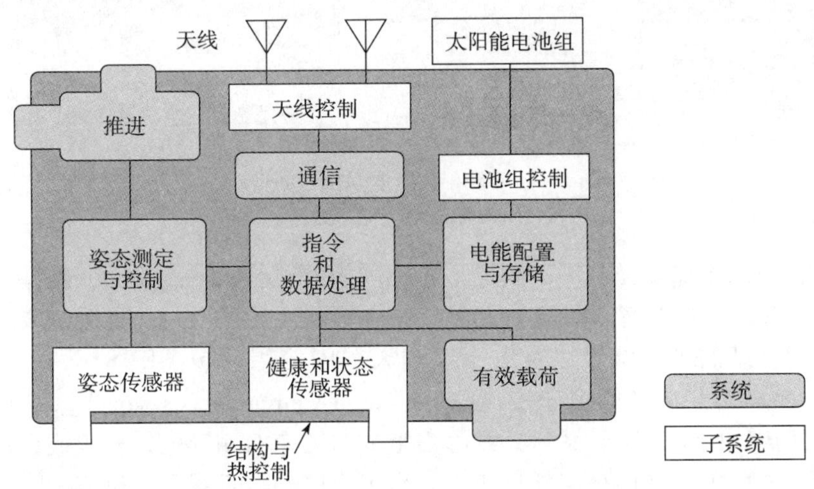

图 1－7　航天器中的主要系统和子系统

航空航天器需要具有高强度重量比的结构。尽管 MEMS 不能直接影响材料强度（取决于材料属性和物理几何形状），但它可用于修改几何形状并在结构内提供分布式传感功能。MEMS 为结构提供了分布式传感和驱动功能，可以实现智能材料、多功能结构和有源结构。例如，施乐帕洛阿尔托研究中心（PARC）的 Berlin 研究员主动控制受压钢/压电陶瓷柱，以改变其强度、形状和刚度，使其承压能力提高了 5.6 倍。

MEMS 技术使毫米到厘米规模的推进系统成为可能。目前，MEMS 阀、泵、流量监控器和温度传感器已经被研究人员成功研制，但 MEMS 推进器还不成熟。对于 MEMS 推进器的开发正在世界各地的许多大学和国家实验室中进行，如 UCB、霍尼韦尔国际公司（Honeywell International）、法国国家空间局（Centre National d'Études Spatiales，CNES）、瑞典乌普萨拉大学（Uppsala University）、清华大学和西北工业大学等。图 1－8 为清华大学研制的 MEMS 固体微推进器阵列，这些毫米级推进器的单次冲量范围为 0.1～5.0 mN/s。由于点火器的尺寸较小，并且在这些规模下热量散失相对较快，因此，使用了诸如爆炸硬脂酸铅、甘油叠氮化物聚合物和高氯酸锆钾等炸药来代替标准火箭推进剂。而液体双推进剂（分离的燃料和氧化剂）推进器可以提高排气速度，具有更高的比冲量，利用目前的 MEMS 技术可以制造出毫米级的双推进系统，包括推力室、喷嘴、推进剂管道和涡轮泵。MIT 和英国国防评估和研究局（Defence Evaluation and Research Agency，DERA）共同开发的基于 MEMS 的微型飞行器推进器长 13 mm、直径 5 mm，使用过氧化氢和煤油产生 63 mN 的推力。

MEMS 微加工技术可以改进航空航天器中使用的微波和毫米波组件及系统的性能。早期工艺是通过对平面线圈进行底切，从而在标准微/纳电子工艺中制造低损耗、高品质因数的

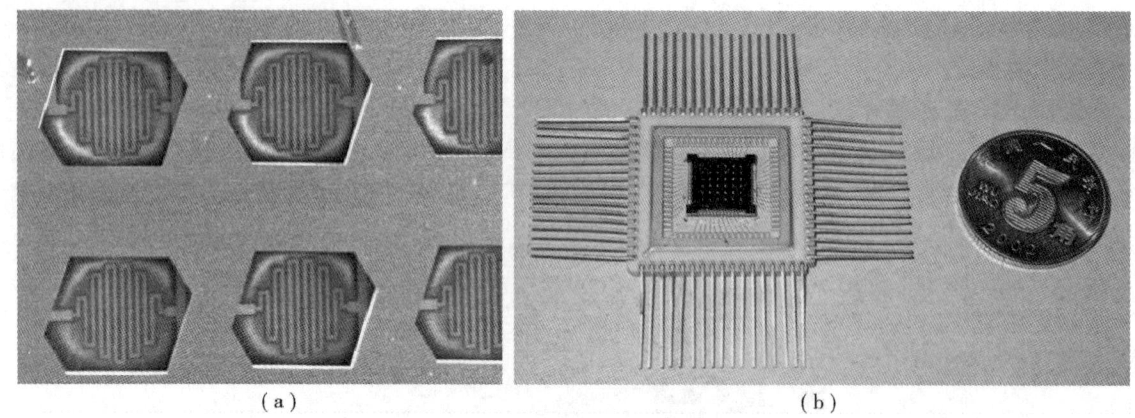

(a)　　(b)

图 1-8　MEMS 固体微推进器阵列

(a) 电镜图；(b) 封装

电感器。现在，表面微加工已被用于制造平行于基板的磁轴的三维线圈。这些方法可以实现更高水平的芯片集成、减少零件数量，并最终减少通信系统的质量。更为重要的应用是在航天器、飞机和地面站的可重配置以及电子控制天线中使用射频 MEMS 开关。图 1-9 为在 DARPA 资助下由加州大学洛杉矶分校（University of California Los Angeles，UCLA）开发的可配置孔径贴片天线的示意图。贴片天线由扁平或略微弯曲的导电结构组成，被支撑在共面导电接地层的上方，由于结构高度低且简单，易于集成到航天器和飞机表面。该天线具有一个矩形辐射器，该辐射器使用射频 MEMS 开关连接到 L 形共辐射器。当开关断开时，矩形辐射器在一个频率上具有谐振，而当开关闭合时，谐振器结构较大，因此在较低频率下谐振，从而将卫星通信天线切换为 18 GHz 或 28 GHz。

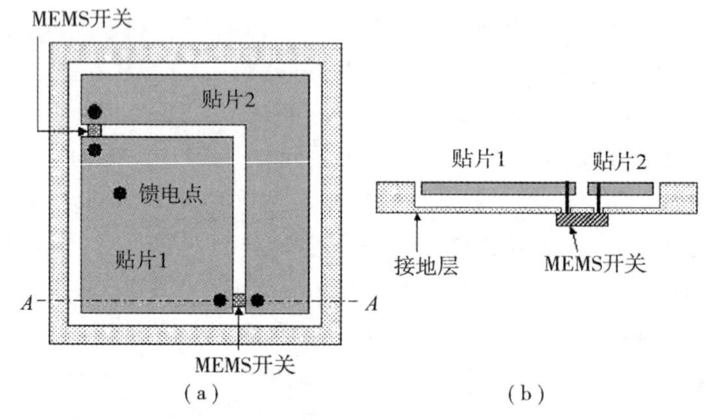

(a)　　(b)

图 1-9　可配置孔径贴片天线的示意图

(a) 俯视图；(b) 横截面

MEMS 传感器在航天系统中也有广泛的应用。例如，利用 MEMS 压力传感器进行发动机控制和舱内压力监测。MEMS 红外传感器对温暖的物体进行成像（例如，从太空中观察时确定位置来确定地球的边缘），通过红外吸收光谱法检测气体种类或根据其红外发射光谱识别特定材料。

航天器导航需要具有足够的灵敏度和稳定性，如从 LEO 进入地球同步转移轨道

(geostationary transfer orbit，GTO）的主要轨道操纵具有几千米/秒的速度增量，很小变化就会导致远地点定位出现重大误差，集成加速度误差必须控制在 0.006 5% 以内。这远远超出了当前 MEMS 加速度传感器的功能，必须使用传统加速度传感器，但 MEMS 加速度传感器仍可用于指示发动机正常运行和防止发动机过早熄火。

表 1-3 为小卫星的分类。由于 MEMS 微加工技术的特点，MEMS 器件很容易将传感器、执行器及控制电路集成在硅基底上，极大地减少了系统的组件个数，使卫星的体积和质量大大减小。因此近年来以 MEMS 为代表的微米/纳米技术的发展，使微型卫星、纳型卫星和皮型卫星等微小卫星的实现成为可能。纳型、皮型卫星及其星座和编队飞行的发展同时对星上推进、姿控、电源等系统提出了包括体积、质量、功耗、成本和可靠性等在内的更高的要求。传统机械加工方法已无法在保证推进、控制、电源等系统功能的同时达到纳型、皮型卫星或者将来更小型卫星对质量、体积和功耗的要求。只有采用 MEMS 微加工技术，使卫星分系统和部件微型化，才能使分系统和部件高度集成，研制出有较强功能的微型卫星，然后发展分布式空间系统结构，以最终实现超小型的纳米卫星。

表 1-3　小卫星的分类

类型名称	质量范围/kg
小型（small）卫星	300 ~ 600
微小型（mini）卫星	150 ~ 300
微型（micro）卫星	30 ~ 150
纳型（nano）卫星	3 ~ 30
皮型（pico）卫星	0.3 ~ 3

纳型、皮型卫星是以 MEMS 技术和由数个 MEMS 组成的专用集成微型仪器（application specific integrated micro - instrument，ASIM）为基础的一种全新概念的卫星，是 MEMS 应用于航天领域的重要成果。应用 MEMS 技术可以有效地促进微纳型卫星的发展和提高。相反，微纳型卫星的不断发展也会相应地要求 MEMS 技术的不断前进，两者相辅相成。

1.2.3　武器领域微系统需求

美国国防分析研究所（Institute for Defense Analyses，IDA）的报告指出，MEMS 技术是未来提升武器性能最有发展前途的技术之一。美国在 MEMS 技术的发展初期就确定军事应用为其主要方向，每年 DARPA 资助军用 MEMS 技术开发的经费就高达 5 000 万美元。根据美国国防部公开出版物披露，目前已经有若干微型技术产品加入美国军方武器库，按其功能分大致有三个方面：武器惯性测量、飞行器导航与稳定及用于武器保养的分布式传感器技术。根据武器系统的组成，可以从子系统功能方面将 MEMS 在武器上的应用总结为六个方面：目标探测、导航定位、飞行控制、遥测通信、安全与引信、健康监测[8]。

在信息化战争中，精确制导弹药（precision guide munition，PGM）可以增加杀伤力、提高生存能力、减少附带损害，能够最大限度地减少非战斗人员的伤亡，并减轻后勤负担。精确制导弹药需要通过惯性测量单元（inertial measurement unit，IMU）实现精确制导。传统惯性测量单元体积庞大、价格昂贵，无法在高过载发射环境中幸存下来。MEMS 加速度传感器、MEMS 陀螺具有成本低、尺寸小、质量轻等特点，有利于发展冗余技术，易于实现数字化和智能化，适用于弹药和导弹以及其他应用[9-12]。早在 1990 年，美国就展开了惯性 MEMS 技术的发展计划，包括发展惯性/卫星导航技术的加长航程制导弹药（extend - range guided munition，ERGM）计划、合格弹药先进技术示范（competent munitions advanced technology demonstration，CMATD）计划、高精度 MEMS IMU 的微型惯导单元（micromechanical inertial measurement unit，MMIMU）、低成本惯性导航系统（low - cost inertial navigation system，LCINS）和低成本全球定位系统（low - cost global position system，LCGPS）项目等，极大地推动了惯性 MEMS 技术的发展和惯性器件及系统的小型化。

MEMS 加速度传感器技术的研究时间较早，是 MEMS 传感器中商业化最为成功的，测量精度已经满足战略导弹的应用要求，目前已经广泛应用于各种场合。MEMS 陀螺仪发展也很迅速，国外精度最高的产品漂移速率小于 1°/h，性能达到战术级惯性系统应用标准。

图 1 - 10 展示了查尔斯·斯塔克·德雷珀实验室（Charles Stark Draper Laboratory，Draper 实验室）开发的 MEMS 硅谐振式加速度传感器（silicon oscillating accelerometer，SOA）电镜图，该加速度传感器已经应用于战术武器的中段制导。SOA 在加速度的激励下，其谐振频率发生变化，通过电路读取频率变化所引起的加速度变化。此外，两个谐振器中的一个处于张紧状态，另一个处于压缩状态，这种差分设计使加速度传感器的灵敏度或比例因子增加了 1 倍，并消除了两个谐振器共有的误差源。谐振器由静电梳齿执行器激励，类似于微机械音叉陀螺（tuning fork gyroscope，TFG）中使用的执行器。

1988 年，Draper 实验室制造出硅基微机械陀螺（图 1 - 11），经过温度补偿后，陀螺偏置稳定性可达 1 ~ 10°/h。2001 年，美国军方提出了 common guidance - common sense（CGCS）计划，要求研制出一种通用的战术精度级的 MEMS IMU。2008 年，Draper 实验室指出，小型化的 MEMS 导航系统已经具备军用能力，逐步在战术级领域得到成功应用。据介绍，美国已将低成本的 MEMS 陀螺用于“小牛”空地导弹、“捕食者”无人机的飞控系统中。英国宇航系统公司（BAE System Company）研制的微机电陀螺已应用于英军的垂直发射“海狼”导弹、中程反坦克导弹等。2016 年 3 月，DARPA 的 MTO 投资诺斯罗普·格鲁曼公司（Northrop Grumman Inc.）600 万美元用以开发基于先进 MEMS 微加工技术的下一代导航级 IMU。

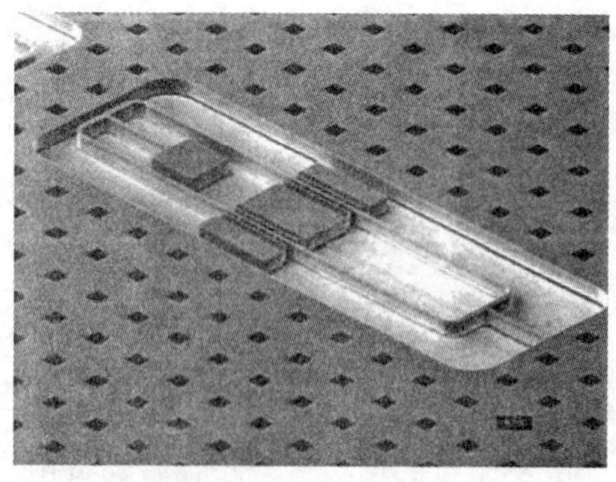

图 1 - 10　MEMS 硅谐振式加速度传感器电镜图

图 1 - 11　MEMS 硅基微机械陀螺电镜图

MEMS 可以通过控制边界层流量来改善飞行器的空气动力学。通过操纵相对薄的边界层（通常小于几毫米）可以直接影响飞行器阻力、升力、俯仰、滚动和偏航。ULCA 和加利福尼亚理工学院（California Institute of Technology，Caltech）已证明，使用 MEMS 技术的前沿分布式 2 mm 气泡致动器可以修改三角翼形成的涡流的演变、对流方向和强度，实现对小型三角翼飞机（翼展 31.8 cm）的控制。

射频 MEMS 是军用 MEMS 技术中增长最快的领域之一。射频 MEMS 专为移动电话和其他无线通信应用中的电子产品而设计，如军事雷达、全球定位卫星系统（global positioning system，GPS）和可操纵天线。MEMS 使这些设备的性能、可靠性和功能得以提高，同时又减小了它们的尺寸和成本。该技术包括电路调谐元件（电容器/电感器、谐振器、滤波器、麦克风和开关）。这些低损耗的超小型且高度集成的射频元件可以并且将最终取代传统的射频元件，并实现新一代的射频设备。如今天所见，射频 MEMS 组件继续取代当今通信器件中的传统组件，通信设施（如手机）会变得非常小，能耗也会降低甚至会更便宜。例如，图 1－12 展示的微型声谐振器的尺寸是移动电话和其他无线通信设备中使用的传统组件的 1/5，并且微型麦克风是直接构建在芯片上。

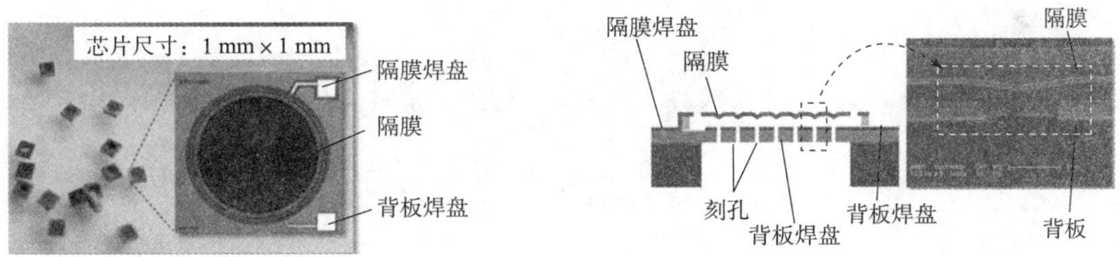

图 1－12　MEMS 声谐振器

随着信息战的发展，弹药必须具备精确打击目标的能力。引信作为弹药的“大脑”控制着弹药何时何地起爆，现阶段基于机械触发式引信无法满足未来战场的要求。为了提高操作效率，要求设计具备有规律、定范围的引爆、自毁等功能的引信，其小型化、智能化和灵巧性成为必然趋势。由于引信的可用空间有限，采用 MEMS 技术可以有效地扩大安全与解除保险机构功能的应用范围，降低设计工作的难度。用于武器设计的 MEMS 引信系统，可以极大地提高了武器装备的稳定性、可靠性和杀伤力。图 1－13 显示了硅桥式 MEMS 雷管，其每个方向的尺寸仅约 10 μm，药剂产生的等离子体通过 2～5 μm 的气隙引爆雷管。

引信安全与解除保险机构是利用环境力解除保险并使隔爆部件运动到位，以实现引信由保险状态向解除保险状态的转变。韩国国防科学研究所（Agency for Defense Development，ADD）开发了用于导弹点火系统的 MEMS 惯性开关（图 1－14）[13]。开关由 4 个折叠梁和 1 个由梁悬挂的板组成，类似于经典的弹簧－质量块系统。板和 4 个梁组成一个整体，该主体由单晶硅晶片通过深反应离子蚀刻技术制成。此过程具有很高的热稳定性和无应力的结构。当加速度超过预定阈值时，通过振动板的运动来实现打开或关闭导电路径的切换。

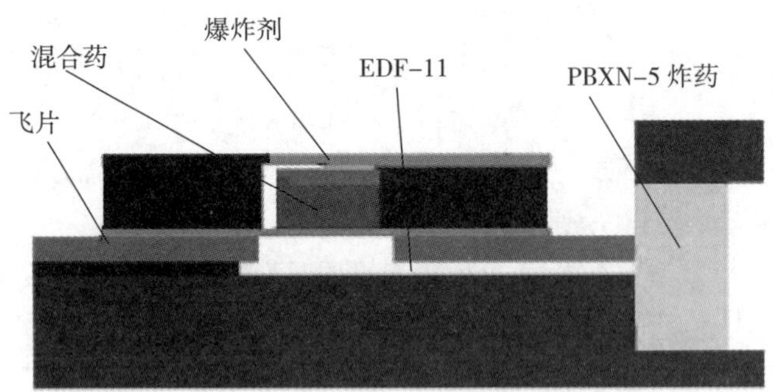

图 1-13　硅桥式 MEMS 雷管

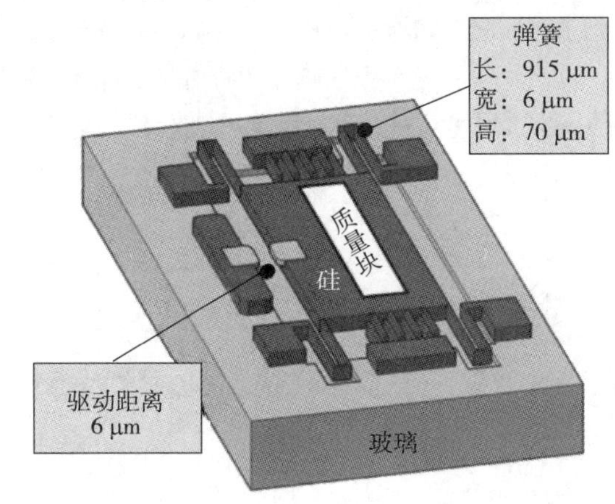

图 1-14　用于导弹点火系统的 MEMS 惯性开关

导弹系统的安全性和可靠性在很大程度上取决于其高能组件的质量。化学、物理和机械环境（如高低温、强冲击和高湿度）会加速火箭发动机、弹头、气体发生器、烟火部件中高能材料的老化过程。如果掌握老化机理，就可以代入最新的计算机模型来预测高能组分的寿命。这些模型通常具有半经验性质，并且包括老化率和关键失效模式对上述外部条件的依赖性。此外，MEMS 传感器不仅可以记录外部状况，而且可以通过使用嵌入式方法来提供真正的健康监控和特定于导弹的功能。目前 MEMS 传感器可用于测量器件内部的温度、应变和应力、化学成分（如氧气浓度、相对湿度、稳定剂和增塑剂含量等）等。通过这种方式，可以提供直接的安全检查（例如金属疲劳、螺栓松动和裂缝扩展等）和老化模型的改进输入。MEMS 结构健康监测技术的发展将极大优化对武器特定的安全寿命预测，提高武器的安全性，并通过防止装备过早报废而节省大量成本。当前的发展集中在减小尺寸、开发专用的传感器，预计在未来 10 年内将在导弹系统中引入嵌入式传感器。图 1-15 为荷兰应用科学研究组织（The Netherlands Organization for

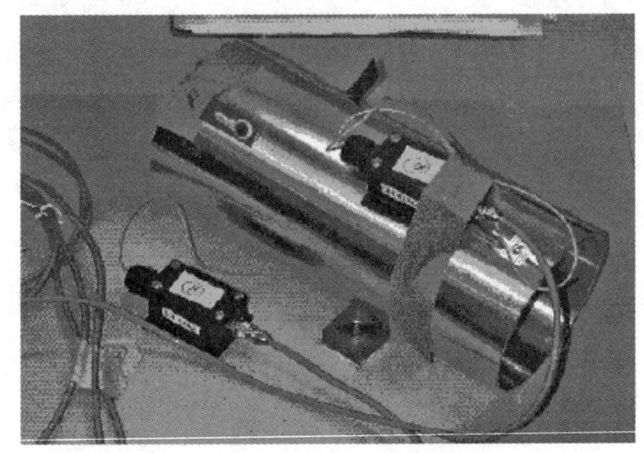

图 1-15　光纤 MEMS 传感器

Applied Scientific Research，TNO）研究的光纤 MEMS 传感器，用于评估热循环过程中的机械结合应力和氧化老化的影响。实验结果表明，这种传感器类型用于火箭发动机的健康监测非常可行。

1.2.4　机器人领域微系统需求

MEMS 技术在传统尺度上的机器人应用多为 MEMS 传感器，测量机器人各部位的线加速度、角加速度等参数，为机器人的控制、感知提供数据；或者利用 MEMS 微加工技术为微型机器人制造 MEMS 执行器和能源器，甚至直接制造 MEMS 机器人[14-16]。

传统上，关节旋转变压器或电位器用于测量机械手的关节角度。为了降低系统成本并适应各种环境，研究人员研究了使用基于 MEMS 的单轴磁通门磁力计。由微技术研究所开发的 MEMS 磁通门由电沉积的镍铁（NiFe）芯周围的电沉积螺旋铜线圈组成，设计为跑道状，以实现关于磁场矢量的最高方向灵敏度（图 1－16）。铁磁芯材料通过交流电压激励而周期性地饱和。激发的磁通量在感应线圈中感应出电压。通过在内核级别叠加内部和外部场矢量，感应信号会受到外部直流（direct current，DC）电磁场的影响。感应到的交流电压的相应信号部分是二次谐波，该二次谐波经过电子分析，分别提供了有关磁强度和磁场方向的所需信息。MEMS 磁通门磁力计的优点是体积小、质量轻、功率小。励磁线圈由两个相同的串联部分组成。当磁通门被激发时，产生水平磁通量（平行于基板）。感应线圈缠绕在两个平行的跑道铁芯结构上。由于磁通量沿相反方向通过平行结构，因此励磁本身会在感应线圈中感应出边缘信号。当外部磁场的方向平行于平行铁芯结构时，感应信号受到影响，产生谐波。当外部磁场的方向垂直于平行铁芯结构时，感应电压信号为零。如果磁场方向旋转 90°，则输出信号达到最大值。

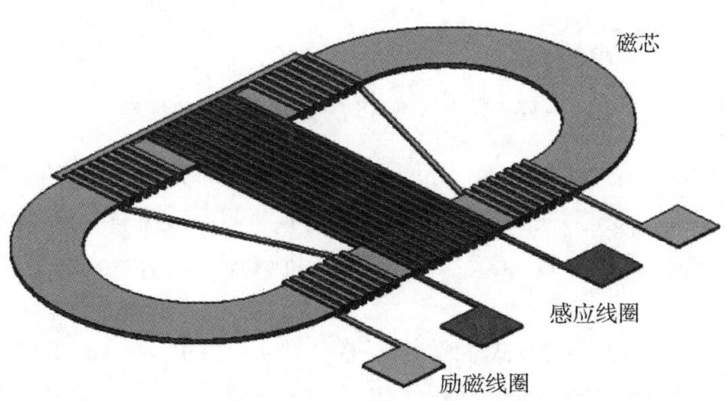

图 1－16　MEMS 磁通门

众所周知，手是人体最重要的部分之一，因为它可以到达狭窄的地方并可以执行复杂的操作。因此，拥有一只可以实时完成与人类手相同的程序的机器人手至关重要。过去，对类人机器人的研究主要集中在步行上。随着机械手也在制造业、军事、太空探索、家庭、运输和医疗等领域得以广泛应用，越来越多的技术人员在研究机械手的操纵控制。当前的机器人表面没有足够的传感器，因此不可能像人类一样操纵物体。由于辅助机器人可能会接触到人，为了安全起见，触觉传感器和接近传感器必不可少。近来机器人中的另一个问题是，当机器人手靠近物体时，很难用机器人视觉来检测机器人手的表面与物体之间的距离。因此，接近传感器知道物体的位置对于机器人来说将变得很重要。

图 1－17 为一个商业产品的示例，它是美国压力剖面系统公司（Pressure Profile Systems Inc.）研制的带有 MEMS 触觉传感器的机械手。这种触觉传感技术使机械手能够操作细小的物体而不会损坏它们。此外，通过使用最小的抓地力，它们还将能够以优化的低功率运行以实现能源效率。

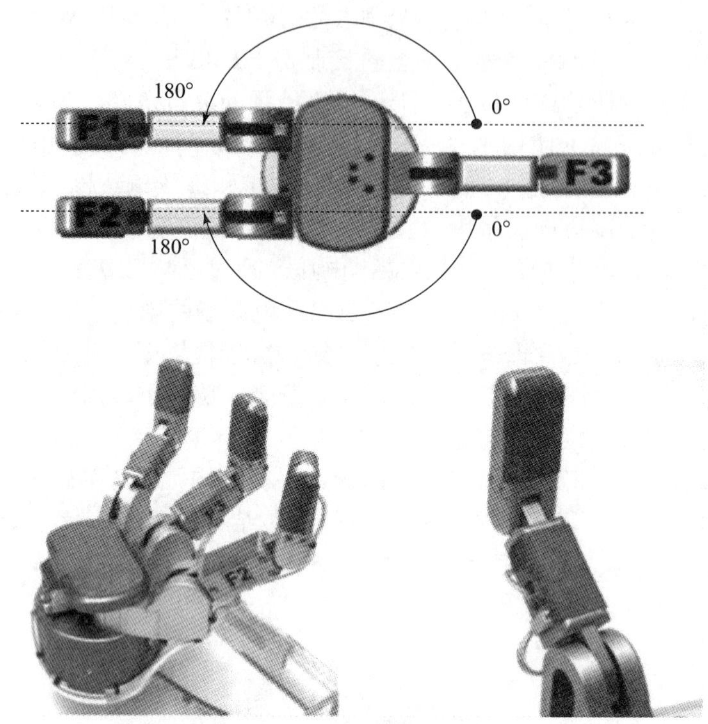

图 1－17　带有 MEMS 触觉传感器的机械手

图 1－18 是由日本东京大学（The University of Tokyo）开发的一种模块化的 2 mm^2 三轴触觉传感器芯片的照片，该芯片由在 SOI（绝缘硅片）上形成并嵌入弹性材料中的压阻悬臂梁组成。通过将芯片附着在柔性布线层上，可以将其安装于机器人手指用于弯曲表面力测量。

常用的触觉传感器还包括电容式触觉传感器，图 1－19 展示了高灵敏度电容式 MEMS 触觉传感器的横截面示意图。单独的传感元件包括一个上部高掺杂单晶硅膜片、一个通过牺牲层释放形成的气腔以及一个由高度掺杂硅组成的下部电极，感应膜片的边缘通过支撑氧化物结构固定。当压力作用在硅膜片会引起气腔体积的改变，从而改变传感电容 C_S。参考电容 C_{ref} 紧邻每个单独的传感器，并且设计为对施加的压力不敏感。通过计算传感电容和参考电容之间的差值便可知道气腔体积的变化量，进一步求得施加的作用力。

MEMS 在微型机器人领域的最新应用是毫米级机器人技术。在各种军事和商业应用中，对自治系统的依赖性不断增强，促使此类系统的小型化。较小的平台可能会降低成本，提高可移植性并减少后勤开销。毫米级别的小型化可以为国防应用带来更多好处，包括实现前所未有的隐身水平以及寻找位置的独特能力。另外，微电子和 MEMS 技术将允许低成本制造

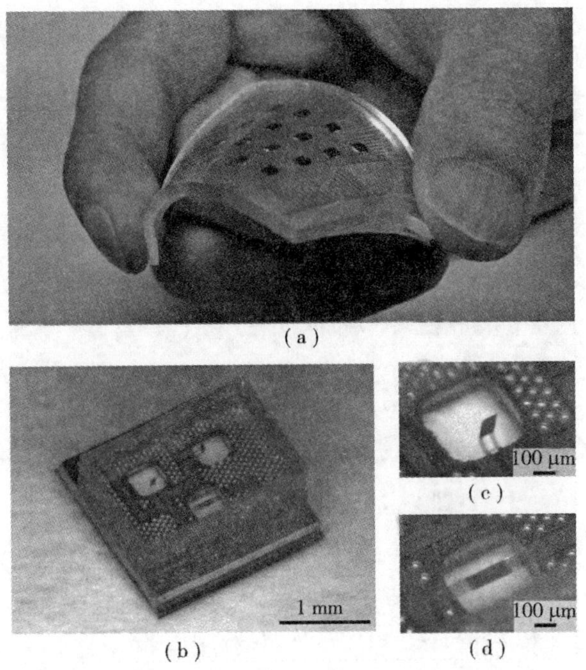

图 1－18　三轴触觉传感器芯片的照片

(a) 柔性基板上的传感器芯片；(b) 传感器芯片实物图；
(c) 剪力直立悬臂的近视图；(d) 法向应力横梁的近视图

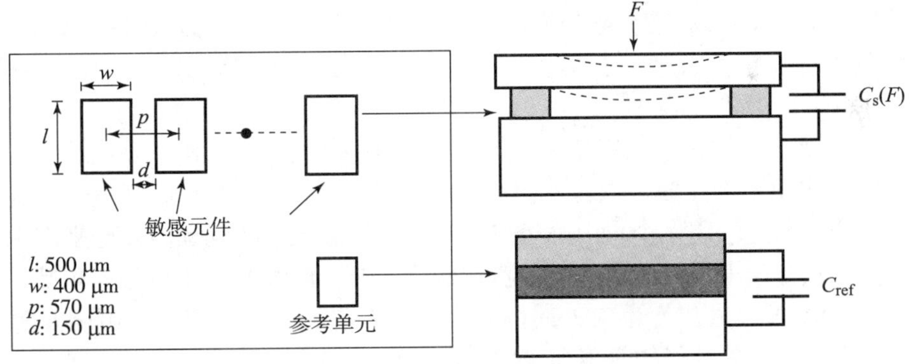

图 1－19　电容式 MEMS 触觉传感器

具有高度集成的微系统。借助系统设计的模块化方法，还将有可能提供功能更强大的异构机器人网络。

当然，要实现这种潜力，必须克服许多技术挑战。一个关键的挑战是要实现可与昆虫相媲美的机动性，同时还要支撑其他功能系统的重量。尽管毫米级机器人看起来像是一个未来概念，但压电 MEMS 技术在近几年已逐步实现这一设想。例如，图 1－20 所示的昆虫腿部设计利用了锆钛酸铅（PZT）MEMS 执行器，该 PZT MEMS 执行器在 15 V 电压下表现出大约 150°角位移（≈950 μm）。压电 MEMS 执行器有效地产生大位移和力的能力以及在低工作电压下的独特能力使该技术能够应对毫米级机器人技术以及其他挑战。

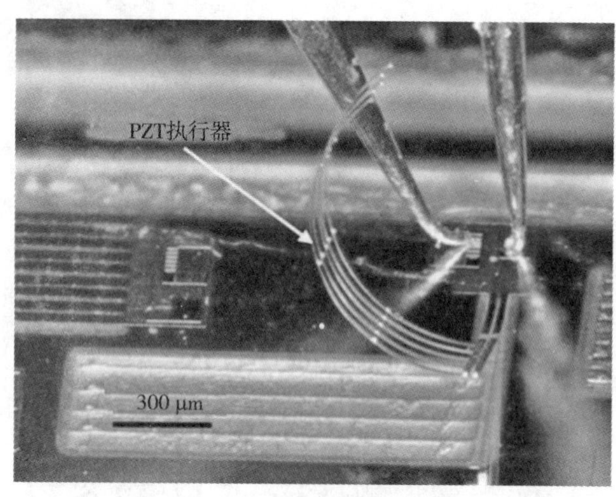

图 1－20　PZT MEMS 执行器

压电 MEMS 执行器相对于静电式、电磁式和热电式 MEMS 驱动方法表现出较大的做功和功率密度，并具有出众的功率效率。压电换能器固有的高能量转化效率对于小型机器人至关重要。与许多其他执行器技术相比，大多数压电执行器具有非常简单的几何设计，可轻松达到各种位移放大要求。在 MEMS 中，这些放大设计中最普遍的是压电单晶片“弯曲器”。压电单晶片将压电层的大力/小位移转换为整个结构的小力/大位移。已经实现各种适用于小型机器人的压电 MEMS 执行器设计。具有昆虫活动范围和灵巧性的毫米级机器人将需要设计关节和腿部相似功能的微结构。这部分推动了压电 MEMS 执行器的开发，该执行器可以在三个基本空间维度内或围绕三个基本空间维度平移和旋转。然而，在这一领域仍然存在重大挑战，包括实现真正意义上的类似于生物的运动范围以及改善这些机器人关节的承重能力。

压电 MEMS 执行器是一种适用于机载和地面机器人的移动技术。研究人员已经证明了使用大型 PZT 压电执行器在厘米级昆虫启发式拍击翼机器人中产生升力。这些装置与拍打翅膀的昆虫一样，通过利用多个自由度机翼运动相关的不稳定空气动力效应来产生升力。机械传动装置使用块体压电材料，以将小的执行器位移转换成大的机翼位移。相反，使用压电薄膜 PZT 的 MEMS 可以直接产生较大的机翼位移。先前的工作证明了使用压电薄膜 PZT 的 MEMS 执行器具有与昆虫类似的行程和俯仰自由度。

图 1－21 展示了一个测试平台，该平台由两个翼片组成，该翼片连接到薄膜芯片结构上，并通过集成的微细加工金属系绳从硅芯片上悬挂下来，系绳提供了机构所需的机械支撑和电气互连。当以较小的频率驱动机翼执行器时，其结构位移较小，但当以预期的共振频率运行时，产生的气动升力（0.4 μN）足以使结构垂直位移。科学家们预计这种压电薄膜 PZT 的 MEMS 方法可以使 30 mg 毫米级机器人仅依靠薄膜电源就可以飞行长达 1 h。

与陆上机器人相同，水下自主航行器（autonomous underwater vehicle，AUV）同样需要大量传感器来执行水下监视以获得重要数据。在这些传感器中，最不可缺少的传感功能包括水流传感和周围环境的避障。过去最常使用的是声呐和光学方法，但声呐由于其较差的检测分辨率以及无法在声呐盲区和黑暗环境中工作而受到严重阻碍；光学方法在肮脏和混浊的水

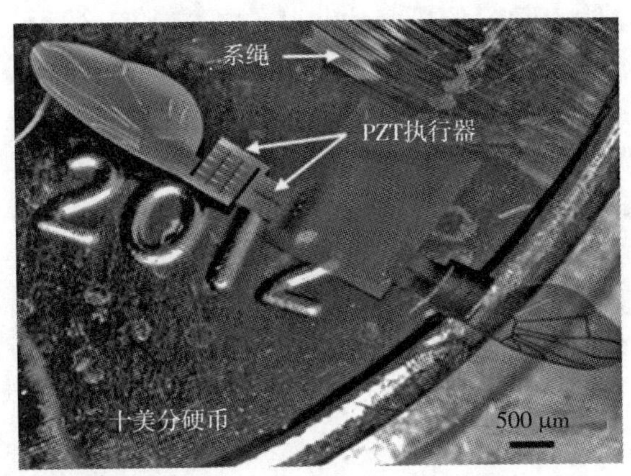

图1－21　2 mm 压电薄膜 PZT 的 MEMS 翼翅

环境中无法使用。另外，所有这些方法都基于主动感测，必须以声波或强光源的形式发射能量，并且效率不高。早期研究用于水下传感的 MEMS 传感器的工作主要集中在制造硅基 MEMS 传感器，但硅是一种具有低断裂强度的脆性材料，并且不能承受水中产生的高冲击压力波。因此，新加坡南洋理工大学（Nanyang Technological University，NTU）研究了基于液晶聚合物（liquid crystal polymer，LCP）的 MEMS 水下压力传感器阵列（图1－22）。该传感器使用 LCP 作为膜材料来制造单个传感器。

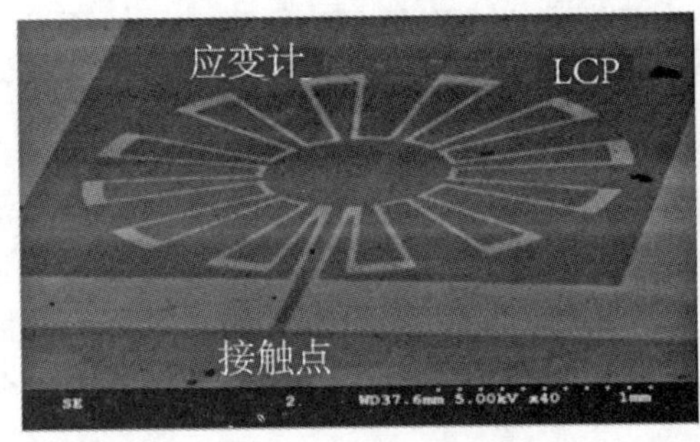

图1－22　MEMS 水下压力传感器

1.2.5　医疗领域微系统需求

MEMS 在医疗领域的应用相对较新，大学、政府实验室、医院和私营企业正在开展大量工作，并在生物 MEMS 领域已经取得了一些成功，具有不可估量的应用价值。但从实验室到患者使用这一不可避免且众所周知的漫长阶段，生物 MEMS 走向规模化应用还有相当长的一段路要走[17,18]。

MEMS 压力传感器已经在医疗领域之外开发和商业化，代表了最大的商业 MEMS 产品类别之一。它们的主要用途是在汽车工业中，必须测量并经常监测流体和气体的压力。例如，汽车气囊可以使用2个或3个压力传感器以确保安全和最佳性能。尽管环境完全不同，但是人体和车辆在循环流体与临界压力方面存在相似之处，因此生物 MEMS 压力传感器完全可以作为血压传感器。但人体循环系统不仅会在内部产生压力，同时由于心脏的收缩以及血管的弹性，人体血压具有复杂且不断变化的特性。此外，超微型、小侵入性、无毒害性与生物兼容性的严格要求也使生物 MEMS 的研究比起其他领域 MEMS 器件更复杂。美国集成传感系统公司（Integrated Sensing Systems Inc.）对自己的生物 MEMS 无线、无电池、可植入式压力传感器进行了动物研究，证明了生物 MEMS 技术用于生物传感的功能可行性，正在开发第二代无线传感器以提供整体系统解决方案。

该公司提供图 1－23 所示的小尺寸 MEMS 血压传感器用于医疗应用，并声称具有很高的生物相容性和耐腐蚀性。集成传感系统公司正在开发智能的生物 MEMS 传感器和系统，以提高医疗质量，可应用于测量跨心脏瓣膜的压力梯度、准确地帮助评估瓣膜疾病、诊断和监测充血性心力衰竭、测量心输出量、监测脑积水患者的颅内压、了解青光眼疾病的进展并改善患者护理、提高胃肠道诊断能力、帮助治疗胃食管反流病、协助诊断泌尿系统疾病和测量输液系统的药物输送率等。美国克利夫兰临床（Cleveland Clinic）基金会生物 MEMS 实验室正在开发体积更小、更准确、侵入性更小且更具成本效益的生物 MEMS 医学设备。例如，微型可植入无线生物 MEMS 压力传感器能够监视生理测量，如腹部、主动脉瘤压力以及眼内、颅内和椎间压力。

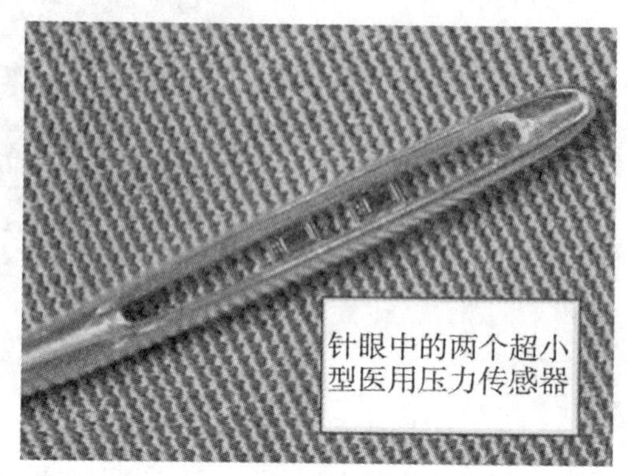

图 1－23　MEMS 血压传感器

美国 MetriGenix 公司几年前开始与德国英飞凌科技公司（Infineon Technologies）合作，开发基于比当前技术更快、更高效的脱氧核糖核酸（deoxyribonucleic acid，DNA）化学方法的生物 MEMS 芯片。通过利用毛细管流通技术加快了反应速度，最小化样本量仅为微升，可使系统运行一系列测试，从而节省大量时间。使用传统平板凝胶法侧序 DNA 样品，600 个碱基对需要 4～6 h。使用毛细管系统的生物 MEMS 方法可在大约 2 h 或 3 h 内以相同的精度和精确度提供结果。未来研究团队希望在 20～30 min 内获得相同的精度。而英飞凌现已着手进行其他生物 MEMS 开发项目，如电子细胞培养系统，该系统使生物学研究人员能够在电子基板上生长神经元并记录其电子行为。

瑞士意法半导体（STMicroelectronics）在生物 MEMS 研究中也很活跃，其单芯片实验室结构非常紧凑，非常适合即时医疗应用（图 1－24）。这家大型且多元化的半导体公司正在加大其在医疗生物 MEMS 领域的投入，并正在寻找合作伙伴来推广其芯片实验室产品。芯片实验室可以在几秒钟内测试少量的体液，所有化学反应都发生在生物芯片的掩埋通道内部或表面。并且由于携带芯片的卡盘是独立的且可抛弃的，因此该系统极大地降低了传统多步骤处理的交叉污染风险。该芯片实验室的原型设计用于处理微流体，并且基于 MEMS

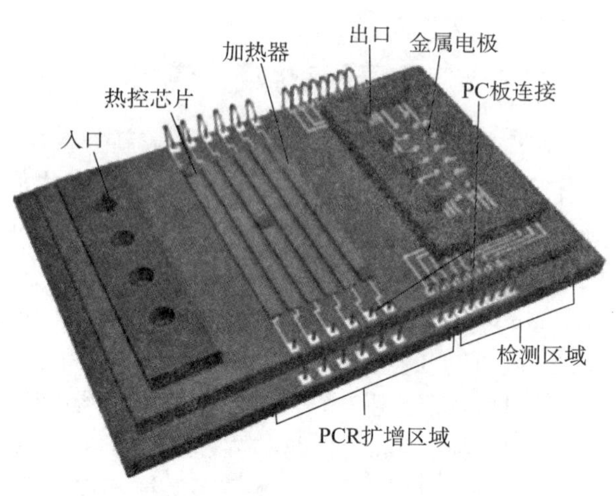

图 1－24　PCR 芯片实验室

喷墨打印机芯片的专业知识。该原型集成了遗传分析的两个基本步骤：扩增和检测。这种微观方法可节省时间和成本。血液样本通常没有足够的 DNA 进行分析，必须通过聚合酶链式反应技术多次扩增或复制以增加样本量。生物 MEMS PCR 扩增可以在 15 min 内完成，而此过程通常需要 1 ~ 2 天。研究人员将 DNA 样品与聚合酶和 DNA 引物混合，并使其通过硅片内尺寸为 150 ~ 200 μm 的 12 个微观通道。电子加热元件被嵌入硅片中用以加热通道，通过 3 个精确预定的温度曲线对混合物进行循环，以扩增 DNA 样品。然后，系统使用微流控技术将扩增的 DNA 泵入生物芯片的检测区域。检测器包含附着在表面探针上的 DNA 片段。在探针内部，样品中匹配的 DNA 片段会自身附着在电极的片段上，而没有匹配模式的 DNA 片段会掉落。该系统通过温度控制实现准确性，通过用激光照射 DNA 片段并观察哪些电极发出荧光来检测 DNA 片段。这种方法还减小了设备的尺寸，因为驱动芯片的外部电路非常紧凑（20 cm × 20 cm × 20 cm），其非常适合现场护理应用。DNA 分析芯片可用于诊断遗传疾病、药物发现、测试牲畜并监控供水。

IBM 是生物 MEMS 的另一大参与者，也是最早的商业参与者之一。他们的 DNA 生物 MEMS 芯片采用完全不同的原理。图 1 - 25 展示了用非常薄的硅悬臂梁生产的 MEMS 芯片，该芯片由中心质量块和质量块 4 个侧面向外辐射的悬臂梁组成。每个梁都涂有生物试剂，该生物试剂可以是 DNA 或其他将与被测样品选择性相互作用的材料。梁以特定的频率共振，任何 DNA 吸附都会减少这种振动，并且可以定量地解释，250 个硅梁中的每一个都可用于检测不同的生物制剂。

图 1 - 25　DNA 生物 MEMS 芯片

美国麻省理工学院怀特海德研究所的研究人员已经测试一种新的基于 MEMS 的基因测序系统。他们的 bioMEMS - 768 测序仪可以在一年内对整个人类基因组进行测序，每天处理多达 700 万个 DNA 序列，这比目前使用的任何方法快 7 倍。科学家们于 1999 年获得国家人类基因组研究所的资助开始从事该项目。该技术最终将帮助科学家快速确定许多不同生物体 DNA 的确切遗传序列，并可能实现对刑事案件中收集的 DNA 进行更快的法医分析。生物 MEMS 的核心是蚀刻有微小微通道或“泳道”的大型芯片。bioMEMS - 768 测序仪名称中的数字是基于它一次测试一半——384 道 DNA 得出的。每个泳道可以容纳约 850 个碱基。该芯片有两个芯片，一个工作，另一个待机，因此机器始终处于运行状态。由于监测仪需要 1% 的 DNA 样品，该系统具有维护成本低、监测速度快和试剂用量少等优点。

μTAS 是基于生物 MEMS 的概念，由丹麦技术大学（Danmarks Tekniske Universitet,

DTU）开发的技术。μTAS 可以对试剂和样品执行运输、提取、纯化、混合、分离、色谱和检测等功能。它可以为化学和环境领域，特别是生物医学领域带来创新。微凹面光栅用于与 81 个通道进行的光纤通信的波分多路分解。这种光学微凹光栅是使用先进的 MEMS 硅蚀刻技术制造的。

美国密歇根大学（University of Michigan，UM）已经设计了一种基于 MEMS 的类耳蜗耳植入物。这是第一款集成电子设备的听力芯片，它使用微机械悬臂梁发声，使用不同长度的压电悬臂梁来区分频率并产生电流。SNL、美国南加州大学（University of Southern California，USC）Doheny 眼科研究所等数个实验室和二次视力公司（Second Sight Corp.）联合进行了基于 MEMS 的人工视网膜研究。他们正在开发符合标准的高密度电极阵列，可用于植入式人工视网膜技术。该项目的目标是为患有黄斑变性和色素性视网膜炎等疾病的患者提供一定程度的有用视力，示意图如图 1－26 所示。目前国外开发了几种人工视网膜设计，但是正如预期的那样，存在着重大的挑战性设计问题。目前，二次视力公司和 Doheny 眼科研究所正在使用自己设计的低分辨率人工视网膜进行临床研究。

根据中国前瞻产业研究院发布的《中国血液透析行业发展前景预测与投资战略规划分析报告》统计数据，2016 年我国终末期肾病患者有 200 多万人需要进行透析治疗。而根据卫生部统计数据，我国血液透析人数约 44.7 万人，按年透析费用 7.5 万元计算，我国血透市场规模约 335 亿元。因此，开发人工肾脏不仅能推动医学进步，还能创造市场价值。Draper 实验室在包括流体技术在内的 MEMS 开发方面拥有悠久的历史，如图 1－27 所示。从 2013 年开始，马萨诸塞州总医院（Massachusetts General Hospital）就尝试使用图案化硅晶片作为母模，并使用塑料制作副本。当前目标是在塑料上生长真实的细胞，最终目标是建立一个完全有机的肾脏。

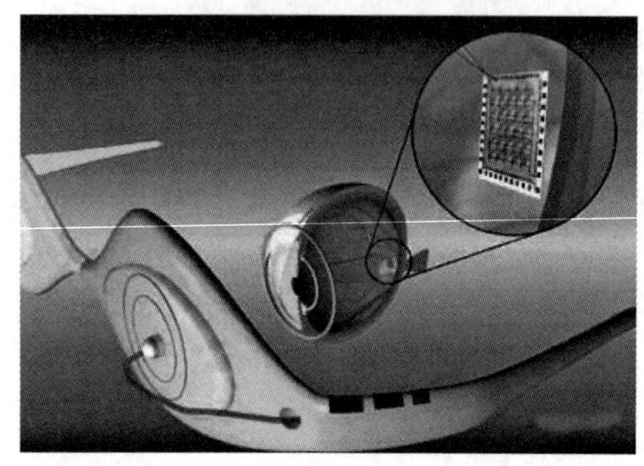

图 1－26　基于 MEMS 的人工视网膜

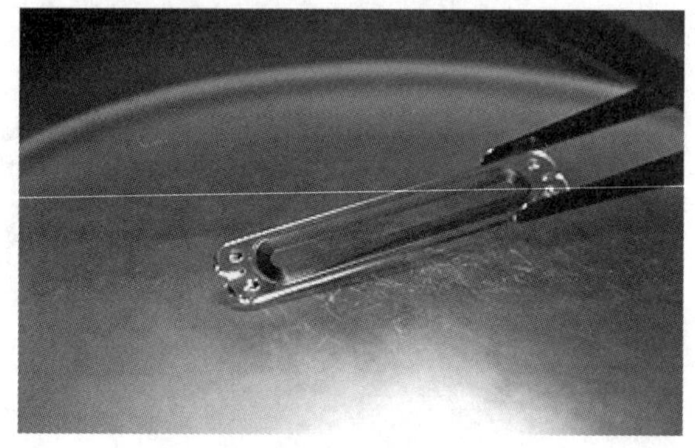

图 1－27　MEMS 微流控通道

CardioMEMS 是由美国佐治亚理工学院（Georgia Institute of Technology，GT）先进技术开发中心研发的基于 MEMS 的无线植入式血流动力学检测系统，可检测患者的心脏病理特征。该系统将无线技术与生物 MEMS 相结合，为医生提供了更多信息，同时使测试对患者的侵入性降低。该系统的核心器件是一个名为 EndoSensor 的 MEMS 传感器（图 1－28）。EndoSensor 可测量患有腹主动脉瘤（下主动脉减弱）患者的血压。医生可以用支架移植物治疗动脉瘤，将一根细长的布管置于鼓胀的动脉内，以支撑动脉并通过建立血流通道来缓解压力。在检查过程中，患者甚至不需要脱掉衣服。医师只是在患者的胸前挥动一根电子棒，射频波会激活 EndoSensor，后者会进行压力测量，然后将信息传输到外部接收器和监视器。

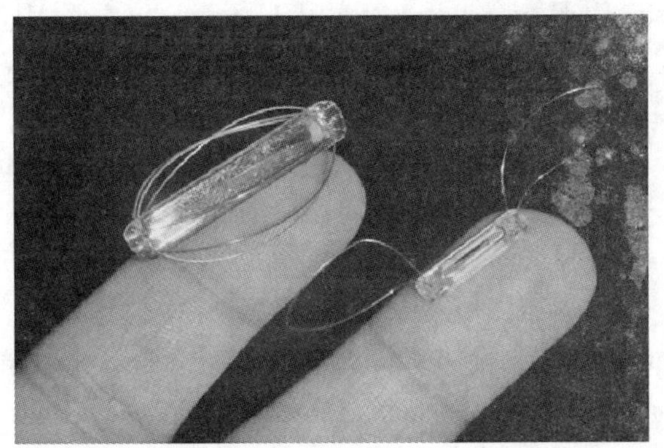

图 1－28　MEMS 传感器——EndoSensor

自晶体管发明以来，科学家一直在尝试改进和开发新的 MEMS 器件，MEMS 器件已经逐步被应用于许多商业化产品中。从最早用于检测引擎压力和汽车运动的 MEMS 器件，到今天 MEMS 系统与 5G 集成的通信设备，甚至可植入的检测人体生理状况的 MEMS 器件。这都说明了 MEMS 系统在工业生产、日常生活、国防军事、医疗保健等领域日趋广泛的应用。同时也要注意到先进的微纳功能材料的进一步发展，纳米机电系统（nanoeletromachanical system，NEMS）的日益进步。因此无论是 MEMS 还是 NEMS 系统的发展都将会改变人类未来科技的方方面面，将继续在我们日常生活的许多方面发挥巨大的作用。

参考文献

[1] 刘会聪，冯跃，孙立宁．微传感系统与应用［M］．北京：化学工业出版社，2019.

[2] PRIME Faraday Partnership. An introduction to MEMS［M］. Leicester：Loughborough University Press，2002.

[3] HEEREN H. MEMS recent developments，future directions［M］. Leicester：Loughborough University Press，2007.

[4] MATTHIAS P History of MEMS［M］. New Mexico：Southwest Center for Microsystems Education，2017.

[5] 谷雨．MEMS 技术现状与发展前景［J］．电子工业专用设备，2013，42（8）：1－8，49.

[6] 孙杰．MEMS 技术的发展及其在航天领域的应用研究［J］．航天标准化，2010，3：44－47.

[7] JANSON S W. Aerospace applications of MEMS［C］//Proc. SPIE 5717，MEMS/MOEMS Components and Their Applications Ⅱ，2005.

[8] 娄文忠，冯跃，牛兰杰，等．高动态微系统与 MEMS 引信技术［M］．北京：国防工业出版社，2016.

[9] 王辅辅，娄文忠．微机电技术在引信中的应用综述［J］．探测与控制学报，2016，

38 (3): 22-28.

[10] 文苏丽，张冬青. MEMS 技术的弹载应用 [J]. 战术导弹技术，2012 (4): 1-8.

[11] Heijster R, Keizers H. Future trends for the application of MEMS in missiles and gun launched munitions [C]//RTO AVT Symposium on Novel Vehicle Concepts and Emerging Vehicle Technologies, 2003.

[12] Xu L, Fang L, Huo R, et al. Research on MEMS technology application in fuse [C]//IOP Conference Series: Earth and Environmental Science, 2019.

[13] Lee H, Jang S, Lee S, et al. MEMS inertial switch for military applications [J]. Proceedings, 2017, 1: 343.

[14] Khorgade M P, Gaidhane A. Applications of MEMS in robotics and BioMEMS [C]//2011 UKSim 13th International Conference on Computer Modelling and Simulation, Cambridge, 2011: 522-527.

[15] Noda K, Hashimoto Y, Tanaka Y, et al. MEMS on robotic applications [C]//2009 International Solid-State Sensors, Actuators and Microsystems Conference, Denver, 2009: 2176-2181.

[16] Pulskamp J S, Polcawich R G, Rudy R Q, et al. Piezoelectric PZT MEMS technologies for small-scale robotics and RF applications [J]. MRS Bulletin, 2012, 37: 1062-1070.

[17] Gilleo K. MEMS in medicine [J]. Medical Electronics Symposium, 2005, 1: 632-633.

[18] Panescu D. MEMS in medicine and biology [J]. IEEE Engineering in Medicine and Biology Magazine, 2006, 25: 19-28.

第 2 章

典型微系统原理

在 MEMS 尺度范围内，宏观物理定律仍然适用，但影响和控制因素更加复杂多样。物理化学场的耦合作用、器件的比表面积和比体积急剧增大，使得宏观状态下忽略的驱动因素如静电力、逆压电效应、热应力等成为 MEMS 范畴的主要作用力。因此，掌握典型微系统原理是军用微系统设计与制造的第一步，也是最重要的一步。本章主要介绍微系统原理，包括压阻效应、压电效应、静电效应、热效应、光电效应、压电驻极体效应，阐述各效应的背景和理论的同时，简述各效应的典型应用。

2.1 压阻效应

2.1.1 技术背景

随着单晶硅成为模拟和数字电路设计的首选材料，硅和锗中的压阻效应（piezoresistive effect）于 1954 年首次被发现（Smith）[1]。英国物理学家 Kelvin 于 1856 年首次报道了发现金属器件在机械载荷作用下会产生电阻变化，即金属铁和铜的电阻随伸长率变化。在开尔文勋爵的研究工作推动下，汤姆林森证实了应变引起的电导率变化，并测量了机械负载和电流方向变化作用下，金属的弹性和电导率是与其温度和方向相关的。在发现压阻效应后 80 多年后的 1938 年，Clark 和 Datwyler 使用接合线来监测受压构件的应变；同年，Ruge 发明了金属黏结电阻应变仪。1950 年，Bardeen 和 Shockley 预测，单晶半导体中的电导率会随着形变而发生较大变化。1957 年，Mason 和 Thurston 首次报道了用于测量位移、力和扭矩的硅应变仪。半导体应变仪的灵敏度是传统金属应变仪的 50 倍以上，被认为是传感技术的飞跃。早期的硅应变仪是通过锯切和化学蚀刻制成的，然后将量具固定在材料表面，被视为第一款键合半导体压力传感器。1982 年，Petersen 的开创性论文 *Silicon as a Mechanical Material* 审查了几种微加工的硅传感器（包括压阻器件）及其制造工艺和技术，推动了微硅器件技术快速发展。

2.1.2 理论描述

压阻效应是指当施加机械应变时半导体或金属电阻或电阻率的变化。压阻效应只引起电阻的变化，而不是电位的变化。电阻可以通过材料的电阻率和尺寸的函数来定义，如式（2-1）所示：

$$R = \rho \frac{l}{A} \tag{2-1}$$

式中，ρ 为材料电阻率；l 为材料长度；A 为电流流动的横截面积。假设材料的机械和电气特性是各向同性的。因此，由力引起的电阻的相对变化为

$$\frac{\Delta R}{R}=\frac{\Delta l}{l}-\frac{\Delta A}{A}+\frac{\Delta \rho}{\rho} \tag{2-2}$$

式（2－2）可进一步化简为

$$\frac{\Delta R}{R}=(1+2\nu)\varepsilon+\frac{\Delta \rho}{\rho} \tag{2-3}$$

式中，ν 为材料泊松率；ε 为材料应变。可以看出电阻变化有两项：前一项来自尺寸变化，后一项是电阻率变化。抵抗施加应力的变化被定义为灵敏度：

$$\mathrm{GF}=\frac{\Delta R}{R}\bigg/\varepsilon \tag{2-4}$$

虽然电阻率和几何形状都会对电阻造成影响，对于金属，几何效应仅占灵敏度的1.4%～2.0%，电阻率的变化几乎为零。有些金属材料其电阻率变化造成的电阻变化比由于几何形状变化造成的电阻变化大得多。例如，在铂合金中，电阻率的影响比单一金属材料的几何效应影响大2倍以上，再加上几何效应使应变计的灵敏度高达3倍以上。纯镍的电阻率的影响比几何效应的影响大13倍，完全弱化甚至逆转了几何形状使电阻产生变化的效应。但是，在半导电材料，如硅和锗，由应变引起的原子间间距的变化会影响能带隙，从而使电子更容易（或取决于材料和应变）被提升到导带中。这导致材料电阻率的变化可能比几何项大50～100倍。由于半导体中这种异常大的电阻率变化，且在一定的应变范围内，这种关系是线性的，因此用 π 表示压阻系数：

$$\frac{\Delta \rho}{\rho}=\pi_{\mathrm{t}}\sigma_{\mathrm{t}}+\pi_{\mathrm{l}}\sigma_{\mathrm{l}} \tag{2-5}$$

式中，σ 表示应力；下标t表示横向，l表示纵向。横向应力和压阻系数定义为机械应力和电场正交，纵向应力和压阻系数定义为机械应力和电场平行。解释半导体大压阻特性的理论是基于对应变下晶体结构中电子和空穴传输的一维描述。这些模型基于带隙能量模型、波力学和量子效应。有兴趣的读者可参考文献［2］对该模型进行的详细说明。

半导体材料的压阻效应可能比几何效应大几个数量级，并且存在于锗、多晶硅、非晶硅、碳化硅和单晶硅等材料中，可以制造具有非常高的灵敏度系数的半导体应变器。但对于精密测量，因为半导体应变器通常对环境条件（尤其是温度）敏感，其比金属应变仪更难处理。n型和p型压阻在应变下表现出相反的趋势，电阻变化和方向依赖性不同。压阻系数的大小和符号取决于许多因素，包括掺杂浓度、温度、晶体学方向以及电流和应力方向之间的关系。n型半导体硅的电阻主要是由于3个不同能谷的能量移动，使其电阻率发生变化。该移动导致载流子在具有不同迁移率的谷之间重新分布，这导致取决于电流方向的迁移率变化。较小的影响是与有效质量变化和能谷变化有关。在p型半导体硅中，现象更加复杂，并且还会导致有效质量变化和空穴转移。

2.1.3 典型应用

半导体的压阻效应已被用于各种半导体材料如锗、多晶硅、非晶硅和单晶硅的传感器件。由于硅是当今集成数字和模拟电路制造的首选材料，压阻硅器件的使用一直是人们非常感兴趣的。硅中采用压阻效应使应力传感器与双极和CMOS（complementary metal oxide semiconductor，互补金属氧化物半导体）电路易于集成，这使得许多军用设备产品广泛使用压阻效应，如压力传感器和加速度传感器。但是由于硅巨大的压阻效应，也引起了其他所有使用单晶硅的器件的研究和开发的关注。例如，半导体霍尔传感器只有在消除由于外加机械应力引起的信号噪声后，才能实现其高电流精度测量。

1. 压阻式压力传感器

压阻式压力传感器是最早的微硅器件之一。对体积更小、更便宜、更高性能传感器的需求推动了早期微机械技术的发展，是 MEMS 技术的前身。压阻式压力传感器以其高灵敏度和线性度而受到广泛关注，是首批投放市场的 MEMS 器件。各个行业在其产品中都采用了这些器件，作为测量压力的一种方法。自 1954 年 Smith 在贝尔实验室工作以来，人们就知道应力对掺杂硅和锗的影响。从那时起，研究人员对微尺度的压阻应变计、压力传感器、加速度传感器和悬臂梁力/位移传感器进行了广泛的报道，包括许多军事上成功的应用。例如，军事医学领域使用压阻式传感器作为测量士兵血压的仪器，而汽车工业则使用它们来测量发动机中的油气水平。

图 2-1（a）为 4 个压阻形成惠斯通电桥的压阻式压力传感器俯视图。图 2-1（b）为图 2-1（a）中 $A-A$ 截面图，展示了最大应力处的偏转膜片。压阻式压力传感器包含多个硅薄晶片，其表面通常连接到惠斯通电桥，用于检测电阻的微小差异。施加压力时，膜片变形，产生的应变影响载流子迁移率和迁移数密度，电阻增大，流经压力传感器的电流减小。惠斯通电桥检测到此电流后，可以换算成压力变化[3]。

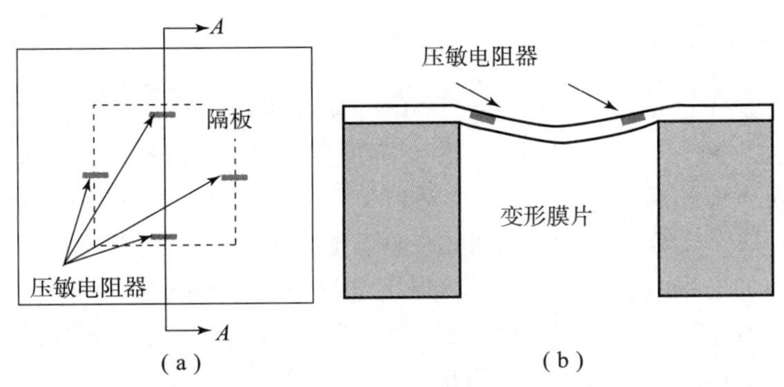

图 2-1 典型的压阻式压力传感器结构

（a）俯视图；（b）最大应力处的偏转膜片

2. 压阻式加速度传感器

许多类型的加速度传感器也利用了压阻效应。这些加速度传感器专为高频冲击测量而设计，相对于压电式传感器，它们能够测量低频范围内的加速度。这种极低频测量能力意味着该传感器可以提供准确的加速度静态测量值。压阻式加速度传感器通常用于分析汽车安全测试中的冲击和振动，包括安全气囊和防抱死制动系统。除此之外，加速度传感器对特定应用的需求很大，从航天器的导航到帕金森病人手指振动的研究。通常，希望加速度传感器表现出线性响应和高信噪比。尽管压阻式加速度传感器受温度的影响较大，但它们直流响应好、电路简单，具有满足大规模生产的潜力，能够满足高灵敏度、高可靠性和低成本的要求。

压阻式加速度传感器是一个典型的开环系统，它利用硅的材料优势，除了使用硅的优异力学性能作为加速度传感器结构外，还利用该材料的压阻效应来检测该结构的变形，从而获得加速度值。如图 2－2 所示，压阻式加速度传感器由压阻结构、外壳、焊盘、质量块等结构组成。

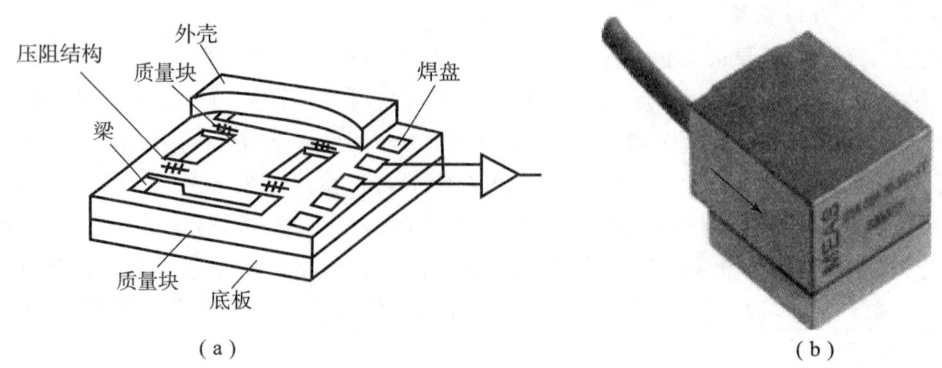

图 2－2　压阻式加速度传感器

(a) 结构图；(b) 实物图

2.2　压电效应

2.2.1　技术背景

压电效应（piezoelectric effect）是指某些电介质在沿一定方向上受到外力的作用而变形时，其内部会产生极化，同时在它的两个相对表面上出现正负相反的电荷的现象。“压电”一词源自希腊语的 piezein（意为“挤压”）和 piezo（意为“推”）。压电效应的独特特征之一是它是可逆的，这意味着表现出正压电效应（当施加应力时会产生电）的材料也表现出逆压电效应（当施加电场时会产生应力）。当压电材料置于机械应力下时，材料中的正电荷中心和负电荷中心会发生移动，这会衍生外部电场。相反，当在压电材料上施加外部电场，外部电场会拉伸或压缩压电材料。压电效应在许多应用中非常有用，包括声波的产生、高电压的产生、电子时钟的产生。它也是许多具有原子分辨率的科学仪器技术的基础，如扫描探针显微镜（STM、AFM 等）。压电效应也广泛应用于军事领域中，如发射药的点火源、测量弹药飞行时的加速度。

压电效应最早见于 1880 年，由法国著名物理学家、放射学先驱居里兄弟 Pierre Curie 和 Jacques Curie 发现[4]。通过将热电学知识与对晶体结构和行为的理解相结合，居里兄弟利用电气石、石英、黄玉、蔗糖和罗谢尔盐的晶体首次证实了压电效应，初步证明了石英和罗谢尔盐在当时表现出极大的压电性能。

第一次世界大战的爆发标志着压电器件首次实际应用在军用声呐设备中。声呐系统压电技术的最初使用引起了国际上对压电设备的浓厚兴趣，在接下来的几十年中，对新型压电材料及其应用进行了深入的研究和开发。第二次世界大战期间，美国、苏联和日本的研究小组发现了一种新型的人造材料，称为铁电材料，其压电常数比天然压电材料高出许多倍。尽管石英晶体是第一种商业开发的压电材料，并且仍用于声呐检测应用，但科学家们一直在寻找性能更高的压电材料。这项深入的研究导致了钛酸钡（$BaTiO_3$）和锆钛酸铅（PZT）的发展，这两种压电材料在特殊应用场合具有优异的性能。

无论是天然材料还是人造材料，都表现出一系列的压电效应。一些天然的压电材料包括柏林铁矿（在结构上与石英相同）、蔗糖、石英、罗谢尔盐、黄玉、电气石和骨头（由于磷灰石晶体、干骨表现出一些压电特性，通常认为压电效应会起作用，作为生物力传感器）。人造压电材料包括钛酸钡和锆钛酸铅。近年来，材料的环境友好性（environmentally - friendly）得到了广泛的关注，在危害性物质限令（restriction of hazardous substances directive，RoHS）指导下，极大地推动了无铅压电材料的开发。

2.2.2　理论描述

压电效应包括正压电效应和逆压电效应。正压电效应是指材料在外力作用下会产生电荷（或电压）。逆压电效应是指材料在电场的作用下会产生机械应变（或力）。

如图 2 - 3（a）所示，当未施加压力时，晶体的两端表面（可视为电极）不带电荷。当晶体受到在固定的方向的拉伸应力时，晶体内部会产生变化，这种与应力有关的变化表现为两个表面上产生相反符号的电荷，形成可测量的电位差。施加压缩应力时表现为相反的电荷分布，得到相反的电势差。当外力消除时，晶体将恢复到无电荷状态。图 2 - 3（b）展示的是逆压电效应，由于施加外部电场而导致晶体内部产生变形，不同的电场方向得到不同的力学行为，即电场可能导致晶体中的拉伸或压缩应变和应力。

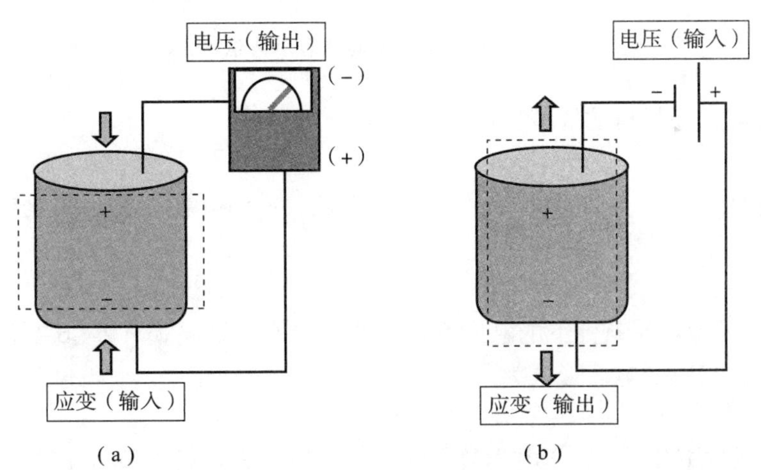

图 2 - 3　压电效应的原理图

（a）正压电效应；（b）逆压电效应

在微观上，压电性源于晶体之中离子电荷的移动，导致极化并形成电场。施加于压电晶体的应力将产生电荷，相反施加电场又会引起弹性应变及材料尺寸的变化。压电效应的本质与固体中电偶极矩密切相关，电偶极矩是对电荷系统的极性的一种衡量。电偶极矩可能是在非对称电荷环境下（如 $BaTiO_3$和 PZT 中）由晶格上的离子诱导的，也可能是由分子基团直接携带的（如蔗糖中）。晶体的偶极密度或极化可以通过计算晶体单元的每体积偶极矩来计算。因为每个偶极都是矢量，所以偶极密度是矢量场。相邻的偶极子倾向于在电畴排列，电畴是铁电材料中极化方向一致的区域。在居里温度以下时，铁电性材料的极化会自发地分成许多称为电畴的小区域。每个电畴内的极化方向是一致的，但不同电畴的极化方向是随机的，在整体上不显电性。通过在高温下对材料施加强电场，这些不同的电畴通常会逆着外电场方向排列，从而在整体上显电性，该过程被称为极化。

施加机械应力时极化率 P 的变化对压电效应有决定性的影响。这可能是由于外应力作用下分子偶极矩的重定位或偶极诱导环的重构引起的。压电性可表现为极化强度、极化方向或两者的变化，具体取决于 P 在晶体中的取向、晶体对称性、施加的机械应力。P 的变化表现为晶面上表面电荷密度的变化，即由于偶极密度的变化而引起的晶面间电场的变化。例如，1 cm^3的石英立方体加上 2 kN 的作用力，可产生 12 500 V 的电压。

压电效应的方向性很强，下面先介绍晶体取向的表示方法。如图 2－4 所示，通常将晶体极化方向选为与 x、y、z 轴中的 z 轴一致，沿着 x、y、z 轴的正应力分量分别由下标 1、2、3 来表示，因此极化方向总与 3 一致。沿着轴的剪切应力分别由下标 4、5、6 来表示。

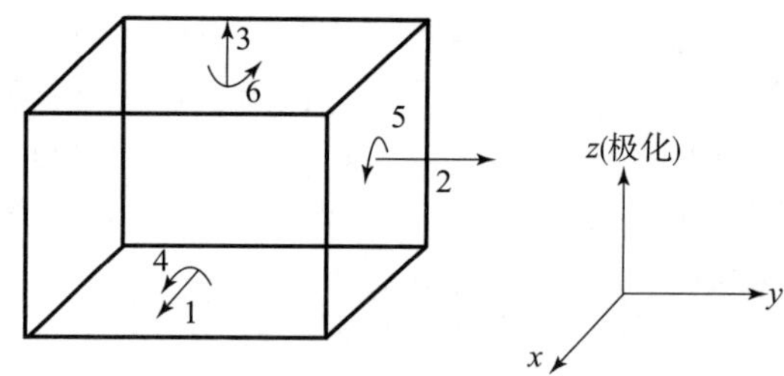

图 2－4　晶体取向的表示方法

线性压电效应，即材料的线性压电特性表示为

$$D = \varepsilon E \tag{2-6}$$

式中，D 为电荷密度位移（电位移）；ε 为介电常数；E 为电场强度。根据线弹性材料的胡克定律：

$$S = sT \tag{2-7}$$

式中，S 为应变；s 为短路条件下的刚度系数；T 为应力。联立式（2－6）和式（2－7）可以得到耦合方程，其应变电荷形式为

$$D = \boldsymbol{d}T + \boldsymbol{\varepsilon}E \tag{2-8}$$

式中，$\boldsymbol{d}$ 为压电系数矩阵；$\boldsymbol{\varepsilon}$ 为介电常数矩阵。一般压电方程可以写成矩阵的形式：

$$\begin{bmatrix} D_1 \\ D_2 \\ D_3 \end{bmatrix} = \begin{bmatrix} d_{11} & d_{12} & d_{13} & d_{14} & d_{15} & d_{16} \\ d_{21} & d_{22} & d_{23} & d_{24} & d_{25} & d_{26} \\ d_{31} & d_{32} & d_{33} & d_{34} & d_{35} & d_{36} \end{bmatrix} \begin{bmatrix} T_1 \\ T_2 \\ T_3 \\ T_4 \\ T_5 \\ T_6 \end{bmatrix} + \begin{bmatrix} \varepsilon_{11} & \varepsilon_{12} & \varepsilon_{13} \\ \varepsilon_{21} & \varepsilon_{22} & \varepsilon_{23} \\ \varepsilon_{31} & \varepsilon_{32} & \varepsilon_{33} \end{bmatrix} \begin{bmatrix} E_1 \\ E_2 \\ E_3 \end{bmatrix} \tag{2-9}$$

式中，T_1至 T_3为轴 1 至轴 3 方向的正应力；T_4和 T_5为剪切应力。其中，电位移（D_i）、应力（T_j）、介电常数（ε_{ij}）以及电场（E_j）的单位分别是 C/m^2、N/m^2、F/m、V/m。

在没有电场力的作用下（即 $E=0$），等式右边第二项可以去掉。因此压电常数 d_{ij} 为电位移除以应力，单位为 F・V/N。同样，也可以得出逆压电效应的表达式。此时，总应变与外加电场及机械应力有关，如式（2－10）：

$$\boldsymbol{s}=\boldsymbol{S}\boldsymbol{T}+\boldsymbol{d}\boldsymbol{E} \tag{2-10}$$

式中，$\boldsymbol{s}$ 为应变向量；$\boldsymbol{S}$ 为刚度矩阵。逆压电方程可以写成矩阵的形式如下：

$$\begin{bmatrix} s_1 \\ s_2 \\ s_3 \\ s_4 \\ s_5 \\ s_6 \end{bmatrix}=\begin{bmatrix} S_{11} & S_{12} & S_{13} & S_{14} & S_{15} & S_{16} \\ S_{21} & S_{22} & S_{23} & S_{24} & S_{25} & S_{26} \\ S_{31} & S_{32} & S_{33} & S_{34} & S_{35} & S_{36} \\ S_{41} & S_{42} & S_{43} & S_{44} & S_{45} & S_{46} \\ S_{51} & S_{52} & S_{53} & S_{54} & S_{55} & S_{56} \\ S_{61} & S_{62} & S_{63} & S_{64} & S_{65} & S_{66} \end{bmatrix}\begin{bmatrix} T_1 \\ T_2 \\ T_3 \\ T_4 \\ T_5 \\ T_6 \end{bmatrix}+\begin{pmatrix} d_{11} & d_{12} & d_{13} \\ d_{21} & d_{22} & d_{23} \\ d_{31} & d_{32} & d_{33} \\ d_{41} & d_{42} & d_{43} \\ d_{51} & d_{52} & d_{53} \\ d_{61} & d_{62} & d_{63} \end{pmatrix}\begin{bmatrix} E_1 \\ E_2 \\ E_3 \end{bmatrix} \tag{2-11}$$

如果没有外加应力，应变只与电场有关：

$$\begin{bmatrix} s_1 \\ s_2 \\ s_3 \\ s_4 \\ s_5 \\ s_6 \end{bmatrix}=\begin{pmatrix} d_{11} & d_{12} & d_{13} \\ d_{21} & d_{22} & d_{23} \\ d_{31} & d_{32} & d_{33} \\ d_{41} & d_{42} & d_{43} \\ d_{51} & d_{52} & d_{53} \\ d_{61} & d_{62} & d_{63} \end{pmatrix}\begin{bmatrix} E_1 \\ E_2 \\ E_3 \end{bmatrix} \tag{2-12}$$

对于任意的压电材料，逆效应公式中的 d_{ij} 分量与正效应公式中的 d_{ij} 分量相同。

2.2.3　典型应用

目前，工业和制造业是压电器件最大的应用市场。强劲的需求还来自医疗器械以及信息和电信行业。2010 年，全球压电器件的需求约为 148 亿美元。压电器件的最大材料组是压电陶瓷，同时压电聚合物由于其重量轻、体积小、柔性高也得到广泛应用。

1. 压电变压器

压电变压器是一种交流电压倍增器。压电变压器是基于某些物质的直接压电，如石英，可以产生数千伏的电位差。最典型的应用是电打火机：按下按钮，弹簧锤撞击压电晶体，产生足够高的电压电流，流过一个小火花隙，从而加热和点燃气体。许多类型的弹药都内置了压电点火系统。压电变压器（piezoelectric transformer，PT）已被广泛应用在峰－峰值电压（V_{pp}）为 15 kV、频率为 70 kHz 的范围内的高压发电机。图 2－5 为基于 PT 的高压发电机。

不同于传统的变压器在输入和输出之间使用磁耦合，压电变压器使用声耦合。输入电压施加在压电陶瓷材料（如 PZT）的短杆上，通过逆压电效应在杆中产生交变应力，并使整个杆振动。激励频率为其共振频率，通常在 100 kHz～1 MHz 范围内。通过压电效应在杆的另一部分产生更高的输出电压，升压比很高。这些器件可以用于直流－交流逆变器，以驱动冷阴极荧光灯。

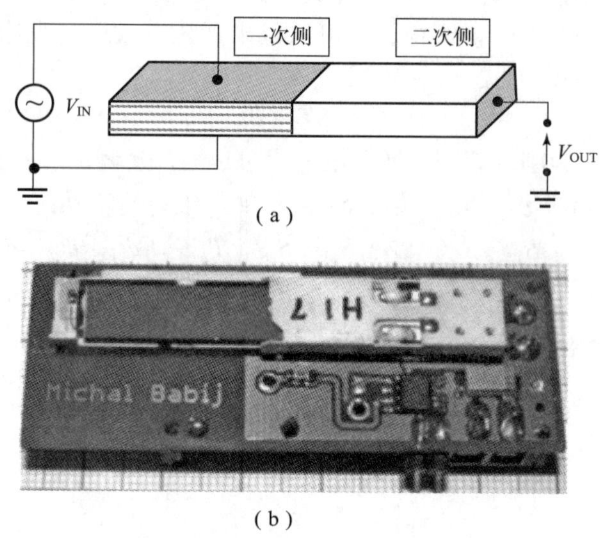

(a)

(b)

图2-5 基于PT的高压发电机

(a) 变压器原理示意图；(b) 高压发电机内部结构

2. 压电执行器

由于非常高的电压仅对应于晶体宽度的微小变化，因此可以优于微米的精度来操纵该晶体宽度，从而使压电晶体成为提高操控精度的重要材料。压电马达、压电元件接收电脉冲，将方向力施加到相对的陶瓷板上，使其沿所需方向移动。当压电元件靠紧移动的陶瓷时会产生运动。厚度小于100 μm的多层陶瓷，可以在低于150 V的电压下产生强电场。这些陶瓷用于两种执行器：直接压电执行器和放大压电执行器。直接压电执行器的行程通常低于100 μm，而放大压电执行器可以达到毫米级行程。压电执行器广泛应用于军事领域，如压电陶瓷做成水声换能器，作为核潜艇的一双明亮的“眼睛”，可以顺利进行水下导航、通信、侦察敌舰、清扫敌布水雷等工作；压电陶瓷换能器产生的超声波处理废水及有毒水；再如压电陶瓷制作的压电陀螺，是航空航天领域不可或缺的“舵手”等。

3. 压电传感器

压电传感器是测量各种物理量的重要器件，用于质量保证、过程控制以及许多行业的研发。皮埃尔·居里于1880年发现了压电效应，但直到20世纪50年代，制造商才开始将压电效应用于工业传感。它们已成功地应用于各种应用领域，如医疗、航空航天、核仪器、消费电子产品中的倾斜传感器或手机触摸屏中的压力传感器。压电元件用于检测汽车内燃机的燃烧物理量，传感器要么直接安装在气缸盖的附加孔中，要么火花塞/电热塞配备有内置微型压电传感器。美国陆军研究实验室（ARL）开发的可插入直射弹药内的PZT压电压力传感器，能够实现日常膛内压力测量，无须对弹丸进行修改。

压电技术的兴起直接关系到一系列固有的优势，许多压电材料的高弹性模量与许多金属的高弹性模量相当，几乎高达10^6 N/m^2。这使压电传感器具有坚固性、极高的固有频率和在宽振幅范围内的良好线性度。此外，压电技术对电磁场和辐射不敏感，能够在恶劣条件下进行测量。磷酸镓（$GaPO_4$）或电气石在高温下极为稳定，使传感器的工作上限高达

1 000 ℃。电气石除了具有压电效应外还具有热释电效应，晶体温度变化时可以产生电信号。这种效应在压电陶瓷中也很常见，如图 2-6 所示。

压电传感器的一个缺点是不能用于真正的静态测量。静态力使压电材料产生固定电荷的量。绝缘材料的不完善和传感器内部电阻会导致电荷的不断损耗。同时，温度升高也会导致内阻和传感器灵敏度的进一步下降。事实上，许多压电传感器能够产生准静态测量，其他应用工作温度高于 500 ℃。

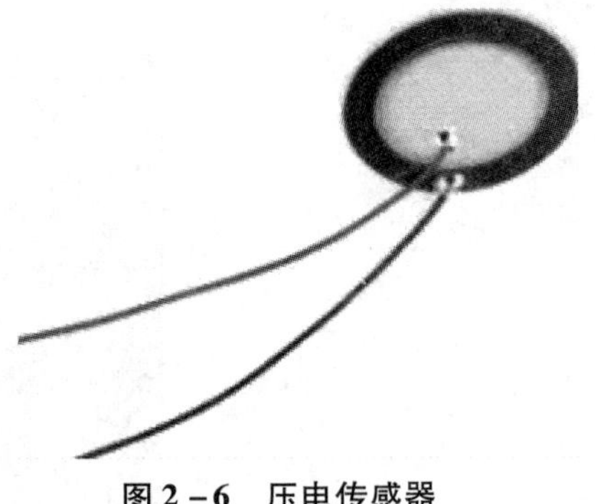

图 2-6　压电传感器

2.3　静电效应

2.3.1　技术背景

静电是人们观察和描述的最古老的科学现象之一。希腊哲学家米利图斯的 Thales 做了第一个解释，他在清洗琥珀时发现了静电效应，在公元前 6 世纪的著作中，他指出，如果琥珀被擦得足够硬，小的尘埃颗粒就会粘在上面。但在当时，他们并没有对此加以关注和研究。他们只是知道摩擦会产生拉力。300 年后，Theophrastus 通过摩擦各种石头来跟踪 Thales 的实验，也观察到了“吸引力的力量”，但是这些自然哲学家都没有找到一个令人满意的解释。对静电的系统性研究始于 17 世纪，当时奥托·冯·盖里克（Otto von Guericke）制造了第一台摩擦发电机。18 世纪，Coulomb 开始研究固定数量的静电。Benjamin Franklin 把静电和风暴联系起来。1832 年，Michael Faraday 发表了他关于电性同一性的实验结果，这份报告证明了用磁铁产生的电、电池产生的电和静电是一样的。静电的主要来源大多数是绝缘体和典型的合成材料，如乙烯树脂、塑料工作平台、绝缘鞋、成型的木制椅子、透明粘胶带、气泡袋和不直接接地的焊锡烙铁。这些来源产生的电位极高，因为它们的电荷不太容易分布在物体表面或者转移到其他物体。两个物体相互摩擦产生静电被称为摩擦电效应。

随着电子技术以及集成电路的发展，武器电子设备日趋小型化、多功能及智能化。然而高集成度的电路元件都可能因静电电场和静电放电（electrostatic discharge，ESD）引起失效，导致电子设备锁死、复位、数据丢失而影响设备正常工作，使设备可靠性降低，造成损坏，更严重的引发火工品意外爆炸，造成人员财产损失。因此武器装备的静电防护一直是装备防护领域的研究热点。

2.3.2　理论描述

静电效应（electrostatic effect），是指带电的物体靠近或者接触绝缘的导体时，因为在导体上产生电荷感应使导体带电的现象。发生在猫身上的静电效应如图 2-7 所示，由于猫的运动，摩擦电效应会在皮毛表面积聚静电，使聚苯乙烯泡沫塑料粘在猫的皮毛上。电荷的电场由于静电感应而导致聚苯乙烯泡沫塑料分子极化，从而导致轻质塑料片对带电毛发的轻微吸引，这种效果也是衣服上静电附着的原因。

图 2-7 发生在猫身上的静电效应

静电是材料表面或内部电荷的不平衡结果，电荷一直保持到能够通过电流或放电耗散为止。静电与电流不同，电流通过电线或其他导体传递能量。静电学涉及由于与其他表面接触而在物体表面积聚电荷。尽管电荷交换发生在任何两个表面接触和分离的时候，但电荷交换的效果通常只有在其中至少一个表面对电流有高电阻时才被注意到。这是因为转移的电荷被困在那里，有足够长的时间来观察它们的影响。然后，这些电荷会留在物体上，直到它们流到地面或被放电迅速中和。例如，常见的静电“冲击”现象是由于人体内与绝缘表面接触而积聚的电荷被中和而引起的。

物质是由原子组成的，原子通常是电中性的，因为它们含有等量的正电荷（原子核中的质子）和负电荷（原子核周围“壳层”中的电子）。静电效应要求正负电荷分离，当两种物质接触时，电子可能从一种物质移动到另一种物质，这使得一种物质上的正电荷过剩，另一种物质上的负电荷过剩。当物质分离时，它们保持电荷不平衡。静电效应是由电荷相互作用而产生的，这种力用库仑定律来描述。尽管静电感应力似乎相当弱，但一些静电力，如电子和质子之间的静电力，加在一起构成一个氢原子，比它们之间的引力强约 36 个数量级。

电荷的吸引和排斥是自然界中三种基本的非接触力之一，其他两者是磁力和重力。库仑定律规定：“两点电荷之间的静电引力或斥力的大小与电荷大小的乘积成正比，与电荷之间距离的平方成反比。”力沿着连接它们的直线。如果两个电荷有相同的符号，它们之间的静电力是排斥的；如果它们有不同的符号，它们之间的力是吸引的。

如果两个电荷之间的距离是 r，那么两个电荷（带电量为 Q、q）之间的库仑力为

$$F = \frac{1}{4\pi\varepsilon_0}\frac{qQ}{r^2} = k_0\frac{qQ}{r^2} \tag{2-13}$$

式中，ε_0是真空介电常数，或者是自由空间的介电常数：

$$\varepsilon_0 \approx \frac{10^{-9}}{36\pi}\ \mathrm{C^2N^{-1}m^2} \approx 8.854\ 187\ 817 \times 10^{-12}\ \mathrm{C^2N^{-1}m^2} \tag{2-14}$$

式中，ε_0的国际单位是 $\mathrm{A^2s^4kg^{-1}m^{-3}}$或者 $\mathrm{Fm^{-1}}$，式（2-13）中常数 k_0的值为

$$k_0 = \frac{1}{4\pi\varepsilon_0} \approx 8.987\ 551\ 787 \times 10^9\ \mathrm{Nm^2C^{-2}} \tag{2-15}$$

单个质子的电荷为 e，单个电子的电荷为 $-e$，其中 e 的值为

$$e \approx 1.602\,176\,565 \times 10^{-19}\ \mathrm{C} \tag{2-16}$$

电场 $\boldsymbol{E}$，单位为牛顿每库仑（N/C）或伏特每米（V/m），是一个可以在任何地方定义的矢量场，除了在点电荷的位置（它发散到无穷远的地方）外。它被定义为根据库仑定律在一点上假设的小的试验电荷上的静电力 $\boldsymbol{F}$ 除以电荷 q：

$$\boldsymbol{E} = \frac{\boldsymbol{F}}{q} \tag{2-17}$$

电场线有助于可视化电场。场线以正电荷开始，以负电荷结束。它们与每个点上的电场方向平行，这些场线的密度是任何给定点上电场大小的量度。若考虑一组有 N 个所带电荷为 Q_i 的粒子，位于 r_i 点（称为源点），$\boldsymbol{r}$ 处（称为场点）的电场为[5]

$$\boldsymbol{E}(\boldsymbol{r}) = \frac{1}{4\pi\varepsilon_0}\sum_{i=1}^{N}\frac{\boldsymbol{R}_i Q_i}{\|\boldsymbol{R}_i\|^2} \tag{2-18}$$

式中，$\boldsymbol{R}_i = \boldsymbol{r}_i - \boldsymbol{r}$ 是源点 $\boldsymbol{r}_i$ 到场点 $\boldsymbol{r}$ 的矢量位移，是指示场方向的单位矢量。对于源点的单点电荷，这个电场的大小为 E，远离电荷的方向为正。力（以及由此产生的场）可以通过对单个源粒子的所有贡献求和来计算，这是叠加原理的一个例子。电荷分布产生的电场由体积电荷密度 p 给出，通过将代数和转换为三重积分来获得。

高斯定律指出：在电场中画出的任何形状的自由空间中，通过任何闭合表面的总电流与表面所包围的总电荷成正比。数学上，高斯定律采用积分方程的形式：

$$\oint_S = \boldsymbol{E} \cdot \mathrm{d}\boldsymbol{A} = \frac{1}{\varepsilon_0}Q_{\mathrm{enclosed}} = \int_V \frac{\rho}{\varepsilon_0} \cdot \mathrm{d}^3 r \tag{2-19}$$

式中，$\mathrm{d}^3 r = \mathrm{d}x\mathrm{d}y\mathrm{d}z$ 为体积单元。散度定理允许高斯定律以微分形式书写：

$$\nabla \cdot E = \frac{\rho}{\varepsilon_0} \tag{2-20}$$

式中，∇ 为散度算符。式（2－20）是泊松方程的一种形式。在没有电荷的情况下，该方程式成为拉普拉斯方程式：

$$\nabla \cdot E = 0 \tag{2-21}$$

电子可以在接触的材料之间交换；电子结合较弱的材料往往失去电子，而电子结合较强的材料往往获得电子。这被称为摩擦电效应，导致一种材料带正电，另一种材料带负电。材料分离后电荷的极性和强度取决于它们在摩擦电系中的相对位置。摩擦电效应是日常生活中观察到的静电的主要原因，在科学演示中，摩擦电效应涉及将不同的材料在一起摩擦（例如，毛发与丙烯酸棒摩擦）。接触引起的电荷分离会使你的头发站起来，并导致“静电粘着”（例如，一个气球摩擦到头发上就会带上负电荷；当靠近墙壁时，带电的气球会被吸引到墙上带正电荷的粒子上，并且可以“粘着”它，看起来像是在重力作用下悬浮着）。现阶段，对于介质之间接触传电的机理，有两种代表性理论[6]：高能态电子理论与接触电势差理论。高能态电子理论认为介质表面存在着两种高低不同能态的电子，两介质之间的接触会捕获对方表面的高能态电子从而导致接触传电。该理论常用于解释同种介质之间的接触传电机理。本节采用高能态电子理论建立群集带电微尘间的电荷动态转移模型。对于含有 N 个半径为 r_i（$i=1, 2, 3, \cdots, N$）微尘的群集，假定任意微尘颗粒表面的高能态电子密度为 ρ_0，则微尘 i 的平均带电量 Q_i 可表示为

$$Q_i = -4\pi\rho_0\left(\frac{1}{N-1}\sum_{j=1,j\neq i}^{N} r_j^2 - r_i^2\right) \tag{2-22}$$

而接触电势差理论是基于热动力学平衡和能带理论，认为接触物体间的电子转移会使它们的电化学电势（费米能级）处于同一水平上，可以解释不同介质间的传电效应。通过计算两介质间的接触电势差（与接触介质成分有关）和接触电容，即可求得两介质间的接触传电量。接触电势差可用两者逸出功之差表示：

$$V_C = (W_A - W_B)/e \tag{2-23}$$

式中，W_A、W_B为相互接触的两个介质的逸出功。

2.3.3 典型应用

1. 静电发电机

范·德·格拉夫发电机（Van de Graaff generator）是一种静电发电机，通过一个移动的皮带在绝缘柱顶部的空心金属球体上不断积累电荷，从而产生非常高的电势。它在低电流水平下产生非常高的直流电。它是1929年由美国物理学家罗伯特·范·德·格拉夫发明的[7]。一个桌面版本可以产生约10万V的电压，并能储存足够的能量产生可见的火花。范·德·格拉夫利用光滑和粗糙的表面，使导体和绝缘体产生巨大的静电，从而产生巨大的电压。实际的限制是因为大电场极化并最终电离周围的物质，产生自由电荷，中和多余的电荷或使其逃逸。尽管如此，电压仍可以达到1 500万V。

图2-8为范·德·格拉夫发电机，它向尖端导体不断提高正电荷，尖端导体将电荷喷射到靠近底部的移动绝缘带上。大球体顶部的尖导体吸收电荷。电荷不留在导电球体内部，而是移动到其外表面。粒子束范·德·格拉夫加速器通常采用串联结构：在一端向高电位终端注入带负电荷的离子，在高电位终端受到吸引力而加速；当粒子到达终端时，它们会被剥离一些电子，使其带正电荷，然后受远离终端的斥力而加速。

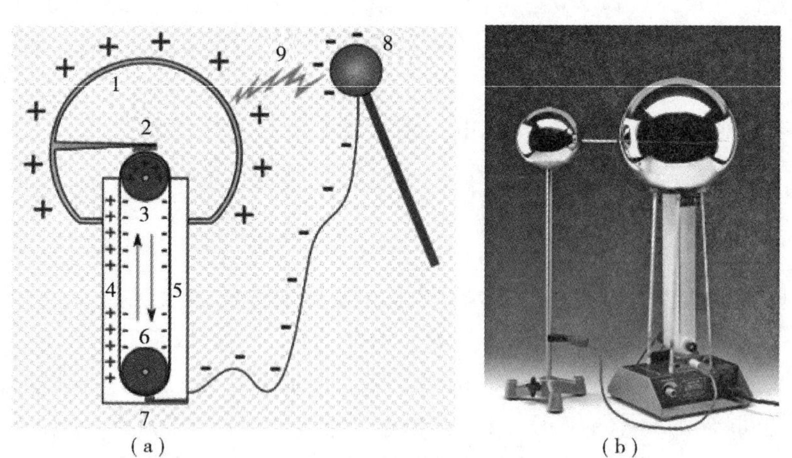

图2-8 范·德·格拉夫发电机

（a）结构图；（b）实物图

1—空心金属球；2—上电极；3—上辊（例如亚克力玻璃）；4—带正电荷的皮带侧面；5—皮带的另一侧带（负电荷）；6—下辊（金属）；7—下电极（接地）；8—带负电荷的球形器件；9—电位差产生的火花

2. 静电透镜

静电透镜（electrostatic lens）是一种有助于传输带电粒子的装置。例如，它可以将从样品中发射的电子引导到电子分析仪，类似于光学透镜在光学仪器中协助光传输的方式。静电透镜系统的设计方法与光学透镜相同，因此静电透镜容易放大或收敛电子轨迹。静电透镜也可用于聚焦离子束，制造用于照射单个细胞的微束[8]。

静电透镜有很多种类，包括柱面透镜、四极透镜、磁透镜等，下面主要介绍柱面透镜。如图2－9所示，柱面透镜由几个侧面为薄壁的柱面组成，每个圆柱线平行于电子进入的光轴。圆筒之间有小间隙。当每个气缸有不同的电压时，气缸之间的间隙起到透镜的作用。通过选择不同的电压组合可以改变放大倍数。虽然两个柱面透镜的放大倍数可以改变，但这种操作也改变了焦点。3个圆柱透镜在保持物体和图像位置的同时实现了放大倍数的变化。虽然电压必须随电子动能的变化而变化，但当光学参数不变时，电压比保持不变。当带电粒子处于电场中时，力作用于它。粒子越快，累积的冲量就越小。对于准直光束，焦距为初始脉冲除以透镜累积（垂直）脉冲，这使得单个透镜的焦距是带电粒子速度的二阶函数。圆柱透镜由散焦透镜、聚焦透镜和第二散焦透镜组成，其折射率之和为零。但是由于透镜之间有一定的距离，电子产生3个转角，并在离轴较远的位置撞击聚焦透镜，从而以更大的强度穿过。这种间接作用说明了一个事实，即产生的折射率是单个透镜折射率的平方。

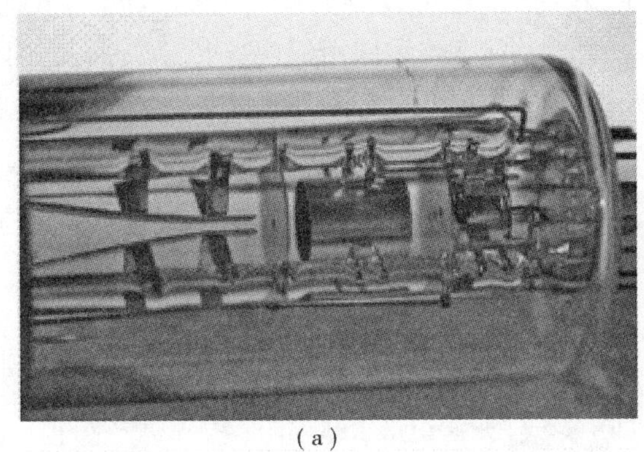

（a）

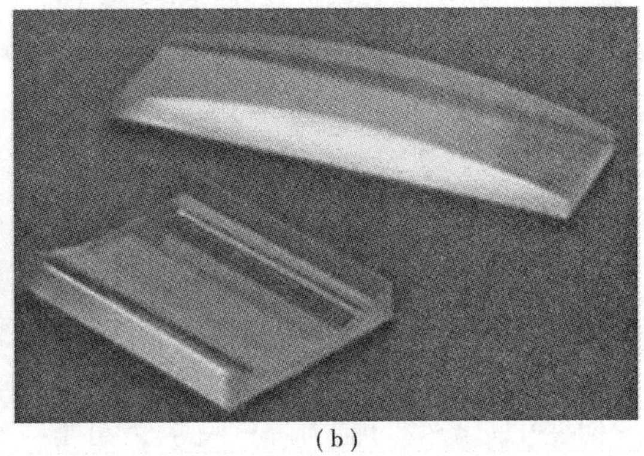

（b）

图2－9　柱面透镜

（a）电子枪中的圆柱透镜；（b）常见的柱面透镜

3. 静电执行器

MEMS静电执行器具有响应速度快、功耗较低以及与集成电路标准工艺兼容的优点。MEMS静电执行器包括梳齿状执行器、微型泵、喷墨打印机喷头、RF开关和真空谐振器（图2－10）。由于其设计和工艺的简单性以及与集成电路工艺集成以形成单芯片系统的便利性，静电力与结构力之间存在对应关系，即由于多种物理场（例如应力场和电场）的耦合而产生的机电耦合效应，并且由于系统是非线性的，因此通常会导致吸合不稳定性，这会导致故障，包括粘着、磨损、电介质老化。

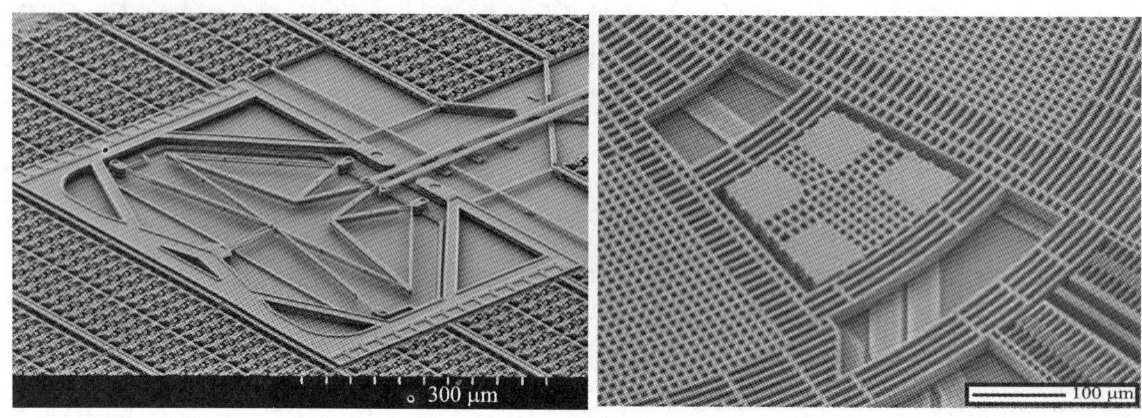

图 2 – 10　MEMS 静电执行器

2.4　热　效　应

热效应是指在一定温度下，体系在变化过程中放出或吸收热量。由于热量可以改变材料结构，引发热应力，也可以改变材料的自身属性如电阻，还可以将热能转化为电能。因此，热效应在生活、工业、军事方面有广泛的应用。例如，用热敏元件组成温度传感器探测作为火灾预警；利用热电器件采集来自战斗机发动机和电动机的热量。本节将主要介绍热应力效应、热电阻效应和热电效应。

2.4.1　热应力效应

热应力（thermal stress）效应是指温度改变时，物体由于外在约束以及内部各部分之间的相互约束，使其不能完全自由胀缩而产生的应力，又称变温应力。热应力是材料温度发生任何变化而产生的应力。这些应力可能导致断裂或塑性变形，具体取决于加热的其他变量，包括材料类型和约束[5]。热膨胀或收缩、温度梯度及热冲击都可能导致热应力效应。这种效应很大程度上取决于材料的热膨胀系数。一般来说，温度变化越大，可能出现的应力水平就越高。温度的快速变化会导致热冲击，导致开裂或破碎。焊接实例涉及金属的加热和冷却，这是热膨胀、热收缩和温度梯度的组合。经过一个完整的加热和冷却循环后，金属在焊缝周围留下残余应力。

1. 热膨胀与热收缩

当温度升高时，原子的动能增加，原子振动并运动，原子的平均位置移得越远，从而导致热膨胀，即热膨胀的振动起源。热膨胀是物质随温度变化而改变其形状、面积和体积的趋势。温度是物质平均分子动能的单调函数。当一种物质被加热时，其分子的动能增加。因此，分子开始振动/移动更多，通常保持更大的平均位置移动量。随着温度升高而收缩的材料是不常见的；这种影响在尺寸上是有限的，并且只在有限的温度范围内发生，如

图2-11所示。相对膨胀（也称为应变）除以温度的变化称为材料的热膨胀系数，通常随温度而变化。

许多材料在一定的温度范围内加热收缩，这通常被称为负热膨胀，而不是“热收缩”。例如，当水冷却到3.983 ℃时，水的热膨胀系数降至零，然后在这个温度以下变成负值。这意味着在这个温度下水具有最大密度。在18～120 K的温度范围内，相当纯的硅具有负的热膨胀系数。

图2-11 热收缩现象

与气体或液体不同，固体材料在经历热膨胀时往往保持其形状。热膨胀一般随着键能的增加而减小，这对固体的熔点也有影响，因此，高熔点材料更容易有较低的热膨胀。一般来说，液体的膨胀略大于固体。在玻璃态转变温度下，非晶材料中发生的重排导致热膨胀系数和比热容的特性不连续。这些不连续性使得我们能够检测到玻璃态转变温度，在这种温度下，过冷液体转变为玻璃态。水（或其他溶剂）的吸收或解吸可改变许多常见材料的尺寸；许多有机材料由于这种影响而改变的尺寸远远大于热膨胀。长期来看，普通塑料在水中的膨胀率可达百分之几。

热膨胀系数描述了物体的大小是如何随着温度的变化而变化的。具体地说，它测量在恒定压力下温度变化造成的尺寸变化。已经开发了几种类型的系数：体积系数、面积系数和线性系数。系数的选择取决于具体的应用和哪些维度被认为是重要的。对于固体，人们可能只关心沿长度或某个区域的变化。体积热膨胀系数是最基本的热膨胀系数，与流体关系最密切。一般来说，物质在温度变化时膨胀或收缩，膨胀或收缩发生在各个方向。在各个方向以相同速率膨胀的物质称为各向同性物质。对于各向同性材料，面积和体积热膨胀系数分别是线性热膨胀系数的2倍和3倍。

在气体、液体或固体的一般情况下，热膨胀的体积系数由式（2-24）给出：

$$\alpha = \alpha_V = \frac{1}{V}\left(\frac{\partial \alpha}{\partial V}\right)_p \tag{2-24}$$

式中，下标p表示在膨胀过程中压力保持不变；下标V强调的是体积膨胀（不是线性）。在气体的情况下，压力保持恒定这一事实很重要，因为气体的体积将随压力和温度而显著变化。对于低密度气体，这可以从理想气体定律中看出。

热应力在冷热条件下产生，易受温度影响的结构，如道路、建筑物、铁路轨道以及固定在刚性位置的梁或板材料，固定的位置使材料难以产生膨胀或收缩，从而产生热应力。长梁结构可能具有局部热效应，因为一个截面被弯曲或扭曲而另一个截面保持相对完整并不罕见。杨氏模量是用来说明物体受简单拉伸或压缩时的力或应力，当一个物体被拉时，就会产生张力；当一个物体被压时，就会产生压缩。工程师给出的弹性模量符号E随材料而变化，而不是随着材料形状或大小改变。以国际单位制表示，钢的杨氏模量为$200 \times 10^9\ \text{N/m}^2$，

混凝土为 $20\times10^9\ \mathrm{N/m^2}$，砖为 $14\times10^9\ \mathrm{N/m^2}$。

材料的膨胀或收缩取决于材料的热膨胀系数。只要材料可以自由移动，材料就可以自由膨胀或收缩而不产生应力。一旦这种材料一端附着在一个刚体上，就会产生热应力。在计算热膨胀时，有必要考虑物体是自由膨胀还是受约束。如果物体自由膨胀，则可以通过使用热膨胀系数来简单地计算由温度升高引起的膨胀或应变。如果物体受约束而无法膨胀，则内部压力将由温度变化引起（或改变）。通过以弹性或杨氏模量为特征的应力-应变关系，可以通过考虑物体自由扩张时可能发生的应变以及将该应变降低至零所需的应力来计算该应力。在固体材料的特殊情况下，外部环境压力通常不会明显影响物体的尺寸，因此通常不必考虑压力变化的影响。

对于长度很大的固体材料（例如棒或电缆），可以通过材料应变描述热膨胀量的估算值，该应变由 $\varepsilon_{\mathrm{thermal}}$ 表示，定义为

$$\varepsilon_{\mathrm{thermal}} = \frac{(L_{\mathrm{final}} - L_{\mathrm{initial}})}{L_{\mathrm{initial}}} = \frac{\Delta L}{L_{\mathrm{initial}}} \tag{2-25}$$

式中，L_{initial} 为温度变化之前的长度；L_{final} 为温度变化后的长度。对于大多数固体，热膨胀与温度变化成正比。因此，可以通过以下方式估算应变或温度的变化：

$$\varepsilon_{\mathrm{thermal}} = \alpha\Delta T \tag{2-26}$$

式中，α 为热膨胀系数；ΔT 为温度变化。因此材料的热应力为

$$\sigma_{\mathrm{thermal}} = E\alpha\Delta T \tag{2-27}$$

式中，E 为材料的杨氏模量。例如有一均匀受热的钢管，长度为 L，初始温度为 t_0，当对钢管进行升温处理，使其温度升高至 t 时，钢管将在长度方向进行膨胀，其相对初始长度 L 的膨胀量为

$$\Delta L = \alpha L(t - t_0) = \alpha L\Delta t \tag{2-28}$$

式中，α 为钢棒的线膨胀系数，会随着材质和温度的改变而产生一定的变化，单位为$℃^{-1}$。在温度为 20~200 ℃时，若钢管材质为碳钢，则 $\alpha = 1.2\times10^{-5}℃^{-1}$。

若上述钢管处于两端固定的状态，使钢管在受热情况下无法伸长，同时也无法产生弯曲变形，此时钢管的膨胀变形被限制。在这种情况下，相对应地在钢管内部产生了压缩应力。换句话说，就是钢管在受热情况下，本应该伸长 ΔL，但由于外部约束的存在，受热后钢管的长度保持不变，仍为初始值 L。相当于钢管在受热之后受到了来自外部约束的一轴向压力 p，轴向压力 p 作用于钢管上，使钢管产生了与钢管受热膨胀量相等的轴向压缩量。

如果上述的变形均为弹性范围的变形，则有

$$\Delta L = \frac{pL}{EA} = \alpha L\Delta t \tag{2-29}$$

$$p = \alpha E\Delta tA \tag{2-30}$$

$$\sigma_t = \frac{p}{A} = \alpha E\Delta t \tag{2-31}$$

式中，σ_t 为压缩热应力，是由钢管轴向被限制而产生的；E 为钢棒的弹性模量；L、A 分别为钢管的长度和横截面积。同理，如果钢管长度（x 方向）和半径（y 方向）均受到约束，则有

$$\sigma_x = \sigma_y = \frac{\alpha E \Delta t}{1 - \mu} \quad (2-32)$$

式中，σ_x和σ_y分别为x方向和y方向受到约束所产生的压缩热应力；μ为钢管的泊松比。同理，如果在x方向和y方向以及在半径平面内与y方向相垂直的z方向均受到约束，则有

$$\sigma_x = \sigma_y = \sigma_z = \frac{\alpha E \Delta t}{1 - 2\mu} \quad (2-33)$$

2. 温度梯度

当材料被快速加热或冷却时，表面和内部的温度会有差异。快速加热或冷却会导致局部区域的热膨胀或收缩，这种材料的局部运动会引起热应力。想象一下加热一个圆柱体，首先表面温度升高，中心保持初始温度不变。一段时间后，中心将达到与表面相同的温度。在加热过程中，表面相对较热，会比中心膨胀更多。这方面的一个例子是牙齿填充物会在人的口腔中引起热应力。有时牙医使用的牙填料的热膨胀系数与牙釉质不同，填料的膨胀速度会比牙釉质快，会引起口腔疼痛。

实际上温度梯度是一种物理量，它描述了在某一特定位置周围温度变化最快的方向和速度。温度梯度是单位长度上以摄氏度为单位（在特定的温度标度上）表示的量纲。国际单位制是开尔文每米（K/m）。大气温度梯度在大气科学（气象学、气候学及相关领域）中具有重要意义。假设温度$\boldsymbol{T}$是一个密集量，即三维空间（通常称为标量场）的单值连续可微函数，即

$$\boldsymbol{T} = \boldsymbol{T}(x, y, z) \quad (2-34)$$

其中x、y和z是可任意指定的坐标系，那么温度梯度是矢量，定义为

$$\nabla \boldsymbol{T} = \left(\frac{\partial T}{\partial x}, \frac{\partial T}{\partial y}, \frac{\partial T}{\partial z}\right) \quad (2-35)$$

3. 热冲击

热冲击是一种快速瞬变的机械载荷。根据定义，它是由某一点的温度快速变化引起的机械负荷。它也可以扩展到热梯度的情况，热梯度使物体的不同部分膨胀不同的量。这种膨胀差可以更直接地理解为应变，而不是应力。在某些时候，这种应力会超过材料的抗拉强度，从而导致裂纹的形成。如果没有什么能阻止裂纹在材料中传播，它将导致物体的结构失效。

热冲击也是一个大的温度梯度和脆性材料的快速温度变化的结合。温度的变化会在受拉表面产生应力，从而促进裂纹的形成和扩展。陶瓷材料通常容易受到热冲击。一个例子是玻璃被加热到高温，然后在冷水中快速淬火。随着玻璃温度的迅速下降，会产生应力，导致玻璃体内出现裂缝，在某些情况下，这些裂缝甚至会碎裂。硼硅酸盐玻璃由于具有较低的膨胀系数和较高的强度而比大多数其他玻璃更能承受热冲击，尽管熔融石英在这两方面都优于它。一些玻璃陶瓷材料，主要有锂铝硅酸盐，具有负膨胀系数，可以在相当宽的温度范围内将总系数降低到几乎完全为零。

最好的热机械材料有氧化铝、氧化锆、钨合金、氮化硅、碳化硅、碳化硼和一些钢。由于石墨具有极高的热导率和低膨胀系数，碳纤维具有较高的强度，因此增强碳纤维具有极强的抗热震性。为了测量热冲击，脉冲激励技术被证明是一种有用的工具，它可以无损地测量杨氏模量、剪切模量、泊松比和阻尼系数。同一试件可以在不同的热冲击循环后测量，这样就可以表征出物理性能的下降。

4. 典型应用

热效应最典型的应用是作为温度传感器和电热执行器。例如湖南大学谭俊彦教授团队提出了一种通过 COMS MEMS 工艺制造的微机械单晶硅压阻温度传感器[9]。温度传感器的设计基于多层悬臂梁和双金属效应的结构。如图 2－12 所示，该温度传感器构造为 4 个多层悬臂，并通过表面单晶 CMOS MEMS 工艺制造。多层悬臂的底层和顶层分别是单晶硅和铝，Si_3N_4/SiO_2复合层位于硅和铝之间。硅层通过离子注入的方式形成压阻元件。压阻温度传感器的热响应归因于硅、Si_3N_4/SiO_2和 Al 材料的不同热膨胀系数。由于多层结构内的材料之间的热膨胀系数不匹配，因此当温度变化时会产生热应力。在应力的作用下，随着温度的降低或升高，悬臂向上或向下弯曲。由于压阻效应，应变影响压阻器的电阻率，感测温度变化并将其转换为电阻变化。测试结果表明，－40～60 ℃，传感器的灵敏度为－27.9 mV/℃，100 Ω/℃；－90～60 ℃，传感器的灵敏度为 7.4 mV/℃，400 Ω/℃。该温度传感器具有较低的工作温度（低至－90 ℃）、较小的体积（小于 1 mm^3）和低热容量，可用于极地军事装备和军事无线电探空仪。

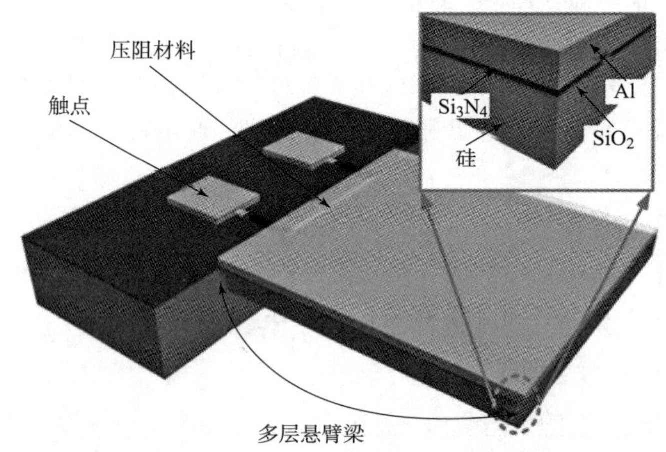

图 2－12　多层悬臂结构的压阻式温度传感器

MEMS 热执行器是通过热膨胀放大来产生运动的微器件。器件的一少部分热膨胀转化为整个器件的大量挠曲。其通常由掺杂的单晶硅或多晶硅作为柔性执行器衬底，温度的升高可以通过电阻加热或能够局部引入热量的热源实现。

2.4.2　热电阻效应

1. 基本原理

热电阻（thermistor）就是某些导体或半导体在温度上升时，电阻呈有规律的上升或者下降，根据这个特性，将其用耐热陶瓷封装起来，这个电阻便具有温度测量的功能。该电阻又称热敏电阻。热敏电阻是电阻的一种类型，其电阻取决于温度，其具有两种相反的基本类型。

负温度系数（negative temperature coefficient，NTC）热敏电阻：电阻会随着温度升高而降低。NTC 热敏电阻通常用作温度传感器或与电路串联用作浪涌电流限制器。

正温度系数（positive temperature coefficient，PTC）热敏电阻：电阻会随着温度的升高

而增加。PTC 热敏电阻通常与电路串联安装，并作为可重置保险丝用于防止过流情况。

热敏电阻通常使用粉末状金属氧化物生产。通过在过去 20 年中大幅改进的工艺和制备技术，NTC 热敏电阻现在可以在 0 ~ 70 ℃温度范围内实现 ±0.1 ℃或 ±0.2 ℃的测量精度，并具有出色的长期稳定性。NTC 热敏电阻元件有多种样式，如轴向引线玻璃封装、玻璃涂层芯片、裸露或绝缘导线的环氧树脂涂层以及表面涂层，如图 2-13 所示。尽管某些玻璃体热敏电阻的最高工作温度为 300 ℃，但热敏电阻的典型工作温度范围为 -55 ~ 150 ℃。

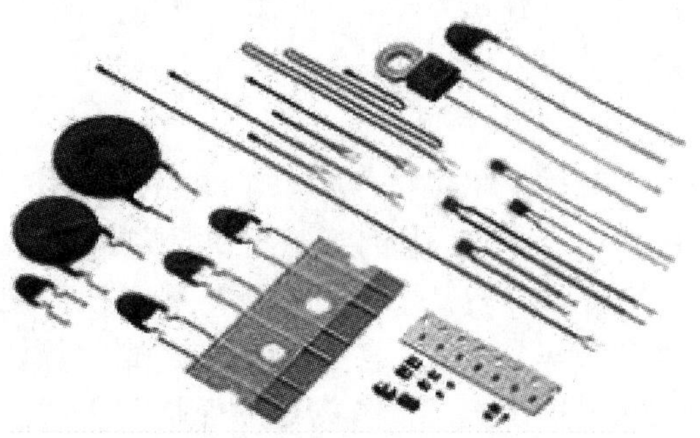

图 2-13　各种封装的热敏电阻

热敏电阻与电阻温度检测器（resistance temperature detectors，RTD）的不同之处在于，热敏电阻中使用的材料通常是陶瓷或聚合物，而 RTD 使用纯金属。温度响应也不同。RTD 在较大的温度范围内很有用，而热敏电阻通常会在有限的温度范围内（通常为 -90 ~ 130 ℃）达到更高的精度[10]。

假设作为一阶近似，电阻和温度之间的关系是线性的，则

$$\Delta R = k\Delta T \tag{2-36}$$

式中，ΔR 为电阻变化；ΔT 为温度变化；k 为电阻的一阶温度系数。根据 k 的符号，热敏电阻可分为两种类型。如果 k 为正，则电阻会随着温度的升高而增加，因此该设备称为 PTC 热敏电阻。如果 k 为负，则电阻随温度升高而减小，该器件称为 NTC 热敏电阻。非热敏电阻的电阻设计为 k 尽可能接近 0，以便在宽温度范围内其电阻几乎保持恒定。有时使用电阻的温度系数 α_T 代替温度系数 k。它被定义为

$$\alpha_T = \frac{1}{R(T)}\frac{\mathrm{d}R}{\mathrm{d}T} \tag{2-37}$$

在实际设备中，上述线性近似模型仅在有限的温度范围内才是准确的。在更宽的温度范围内，更复杂的电阻-温度传递函数可以更能准确地表征性能。Steinhart-Hart 方程是一种广泛使用的三阶近似：

$$\frac{1}{T} = a + b\ln R + c(\ln R)^3 \tag{2-38}$$

式中，a、b 和 c 称为 Steinhart-Hart 参数，必须为实验测量；T 为绝对温度；R 为电阻。为了给出作为温度函数的电阻，可以求解 $\ln R$ 中的上述三次方程，其真根由式（2-39）给出：

$$\ln R = \frac{b}{3cx^{1/3}} - x^{1/3} \tag{2-39}$$

其中，

$$\begin{aligned} y &= \frac{1}{2c}\left(a - \frac{1}{T}\right) \\ x &= y + \sqrt{\left(\frac{b}{3c}\right)^3 + y^2} \end{aligned} \tag{2-40}$$

在 200 ℃范围内进行温度测量时，Steinhart-Hart 方程的误差通常小于 0.02 ℃。例如，

在室温（25 ℃）下，电阻为 3 kΩ 的热敏电阻的典型值为：$a = 1.40 \times 10^{-3}$，$b = 2.37 \times 10^{-4}$，$c = 9.90 \times 10^{-8}$。

2. 典型应用

热敏电阻也可作为电子线路元件用于仪表线路温度补偿和温差电偶冷端温度补偿等。利用 NTC 热敏电阻的自热特性可实现自动增益控制，构成 RC 振荡器稳幅电路、延迟电路和保护电路。在自热温度远大于环境温度时阻值还与环境的散热条件有关，因此在流速计、流量计、气体分析仪、热导分析中常利用热敏电阻这一特性，制成专用的检测元件。PTC 热敏电阻主要用于电气设备的过热保护、无触点继电器、恒温、自动增益控制、电机启动、时间延迟、彩色电视自动消磁、火灾报警和温度补偿等方面。随着近代军事技术，特别是空间技术的发展，对热敏电阻器除了要求高可靠、长寿命、超高温和超低温外，还需要灵敏度更高、不需致冷、性能优良的测辐射功率的热敏器。

2.4.3 热电效应

热电效应（thermoelectric effect）是将温度差直接转换为电压或者将电压直接转换为温度差的现象。在日常生活的测量尺度上，当两侧温度不同时，热电设备会产生电压。相反，当对其施加电压时，会产生温度差。在原子尺度上（特别是电荷载流子），施加的温度差会导致材料中的带电载子（无论是电子还是空穴）从热侧扩散到冷侧，类似于经典气体在加热时会膨胀。因此，热量激发了电流。该效应可用于发电、测量温度、冷却或加热物体等。因为加热和冷却的方向取决于所施加电压的符号，所以热电设备使温度控制器变得非常方便。

传统上，术语“热电效应”包含三个分别确定的现象，称为塞贝克效应（Seebeck effect）、珀耳帖效应（Peltier effect）和汤姆森效应（Thomson effect）。在许多教科书中，热电效应也可以称为珀耳帖－塞贝克效应（Peltier－Seebeck effect）。焦耳加热是在电阻材料上施加电压差时产生的热量，通常不被称为热电效应，这是因为珀耳帖－塞贝克效应和汤姆森效应是热力学可逆的，而焦耳加热则不可逆。

1. 塞贝克效应

塞贝克效应是在整个温度梯度上积累的电势。1821 年，德国物理学家托马斯·约翰·塞贝克（Thomas Johann Seebeck）发现，在两种金属 A 和 B 组成的回路中，如果使两个接触点的温度不同，则罗盘针产生偏移。这是因为金属对温差的响应不同，产生电流环路，从而产生磁场。然而，塞贝克此时并未意识到其中涉及电流，因此他将这种现象称为热磁效应，认为这两种金属会因温度梯度而发生磁极化。直到丹麦物理学家汉斯·克里斯蒂安·厄斯特（Hans Christian Orsted）纠正了这一疏忽，并创造了“热电”一词。这种由两种导体组成的回路称为“热电偶”。

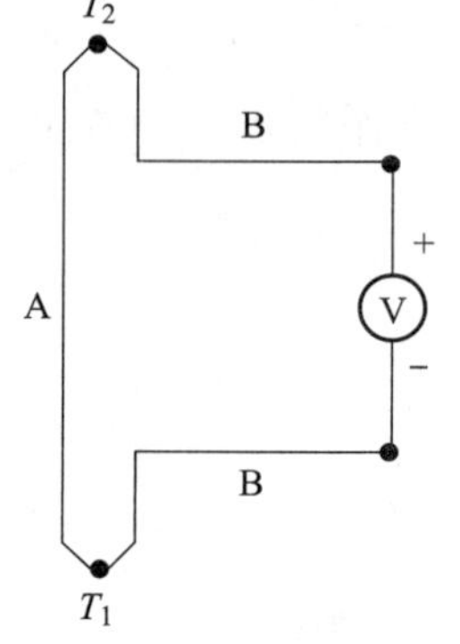

图 2－14 热电偶的电路

热电偶的电路如图 2－14 所示，所产生的电压可以从式（2－41）得出：

$$V = \int_{T_1}^{T_2} (S_B(T) - S_A(T))\,dT \qquad (2-41)$$

式中，S_A和S_B为金属 A 和 B 的塞贝克系数（也称为热电功率或热功率），它是温度的函数；T_1和T_2是两个结点的温度。塞贝克系数是温度的非线性函数，取决于导体的绝对温度、材料和分子结构。如果塞贝克系数在所测温度范围内有效恒定，则式（2－41）可近似为

$$V = (S_B - S_A) \cdot (T_2 - T_1) \tag{2-42}$$

塞贝克效应通常用在一种热电偶的设备中可直接测量温度差或通过将一端设置为已知温度来测量绝对温度。几个串联的热电偶称为热电堆，有时会构造该热电偶以提高输出电压，因为在每对热电偶上感应的电压很小。这也是热二极管和热电发生器（例如放射性同位素热电发生器）的工作原理，这些二极管用于根据热差产生功率。

经过研究人员多年的研究，塞贝克效应归因于两个效应：电荷载流子扩散（charge carrier diffusion）和声子阻力（phonon drag），有兴趣的读者可以参考文献［11］。

材料的热功率或塞贝克系数表示该材料上因温差而产生的感应热电电压的大小。热功率的单位为伏/开尔文（V/K）。在实际中，每开尔文使用微伏特更为常见。好的热电材料的典型值为数百 μV/K（负或正）。施加的温度差会导致材料中带电的载流子（无论是电子还是空穴）从热侧扩散到冷侧，类似于经典气体在加热时会膨胀。迁移到冷侧的可移动带电载流子在热侧留下带相反电荷且不可移动的空穴，从而产生热电电压。由于电荷的分离也会产生电势，因此，由于平衡电场的作用，有相等数量的电荷载流子漂移回到热侧，因此电荷载流子在冷侧的积累最终停止在某个最大值。仅温度差的增加可以在冷侧恢复更多电荷载流子的积累，从而导致热电电压的增加。

材料的热功率由 S 表示，通常取决于材料的温度和晶体结构。通常，金属具有较低的热功率，因为大多数金属具有半填充带。电子（负电荷）和空穴（正电荷）都对感应的热电压有所贡献，因此抵消了彼此对该电压的贡献并使它变小。相反，半导体可以掺杂有过量的电子或空穴，因此取决于过量载流子的电荷，其热功率的正或负值可能较大。热电的符号可以确定在金属和半导体中，哪些带电载流子主导电传输。塞贝克效应是电动势（electromotive force，EMF）的经典示例，并以与其他任何 EMF 相同的方式产生可测量的电流或电压：

$$J = \sigma(-\Delta V + E_{emf}) \tag{2-43}$$

式中，ΔV 为局部电压；σ 为局部电导率。通常，塞贝克效应是通过产生的局部电动势来描述的：

$$E_{emf} = S\Delta T \tag{2-44}$$

如果系统达到稳定状态，即 $J=0$，则电压梯度仅由电动势给出：$\Delta V = S\Delta T$。这种不依赖于电导率的简单关系被用于热电偶中以测量温度差。通过在已知参考温度下执行电压测量可以找到绝对温度。如果将已知成分的金属探针保持在恒定温度下并与局部加热至探针温度的未知样品保持接触，则可以通过其热电效应对未知成分的金属进行分类。

2. 珀耳帖效应

这种效应由法国物理学家让－查尔斯·珀耳帖（Jean－Charles Peltier）于 1834 年发现，用于表述两种不同金属的结合处的电流的发热量。当使电流 I 流过电路时，热量在上部结点（在 T_2处）放出并在下部结点（在 T_1处）吸收，如图 2－15 所示。每单位时间下部结点吸收的珀耳帖热量 Q_c等于

$$Q_c = \Pi_{AB} I = (\Pi_B - \Pi_A) I \tag{2-45}$$

式中，Π_{AB}为整个热电偶的珀耳帖系数；Π_A 和 Π_B 为每种材料的珀耳帖系数。释放的总热量 Q_h并非仅由珀耳帖效应决定，也可能受焦耳热和热梯度效应的影响。p 型硅通常具有正的珀耳帖系数（尽管不大于 550 K），n 型硅通常具有负珀耳帖系数。

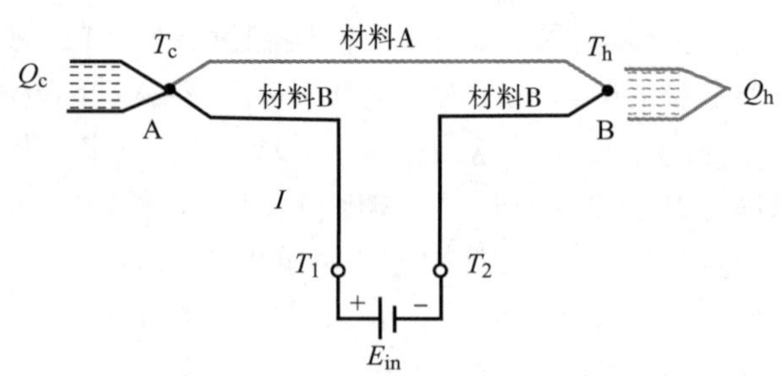

图 2－15　珀耳帖效应示意图

珀耳帖系数表示通过给定材料的每单位电荷携带多少热量。由于跨结点的充电电流必须是连续的，因此，如果 Π_A 和 Π_B 不同，则相关的热流将不连续。这会导致结点处的非零散度，因此热量必须在结点处积聚或耗尽，具体取决于电流的符号。珀耳帖效应可以看作塞贝克效应的反对应物（类似于磁感应中的反电动势）：如果闭合简单的热电回路，则塞贝克效应将驱动电流，该电流始终将热量从热结点传递到冷结点。珀耳帖效应和塞贝克效应之间的密切关系可以从它们的系数之间直接联系：$\Pi = TS$。了解这种效应如何冷却结点的另一种方法是，当电子从高密度区域流向低密度区域时，它们会膨胀（与理想气体一样）并冷却。导体试图通过在一个接触点处吸收能量并在另一个接触点处释放能量来恢复施加电流之前存在的电子平衡。可以将单个对串联连接以增强效果。一个有趣的结果是，传热的方向是由电流的极性控制的。极性反转会改变传递方向，从而改变热量吸收/散发。

典型的珀耳帖热泵包括多个串联的结点，通过结点驱动电流。由于珀耳帖效应，某些结点会散热，而其他结点会发热。热电热泵利用这种现象，冰箱中的热电冷却装置也是如此。

3. *汤姆森效应*

汤姆森效应是由英国开尔文勋爵威廉·汤姆森于 1851 年预测并随后通过实验观察到的。它描述了具有温度梯度的载流导体的加热或冷却。该效应指出，两点之间温度差的任何载流导体（超导体除外）都会吸收或散发热量，具体取决于材料。如果电流密度 J 通过同质导体，则每单位体积产生的热量为

$$q = \rho J^2 - \mu J \frac{\mathrm{d}T}{\mathrm{d}x} \tag{2-46}$$

式中，ρ 为材料的电阻率；$\mathrm{d}T/\mathrm{d}x$ 为沿导线的温度梯度；μ 为汤姆森系数。第一项 ρJ^2 只是焦耳加热，不可逆；第二项是汤姆森热，当 J 改变方向时，它会改变符号。汤姆森系数 μ 可以通过式（2－47）求得：

$$\mu = T\mathrm{d}S/\mathrm{d}T \tag{2-47}$$

在诸如锌和铜等金属中，较热端的电势较高，而较冷端的电势较低，当电流从较热端移动到较冷端时，电流将从高电位移动到低电位，因此有热量的释放。这被称为正汤姆森效

应。在钴、镍和铁等金属中，较冷的一端处于较高的电位，而较热的一端处于较低的电位，当电流从较热的一端向较冷的一端移动时会有热量吸收，这称为负汤姆森效应。

4. 典型应用

塞贝克效应用于热电发电机中，将废热转换成额外的电能。如图 2－16 所示，西南大学的陆志松教授开发了商业织物的可穿戴式热电发电机，最大电压和功率输出分别为 10 mV 和 15 nW[12]，并在汽车中用作汽车热电发电机以提高燃料效率。热电发电机在弹药引信中也有广泛应用。太空探测器通常使用具有相同机理的放射性同位素热电发生器。

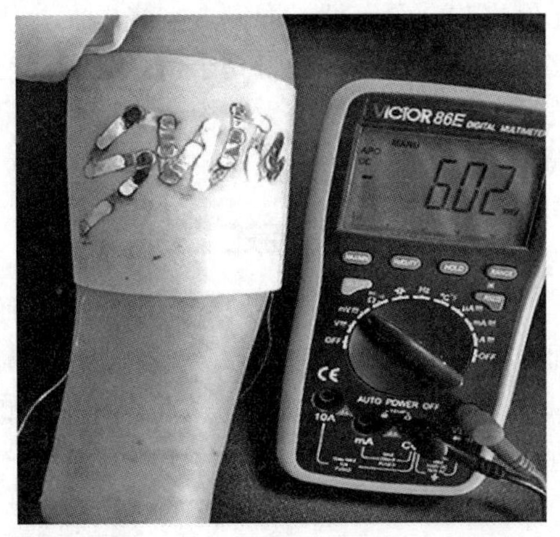

图 2－16　可穿戴式热电发电机实物图

热电偶和热电堆是利用塞贝克效应来测量两个物体之间的温差的设备。热电偶通常用于测量高温，保持一个结点的温度恒定或独立测量（冷结点补偿）。热电堆使用许多串联电连接的热电偶，用于非常小的温差的灵敏测量。

珀耳帖效应可用于设计小型紧凑的冷却系统。珀耳帖效应还被许多热循环仪使用，实验室仪器用于通过 PCR 中的样品循环加热与冷却。在军事上通常应用于军用电子器件的冷却。

2.5　光电效应

2.5.1　技术背景

在爱因斯坦之前，科学家已经观察到了这种效应，但是由于他们不完全了解光的本质，因此对这种效应感到困惑。1800 年，苏格兰物理学家 James Maxwell 和荷兰的 Hendrik Lorentz 确定，光似乎起着波的作用，通过观察光波如何显示出各种波（包括水中的波）所共有的干涉、衍射和散射，可以证明这一点。因此，爱因斯坦在 1905 年提出的论点是光也可以像粒子集一样起作用，这是革命性的，因为它不符合经典的电磁辐射理论。其他科学家在他之前假设了该理论，但爱因斯坦是第一个完全阐明该现象发生原因及其含义的人。例如，德国的 Heinrich Hertz 于 1887 年第一个发现光电效应（photoelectric effect）。他发现，当紫外线照射到金属电极上时，会产生电火花。1902 年，Philipp Lenard（Hertz 的前任助手）开展了工作，对光电效应进行了定量测量。1905 年，爱因斯坦发表论文《关于光的产生和转变的一个启发性观点》，给出了光电效应实验数据的理论解释，认为光子照射到物质表面，能量克服逸出功之后，转化为电子逃逸出来的初动能，而且光所拥有的能量与光的频率有关，呈正比关系。

由光电效应发射出来的电子叫作光电子。军用光电子技术是光电子技术在军事领域的应用。由于采用光电子技术的装备具有探测精度高、传递信息速度快、信息容量大、图像直观清晰、抗干扰和保密能力强等优点，因而在军事上得到了广泛应用。军用光电子技术在现代战争中已显示其特有的威力，成为发展高技术武器的主要基础性技术之一。目前，完全依靠电子技术实现的某些功能将随着光波导和光子技术的应用得以加强。光纤通信装备与技术和光子连接技术将更加成熟，光交换设备、光探测器和调制器将大大优化电子系统。这些光子元件将与电子元件一同制造在光电芯片上。其优点之一就是具有很高的输入/输出能力，能够处理大量信息，将来光子信息处理将有效地扩展和延伸到电子领域。微电子技术与光电子技术结合，将研制出大规模、多功能、高速化、大容量的光电子集成电路和高性能的半导体激光器，组成新型的光电集成系统。

2.5.2 理论描述

光电效应，是指在一定频率光子的照射下，物质内部的电子或其他自由载流子被激发出来形成电流的现象，以这种方式激发的电子可以称为光电子，如图 2－17 所示。

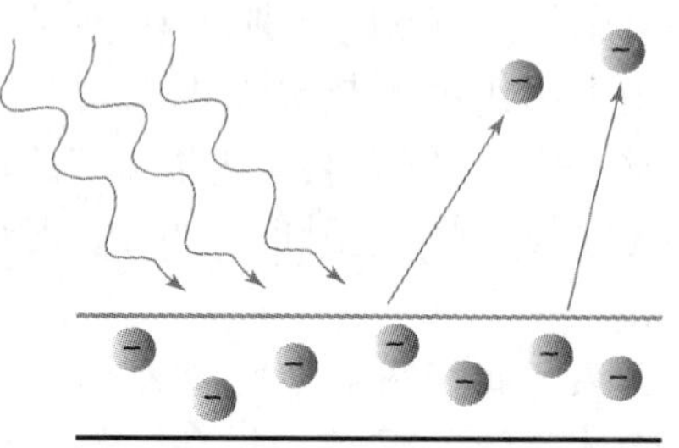

图 2－17　光电效应的理论模型

根据经典电磁理论，光电效应可以归因于能量从光子转移到电子，电子会吸收光子的能量，作为电子的动能。从这个角度可以预测，光强度的改变会导致从金属发射的电子动能的变化。根据这一理论，一个足够暗的光在其光的初始照射和随后的电子发射之间会显示一个时间差。但实验结果与经典理论的两种预测均不相关。相反，实验表明，只有当电子达到或超过阈值频率时，它才会被光撞击而移位。低于这个阈值，不管光的强度或曝光时间长短，都不会从材料中发射电子。因为一束高强度的低频光束不能像波那样连续地产生光电子那样积累所需的能量，爱因斯坦提出，光束不是在空间中传播的波，而是离散波包（光子）的集合。

典型金属的传导电子发射通常需要几个电子伏特，对应于短波可见光或紫外光。对于原子序数较高的元素中的核心电子，能量接近零（在负电子亲和力的情况下）到超过 1 MeV 的光子可以诱发发射。对光电效应的研究导致了理解光和电子的量子性质的重要步骤，并影响了波粒二象性概念的形成[13]。光影响电荷运动的其他现象包括光电导效应（也称为光电导性或光刻阻性）和光电化学效应。

下面说明光电效应的数学推导。1905 年，爱因斯坦提出了一个解释光电效应的概念，这个概念最早由 Max Planck 提出，即光波由称为光子或量子的微小能量束或能量包组成。前面说过，当光子达到或超过阈值频率时，电子才会被光子激发，我们把这个阈值频率叫作极限频率 $\boldsymbol{v}_0$，极限频率与物质特性有关。此时电子所吸收的光子的能量是使电子能够逸出物质的最小能量，称为逸出功 W_0，其表达式如下：

$$W_0 = h\boldsymbol{v}_0 \tag{2-48}$$

式中，h 为普朗克常数；$h\boldsymbol{v}_0$为光频率为 $\boldsymbol{v}_0$的光子的能量。

被光束照射到的电子会吸收光子的能量来克服逸出功，假若电子所吸收的能量能够克服逸出功，并且还有剩余能量，则这些剩余能量会成为电子在被发射后的最大动能。即克服逸出功之后，频率为 $\boldsymbol{v}$ 的光电子的最大动能为

$$E_k = h\boldsymbol{v} - W_0 = h(\boldsymbol{v} - \boldsymbol{v}_0) \tag{2-49}$$

将式（2－49）表示为动能的一般方程：

$$E_k = \frac{1}{2}m_e\boldsymbol{v}^2 \tag{2-50}$$

由于式（2－50）中动能是正值，从频率的角度来看，光子的频率必须大于金属特征的极限频率，即 $\upsilon>\upsilon_0$，才能给予电子足够的能量克服逸出功。

在光电实验中，电流与外加电压的关系说明了光电效应的本质。光电效应实验如图2－18所示。它由一个具有光敏板C的真空玻璃管和另一个金属板A组成。来自短波源S的单色光通过石英窗W进入管内并落在光敏板C（发射器）上，电子吸收了光子的能量克服逸出功从右金属板表面逸出，即电子由C板发射，而右金属板A极板（收集极）收集C板逸出的电子，从而产生光电流。不同的电子逸出的初动能不一样，克服逸出功所需能量最小的电子所具有的动能为最大初动能，电场由电池产生。板间的电位差可以通过分压器的布置来改变。通过换向器键，板A相对于板C可以保持所需的正电位或负电位。当光入射到发射板上时，光电子被发射出来。光电子被正极板A吸引。电子的发射引起电路中电流的流动。发射极和收集极之间的电位差用伏特计（V）测量，而在电路中流动的光电电流用微安计（μA）测量。

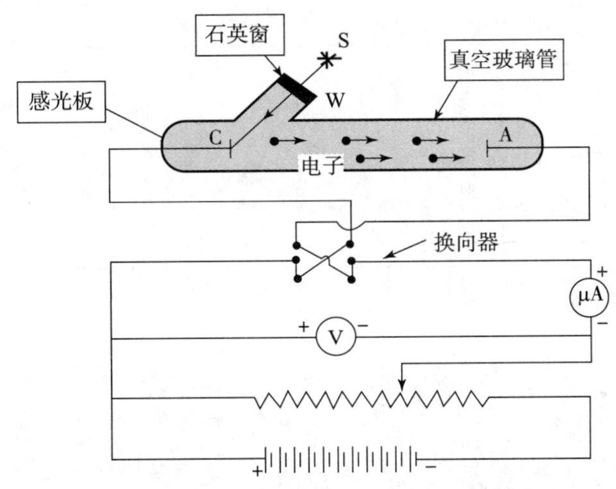

图2－18　光电效应实验

如果入射辐射的频率和强度是固定的，则随着集电极左极板上正电位的增加，光电流逐渐增大，直到所发射的光电子全部被收集起来。光电电流达到饱和值，且不会因正电位的任何增加而进一步增加。饱和电流随光强的增大而增大，它也随着更高的频率增加，因为当碰撞发生时，电子发射的概率更大。如果我们对左极板施加相对于右极板的负电位并逐渐增大它，则光电流减小，使具有最大初动能的光电子无法运行到电源正极，则光电流变为零。集电器上使光电电流为零的负电位称为停止电位或截止电位。

对于给定频率的入射辐射，截止电位与辐射强度无关。如果 e 是电子的电荷，U_{stop} 是停止电位，那么光子克服截止电位所做的功为

$$W = eU_{stop} \tag{2-51}$$

如果光电子到达正极时速度刚好为零，根据动能守恒定律，光电子逸出时的最大动能为

$$E_k = eU_{stop} \tag{2-52}$$

可以通过实验测定截止电压来确定光电子所具有的最大初动能。

2.5.3 典型应用

1. 光电倍增管

光电倍增管（photomultiplier tubes，PMT）是真空管的一类，更具体地说是真空光电管，是电磁光谱紫外、可见和近红外范围内极其灵敏的光探测器。这些探测器在多个倍增电极中将入射光产生的电流乘以 1 亿倍或 10^8（即 160 dB），使得在入射光通量低时能够检测到单个光子。半导体器件，特别是雪崩光电二极管，是光电倍增管的替代品。光电倍增管非常适合需要低噪声、高灵敏度检测未完全准直的光的应用。

图 2－19 为光电倍增管。入射光子使光电阴极中的电子发射，这个一次电子被电场加速到一个倍增电极上，在那里它引起几个二次电子的发射。重复这个过程，在 PMT 的阳极产生一个可测量的电流脉冲。PMT 前面的闪烁体可以用来降低入射光子的有效能量。

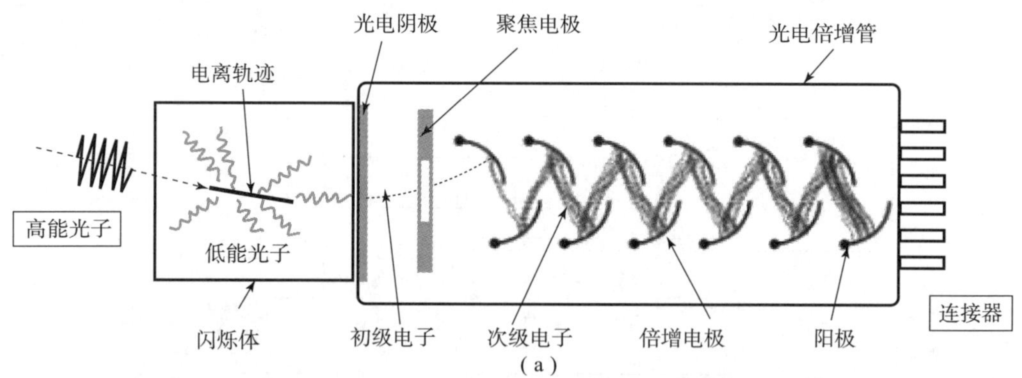

(a)

(b)

图 2－19 光电倍增管

(a) 结构原理图；(b) 实物图

光电倍增管通常由抽真空的玻璃外壳构成（使用像其他真空管一样的极其紧密和耐用的玻璃金属密封），其中包含一个光电阴极、多个倍增电极和一个阳极。入射光子撞击光电阴极材料，光电阴极材料通常是在设备进入窗口内部的薄气相沉积导电层。由于光电效应，电子从表面弹出。这些电子被电极聚焦引导，电子在二次发射过程中倍增。光电倍增管在外壳内部的一部分（末端或侧面）涂有光电阴极。光电阴极包含铯、铷和锑等材料的组合，这些材料经过特殊选择，可提供低功耗，因此，即使在极低的光照下，光电阴极也能轻易释放电子。之后通过电位成倍增加的一系列倍增级，这些光电子会被加速，通过二次发射，光电子在数量上会大幅增加，提供了易于检测的输出电流。光电倍增管目前常用于检测低亮度的场合，是功能优良的测量仪器[14]。

2. 光导摄像管

图2－20为光导摄像管结构图。光导摄像管（photoconductive camera tube，PCT）由电子枪、电子透镜、倍增电极等组成。电视摄像机使用的光导摄像管应用到光电效应。光导摄像管将光的图像转化为电视信号，菲罗·法恩斯沃思的“图像解剖器”使用光电效应充电的屏幕将光学图像转换成扫描的电子信号。光导摄像管作为新发展的一种摄像管，在实体上它比直射型摄像管小，这种摄像管非常适宜用于携带的战场侦察的场合，或对析像度要求不高的工业应用方面。从场面的照度来说，这种摄像管需要8倍于直射型摄像管所要求者，但在减低析像度及增强照度并非严重不利的情况下，它是一种较好的选择。图2－21为光导摄像管实物图。

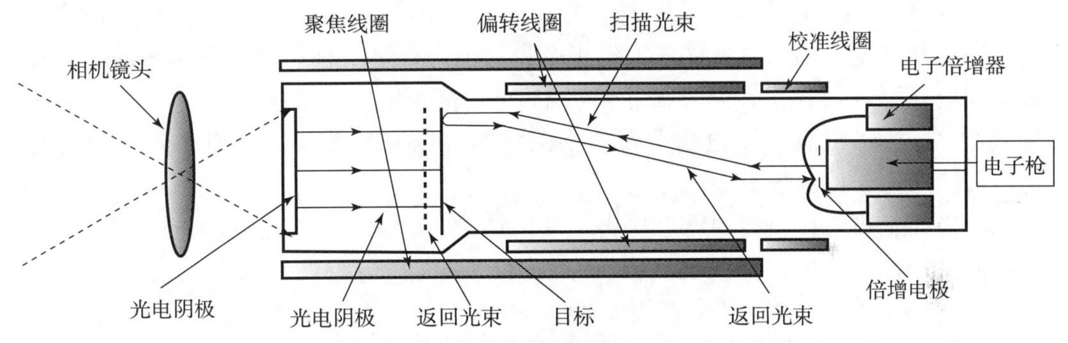

图2－20 光导摄像管结构图

图2－21 光导摄像管实物图

3. 光电探测器

光电探测器（photodetector），是光或其他电磁辐射的传感器。光电探测器有一个p－n结，可以将光子转换成电流。吸收的光子在耗尽区形成电子－空穴对。光电二极管和光电晶体管是光电探测器的几个例子。光伏电池将吸收的部分光能转换成电能。

光电探测器可以通过其检测机制进行分类：光发射或光电效应、热效应、偏振、光化学等。光电探测器可以不同的配置使用。单个传感器可以检测整体光线水平。如在分光光度计或线扫描仪中那样，一维光电探测器阵列可用于测量沿线的光分布。光电探测器的二维阵列可以用作图像传感器，以将其之前的光的图案形成图像。光电探测器或阵列通常被照明窗口覆盖，有时具有抗反射涂层。图 2－22 为光电探测器实物图。

图 2－22 光电探测器实物图

2.6 压电驻极体效应

2.6.1 技术背景

压电是响应施加的机械应力而产生电压的能力，这种能力首先在诸如石英的某些单晶中发现，随后在诸如 PZT 的某些多晶陶瓷中被发现。基于这些压电材料，为传感器和/或执行器应用开发了几种主要的压电器件。大约半个世纪前，日本小林物理研究所 Kawai 研究员发现通过施加电场可以在 β 相聚偏二氟乙烯（PVDF）薄膜中感应出压电性[15]。这对拓宽压电应用领域做出了巨大贡献，因为基于聚合物的材料可以完全柔软，轻巧并且易于大规模制造，这有可能应用于可穿戴设备。

压电驻极体是另一种类型的压电材料。驻极体是一种可以存储准永久电荷的介电材料，压电驻极体是一种基于聚合物的空间电荷驻极体，具有压电特性。与压电极性聚合物（例如 PVDF 及其共聚物）不同，压电驻极体通常基于非极性聚合物，因此适用不同的工作原理。它们的压电性来自异质单元结构和内部存储电荷的组合。如图 2－23 所示，压电驻极体在形态上是一种蜂窝状结构的聚合物膜，内部充满气体。适当充电后，偶极电荷分别存储在空隙的上部和下部气体聚合物界面上，形成准永久宏观偶极矩。随后在外部金属电极上产生极性相反的补偿电荷，以补偿内部电场。一旦压电驻极体在垂直方向上受到机械应力压缩，由于空隙的压缩性相对较大，内部偶极矩密度就会降低。因此，补偿电荷减少，并且产生电荷或电压信号。相反，如果施加电场，即逆压电性，则压电驻极体的厚度改变。应当注意的是，压电驻极体仅在力变化时产生电荷或电压信号，并且静力将不会产生任何信号，因为不会发生结构变形。

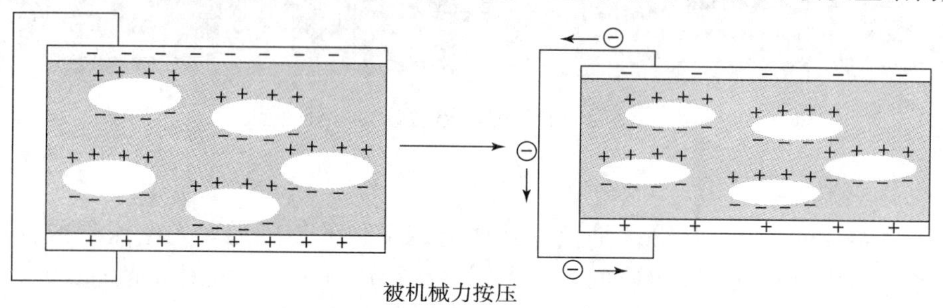

图 2－23 压电驻极体的压电原理

20 世纪 80 年代末期，芬兰坦佩雷理工大学的 Savolainen 研制了一种多孔聚丙烯（PP）薄膜。20 世纪 90 年代末期，在第十届国际驻极体讨论会上，关于多孔聚合物驻极体的主题被广泛探讨。2001 年，德国达姆施塔特工业大学在多孔聚合物膜中通过电晕充电，实现了电荷分离[14,16]。为了产生有效的电荷分离，需要高电场。在高压环境或具有高击穿强度的各种介质气体中，电晕充电可进一步增强压电效应。经过数十年的研究，科学家提出并证实了几种聚合物可作为压电驻极体制备的候选材料，包括环烯烃共聚物（COC）、聚对苯二甲酸乙二醇酯（PET）、聚萘二甲酸乙二醇酯（PEN）等。其中，PP 是迄今为止性能最佳的一种。PP 压电驻极体能在法线方向上显示出强大的压电响应，动态压电系数 d_{33} 高达 600 pC/N，比 PVDF 大 10 倍；但它在表面平行方向上的灵敏度很弱，d_{31} 和 d_{32} 约为 1 pC/N。由于其 1 ~4 MPa 的相对较小的弹性模量，PP 压电驻极体与软质材料和流体（包括空气和水）具有良好的声阻抗匹配。PP 压电驻极体的机电共振频率约为 100 kHz，并且在低于该共振值的频率处具有相当平坦的频率响应。

受益于聚合物的特性，PP 压电驻极体非常柔软且薄，通常厚度小于 100 μm。它们重量轻，可以很容易地以非常低的成本制造。如图 2 – 24 所示，通过使用可商业化的辐照交联 PP 泡沫膜开发了可拉伸的压电驻极体。在此类 PP 薄膜中，对于高达 10% 的重复应变，可以实现高达数百 pC/N 的压电 d_{33} 系数。相比之下，PVDF 的可逆性通常仅限于高达 2% 的应变。结合其特定的压电和材料特性，PP 压电驻极体在可伸展电子设备中的应用将具有很大的竞争力。可伸展电子设备通常分布在柔软或任意弯曲的表面或可移动部件上，如用于柔性军事装备结构的健康监测，增强士兵运动和体能训练的智能运动服，甚至用于下一代军用机器人的具有生物敏感的感官皮肤。

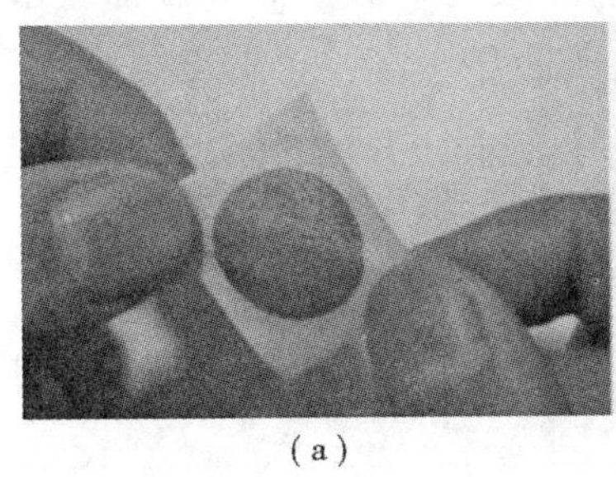
(a)

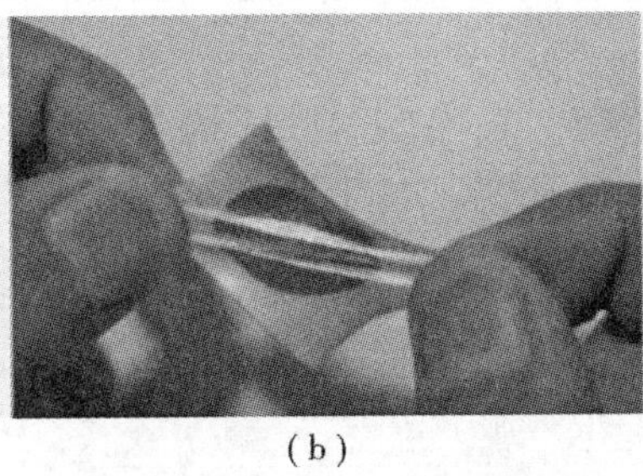
(b)

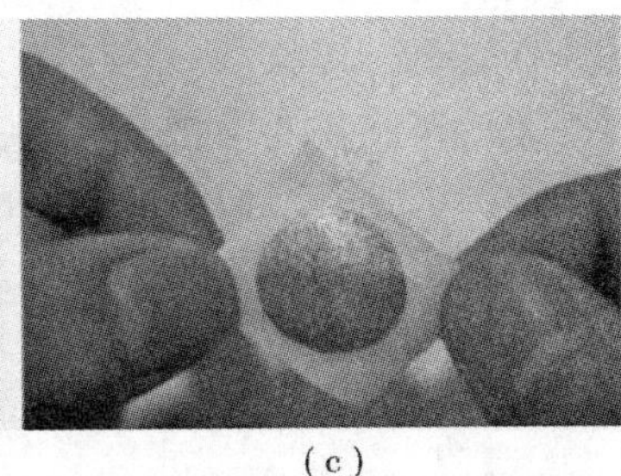
(c)

图 2 – 24　不同拉伸条件下的可拉伸 PP 压电片

(a) 无拉伸；(b) 有拉伸；(c) 拉伸后恢复

2.6.2　理论描述

以蜂窝聚丙烯驻极体作为典型多孔压电驻极体的横截面扫描电子显微镜（scanning electron microscope，SEM）图像如图 2 – 25（a）所示[17]。固态驻极体层与空气层交替，两个电极位于最外层的顶层和底层。相应示意图如图 2 – 25（b）所示。为了便于分析这种蜂窝式驻极体的力学性能，考虑了如图 2 – 25（c）所示的简化结构。但是，这种简化的结构不适用于计算薄膜的弹性。图 2 – 25（d）给出了相应的等效电路模型，其中固体层和空气层分别由固定电容器 C_{1i} 和可变电容器 C_{2j} 表示，其中 $i = 1, 2, \cdots, n + 1$ 和 $j = 1, 2, \cdots, n$，n 是空气层的总数。

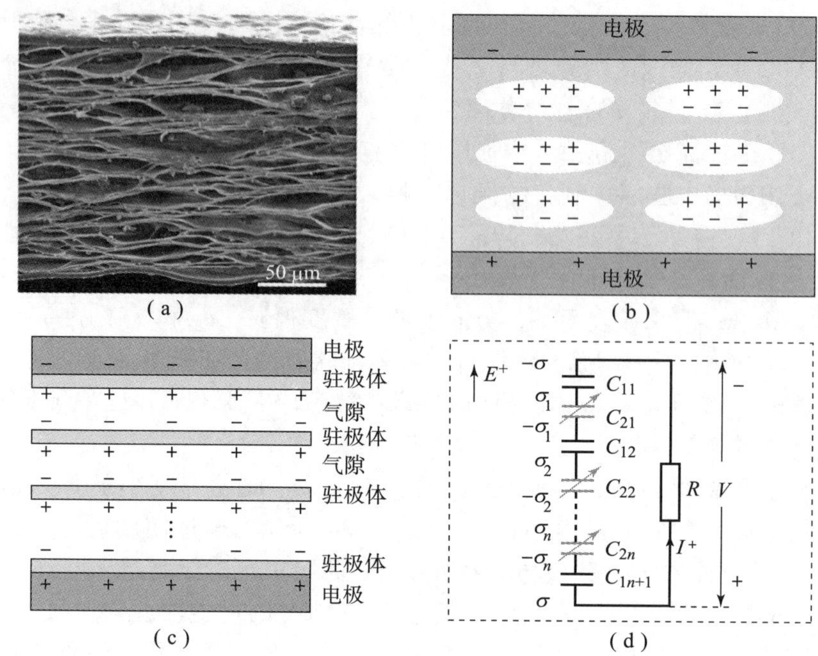

图 2-25　多孔压电驻极体模型

(a) 横截面 SEM 图像；(b) 示意图；(c) 简化的结构；(d) 等效电路模型

极化后，在固-气界面上产生具有相反电位且大小相等的准永久电荷，形成偶极状电荷。在这里，定义第 i 个空气层中的上部和下部固-气界面分别具有 σ_i 和 $-\sigma_i$ 的电荷密度。界面上的极性主要由极化方向决定。在内部偶极子状电荷的影响下，在顶部和底部电极上感应出电荷，顶部具有 $-\sigma$ 的负电荷密度，底部具有 σ 的正电荷密度。根据平板电容器原理，电场强度可以表示为

$$\text{在驻极体层：} E_{1i} = \frac{\sigma}{\varepsilon_0 \varepsilon_r} \tag{2-53}$$

$$\text{在空气层：} E_{2i} = -\frac{\sigma_i - \sigma}{\varepsilon_0 \varepsilon_g} \tag{2-54}$$

式中，ε_r 和 ε_g 分别为驻极体材料和气体的相对介电常数。此处，电场的参考方向与驻极体层内部的方向一致，如图 2-25（d）所示。根据基尔霍夫第二定律，其输出电压可以通过以下方式获得：

$$V = \sum_{i=1}^{n+1} d_{1i}E_{1i} + \sum_{i=1}^{n} d_{2i}E_{2i} \tag{2-55}$$

通过将式（2-53）和式（2-54）代入式（2-55），可以得到

$$\begin{aligned} V &= \sum_{i=1}^{n+1} d_{1i}\frac{\sigma}{\varepsilon_0\varepsilon_r} - \sum_{i=1}^{n} d_{2i}\frac{\sigma_i - \sigma}{\varepsilon_0\varepsilon_g} \\ &= \frac{\sigma}{\varepsilon_0}\left(\frac{1}{\varepsilon_r}\sum_{i=1}^{n+1} d_{1i} + \frac{1}{\varepsilon_g}\sum_{i=1}^{n} d_{2i}\right) - \frac{1}{\varepsilon_0\varepsilon_g}\sum_{i=1}^{n} d_{2i}\sigma_i \end{aligned} \tag{2-56}$$

式中，驻极体总厚度为 $d_e = \sum_{i=1}^{n+1} d_{1i}$；空气层总厚度为 $d_{air} = \sum_{i=1}^{n+1} d_{2i} = nd_2$，假设所有空气层厚度均为 d_2；$\sum_{i=1}^{n+1} d_{1i} \frac{\sigma}{\varepsilon_0 \varepsilon_r}$ 与 $- \sum_{i=1}^{n+1} d_{2i} \frac{\sigma_i - \sigma}{\varepsilon_0 \varepsilon_g}$ 分别表示固体驻极体层和气体层上的总电压，两者符号相反。则式（2－56）可改写为

$$V = \frac{\sigma}{\varepsilon_0}\left(\frac{d_e}{\varepsilon_r} + \frac{d_{air}}{\varepsilon_g}\right) - \frac{d_{air}}{n\varepsilon_0\varepsilon_g}\sum_{i=1}^{n}\sigma_i \tag{2-57}$$

在 $t=0$ 时，可以得到相应的边界条件：

$$V(t=0) = \frac{\sigma_0}{\varepsilon_0}\left(\frac{d_e}{\varepsilon_r} + \frac{d_{air}(t=0)}{\varepsilon_g}\right) - \frac{d_{air}(t=0)}{n\varepsilon_0\varepsilon_g}\sum_{i=1}^{n}\sigma_i = 0 \tag{2-58}$$

式中，$\sigma_0 = \sigma$（$t=0$）表示在电极上感应的初始稳定电荷。因此，$Q_0 = \sigma_0 S$ 表示总电荷量，其中 S 是有效的压电驻极体有效面积。通过联立式（2－57）和式（2－58），输出电压可以写成

$$V(t) = \frac{Q(t)}{\varepsilon_0 S}\left(\frac{d_e}{\varepsilon_r} + \frac{d_{air}(t)}{\varepsilon_g}\right) - \frac{d_{air}(t)}{\varepsilon_0}\frac{Q_0}{S}\left(\frac{d_e}{\varepsilon_r d_{air-0}} + \frac{1}{\varepsilon_g}\right) \tag{2-59}$$

式中，$d_{air-0} = d_{air}$（$t=0$），Q（t）$=\sigma$（t），通过数值算法即可求解输出电压。

2.6.3 典型应用

多孔聚合物压电驻极体因其轻质、高强度重量比、优异的隔音隔热性能、高力学性能和高抗疲劳性能等优异性能而被广泛应用，由于其具有低介电常数、低导热率、柔软性和柔韧性等优点，在压电领域中被认为是一个良好的候选材料。压电驻极体已经有了商业化的应用，其中包括控制面板、键盘、平板扬声器、音乐拾音器以及用于监测士兵运动和呼吸的传感器。下面列举了一些压电驻极体具体应用。

1. 声学传感器

压电驻极体的声阻抗与空气的声阻抗具有很好的匹配性，这使压电驻极体对超声波应用具有重要意义。

在自然界，超声波用于回声定位成像，如蝙蝠的声呐系统。仿生模拟蝙蝠的超声波产生和探测方案是一个具有挑战性的技术问题，在机器人学和自动物体识别方面有着广阔的应用前景。压电驻极体似乎是实现这一宏伟目标最有希望的材料。压电驻极体用作超声波发射器和接收器。对于多层压电驻极体系统，灵敏度只会随着层数的增加而增加。5 层叠层 PP 薄膜麦克风在整个音频范围内呈现平坦的频率响应，灵敏度约为 10 mV/Pa，厚度大约为 200 μm，薄如纸。压电驻极体麦克风在不久的将来可能会占领麦克风市场的很大一部分。

2. 压电驻极体振动微发电机

德国达姆施塔特工业大学 Pondrom 等人[18]讨论了单层或多层（叠层）压电驻极体薄膜的振动发电，建立了振动发电机力学和电学模型，推导出了电荷、电流、电压和功率的理论模型。特别是，激励频率等于薄膜叠层的机械共振频率非常重要，因为在该频率下发电性能最优。同时，给出了单层和叠层压电驻极体发电机的实验结果。压电驻极体发电机的结构示意如图 2－26 所示[19]。这种发电机主要由放置在压电驻极体薄膜或压电驻极体薄膜堆上的

振动质量块组成。折叠层压电驻极体薄膜是近年来成功应用于提高压电驻极体加速度传感器和麦克风灵敏度的一种方法，发电机产生的功率由流经负载电阻 R_l 的电荷计算得出。

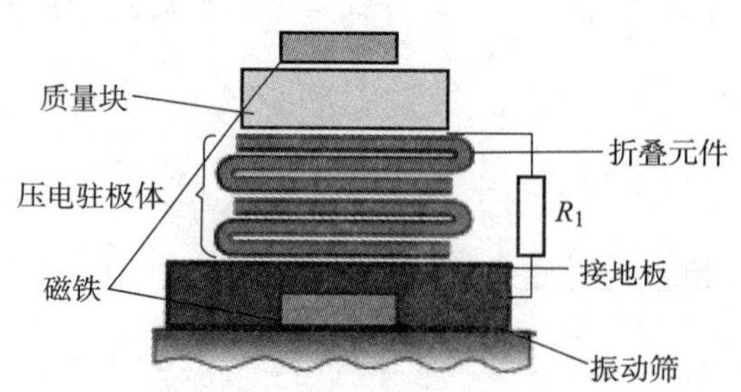

图 2－26　压电驻极体发电机的实验装置结构示意

日本关西大学 Tajitsu 教授等利用压电驻极体作为压电发电元件，开发了一个简单结构的原型系统，供人类在日常生活中行走时发电[20]。他们制备了厚度为 12 μm、平均孔径为 0.7 μm 的多孔聚四氟乙烯（p－PTFE）薄膜，其中夹有两层厚度为 6 μm 的四氟乙烯－六氟丙烯共聚物（FEP）薄膜（FEP/p－PTFE/FEP 薄膜），作为发电机的驻极体薄膜。用一种电晕放电系统，用于极化面积为 20 cm × 20 cm 的 FEP/p－PTFE/FEP 薄膜。制作过程是使用丙烯酸绝缘胶将铝片和驻极体 FEP/p－PTFE/FEP 堆叠在一起制成多层膜，如图 2－27 所示。将 9 个驻极体 FEP/p－PTFE/FEP 并联在一起。驻极体 FEP/p－PTFE/FEP 薄膜具有大于 100 pC/N 的压电常数 d_{33}，然后将金属箔和驻极体 FEP/p－PTFE/FEP 薄膜堆叠在一起，不产生褶皱和条纹。该实验中研究人员反复拍打薄膜，每次上下拍打的最大瞬时产生功率约为 4 500 μW。利用低功耗蓝牙（bluetooth low energy，BLE）器件传输 8 字节信号所消耗的能量约为 600 μW。考虑到 BLE 器件的电耗，上述结果有力地说明驻极体 FEP/p－PTFE/FEP 多层膜所产生的电能在 BLE 器件供电应用中具有很大的潜力。

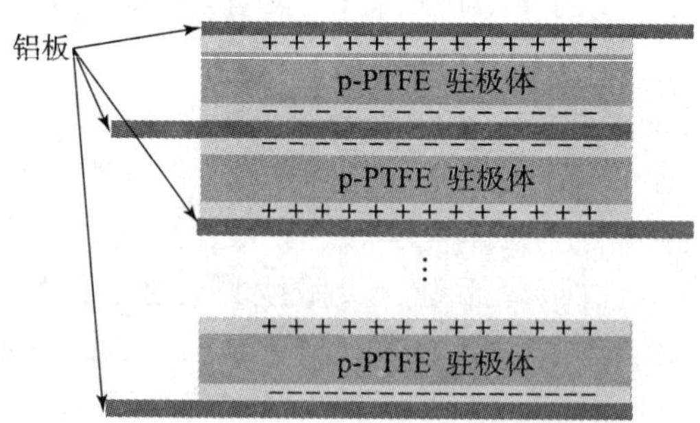

图 2－27　FEP/p－PTFE/FEP 多层膜驻极体

参考文献

[1] Barlian A A, Park W T, Mallon J R, et al. Semiconductor piezoresistance for microsystems [J]. Proceedings of the IEEE, 2009, 97 (3): 513－552.

[2] Sun Y, Thompson S E, Nishida T. Physics of strain effects in semiconductors and metal – oxide – semiconductor field – effect transistors [J]. Journal of Applied Physics, 2007, 101 (22): 104503.

[3] Kubba A E, Kubba A I. A micro – capacitive pressure sensor design and modelling [J]. Journal of Sensors and Sensor Systems, 2016, 5 (1): 95.

[4] Curie J, Curie P. Développement par compression de l'sélectricité polaire dans les cristaux hémièdres à faces inclinées [J]. Bulletin de Minéralogie, 1880, 3 (4): 90 – 93.

[5] Campbell F C. Elements of metallurgy and engineering alloys [M]. Clereland: ASM International, 2008.

[6] Sakaguchi M, Kashiwabara H. A generation mechanism of triboelectricity due to the reaction of mechanoradicals with mechanoions which are produced by mechanical fracture of solid polymer [J]. Colloid and Polymer Science Volume, 1992, 270: 621 – 626.

[7] Van De Graaff R J, Compton K T, Van Atta L C. The electrostatic production of high voltage for nuclear investigations [J]. Physical Review, 1933, 43 (3): 149.

[8] El – Kareh A B, El – Kareh J C J. Electron beams, lenses, and optics [M]. Amsterdam: Elsevier, 2012.

[9] Cai C, Tan J, Hua D, et al. Piezoresistive temperature sensors fabricated by a surface micromachining CMOS MEMS process [J]. Scientific Reports, 2018, 8: 17065.

[10] Feteira A. Negative temperature coefficient resistance (NTCR) ceramic thermistors: an industrial perspective [J]. Journal of the American Ceramic Society, 2009, 92 (5): 967 – 983.

[11] Lu Z, Zhang H, Mao C. Silk fabric – based wearable thermoelectric generator for energy harvesting from the human body [J]. Applied Energy, 2016, 164 (15): 57 – 63.

[12] Kasap S. Thermoelectric effects in metals: thermocouples [M]. Saskatoon: Special Custom Published e – Booklet, 2001.

[13] Clauser J F. Experimental distinction between the quantum and classical field – theoretic predictions for the photoelectric effect [J]. Physical Review D, 1974, 9 (4): 853.

[14] Lindner M, Hoislbauer H, Schwodiauer R, et al. Charged cellular polymers with "ferroelectretic" behavior [J]. IEEE Transactions on Dielectrics and Electrical Insulation, 2004, 11 (2): 255 – 263.

[15] Kawai H. Piezoelectricity of poly (vinylidene fluoride) [J]. Japanese Journal of Applied Physics, 1969, 8 (7): 975 – 976.

[16] Hillenbrand J, Sessler G M. High – sensitivity piezoelectric microphones based on stacked cellular polymer films [J]. The Journal of the Acoustical Society of America, 2004, 116 (6): 3267 – 3270.

[17] Li W, Wu N, Zhong J, et al. Theoretical study of cellular piezoelectret generators [J]. Advanced Functional Materials, 2016, 26: 1964 – 1974.

[18] Pondrom P, Hillenbrand J, Sessler G M, et al. Energy harvesting with single – layer and stacked piezoelectret films [J]. IEEE Transactions on Dielectrics & Electrical Insulation,

2015, 22 (3): 1470 – 1476.

[19] Pondrom P, Hillenbrand J, Sessler G M, et al. Vibration – based energy harvesting with stacked piezoelectrets [J]. Applied Physics Letters, 2014, 104 (17): 172901.

[20] Tajitsu Y, Takarada J, Hiramoto M, et al. Application of piezoelectric electrets to an energy – harvesting system [J]. Japanese Journal of Applied Physics, 2019, 58: 5.

第3章
典型微传感器技术

由于MEMS器件具有小尺寸、高可靠、低功耗和低成本等特性，武器系统是MEMS器件最早应用的领域之一。进入21世纪以来，美国和西方国家为了掌握现代战争的主动权，大力发展微型飞行器、战场侦察传感器、智能军用机器人，小型化军用武器装备的同时极大增加了武器效能。例如，美国陆军航空与导弹司令部研究、开发和工程中心（RDEC）的科学家和工程师们一直在与DARPA、其他陆军机构和工业界合作，利用MEMS技术进行冲击波探测、后坐力测量、爆炸物检测等，并尝试降低陆军枪支、导弹、地面军用车辆和战机的成本、尺寸和重量，努力为建设未来“多域战”陆军提供技术解决方案。MEMS传感器技术历来是军事国防、电子工程领域研究的前沿，是未来智能武器最核心的部分，也是未来10年军用武器装备中的支撑技术和关键技术。本章将主要介绍目前常见MEMS传感器的种类、原理以及应用。

3.1 压力传感器

压力（pressure）是指发生在两个物体的单位接触表面的作用力。压力传感器（pressure sensor）是能感受压力信号，并能按照一定的规律将压力信号转换成可用的输出的电信号的器件。

根据用途，压力传感器可以分为流体压力传感器和触觉压力传感器。流体压力传感器主要测量气体和液体的压力，还可用于间接测量其他变量，如流体/气体流量、速度、水位和海拔高度。触觉压力传感器则是测量固体接触时表面之间的压力。近年来，随着智能机器人、智能家居和物联网（Internet of things，IoT）等技术的飞速发展，机器人在消费电子、医疗、农业、社会救助中的应用不断增长，需要触觉传感器进行高效的人机交互和环境物理量感知。同时，压力传感器在军事领域中也起着很大的作用，如军用机器人执行拆弹、搬运物资伤员等精密操作，测定爆炸物的冲击力以确定爆炸对人体的损害，检测战机周身空气压力获得战机高度、速度信息来辅助飞行员驾驶，这些功能的实现必须依赖极高灵敏度和极高可靠性的压力传感器。随着柔性智能材料的发展突破了传统刚性结构的运动限制，触觉压力传感器的前沿研究集中在柔性触觉压力传感器，该类型触觉传感器具有出色的力学和电气特性，如高柔性、高灵敏度、高分辨率和快速响应等。

3.1.1 压阻式压力传感器

压阻式压力传感器由膜片和金属化的压阻元件组成。在传感器上施加压力会导致薄膜变形，从而导致电阻发生变化。因此，该类传感器不需要复杂的传感结构，与电容式和压电式压力传感器相比，压阻式传感器具有低功耗、宽压力测试范围和易于加工制备等优点，这使该类传感器在军事领域得到广泛的研究与应用。电阻（R）的变化可以通过测量电压（V）或电流（I）的变化求得：$R=V/I$。压阻传感器依赖于压阻效应，机械应变会带来材料电阻的变化。因此，压敏电阻的最佳放置位置是膜片上最大应变的区域。

图 3-1（a）展示了压阻式压力传感器的结构示意，压敏电阻放在由基板支撑的膜片上。通常压敏电阻连接在惠斯通电桥（Wheatstone Bridge）以降低温度影响［图 3-1（b）］。惠斯通电桥的输出可表示为

$$V_{out}=\left(\frac{R_2}{R_1+R_2}-\frac{R_4}{R_3+R_4}\right)V_{in} \tag{3-1}$$

式中，V_{in}和V_{out}分别为电桥输入、输出电压；R_1、R_2、R_3、R_4为电桥各臂上电阻。压力传感器的灵敏度 S 定义为单位施加压力 P 下电阻 R 的变化所引起的输出电压相对变化：

$$S=\frac{\Delta V_{out}}{\Delta P}\frac{1}{V_{in}}=\frac{\Delta R}{\Delta P}\frac{1}{R} \tag{3-2}$$

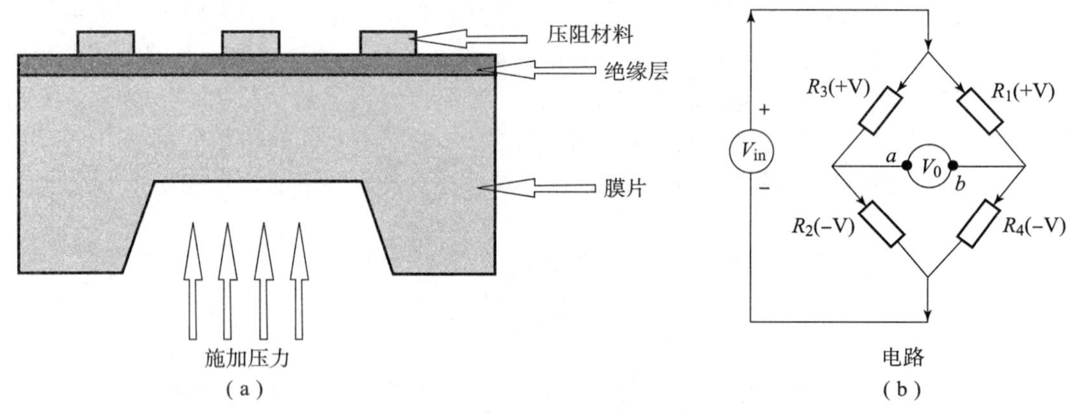

图 3-1　压阻式压力传感器模型

（a）结构示意；（b）惠斯通电桥等效电路图

为了测量现代太空任务和导弹计划中遇到的高超声速流场，印度空间研究组织 Ram 研究团队针对高超声速通道内压力测量，开发了响应速度快的 MEMS 压阻式压力传感器，用于测量强冲击边界层相互作用与分离的复杂流场[1]。每个长度 12mm 传感器阵列有 5 个数据点的分辨率，能够测量马赫数为 5.96 和 8.67 流场区域中压力空间梯度，这是其他商用传感器无法实现的。

针对微型航空器（micro air vehicle，MAV）的高度测量难题，印度中心电子工程研究所 Kumar 研究员开发了基于 MEMS 的微机械压阻式压力传感器（图 3-2）[2]。传感器芯片具有曲折形的扩散压敏电阻，放置在有限元仿真确定的最佳位置，以提高灵敏度。最终获得了 34.78 mV/bar* 的灵敏度，小于 0.12% 的非线性度和小于 0.2% 的滞后度。对于 MAV 的工作高度范围，在测试室内表征了压力传感器模块（通过将传感器芯片与电路集成在一起）的输出电压随高度的变化。

力感测电阻器（force sensing resistor，FSR）是基于压阻感测技术将力信号转换为电信号的器件。它可以制成各种形状和尺寸，压阻式压力传感器可以测量力和力的变化率，还可

* 1 bar = 100 000 Pa = 0.1 MPa。

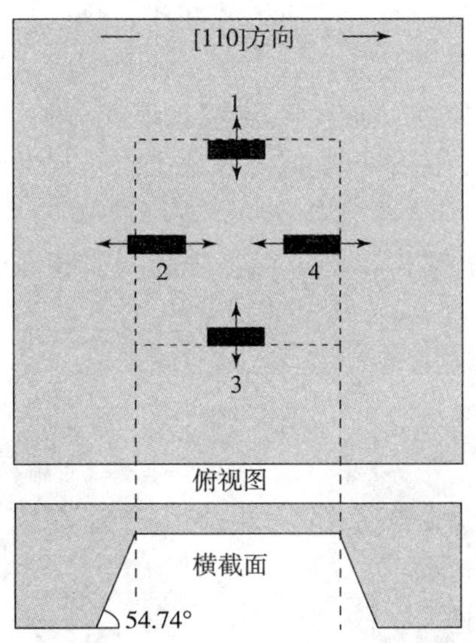

图 3-2 压阻式压力传感器的俯视图和横截面

以检测物体之间的接触。图 3-3（a）显示由美国 Tekscan 公司制造的触觉力传感器——FlexiForce 传感器，该传感器是广泛用于机械手。当施加的力增加时，FlexiForce 传感器敏感元件的电阻减小，传感器两端电压减小，通过计算可以获得施加的力的数值。FlexiForce 具有良好的力感测特性、高线性度以及低滞后性、漂移和温度敏感性，这归功于优良的聚合物基材材料，已被成功应用于机械手抓取物体操作。图 3-3（b）是该传感器的结构示意图。传感器由两层基板组成，该基板由聚酯薄膜和导电材料（银）形成，使用压敏墨水和黏合剂将两层基材结合在一起组成传感器。该传感器已被成功地应用在拟人化机械臂抓地接触压力测量。

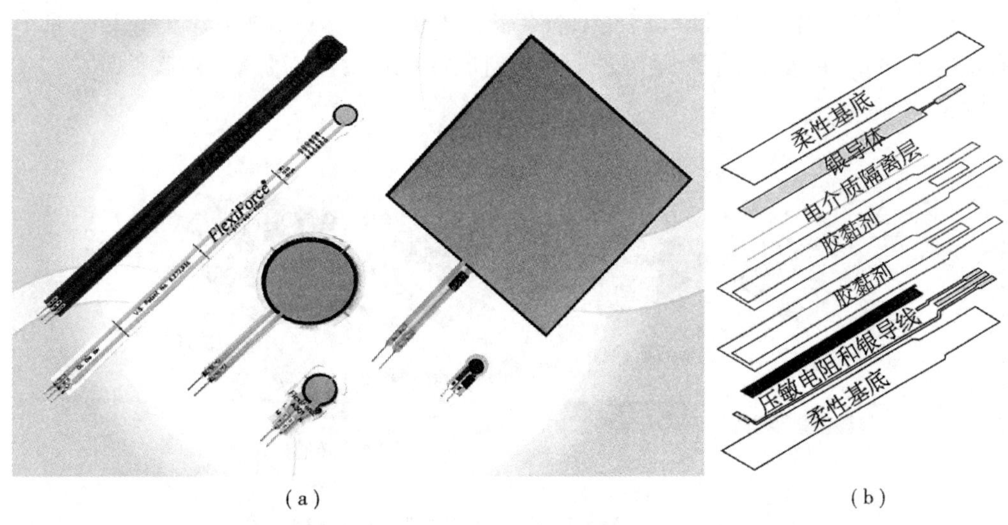

图 3-3 FlexiForce 传感器

（a）实物图；（b）结构示意

为了更灵敏地测量飞行器飞行时大气压力的变化，华南理工大学朱本亮教授团队提出了一种 MEMS 膜片结构的压阻式压力传感器，其膜片结构具有 4 个瓣膜、4 个窄梁和 1 个用于低压范围的中央凸台（图 3－4）[3]。该团队使用有限元分析（finite element analysis，FEA）计算压敏电阻应力和膜的挠度，基于曲线拟合方法确定了尺寸变量与力学性能之间的关系函数以及对传感器进行几何优化。仿真结果表明，在压力范围为 0～5 kPa 时，该压阻式传感器具有 34.67 mV/kPa 的高灵敏度和 0.23% 满量程的低非线性误差。

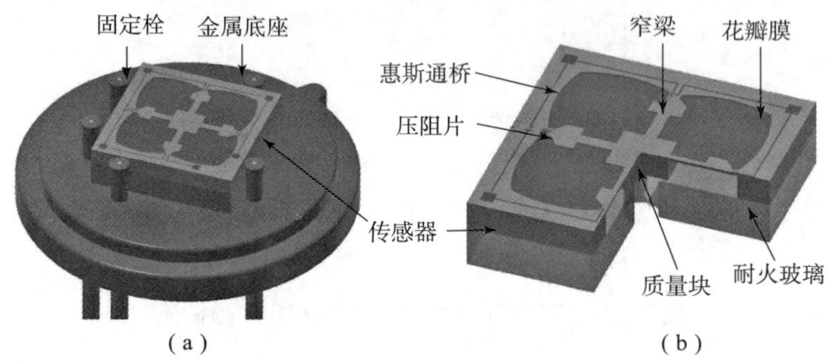

图 3－4　膜片结构的压阻式压力传感器

（a）整体结构示意；（b）传感器芯片结构示意

韩国釜山国立大学（Pusan National University）Kim 等人提出了一种高度敏感、结构简单的可穿戴电阻式压力传感器，可应用于士兵作训服、军用坐垫以及军用柔性机器人（图 3－5）[4]。该传感器基于高度顺应而又坚固的碳复合导体，该导体由垂直排列的碳纳米管（vertical array carbon nanotubes，VACNT）制成，并嵌入具有不规则表面形态的聚二甲基硅氧烷（polydimethylsiloxane，PDMS）基质中。VACNT/PDMS 复合导体利用喷砂形成的粗糙表面，在提高压阻式压力传感器的灵敏度方面起着重要作用。该传感器显示出高达 0.3 Ω/(Ω · kPa) 的压力灵敏度以及在各种压力下的稳定稳态响应，在饱和之前，可检测范围高达 5 kPa，响应时间约为 162 ms，并且在 5 000 次压力加载/卸载循环中具有良好的重复性。

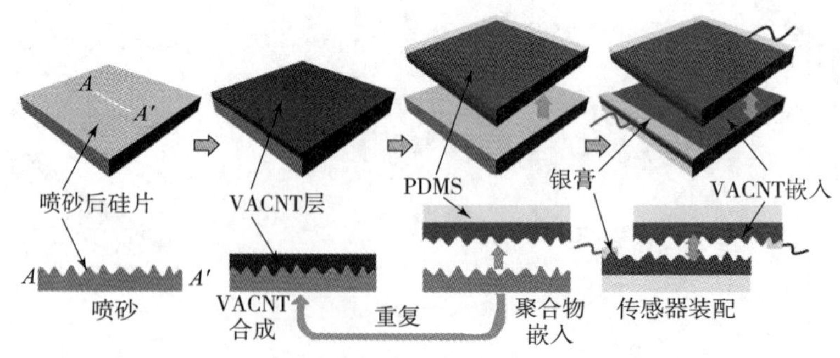

图 3－5　柔性压阻式压力传感器制备流程

3.1.2　压电式压力传感器

压电式压力传感器可以将施加的应力或力转换为电荷，其敏感元件主要由压电敏感材料组成，可以将机械能和电能相互转化。压电材料的转导机理可以描述如下：当材料由于外部压力而变形时，功能材料内部会发生正负电荷分离。在材料的两个相对表面上，将出现沿相反方向排列的正电荷和负电荷，并且内部将形成电势差。压电式压力传感器的灵敏度以 C/N 表示，压电传感器具有高灵敏度和高电压输出，被认为是具有高可靠性的无源传感器，因此国内外对炸药在空气和水中爆炸产生的压力进行测试时，均采用压电式压力传感器，同时也可测量军用车辆、战机和无人机自身的冲击和震动。然而，由于其较大的内阻，电压输出会随着时间的流逝而降低，因此压电式压力传感器无法测量静态力，仅适用于检测动态压力。目前常见的压电材料如钛酸钡（$BaTiO_3$）、PZT、氧化锌（ZnO）和聚偏氟乙烯（polyvinylidene fluoride，PVDF）等均有应用于动态触觉传感的报道。尽管陶瓷 $BaTiO_3$ 和 PZT 具有更好的压电性能，但 PVDF 等柔性聚合物压电材料因其轻重量、高可加工性、高化学稳定性和化学惰性在触觉传感器中更受青睐，并在其他领域逐步取代传统的脆性陶瓷和石英。

为了测量战机机舱内部飞行中的噪声，佛罗里达大学 Reagan 教授等介绍了第一款用于飞机机身嵌入式动态压力传感阵列[5]。结构由一个圆形膜片组成，该膜片由 SOI（silicon on insulator，绝缘体上硅）晶片上的器件层和位于膜片边缘高应力/应变区域上的氮化铝（AlN）环形压电薄膜叠层组成，如图 3-6 所示。硅通孔可消除正面的引线键合，并使封装后的传感器具有整个平齐的表面，从而将流量干扰降至最低。传感器的初始校准表明，与现有的压电航空声学麦克风相比，传感器在 1 kHz 时的灵敏度为 10.3 μV/Pa，本底噪声为 44.6 dB SPL，共振频率为 187 kHz。

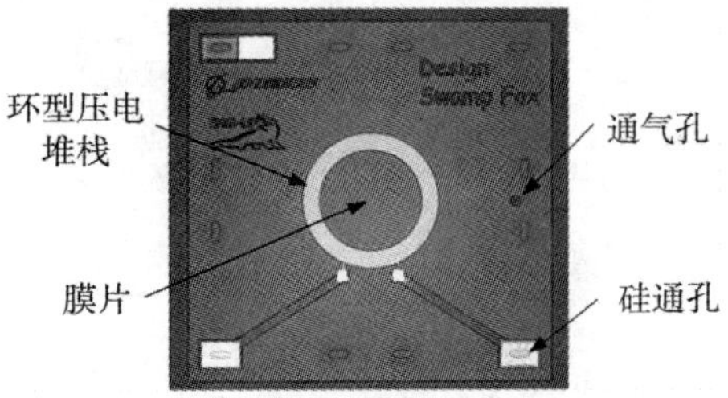

图 3-6　具有硅通孔的 AlN 动态压力传感阵列

爆炸引起的环境压力的迅速变化会破坏人体器官。随着战斗创伤管理的进步，与爆炸暴露相关的死亡率下降了，但爆炸诱发的颅脑损伤（blast-induced traumatic brain injury，BTBI）已经成为现代战争的标志性损伤。当瞬态超压冲击波与大脑相互作用时，会发生超微结构变化，从而导致神经行为和组织病理学变化以及随后的神经退行性变化和炎症损伤级联。因此，美国罗彻斯特理工学院 Borkholder 教授开发了一种爆炸测量系统以提供爆炸超压和加速度的客观度量，并提供分类数据以帮助识别有 BTBI 风险的士兵和详细的波形，从而建立单次和重复暴露与急性和慢性损伤的联系[6]。图 3-7 展示了压电式爆炸测量系统实物图。利用商业公司 PCB Piezotronics 的压电笔和压力传感器以 500 kHz 的频率捕获数据，并将其与冲击测量系统捕获的数据进行比较。头部和颈部组件用于表征冲击波与头盔的相互作用，而人体全身模型可以直接测量爆炸剂量计中的身体阴影效果。首批 1 000 台爆炸仪在授予合同的 11 个月内交付，由 DARPA 部署在阿富汗，并被纳入下一代士兵传感器系统。

为了克服传统压电式压力传感器无法测量静态力的缺陷，直升机机翼的气流压力分布、发动机进气口的动态畸变和机翼的抖动等，香港中文大学陈泽峰教授等提出了一种具有纳米

图 3-7 压电式爆炸测量系统实物图

(a) 头颈部安装图；(b) 实验图

线/石墨烯异质结构的新型静态测量压力传感器（图 3-8）[7]。与传统的压电式压力传感器相比，该传感器基于钛酸铅压电纳米线（$PbTiO_3$ nanowires，PTNWs）中的应变感应极化电荷与石墨烯（graphene）中载流子散射引起变化的协同机制，可测量静态压力。其灵敏度高达 9.4×10^{-3} A/(A·kPa)，响应时间低至 5~7 ms。

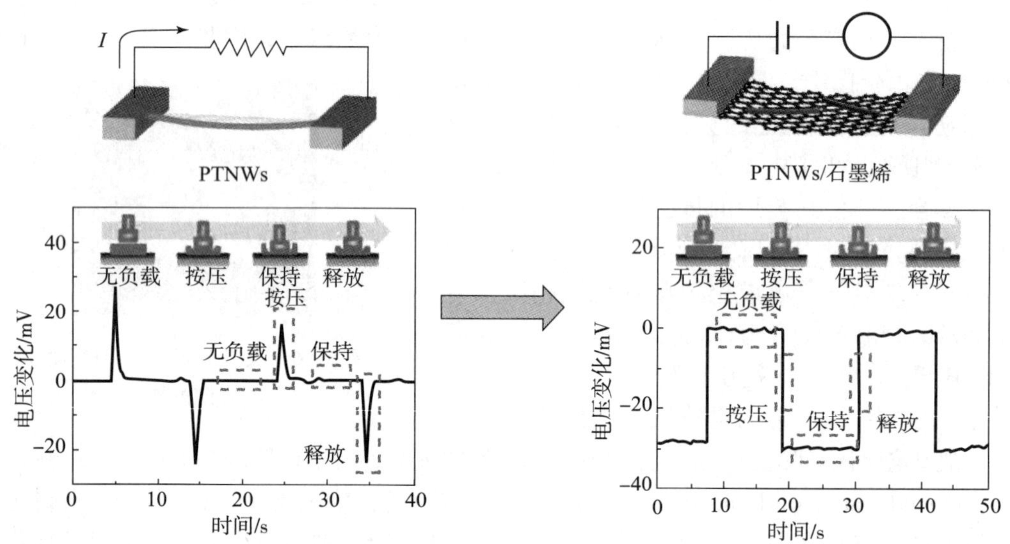

图 3-8 可测量静态力的柔性电压式力传感器

为了测量装备的动态响应，Dzuba 研究员等实验研究了集成在氮化镓铝/氮化镓（AlGaN/GaN）膜片上的圆形高电子迁移率晶体管（high electron mobility transistor，HEMT）压力传感器响应（图 3-9）[8]。直径为 1 500 μm、厚度为 4.2 μm 的膜片在各种频率下承受的动态峰-峰值压力高达 36 kPa。测量不同面积肖特基栅电极上的感应电荷。在较大面积的栅电极上获得的 MEMS 压电式压力传感器的频率最大灵敏度为 4.4 pC/kPa。他们提出的 MEMS 压力传感器适用于恶劣环境（例如，汽车内燃机、飞机机翼、航天技术等）。

浙江大学的刘伟庭教授团队提出了一种指尖压电式触觉传感器阵列，其密度类似于人的层状小体（又名巴齐尼氏小体，位于人体皮下及肌膜深层组织，用于感受组织振动及其他

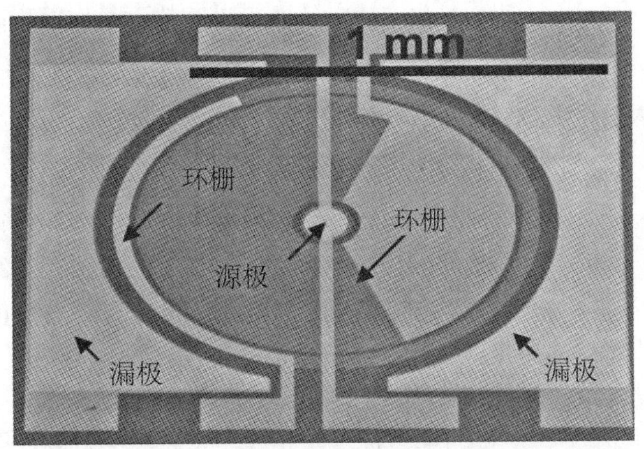

图 3 - 9　AlGaN/GaN 压电式压力传感器结构电镜图

变化快速的外力作用），并且能够探测到物体的粗糙度[9]，如图 3 - 10 所示。数据表明，主频率、扫描速度与表面空间周期之间拟合方程的平均误差率为 1.78%。同时，他们首次提出了与表面空间周期密切相关但与扫描速度无关的新特征变量作为描述表面粗糙度的判别因子。基于这个新的特征变量，在 10 ~ 150 mm/s 的变化扫描速度下，成功识别了空间周期为 300 ~ 1 000 μm 的 7 个表面，识别率为 99.93%。为了验证所提出的新特征变量在具有二维图案编码的纹理中的适用性，对椭圆光栅刺激进行了粗糙度编码实验。实验结果表明，沿长轴和短轴的不同空间周期已成功编码，与实际大小的偏差分别仅为 0.96% 和 0.91%。

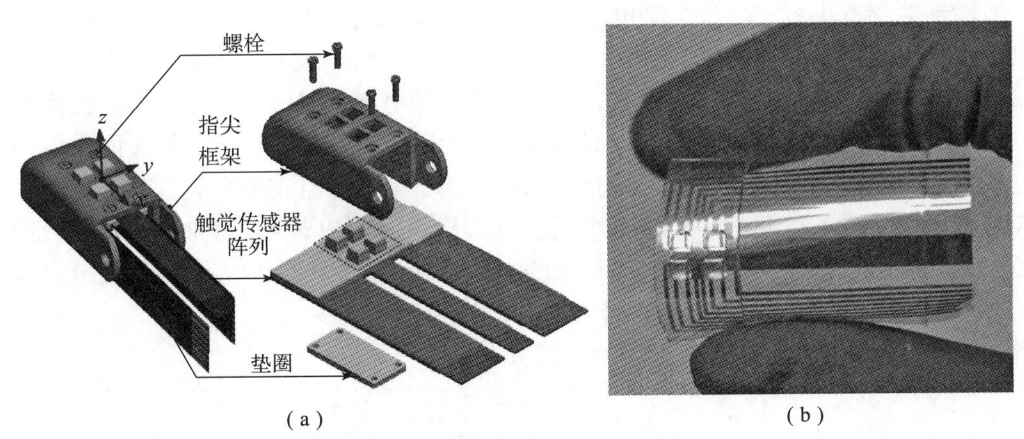

图 3 - 10　指尖压电式触觉传感器

(a) 传感器结构示意；(b) 实物图

刘伟庭教授还进行了纹理幅度检测实验。选择了 11 种刺激，其振幅在 25 ~ 1 000 μm 范围内变化。实验结果表明，输出电荷的幅值随纹理幅度在 25 ~ 300 μm 范围内线性增长，然后基本保持恒定。此外，传感器阵列可用于检测硬度（与纹理表面识别有关的第二维），即通过监视法向力和黏性的变化率（剪切力与法向力的比率）来估计硬度。基于这两个维度，该触觉压电传感器可应用于军用机器人，从而完成对可疑敌方目标的探测、拾取或拆除等精密操作。

3.1.3 电容式压力传感器

电容式传感器由一个悬挂式平行板电容器结构组成，该平板电容器中的平板或电极区域之间的距离在压缩时会发生变化，通过测量这两个电极之间电容的变化反推出压力值。对于平行板电容器，电容与间隙中材料的介电常数、极板有效面积成正比，与平板之间的距离成反比。由于具有高空间分辨率、良好的频率响应、低功耗和大动态范围的特点，电容式压力传感器被认为是检测结构细小变形的最灵敏技术之一，已被应用于汽车运输环节的冲击测试。

平行板电容器是两块平行连接的金属板之间相隔一定距离的排列，电介质占据了两块极板之间的空隙。电介质可以是真空、空气或其他非导电材料，如云母、玻璃、纸、毛、电解凝胶等。由于电介质的非导电性，它不允许直流电流通过。然而，在外加电源电场的作用下，介质材料的原子发生极化产生偶极子，从而在平行板电容器的极板上沉积正负电荷。因此，平行板电容器定义为一种能够以电荷的形式在极板之间的介质中存储静电能的器件，它可以被视为等效于可充电的直流电池。选择电容器的工作电压时应该在最大阈值电压范围内，以避免电容器发生介质击穿而导致电容器损毁。

一个理想的平行板电容器的特征是一个恒定的电容 C，单位为法拉（F）。电容定义为导体上的正电荷或负电荷 Q 与它们之间的电压 V 之比：

$$C = \frac{Q}{V} \tag{3-3}$$

式中，C 为电容器的电容；Q 为一个电容器中存储的电荷量；V 为两个极板之间的电位差。平行板电容器的电容决定了它能容纳的电荷量。根据上面的方程可知，C 值越大，电容器所能承受的电荷就越大。而根据库仑定律，一个导体上的电荷将对另一个导体内的电荷载流子施加力，吸引相反的极性电荷并排斥类似的极性电荷，从而在另一个导体的表面产生相反的极性电荷。因此，导体在其表面上保持相等和相反的电荷，并且在电介质内部产生电场。

对于长和宽远大于间距的平行板电容器，其边缘电场可以忽略。此时对于带电量为 Q、正对面积为 A 的平行板电容器，每个极板上的电荷将均匀地分布在内表面上，且恒定电荷密度 $\delta = \pm Q/A$。根据高斯定律，平行极板之间的电场为 $E = \delta/A$。极板之间的电压 V 被定义为从一个极板到另一个极板的线路上电场的线积分：

$$V = \int_0^d E\mathrm{d}z = Ed = \frac{\delta}{\varepsilon_r \varepsilon_0} d = \frac{Qd}{\varepsilon_r \varepsilon_0 A} \tag{3-4}$$

这里，电容被定义为电荷与平行极板之间的电压的比值：

$$C = \frac{\varepsilon A}{d} = \frac{\varepsilon_r \varepsilon_0}{d} \tag{3-5}$$

式中，ε_0 为真空介质的绝对介电常数，值为 8.854×10^{-12} F/m；ε_r 为介质的相对介电常数。由式（3-5）可知，在平行板电容器中，电压 V 与间距 δ 成正比，与正对面积 A 成反比，当改变两者时电容器两端电压也随之改变。表 3-1 给出了几种常见物质的相对介电常数。

表 3-1 常见物质的相对介电常数

物质	相对介电常数	物质	相对介电常数
空气	1.0	聚酯	3.4
二氧化硅	3.9	石英	4.3
云母	7.0	水	78.5

平行板电容器在介质击穿前只能储存有限的能量。设电容器的介电材料具有介电强度 U_d，因此，电容器所能存储的最大能量是

$$E_{\max} = \frac{1}{2}CV^2 = \frac{1}{2}\frac{\varepsilon_r\varepsilon_0 A}{d}(U_d d)^2 = \frac{1}{2}\varepsilon_r\varepsilon_0 A d U_d^2 \quad (3-6)$$

此外，假定电场完全集中在两个极板之间的电介质中。实际上，在电介质外存在边缘场，这增加了电容器的有效电容，这些额外的电容被称为寄生电容。对于一些简单的电容器几何结构，这个附加电容项可以解析计算。当极板宽和长与极板间距的比值较大时，寄生电容可以被忽略。

近年来，已经报道了许多高灵敏度电容式压力传感器[10]。例如，合肥工业大学黄英教授团队根据三轴力引起的电容变化设计了一种三轴触觉力传感器。基于电场边缘效应理论，由同一平面的四个感应电极和一个公共电极组成的四个电容器，电介质层为气隙和 PDMS 组成多层结构，多层电介质结构在外力作用下发生变化，导致气隙变化，从而引起电容变化（图 3-11）。测量数据表明，传感单元对法向力、x 轴和 y 轴剪切力的敏感度分别为 0.009 5 F/(F·N)、0.005 3 F/(F·N) 和 0.006 0 F/(F·N)，证明电容式传感器在三维压力传感领域具有巨大的应用潜力。瑞士洛桑联邦理工学院 Dobrzynska 和 Gijs 开发了一种带有叉指型电极图案柔性基板的三轴力传感器，并通过施加三轴负载来测量其电容变化，进而分析三维力的方向和数值。实验结果表明，电容传感器法向灵敏度为 0.024 F/(F·kPa)；而在较高压力下，测得的法向灵敏度为 6.6×10^{-4} F/(F·kPa)。上海交通大学郭小军教授团队利用 3D 打印制造微结构化电容式柔性压力传感器。结果表明，该传感器具有非常低的检测极限、快速的响应/恢复速度、出色的耐用性以及对环境温度和湿度变化的良好耐受性，可以可靠地实时监测微弱的士兵生理信号。

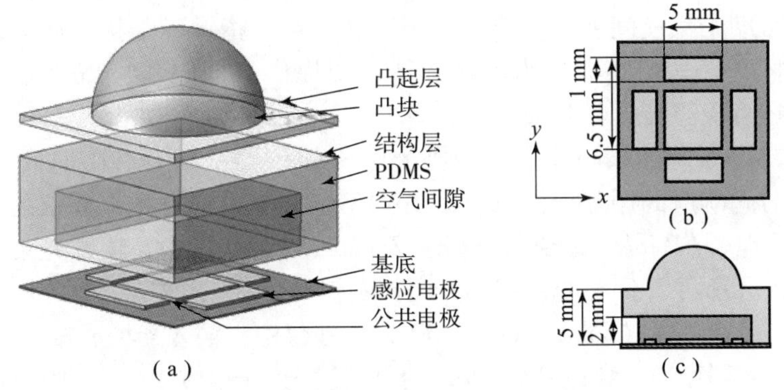

图 3-11 三轴电容式压力传感器

(a) 结构示意；(b) 俯视图；(c) 横截面图

为了实现军用机器人的高敏感触觉传感，UCB 的 Nguyen 教授等开发了一种 MEMS 电容式触觉压力传感器，该传感器具有压缩残余应力的传感膜片，可在施加压力的情况下实现线性响应（图 3－12）[11]。在正常模式下，带有内置残余应力的圆形膜片的中心挠度可以推导为

$$\omega(r) = \frac{PR^4}{64D}\left(1 - \frac{r^2}{R^2}\right)^2 \tag{3-7}$$

式中，ω 为膜片的挠度；R 为膜片半径；P 为外部施加的压力；r 是距离膜片中心点的距离；D 为膜片的抗弯刚度，由式（3－8）给出：

$$D = \frac{Eh^3}{12(1 - \nu^2)} \tag{3-8}$$

式中，E 为杨氏模量；h 为膜片厚度；υ 为泊松比。FEA 的结果表明，具有残余应力的传感膜片可提供比无应力膜片更好的线性响应。Nguyen 教授使用表面微加工在硅衬底上制造该器件，利用低压化学气相沉积法沉积氧化物用于密封压力腔并形成介质绝缘层。实验结果表明，该压力传感器在 16～215 psi* 的压力范围内线性响应，灵敏度为 0.092 pF/psi，无补偿的满量程非线性为 3.3%。

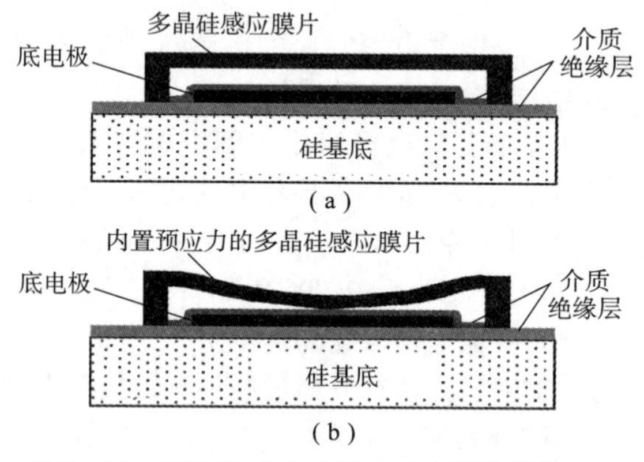

图 3－12　MEMS 电容式压力传感器的横截面图

（a）传统设计；（b）带有预应力传感膜片的新设计

3.1.4　光纤式压力传感器

近年来，光学传感器已广泛应用于世界各国武器装备，如收集战场数据进行战争实时监视，利用夜视仪帮助士兵夜间获得优势，利用激光测距、指示、干扰和通信，架设光纤系统保证战场通信指挥。光学传感器还为战术武器系统提供了低成本、高性能的微型 IMU。此外，光学传感器还可以进行化学物质检测。

多数光学 MEMS 系统的核心元件是两类光学干涉仪器：具有有限时间响应的多光束干涉仪和具有无限时间响应的循环干涉仪。图 3－13 显示了两种类型干涉仪的典型示例，并说明了它们的工作原理。在马赫－泽德（Mach－Zehnder）干涉仪中，输入光束被非偏振分束器分成两条路径。在沿着两条不同的路径通过干涉仪传播之后，这两束光束在同一光束分离器中重新组合。在法布里－珀罗（Fabry－Pérot，FP）干涉仪中，输入光场通过前镜耦合到光学腔，然后循环场在腔内来回循环，穿过 FP 干涉仪的总反射光和透射光由空腔中循环场的相位确定。

* 1 psi＝6.895 kPa。

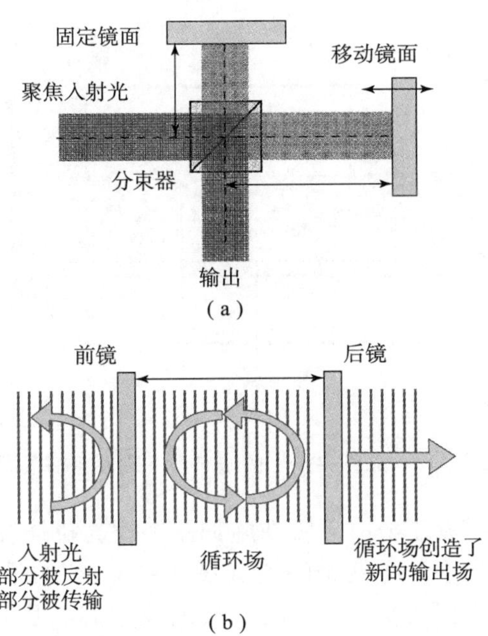

图 3-13　两种类型干涉仪的典型示例

(a) 马赫-泽德干涉仪；(b) 法布里-珀罗干涉仪

常见的光学压力传感器为光纤式压力传感器。在基于光强的光纤式压力传感器中，压力的增加将导致光源逐渐被阻挡，通过传感器测量接收到的光的变化，进而得到压力值。如图 3-14 所示，一根光纤以发光二极管（light-emitting diode，LED）作为光源，另一根光纤用光电二极管接收反射光。当压力使反射膜弯曲时，反射回检测光纤的光量会改变。其他光纤传感器使用干涉测量法来测量由压力变化引起的光的路径长度和相位变化，干涉测量法可以进行非常灵敏的光学测量。

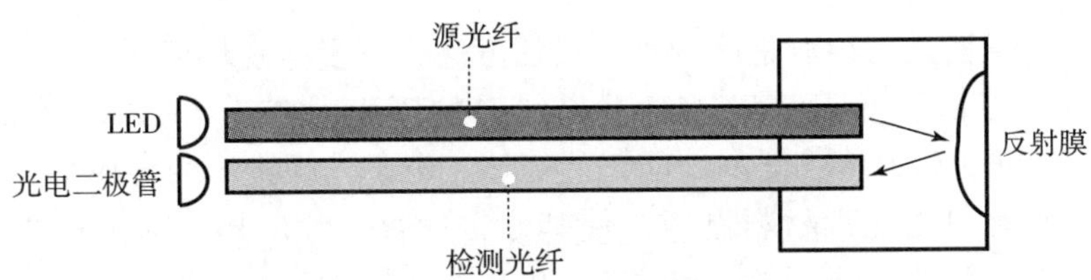

图 3-14　基于光强的光纤式压力传感器示意

干涉测量法光纤式压力传感器，包括法布里-珀罗干涉仪（Fabry-Pérot interferometer，FPI）光纤式压力传感器和光纤布拉格光栅（fibre bragg grating，FBG）光纤式压力传感器。FPI 是一种非本征传感器，它利用空腔中两个表面之间来回反射的多个光线之间的干涉效应，随着间隔改变，干涉将改变在特定波长下接收的光量（图 3-15）。半反射表面连接到光纤（M_1），并在腔体（M_2）的另一端形成反射膜，形成压力移动的隔膜。反射镜之间的间距变化会导致各束光线（E_1和E_2）传播的路径发生差异，从而导致它们之间的相对相移，产生的干涉将增强或减弱特定波长的光。

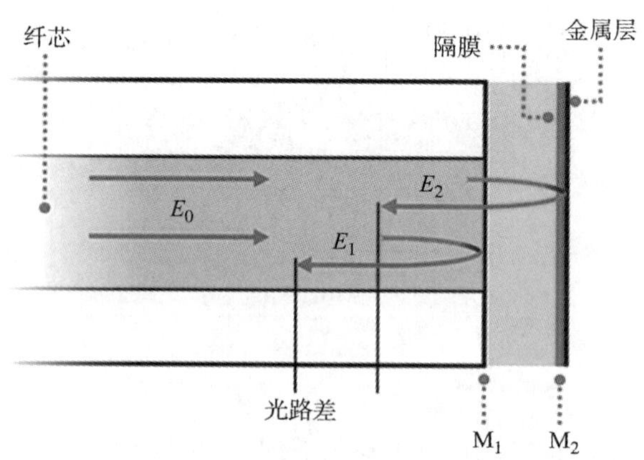

图 3-15 光纤尖端上的法布里-珀罗腔横截面图

FBG 可以将纤维连接到隔膜上，隔膜在施加压力时会拉伸纤维，从而使光纤的折射率产生周期性的调制，在光谱中产生两个峰值（图 3-16）。如果使用单色或窄带光源，则由于腔的长度（或光栅的间距）会改变该波长的反射量，因此输出信号的幅度将发生变化。

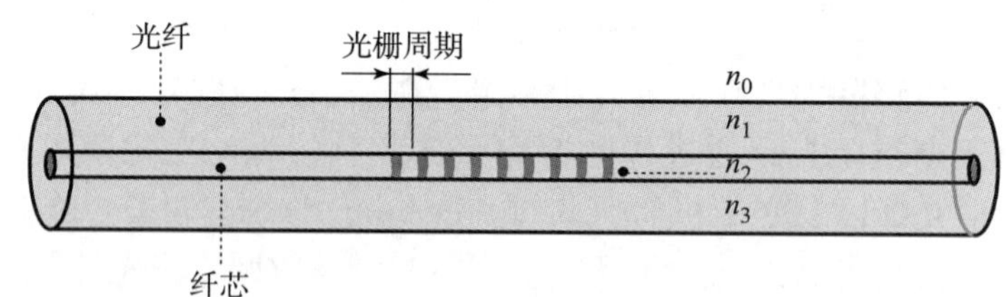

图 3-16 光纤内的布拉格光栅

注：n_0、n_1、n_2和 n_3代表光纤折射率的周期性变化

光纤式压力传感器最大特点是体积小、灵活度高、不受电磁环境干扰，在恶劣的环境中非常有效。比如测量战机、火箭发动机进出气口的压力。在 2.0 ~ 2.5 MPa 高压，400 ~ 500 ℃高温下，光纤式压力传感器的性能仍然很好。由于光纤式压力传感器不存在任何潜在的危险电压，并且可以由无毒材料制成，使其非常适合医疗应用，对人体中很多地方如血管、肺部、消化道、膀胱、脑、骨骼和关节中的压力进行测量，这些数据对于诊断、长期监测或治疗很重要。

为了测量火箭弹发动机内部压力，中北大学熊继军教授开发了可以用在高温条件下的法布里-珀罗光纤压力传感器（fiber-optic Fabry-Pérot pressure sensor，FOFPPS，图 3-17）[12]。FOFPPS 是通过将硅晶片和耐热玻璃阳极键合在一起，并通过玻璃粉和有机黏合剂将光纤面与硅表面平行固定而制成的。由于加载的压力，腔的长度随着隔膜的变形而变化，导致干涉光谱的波长偏移，因此可以通过测量波长偏移来测量压力。压力实验结果表明，该传感器在 20 ~ 300 ℃的温度范围内具有 0 ~ 600 kPa 的线性压力敏感度。随着温度的升高，压力敏感性逐渐降低，300 ℃时的压力敏感度约为 27.63 pm/kPa。

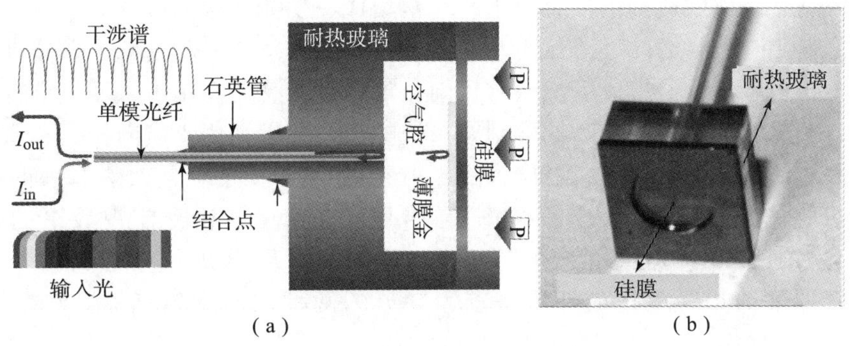

图 3－17　光纤法布里－珀罗压力传感器

(a) 传感器原理示意；(b) 实物图

当光沿着单模纤维（single－mode fiber，SMF）传播时，SMF 的末端与金膜之间会发生多次反射，干扰光耦合到 SMF 中并输出。干扰频谱可以由式（3－9）给出：

$$I = I_1 + I_2 - 2\sqrt{I_1 I_2}\cos\phi \tag{3-9}$$

式中，I_1和I_2为两个反射光的功率强度；ϕ 为由气腔引起的相移，由式（3－10）计算：

$$\phi = 4\pi n_{air}L/\lambda \tag{3-10}$$

式中，n_{air}为空气的折射率；L 为空气腔的长度；λ 为光的波长。根据式（3－9）和式（3－10），加载压力引起的硅膜片挠度的变化 $\Delta d(r)$ 可以写成

$$\Delta d(r) = \frac{3(1-\nu^2)R^4P}{16Eh^3}\left(1-\frac{r^2}{R^2}\right)^2 = \Delta d_0\left(1-\frac{r^2}{R^2}\right)^2 \tag{3-11}$$

式中，Δd_0为中心位置偏斜的变化。因此气腔长度 $L = L_0 - \Delta d_0$，L_0为气腔初始长度。由于输出干涉光谱是通过气室的长度进行调制的，因此通过读取干涉光谱的变化可以知道负载压力。

天津大学江俊峰教授团队则开发了一种基于 MEMS 的 FOFPPS[13]。他们使用具有微圆形浅凹坑阵列的 SOI 晶片和耐热玻璃晶片，通过热压键合技术来制造密封的法布里－珀罗腔结构，避免了阳极键合过程中由于化学反应而释放出的气体。硅膜片上的加载压力被传递到腔体长度信息，并通过使用偏振低相干干涉解调系统进行测量。通过调整硅膜片的半径和厚度参数，可以更为容易地改变该压力传感器的响应范围和灵敏度。结果表明，该传感器在 3～283 kPa 的压力变化范围内表现出相对线性的响应，灵敏度为 23.63 nm/kPa，传感器的重复性约为 0.119% F. S。

3.2　加速度传感器

加速度传感器是一种测量惯性力的器件。这些力可以是静态的，如恒定的重力；也可以是动态的——由运动或振动加速度引起。早期大多数加速度传感器基于压电晶体，但其体积较大。因此学者开始在 IC 和 MEMS 领域不断开发 MEMS 加速度传感器，以减小体积、提高适用性。美国斯坦福大学（Leland Stanford Junior University）于 1979 年设计了第一款微机械加速度传感器，但直到 20 世纪 90 年代，MEMS 加速度传感器才彻底改变了汽车安全气囊系统行业。从那时起，MEMS 加速度传感器就展现了独特的功能和应用，从笔记本电脑的硬盘

保护到游戏控制器，再到适用于工业应用的完全集成、功能齐全的设备。

MEMS 加速度传感器是一项具有巨大军事潜力的技术，具有低成本、高分辨率、高可靠性、高稳定性、多个传感器集成等优点。目前，加速度传感器在军事领域最常见的应用是测量各种火炮的发射加速度以及作为导弹制导系统的重要数据，用于航向校正和保持飞行稳定性，以便导弹达到其预定目标；或者作为战场监视者，在目标地点撒落下去形成严密的监视网络，通过感测敌方载具、人员、物资运动时的加速度，秘密监视敌军的行踪。目前常用的 MEMS 加速度传感器可以分为电容式、压阻式、压电式和热对流式。其中压阻式和电容式由于原理简单、工艺成熟，是较为常见的两种加速度传感器，在军事上被广为运用。

加速度传感器是基于弹簧－质量块结构的惯性力测量仪器。该系统可以用刚体的运动方程来描述，根据牛顿第二运动定律，施加到刚体上的力与加速度成比例，而比例常数就是质量：

$$\boldsymbol{F} = m\boldsymbol{a} \tag{3-12}$$

式中，$\boldsymbol{F}$ 为受到的惯性力；$\boldsymbol{a}$ 为加速度。以全局坐标计算的加速度 $\boldsymbol{a}$ 替换为以体坐标位移的二阶导数，因此体坐标系中质量块的运动方程为

$$m(\ddot{x}_m - \ddot{x}_0) + b(\dot{x}_m - \dot{x}_0) + k(x_m - x_0) = -m\ddot{x}_0 \tag{3-13}$$

式中，x_m为质量块位移；x_0为振动位移。式（3－13）左侧是与阻尼和弹簧的线性力有关的质量块惯性运动。右侧是初始外力，通常称为虚拟力。通过傅里叶变换可获取机械传递函数：

$$H_{\mathrm{j}\omega x/a}(\omega) = \frac{\mathrm{j}\omega/\omega_0}{1-(\omega/\omega_0)^2+2\mathrm{j}\zeta(\omega/\omega_0)} \tag{3-14}$$

式中，$\omega_0 = (k/m)^{1/2}$为系统的机械共振频率；$\zeta = b/(4km)^{1/2}$为阻尼比；k 为弹簧弹性系数；b 为阻尼器黏滞系数。

3.2.1 电容式加速度传感器

电容式 MEMS 加速度传感器根据其几何结构的不同设计分为两种类型：可变间隙式传感器和可变面积式传感器（图 3－18）。第一种类型的特征在于电容器之间的固定正对面积和可变间隙；第二种类型的特征是固定间隙和可变正对面积。

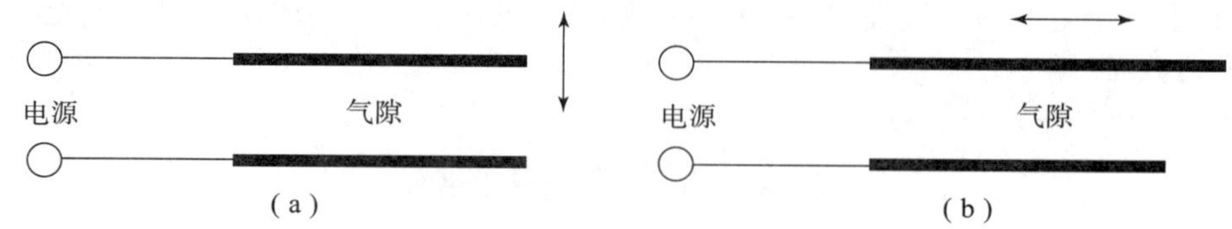

图 3－18　电容式加速度传感器原理

梳齿状传感器是具有叉指结构的电极，可用于多种 MEMS 传感器。它们具有高的长宽比几何形状。梳齿形状电极的主要局限性是多余的静电力分量，该分量会使运动电极偏离正对位置。为了减少这种寄生效应，可采用差动模式，其中中间电极使用双极性电压激励往复移动（图 3－19）。差动模式运行的优势在于，在较大的动态范围内，位移和电容电荷之间具有出色的响应线性。此外，它们不受寄生电容的影响，同时也可降低杂散电容的影响。性

能取决于两个电容之间的差异，并且可以通过消除由电容设计引起的二阶项来实现这种传感器的线性动态范围的改善。

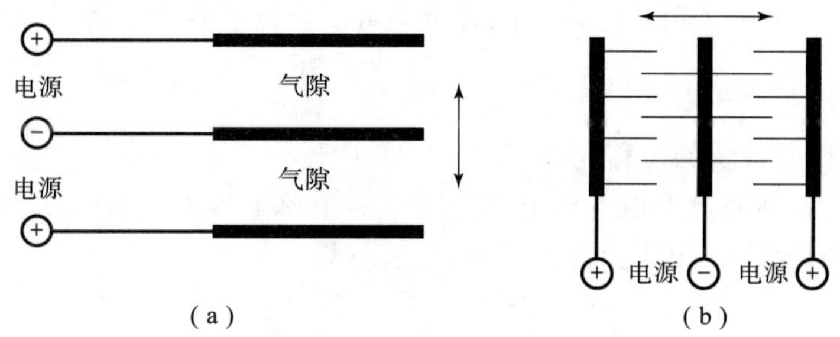

图 3－19　梳齿状电容传感器

(a) 变间距式；(b) 变正对面积式

图 3－20 展示的是典型的梳齿状 MEMS 加速度传感器，振动质量块通过机械悬挂机构连接到框架。活动板和固定的外部板代表电容器，振动质量块的挠度是使用电容差测量的。振动质量块与两个固定外接平板 C_1 和 C_2 之间的自由空间（空气）电容是相应位移 x_1 和 x_2 的函数：

$$\begin{cases} C_1 = \varepsilon_0 A \dfrac{1}{x_1} = \varepsilon_0 A \dfrac{1}{d + x} = C_0 - \Delta C \\ C_2 = \varepsilon_0 A \dfrac{1}{x_2} = \varepsilon_0 A \dfrac{1}{d - x} = C_0 + \Delta C \end{cases} \tag{3-15}$$

式中，ε_0 为真空介电常数；A 为正对面积；d 为初始空气间隙；x 为质量块位移。如果加速度为零，则电容 C_1 和 C_2 相等，因为 $x = 0$。如果 $x \neq 0$，则电容差为

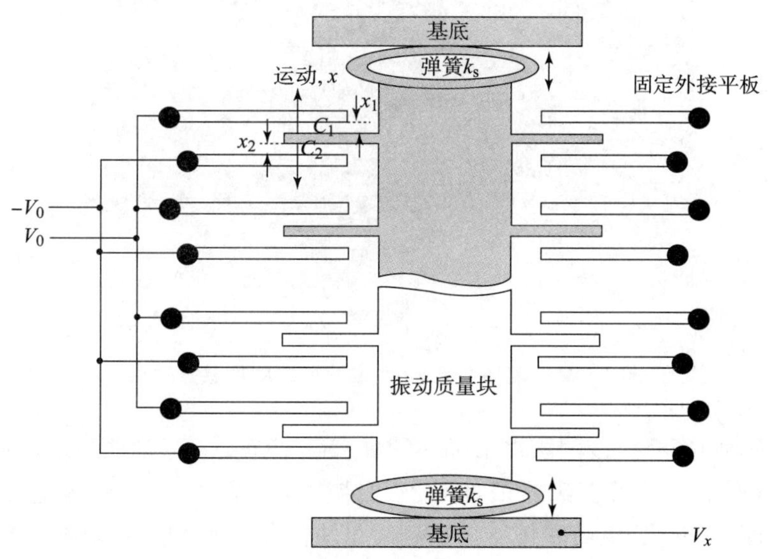

图 3－20　典型的梳齿状 MEMS 加速度传感器

$$C_2 - C_1 = 2\Delta C = 2\varepsilon_0 A \frac{x}{d^2 - x^2} \tag{3-16}$$

将式（3－16）变换为如下非线性代数方程形式：

$$\Delta Cx^2 + \varepsilon_0 Ax - \Delta Cd^2 = 0 \tag{3-17}$$

对于极小位移，ΔCx^2项可以忽略。因此位移可以通过电容差求得：

$$x \approx \frac{d^2}{\varepsilon_0 A}\Delta C = d\frac{\Delta C}{C_0} \tag{3-18}$$

从式（3－18）可得质量块的位移与电容差 ΔC 成正比。

对于总电容 C_1，所有上部电容器电学并联；对于总电容 C_2，同样，所有下部电容器电学并联。输出电压 V_x与输入电压 V_0的关系可以表示为

$$(V_x + V_0)C_1 + (V_x - V_0)C_2 = 0 \tag{3-19}$$

将式（3－15）和式（3－18）代入式（3－19）可得

$$V_x = V_0\frac{C_2 - C_1}{C_2 + C_1} = \frac{x}{d}V_0 \tag{3-20}$$

当 $a=0$ 时，振动质量块不会移动，因此电压输出为零。如果存在加速度（$a>0$），则传感器电压输出 V_x与交流电压输入 V_0呈正比变化。如果加速度取反（$a<0$），则信号 V_x会变号。因此输出电压始终与加速度同号。

南洋理工大学 Holden 教授团队开发了用于军事、弹药、引信和冲击测量的硅锗集成 CMOS－MEMS 高 g 加速度传感器（图 3－21）[14]。传感器可以提供 5 000g 的动态范围和 12 kHz 的带宽范围。低噪声读出电路采用斩波稳定技术，通过台积电（TSMC）0.18 μm 工艺实现 CMOS 制作。结构采用全差分分体式梳状执行器，由两组定子和一个转子分别驱动。当活动部件受到的冲击远远超过设计的动态范围时，保护结构将起到阻挡和保护活动部件的作用。

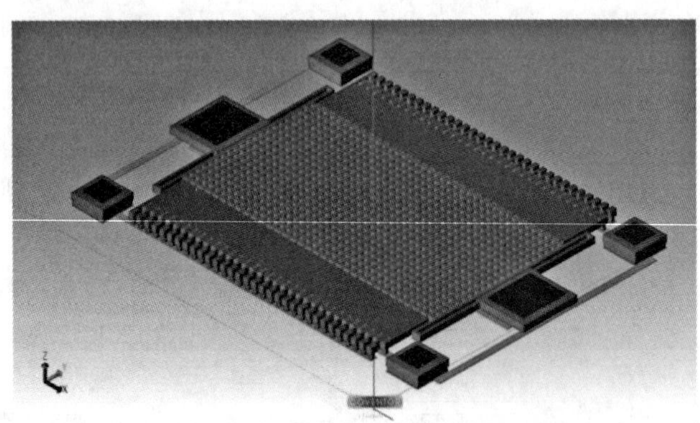

图 3－21　使用 Coventor 设计加速度传感器模型

华中科技大学刘华峰教授团队提出了一种具有硅基弹簧－振动质量块感测结构的 MEMS 电容式加速度传感器，可用于武器惯性导航、结构健康监测和倾斜测量应用[15]（图 3－22）。通过基于面积变化的电容式传感器感测质量块的位移变化，该电容式加速度传感器由振动质量块与玻璃盖板通过倒装封装形成。为了实现高性能的加速度通过硅晶圆蚀刻工艺来增加振动质量块质量以降低热噪声。加速度传感器原型的制造和特性表明，其灵敏度为 510 mV/g，在 100 Hz 下的本底噪声为 $2g/\sqrt{\text{Hz}}$。实验结果表明，该 MEMS 电容式加速度传感器有望用于惯性导航、结构健康监测和倾斜测量。

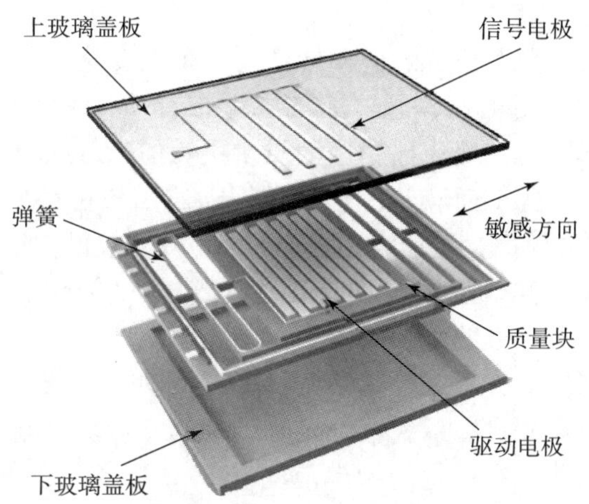

图3-22　基于硅基质量块和弹簧的MEMS电容式加速度传感器

东京工业大学（Tokyo Institute of Technology）Yamane教授等开发了具有镀金质量块的双轴非谐振MEMS电容式加速度传感器，可以用于弹药储存和士兵运动时的三维状态监测[16]。图3-23（a）和图3-23（b）分别展示了该传感器三维结构和*XY*横截面图。该器件的特征如下：使用单个振动质量块来检测*Z*轴和*X*轴加速度，从而节省了空间；通过振动质量块与覆盖有SiO_2膜的底部电极之间的电容偏移来感测*Z*轴加速度；*X*轴加速度由振动质量块侧壁上的梳状电极感知到；运动限位器可实现可动结构的运动保护，以免产生严重的机械损坏，因此CMOS-MEMS集成很容易实现。所有的MEMS结构都是通过电镀金制成的。由于金的密度高，因此在质量块上的布朗噪声变得比由其他材料（例如相同尺寸的硅）制成的布朗噪声要低。单个镀金质量块利用平面外（*Z*轴）和平面内（*X*轴）运动充当双轴感应电极。振动质量块设计为面积为660 μm×660 μm，厚度为12 μm，并且室温下的振动质量块中实际的布朗噪声为1.2 $\mu g/\sqrt{\text{Hz}}$（沿*Z*轴）和0.29 $\mu g/\sqrt{\text{Hz}}$（*X*轴）。小型化的双轴MEMS加速度传感器可通过集成化的CMOS-MEMS工艺实现。

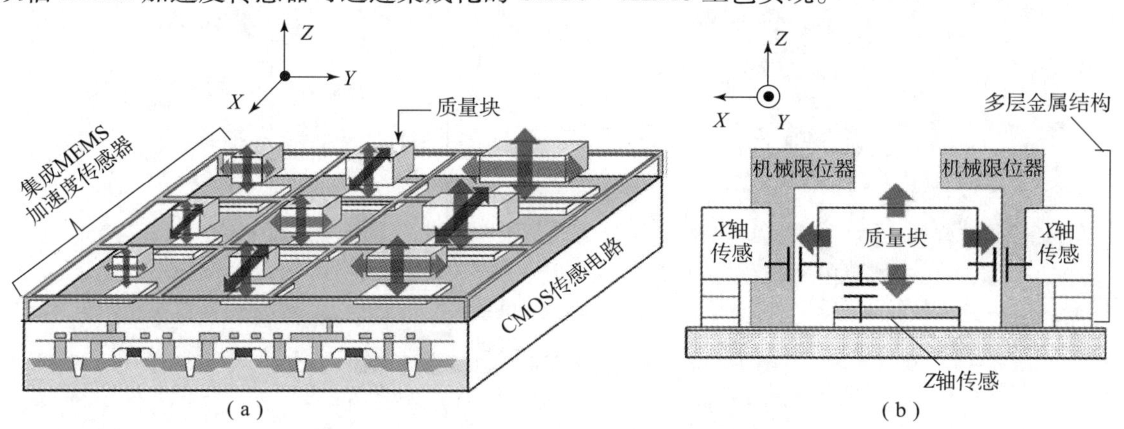

图3-23　双轴非谐振MEMS电容式加速度传感器

（a）三维结构示意；（b）横截面图

3.2.2 压阻式加速度传感器

压阻式加速度传感器将静态位置的位移转换为电阻的变化。通过在悬臂梁的相对面上安装两个压阻应变片实现加速度测量，悬臂梁的末端带有质量块。阻尼介质通常是黏弹性流体，如硅油。顶部和底部压阻应变片根据振动质量块的加速度或减速度交替拉伸和压缩。振动质量块位移与加速度成正比，而应变片应变与振动质量块位移成正比。质量块质量为 m，位移为 x，因此可以使用牛顿第二运动定律 $F = m\mathrm{d}^2x/\mathrm{d}t^2$ 来求得振动质量块加速度。1979 年，美国斯坦福大学开发了第一款基于压阻效应的硅基 MEMS 传感器，整个器件包含在提供与加速度成线性比例关系的电信号的电子系统中。

在加速度传感器的制作中，可以控制蚀刻程度，实现带有悬臂梁末端质量块结构。当受到加速度时应变传感电阻器放置在最大应力点处，振动质量块可能沿一个边缘或沿两个边缘悬挂。压阻式加速度传感器具有很宽的频率范围（0 ~ 2 kHz），灵敏度高达 25 mV/g（取决于悬臂梁尺寸），动态范围为 ±1 000g（误差小于 1%）。其他优势还包括制造成本低、重量轻和与 MEMS 工艺兼容。因此，基于压阻技术的加速度传感器被广泛用于汽车、医疗和机器人领域。尽管灵敏度高、频率响应性好，但压阻式加速度传感器仍存在一些局限性，如工作高温会降低带宽与灵敏度。

为了测量武器高速运动时的机械振动信号，西安交通大学赵玉龙教授团队通过将 4 个微小的感应梁与 4 个悬挂梁相结合，开发了一种具有多梁结构的压阻式加速度传感器[17]。如图 3 - 24 所示，八悬臂梁结构旨在平衡传感器的灵敏度与固有频率之间的关系。此外，感测梁结构采用压电电阻层可极大降低来自其他方向的串扰。该团队从理论上计算了结构的固有频率和传感梁上的应力。所提出的传感器被制造在 n 型单晶硅晶片上并被封装。实验结果表明，压敏电阻的设计可极大减少横向效应，所设计的传感器的固有频率高达 14.8 kHz，主轴灵敏度为 1.05 mV/g。

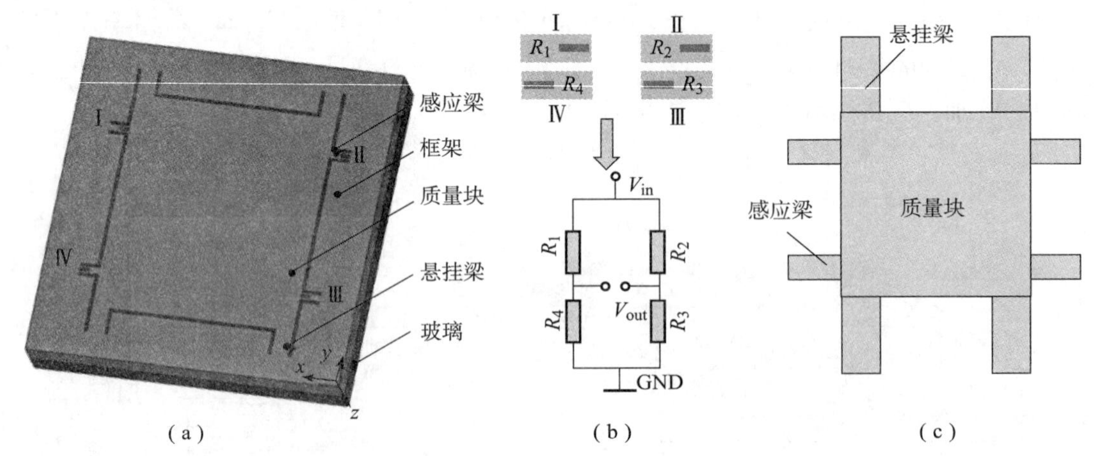

图 3 - 24　八悬臂梁压阻式加速度传感器

(a) 结构示意；(b) 等效电路图；(c) 结构简化图

图 3 - 25 为印度空间研究组织（The Indian Space Research Organisation，ISRO）Seena 教授团队设计、制作和测试的一种以 SU - 8 为结构材料，SU - 8/炭黑（carbon black，CB）纳

米复合材料为应变敏感层的柔性纳米聚合物压阻式加速度传感器，可用于炮弹发射和飞行时的加速度检测[18]。该团队制作了梁厚度为3.3 μm的聚合物MEMS加速度传感器和尺寸系数为90的嵌入式纳米复合压阻层，制备光敏纳米复合材料样品并进行表征，温度低于100 ℃时，这种聚合物容易与CMOS－MEMS工艺的电路集成。该团队使用激光多普勒振动计（laser Doppler vibrometer，LDV）对器件进行了动态表征，其共振频率为10.8 kHz，响应灵敏度为280 nm/g。

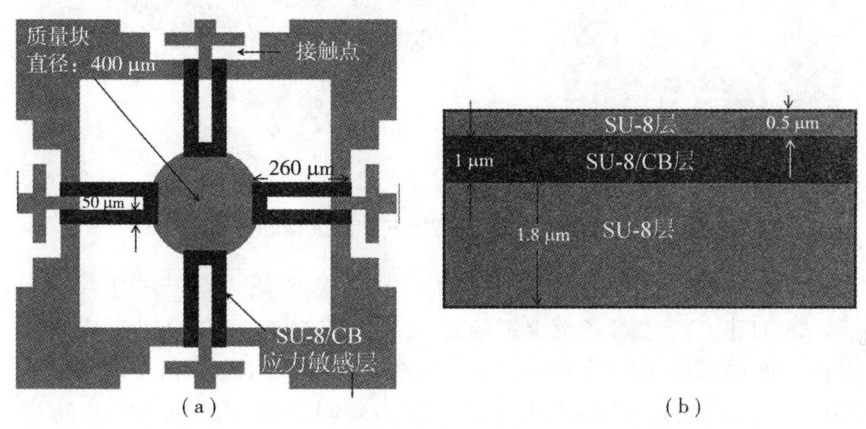

图3－25　聚合物纳米复合材料微加速度传感器

（a）俯视图；（b）横截面图

3.2.3　压电式加速度传感器

压电式加速度传感器是利用压电材料的压电效应，当加速度传感器受振时，质量块加在压电元件上的力也随之变化。当被测振动频率远低于加速度传感器的固有频率时，则力的变化与被测加速度成正比。加速度作用在振动质量块上，通过压电材料将物理力信号转换为电信号。虽然Pierre Curie和Jacques Curie早在1880年就发现了压电效应，但第一款压电式加速度传感器是分别由Yamaguchi和Kato于40年后实现制备。压电加速度传感器被公认为是测量绝对振动的最佳选择。与其他原理的传感器相比，压电式加速度传感器具有重要的优势：极宽的动态范围和低输出噪声、动态范围内具有良好的线性度、较宽的频率范围带、无须外部供电。因此压电式加速度传感器广泛用于爆炸冲击波检测，可实时测量军用和航空航天零件的短时、高振幅、高频、瞬态结构响应。

新加坡材料研究与工程研究所（Institute of Materials Research and Engineering）Yao研究员团队设计并测试了一种小型无线压电式加速度传感器，并展示了该传感器用于远程装备结构振动监测的可行性[19]。该传感器的压电传感元件包括振动质量块和涂覆有压电薄膜的多个硅梁（图3－26）。振动加速度呈线性比例的电学输出被放大，通过射频通信传输到远程单元。该加速度传感器的外形小巧紧凑，可容纳微传感元件、电荷放大器、信号处理电路、射频模块和电池，总体积为28.50 cm^3，重量仅为67.50 g。该团队研究了器件封装对压电式加速度传感器的动态响应（包括环境干扰屏蔽）的影响，使用了薄型封装，纵横比小，确保加速度传感器的动态工作范围不受传感器的限制，并将压电感应元件和电荷放大器接地到外壳以保护其免受电磁干扰。

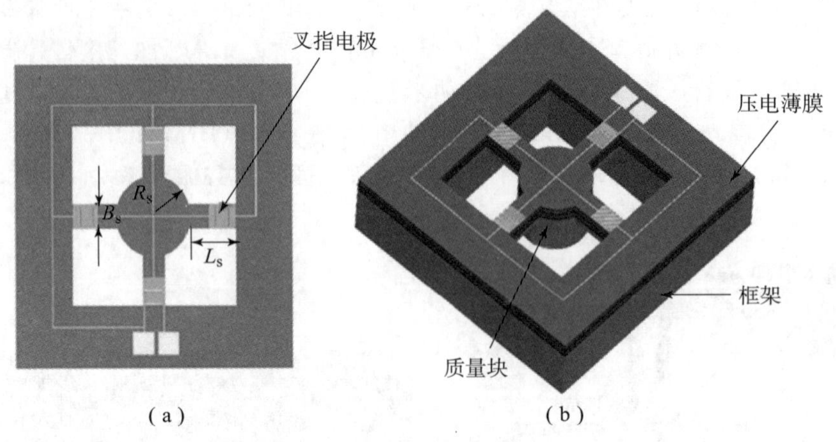

图 3－26　多硅梁压电式加速度传感器

香港中文大学 Liao 教授团队设计并制造了以压电悬臂梁为基础的中尺度（meso scale）加速度传感器，该加速度传感器采用钨钢质量块和 PZT/不锈钢复合梁组成[20]。如图 3－27 所示，他们设计了四种具有不同几何形状/尺寸的结构，包括矩形和梯形梁结构。所有器件都是通过 MEMS 工艺制造的，其中利用气溶胶沉积来制造高质量的 PZT 传感层。不锈钢基板的实现使制造流程简单且具有成本效益。实验表明，四种结构的固有频率范围为 769.01 Hz、572.25 Hz、573.59 Hz、723.25 Hz，分别对应于 150 Hz、110 Hz、110 Hz 和 140 Hz 的工作上限。在 95 Hz 的工作频率下，四种结构测得的电荷灵敏度分别为 25.6 pC/g、25.5 pC/g、41.4 pC/g 和 23.9 pC/g。

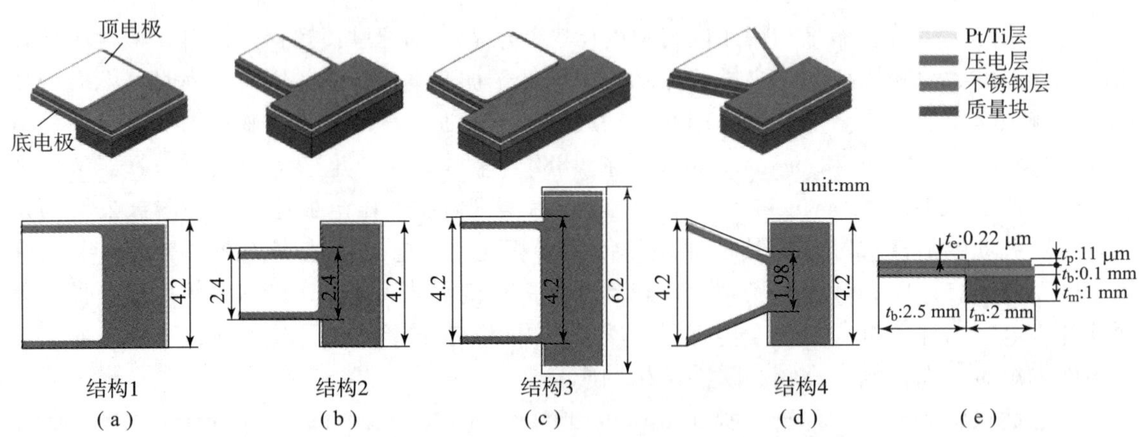

图 3－27　不同结构的压电复合梁

(a) 矩形梁；(b) T 形梁；(c) 宽 T 形梁；(d) 梯形梁；(e) 梁横截面

抗冲击 MEMS 加速度传感器的设计现状是减小振动质量块的尺寸，从而减少由于冲击载荷而产生的力和力矩。限位装置用来限制振动质量块的位移幅值，以防止损坏运动部件。但是体积尺寸的减小会降低传感器的灵敏度。此外，为了提高传感器的动态响应，需要最大限度降低振动质量块运动的阻尼，从而使传感器在经历高冲击载荷（如枪炮弹药在发射过程）后会出现一个相当显著的调节时间。对于炮射弹药和导航、制导的迫击炮的加速度传感器来说，系统调节时间尤为重要。为了缓解振动质量块结构的上述缺点，美国武器研究开发工程中心 Pereira 研究员团队开发了具有阈值限定的压电式加速度传感器，该加速度传感器会将传感器的振动质量块锁定在其“零”位置，从而保护加速度传感器的运动部件[21]。如图 3 - 28 所示，在弹药应用中，射击时振动质量块将被锁定在“零”位置，并在飞行过程中释放，然后以最小的系统调节时间开始测量飞行加速度。

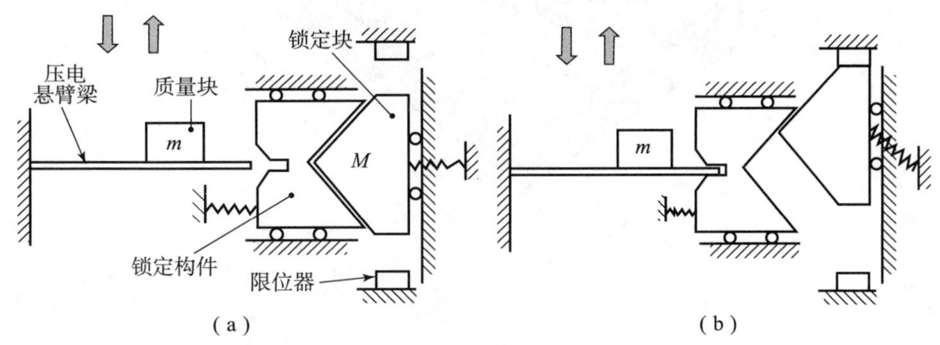

图 3 - 28　阈值压电加速度传感器

(a) 正常测量加速度；(b) 锁定

3.2.4　热对流式加速度传感器

一些常见的传感器类型如电容式、压阻式和压电式大多数涉及质量块的机械运动，该质量块会由于施加的加速度而改变其位置或形状。此类器件的冲击承受力等级较低，并且还具有诸如黏滞、机械振动和滞后等其他问题。相反，热对流式加速度传感器通过测量密封腔中存在的微小加热流体气泡的位移来感应加速度。由于没有固体振动质量块，因此热对流式加速度传感器的抗冲击能力很高，而它的制造也更简单，因此在检测直升机、无人机的螺旋桨运动状态时有着更完美的表现。热对流式加速度传感器于 1997 年由 Leung 等人首次实现。从那时起，该领域受到了相当多的研究关注，报道的设备在性能方面超过了同类产品。MEMS 热对流式加速度传感器领域的相对新颖性以及人机交互作用范围的不断扩大为未来的研究和创新提供了广阔的空间。

热对流式加速度传感器的感测原理基于流体的自然对流。图 3 - 29 (a) 展示了单轴热对流式加速度传感器的一般结构，该结构由硅其微腔组成。电阻加热器悬挂在腔体的中心，一对温度传感器（如热敏电阻或由串联连接的热电偶制成的热电堆）围绕加热器对称放置。腔体中存在的流体（例如空气）被封装外壳包裹。由于加热器的散热，在其周围形成了流体的热气泡。在稳定状态（即没有任何加速度）下，空腔内的温度分布相对于加热器保持对称，并且对称放置的温度传感器检测到相同的温度。在施加加速度的情况下，温度分布会由于热气泡的物理位移而倾斜，如图 3 - 29 (b) 所示。温度在加热器的一侧升高，而在另一侧降低。最终的温差（ΔT）与施加的加速度成比例，并由温度传感器测量［图 3 - 29 (c)］。

通过建立简单的几何模型分析加速度传感器的性能。对于图 3 - 30 (a) 所示结构，该结构具有放置在中心的加热器，并且工作流体被空腔和外壳覆盖，在环境温度下，可以将加热器建模为圆柱形热源，将外壳建模为较大的圆柱体。该模型甚至可以简化为球形结构，其

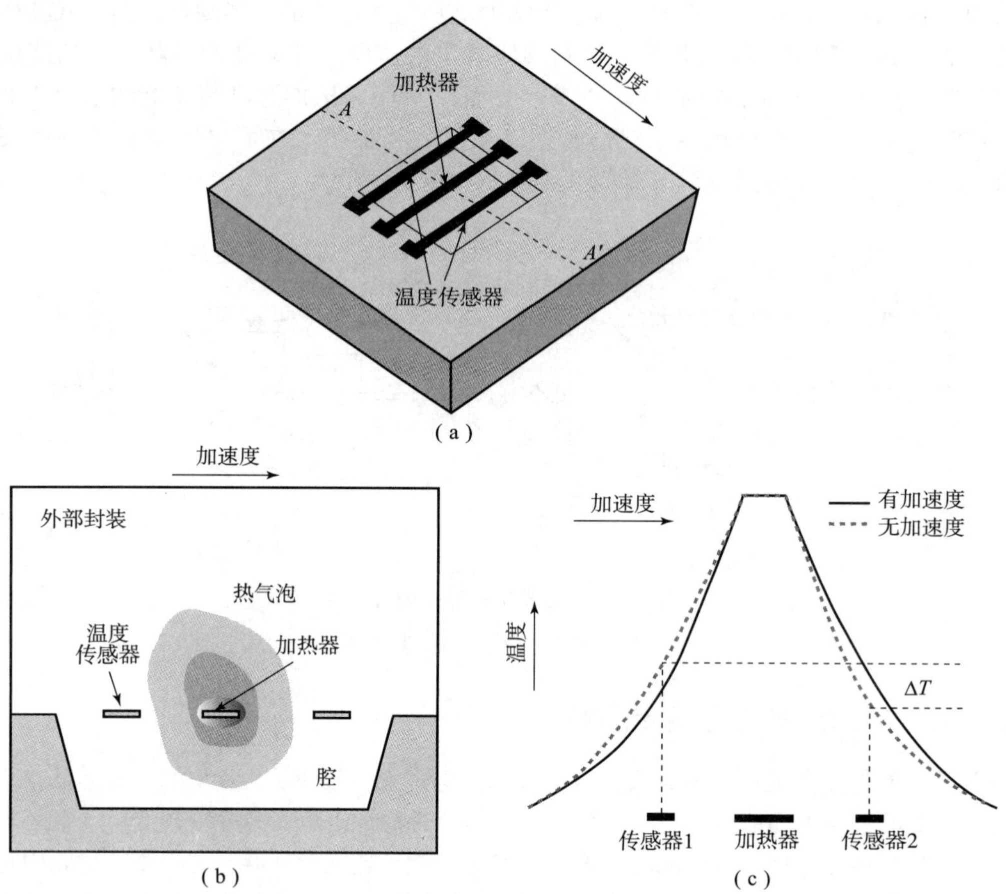

图 3-29 热对流式加速度传感器

(a) 结构示意；(b) 原理示意；(c) 有无加速度时的温差

中加热器是球形源，外壳是一个以加热器为中心并保持在环境温度下的较大球形。这种简化的几何形状如图 3-30（a）所示。其中，r 和 θ 分别是球坐标系的径向距离和角度。内球代表半径为 r_i 且表面温度为 T_i 的加热器。另外，外球面代表腔壁表面，其半径为 r_o 且壁温为 T_o（其中 $T_i > T_o$）。AA 代表沿中间部分的垂直轴。外球半径与内球半径之比为 $R = r_o/r_i$。同心圆柱模型通常用于单轴加速度传感器，而同心球模型用于双轴加速度传感器。在三轴加速度传感器中，x 轴和 y 轴加速度是在平面内施加的，而 z 轴加速度是在平面外施加的，这些也可以用同心球建模。

基于质量、动量和能量守恒原理，热对流式加速度传感器设备温度曲线的控制方程如式（3-21）所示：

$$\begin{cases} \dfrac{\partial \rho}{\partial t} + \nabla \cdot (\rho u) = 0 \\ \rho\left(\dfrac{\partial u}{\partial t} + u \nabla u\right) = -\nabla p + \nabla I + f \\ \rho C_p\left(\dfrac{\partial T}{\partial t} + u \nabla T\right) = k \nabla^2 T \end{cases} \tag{3-21}$$

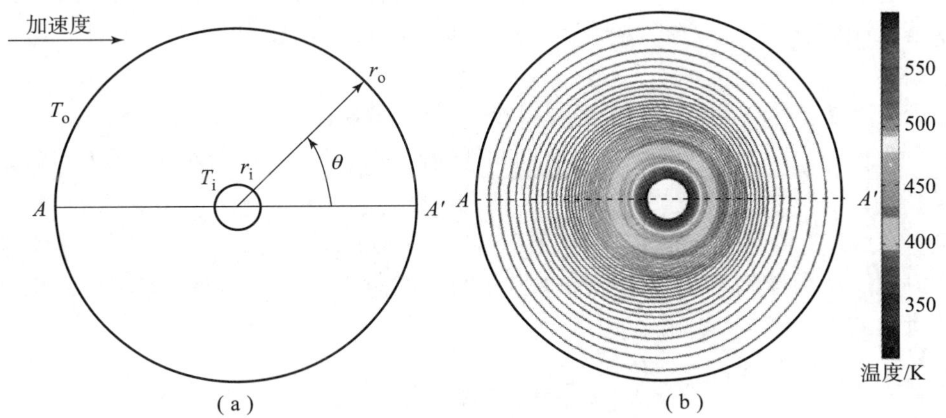

图 3－30　热对流式加速度传感器数学模型

(a) 使用同心球表示的热对流式加速度传感器简化模型；(b) 等温线

式中，u 为流速矢量场；p 为压力；I 为总应力张量；f 表示作用在流体上的力。参数 C_p、ρ 和 k 分别代表空腔中流体的比热容、密度和热导率。在微流体领域，各种参数决定了流体中的对流和传导热能流。为利于简化控制方程以及整体分析，将这些参数组合在一起以定义一些无量纲数字，如下所述。

（1）傅里叶数（Fourier number）定义为通过流体传导的热量与储存的热量之比：

$$F_0 = \frac{\tau\alpha}{r_i^2} \tag{3-22}$$

式中，τ 为特征时间；α 为流体的热扩散率，定义为传导的热量与储存的热量之比，其本质上表示热量在材料中的扩散速度，表示为

$$\alpha = \frac{k}{\rho C_p} \tag{3-23}$$

傅里叶数的值越高，表示热量在流体内的传播越快。

（2）普朗特数（Prandtl number）表示流体中动量扩散与热量扩散的比率：

$$Pr = \frac{\mu C_p}{k} \tag{3-24}$$

式中，μ 为流体的动态黏度。对于空气，普朗特数为 0.7～0.8，而对于油，该值会更高。热对流式加速度传感器的灵敏度取决于腔体中流体的普朗特数。随着工作流体的普朗特数的增加，装置的灵敏度增加。

（3）格拉索夫数（Grashof number）是浮力与黏性力之比：

$$Gr = \frac{\rho^2 a\beta(T - T_0)}{\mu^2} l^3 \tag{3-25}$$

式中，a 为施加的加速度；β 为流体膨胀系数；l 为设备的特征长度；$(T - T_0)$ 为加热器和块状基板之间的温差。由于对流加速度传感器的灵敏度取决于工作流体、设备的特征长度以及加热器和块状基板之间的温差，因此格拉索夫数定性地表明了设备的灵敏度。

（4）瑞利数（Rayleigh number）是普朗特数和格拉索夫数的乘积：

$$Re = Pr \cdot Gr \tag{3-26}$$

热对流式加速度传感器的灵敏度与瑞利数成正比。可以使用热对流式加速度传感器的边界条件求解控制方程式，以获得温度分布和速度分布图。温度分布（T'）可以通过以下方法获得：

$$T' = T_0 + (Gr \cdot Pr)T_1 + (Gr \cdot Pr)^2 T_2 + (Gr \cdot Pr)^3 T_3 + \cdots \tag{3-27}$$

式中，T_0、T_1、T_2、T_3、…为半径比（R）和径向距离（r）的无量纲函数。T'可以进一步近似为

$$T' = T_0 + (Gr \cdot Pr)T_1 \tag{3-28}$$

式中，T_0为由于从内球到外球的热传导而引起的温度曲线；T_1为由于流体对流而引起的温度曲线，两者由式（3-29）给出：

$$\begin{cases} T_0 = -\dfrac{1}{R-1} + \dfrac{R}{R-1} \cdot \dfrac{1}{r} \\ T_1 = \left(C_1 R^2 + A_3 R + C_2 + C_3 \dfrac{1}{R} + A_4 \dfrac{1}{R^2} + C_4 \dfrac{1}{R^3} + C_4 R \ln R \right) \cos\theta \end{cases} \tag{3-29}$$

式中，C_i和A_i是作为R的函数的系数。可以使用数值计算工具（例如 MATLAB）来求解控制方程，以获得等温线［图 3-30（b）］、腔内的温度分布和器件灵敏度。

有振动质量块结构设计的热对流式加速度传感器的概念最早于 1996 年由罗斯蒙特航空航天公司的 Dao 等人申请专利。随后加拿大的西蒙·菲莎大学（Simon Fraser University）的 Leung 小组率先通过在硅衬底上实现这种加速度传感器。尽管实现的设备是单轴传感，但双轴热对流式加速度传感器也得到了概念化设计。

图 3-31 为法国蒙彼利埃机器人与微电子计算实验室 Latorre 研究员采用 CMOS 工艺制造的用于军用机器人运动加速度测量的单轴热对流式加速度传感器。腔体是通过 MEMS 加工工艺制备的，并使用多晶硅电阻器实现了间距为 200 μm 的加热器（40 μm × 1 040 μm）和热敏电阻（30 μm × 700 μm）电桥[22]。传感器输出电压由具有可控制增益的 CMOS 信号调理放大器处理，该放大器与传感器位于同一芯片上。加热器温度为 438 ℃，使用 35 mW 的功率，并且通过实验测量了设备的灵敏度为 375 mV/g（或等效地 1.53 ℃/g），分辨率为 30 mg。该装置直到 10g 加速度下都具有良好的线性度，-3 dB 带宽为 14.5 Hz。

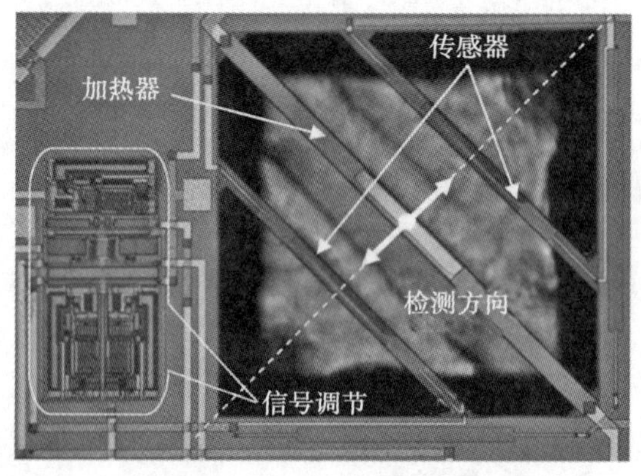

图 3-31　单轴热对流式加速度传感器结构实物图

硅热敏电阻结构中出现的热应力（由于温度变化）的影响，该热应力导致其面外变形和由于压阻效应而引起的电阻变化，从而降低了灵敏度。日本立命馆大学 Sugiyama 教授团

队设计了一种 SOI－MEMS 热对流式加速度传感器用以抵消影响[23]。如图 3－32 所示，该 2 mm×2 mm×0.4 mm 器件由 4 个热敏电阻（两种不同设计）组成，这些热敏电阻以环形围绕中央加热器（以 12.5 mW 加热至 200 ℃）排列。新颖的形状使热敏电阻可以随温度自由变形，因此，与普通的桥式热敏电阻相比，其热感应应力降低了 90%。采用片外电路来调节传感器输出，当在 ±5g 的测量范围内进行测试时，灵敏度为 ~13 mV/g，分辨率为 10 mg，总噪声（热量和 1/f）估计为 0.33 μV。

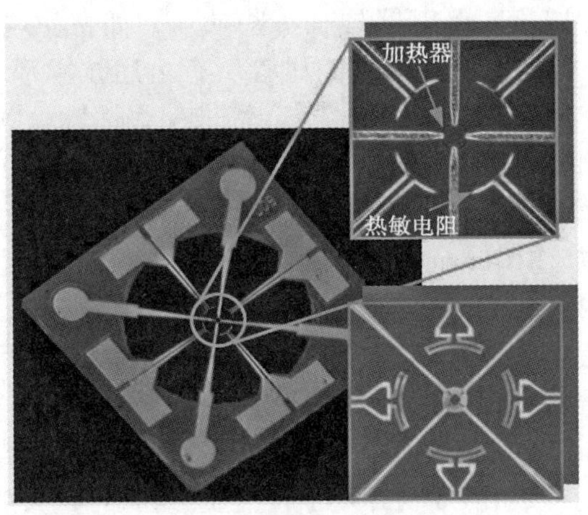

图 3－32　双轴热对流式加速度传感器结构实物图

许多研究和实验都试图提高热对流式加速度传感器的灵敏度，但是对于窄频带的问题却没有给予足够的重视，这是热对流式加速度传感器的缺点之一。因此，韩国庆北国立大学 Kim 教授团队分析了 Grashof 和 Prandtl 数学方程，研究了一种提高其灵敏度和频带的方法[24]。他们设计的加速度传感器如图 3－33 所示，包括两个主要部分：顶部和底部晶片。底部晶片包含温度传感器和微型加热器，顶部晶片确保了加速度传感器中所用气体的空间，并使外部环境的影响最小化。底部晶片包括 1 个加热器和 3 对温度传感器。底部晶片中的加热器加热顶部晶片和底部晶片之间的空间中的气体，与加热器等距放置的 6 个温度传感器检测该空间中的温度变化。实验结果表明，更大的加热功率会增大温度传感器之间的温差（ΔT），从而提高加速度传感器的灵敏度。另外，介质可移动的空间的增加伴随着加速度传感器灵敏度的提高。较小的空腔显示出比较大的空腔更好的频率响应。

（a）

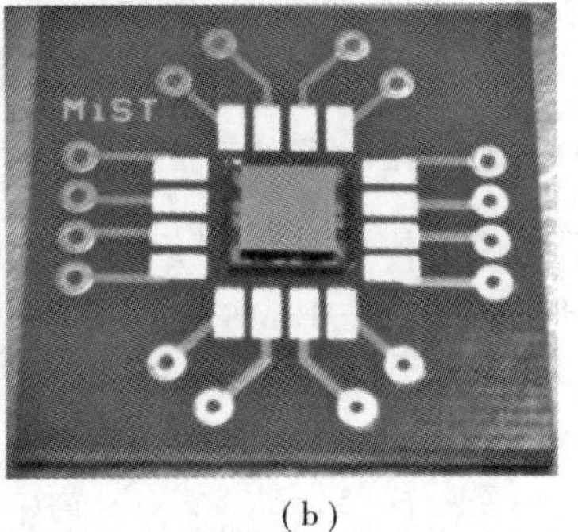

（b）

图 3－33　高灵敏度热对流式加速度传感器

（a）实物图；（b）封装在 PCB 板上

3.2.5 光学加速度传感器

尽管压电式加速度传感器可以提供较大的测量范围，但是它可能对温度和湿度的变化敏感，不适用于要求在各种环境下运行的 MEMS 器件；压阻式加速度传感器也有相同的缺点，但由于其在设计和制造方面的简单性，并且存在易于使用的补偿方法，压阻式加速度传感器的使用范围要大于压阻式加速度传感器；电容式传感技术已被广泛用于 MEMS 加速度传感器中，但是电容式 MEMS 加速度传感器具有一些缺点，如寄生电容影响、电极卷曲效应、低频范围以及低抗 EMI（电磁干扰）能力。尽管所有上述技术都可能遇到的问题，但是与其他现有的传感方法相比，光学加速度传感器会带来一些优势。例如，更大的抗 EMI 能力、更高的热稳定性以及更高的灵敏度。其应用包括用于军事设备振动分析、装备结构健康监测应用、军队能源输运中的过程控制。

美国桑迪亚国家实验室 Krishnamoorthy 研究员团队成功地演示了一种基于纳米光栅的高灵敏度光学加速度传感器[25]。该传感器包含两个垂直偏移的亚波长多晶硅纳米光栅层，由气隙隔开（图 3-34）。它响应纳米光栅的相对运动来调制入射光源的近场强度和偏振。来自纳米光栅的反射/透射光束强度被测量为纳米光栅的相对横向位置的函数。静电执行器被集成到传感器中，以控制纳米光栅运动并测量位移灵敏度。典型器件显示出反射率相对于横向位置的变化为 10%/nm。该团队成功开发了将大质量物体与易碎表面微加工光学纳米光栅集成在一起的能力，并创建了极其灵敏的加速度传感器，将极低频下（10 mHz）的灵敏度提高了 77 dB，至 50 fm/$\sqrt{\text{Hz}}$。对于 33.6 mg 质量的设备，该团队测得的灵敏度高达 590 V/g，可用于短程导弹、火箭弹惯性导航。

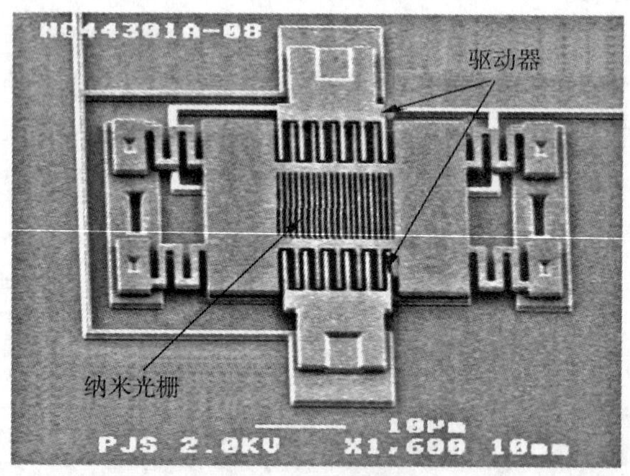

图 3-34 基于垂直堆叠的亚波长纳米光栅的 MEMS 光学近场共振加速度传感器

为了提高光学加速度传感器的灵敏度，伦敦帝国学院 Davies 教授团队开发了一种基于 Fabry-Pérot 干涉仪原理的硅 MEMS 光学加速度传感器，其通过 V 形梁结构将振动质量块的位移机械放大[26]。图 3-35 为该器件的结构示意图，Fabry-Pérot 腔形成在光纤的切割面与 V 形梁中点处之间，其中光纤切割面为入射端，V 形梁中点为反射端。V 形梁的一端固定在基板上，另一端固定在振动质量块上。当结构的左端由于振动质量块的运动而向右移动时，V 形梁沿 x 方向压缩，并在 y 方向上延伸，从而使反射端向上移动。在不降低传感器带宽的情况下，放大了振动质量块的运动。

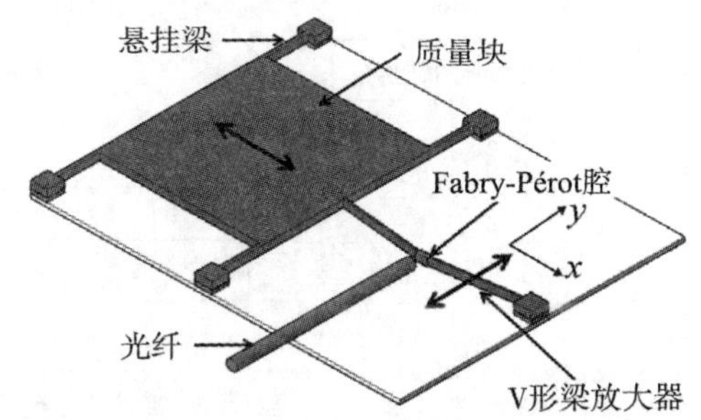

图 3－35　基于 V 形梁位移放大的 Fabry－Pérot 干涉仪硅 MEMS 光学加速度传感器

3.3　生化传感器

生化传感器是一种对特定分析物具有选择性的传感器，并将输入的生化量（从特定样品成分的浓度到总成分分析的范围）转换为分析电信号，如图 3－36 所示。生化信息可能来自生物、化合物或两者的组合所发生的化学反应。生化传感器学科是由化学、生物学、电力、光学、力学、声学、热学、半导体技术、微电子技术和膜技术之间的多学科研究形成的新兴学科。

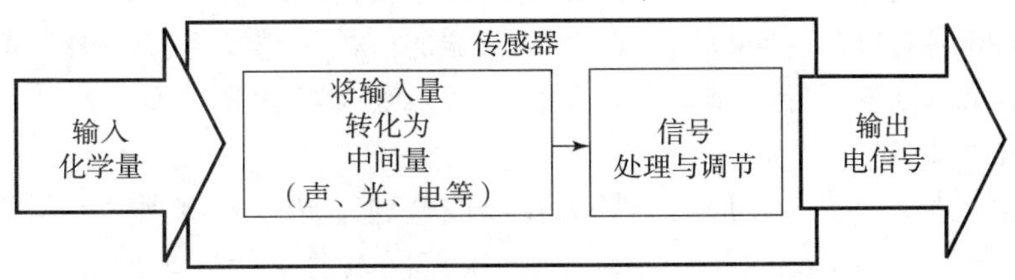

图 3－36　生化传感器

尽管生化传感器的历史不久，但是由于其具有体积小、灵敏度高、动态范围大、成本低、易于实现自动测量以及在线或原位连续检测等出色的性能，在环境监测、工业过程监测、气体成分分析以及现场紧急处置中的应用越来越受到关注。从军事角度来看，生化传感器本质上是由其他几种传感器（光学、声学、紫外线或红外线）组成的复合系统，一般用于检测某些特定有害物质，如检测微量的生化武器、爆炸物等。因此，生化传感器成为现代军事传感器技术中最活跃的方向之一。

根据工作原理，生化传感器可分为多种类型，如光学、电化学、质量、磁性和热能。光学传感器是基于由分析物和接收器之间的相互作用引起的光学现象；电化学传感器利用分析物和特征电极之间的电化学效应；质量传感器的工作原理取决于传感器表面的特殊修饰，即被分析物吸附所引起的质量变化；磁性传感器基于分析物吸附中的磁性；而热传感器则利用特定化学反应或吸附过程产生的热效应。

对生化传感器进行分类的另一种方法是基于待测的对象，即生化传感器可以分类为用于微量气体分析和监控的气体传感器，以离子传感器、湿度传感器和化合物传感器为代表的各种流体传感器等以及感测生物特征的生物传感器。图 3－37 列出了生化传感器的主要类别。本节将分别介绍气体传感器、离子传感器、湿度传感器和生物传感器，主要介绍其原理、结构和功能。

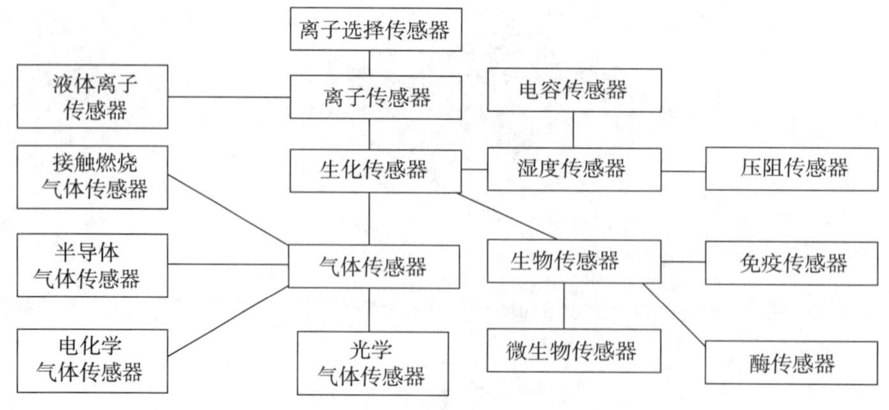

图 3-37　生化传感器的分类

3.3.1　气体传感器

众所周知，环境监测是化学传感器的主要应用领域，其中气体传感器起着举足轻重的作用。通过对各种有毒、有害气体的探测，可以防止士兵进入危险区域。气体传感器的关键性能指标包括灵敏度、选择性和稳定性，这主要取决于传感材料和传感机制的特性。通过使用先进的材料和新型响应机制，可以显著改善传感器的气体敏感特性。一般而言，气体传感器主要根据其工作原理分为半导体型、电化学型、接触燃烧型和光学型。

1. 半导体气体传感器

半导体气体传感器的敏感元件由金属氧化物或金属半导体氧化物材料制成，其有源感测层的电阻与待检测的气体接触而改变。自 1962 年首次报道半导体金属氧化物陶瓷气体传感器以来，半导体气体传感器已成为最全面、应用最广泛的气体传感器。目标气体与金属氧化物膜之间的反应由目标气体与金属氧化物分子以及预吸收的氧种类的反应组成。感测过程包括三个步骤：目标气体分子扩散到金属氧化物的表面、气体分子被吸附到金属氧化物中以及气体与金属氧化物之间的反应。

在 n 型半导体金属氧化物的情况下，可以通过肖特基势垒模型（Schottky barrier model）来解释其感应机理。金属氧化物与氧气或其他含氧环境中的氧分子之间的相互作用会产生不同的氧离子，例如：

$$\begin{aligned} O_2 + e^- &\rightleftharpoons O_2^- \\ O_2^- + e^- &\rightleftharpoons 2O^- \\ O^- + e^- &\rightleftharpoons O^{2-} \end{aligned} \tag{3-30}$$

释放的电子被捕获在导带中，在晶粒表面形成耗尽层。肖特基势垒和晶界处导带的向上弯曲导致金属氧化物膜的电阻增加。当氢、一氧化碳或乙醇之类的还原剂与金属氧化物膜接触时，由于氧种类的中和潜在势垒的减轻，电阻降低。相反，诸如 NO_2 的氧化剂与氧种类竞争电子，并进一步增加了膜的电阻。

韩国电子通信研究院 Moon 研究员团队开发了用于环境监测系统的金属锡氧化物 SnO_2 纳米粉末气体传感器[27]。SnO_2 纳米粉末气体传感器结构实物图如图 3-38 所示。半导体型 MEMS 气体传感器对气体二氧化氮和一氧化碳的响应分别约为 2.9/1 ppm NO_2 和

0.15/10 ppm CO，功耗为 15 mW。这项技术的应用可以扩展到用于战场有害空气监测、汽车排气监测、军事设备气体泄漏检测和存储食物腐败监测等。

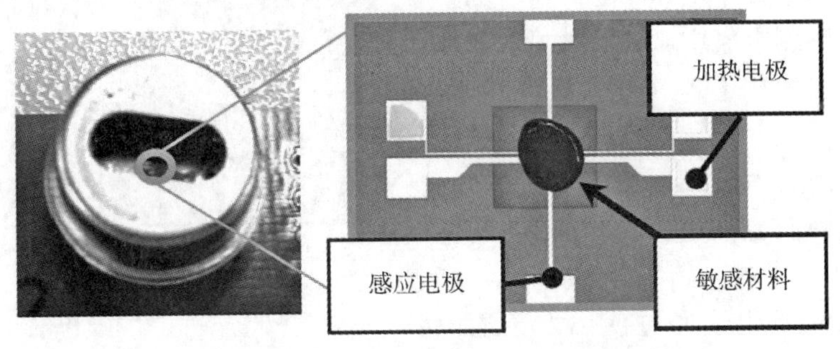

图 3-38　SnO_2 纳米粉末气体传感器结构实物图

MEMS 金属氧化物半导体气体传感器的出色性能使其在军事研究项目中占主导地位。但是 MEMS 传感器的制造过程必须与 CMOS 工艺兼容，这对材料和设计施加了限制。新加坡南洋理工大学 Liu 教授团队提出了与 CMOS 工艺兼容的改善传感器性能方法[28]。如图 3-39 所示，作为在高温下操作感测材料的气体传感器的主要结构，微加热器出于热隔离的目的被制成膜或桥，通过将氧化物层制成为孔板形状，可以提高温度均匀性，以实现低功耗。由于其在温度范围内的稳定性以及与 CMOS 工艺的出色兼容性，分别将掺杂的多晶硅和钨用作工作温度低于 500 ℃和 700 ℃的加热器材料。除了功耗和稳定性以外，其他性能参数（如灵敏度、响应/恢复时间和选择性）均大幅提高，可用于战机排气检测。

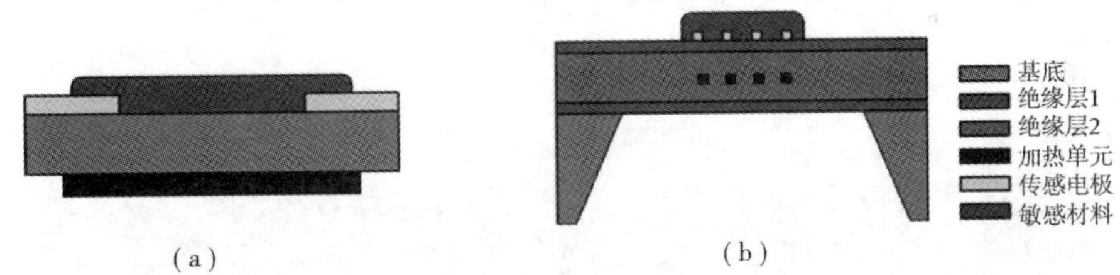

图 3-39　金属氧化物气体传感器

(a) 传统微加热器结构；(b) 微孔板结构

2. 电化学气体传感器

电化学气体传感器可分为原电池类型、受控电位电解类型、电量分析类型。原电池气体传感器通过测量电流变化来评估目标气体成分；受控电位电解气体传感器通过测量气体电解电流来感测目标气体，因此需在外部施加特定电压，该类型传感器能检测除了 CO、NO、NO_2 和 SO_2 外的常用气体，还可以检测士兵血液中的氧含量；电量气体传感器通过测量由气体和电解质之间的相互作用产生的电流来检测目标物质。

为了防止士兵进入高浓度 CO_2 区域导致窒息，韩国电子通信研究院 Moon 教授团队基于微加热器和电化学操作方法，制造了低功耗、高选择性的微型 CO_2 电化学气体传感器（图 3-40）[29]。通过丝网印刷技术，将用于固体电解质的 Li_3PO_4 厚膜和用于感测材料的 Li_2CO_3 厚膜以浆料形式依次沉积。在微型加热器的结构中，两个半圆形 Pt 加热器的电阻连接到散热器，以实现热均匀性。基于以上设计，使用兼容 CMOS 的 MEMS 工艺制造了低功耗 CO_2 气体传感器。通过测量 CO_2 在高温下的氧化还原反应电流，感测空气中 CO_2 的含量。微型气体传感器显示的空气中 CO_2 气体的耗电量 10 年约为 59 mW。

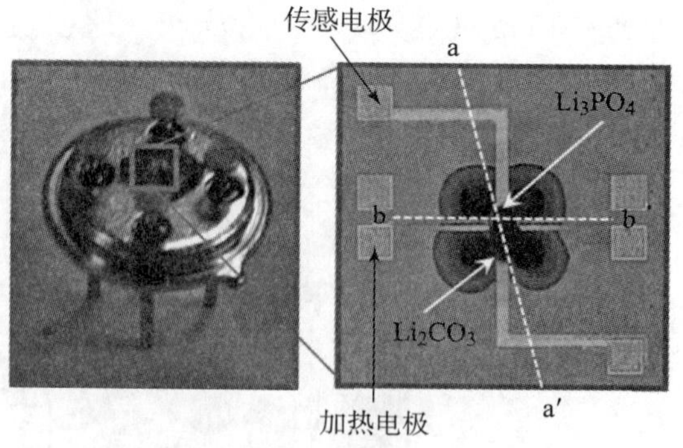

图 3-40 CO_2 电化学气体传感器

3. 接触燃烧气体传感器

接触燃烧气体传感器包括带有燃烧和催化燃烧的直接接触传感器。其工作原理是可燃气体的氧化燃烧直接发生或通过使用处于通电状态的催化剂发生，燃烧的气体敏感材料（铂丝）被加热，导致电阻值发生变化。通过评估电阻变化，可以提取气体浓度。这种传感器也称为热导率传感器，在军事化工厂、造船厂中广泛用于感测可燃气体。

韩国高丽大学 Ju 教授团队使用 MEMS 技术制造催化燃烧 H_2 传感器[30]。如图 3-41 所示，感测元件和参考元件都可以被集成在悬挂式微加热结构中，芯片尺寸为 2.4 mm × 2.4 mm，催化燃烧传感器在 1 V 的工作电压下显示出对 H_2 的高响应。开发的气体传感器的气体响应（ΔV）以式（3-31）给出：

$$\Delta V = V_{\text{output}} - V_{\text{offset}} = \left[\frac{\Delta R}{2(R_s + R_r)}\right] \times V_{\text{in}} \tag{3-31}$$

式中，V_{output} 和 V_{offset} 为暴露于空气或 H_2 时的电压测量值；V_{in} 为施加的电压；R 为加热器电阻的变化；R_s 和 R_r 分别为传感元件和参考元件的电阻值，$R_s = R_r + \Delta R$。因此，气体响应 ΔV 定义为包含 H_2 的空气中的输出电压（V_{output}）与空气中的偏移电压（V_{offset}）之差。在此，ΔR 由式（3-32）表示：

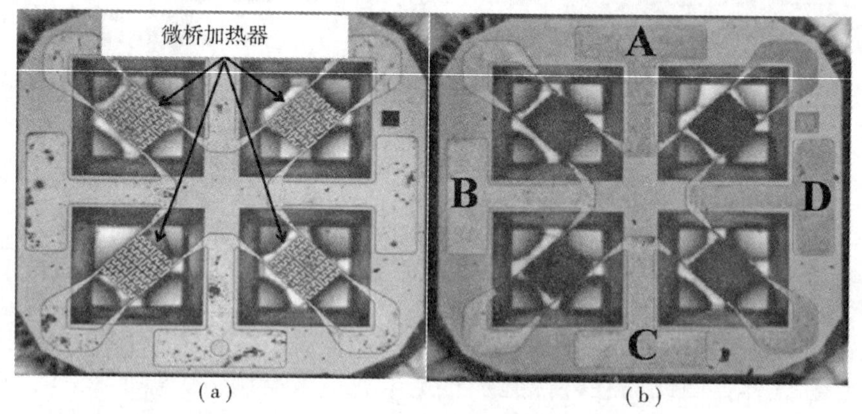

（a）　　（b）

图 3-41 催化燃烧 H_2 传感器

（a）微桥加热器；（b）气体传感器结构

$$\Delta R = \frac{\alpha \times m \times Q}{C} \tag{3-32}$$

式中，α 为加热器金属材料的温度系数；m 为燃烧气体的浓度；Q 为气体分子的燃烧热

（J/mol）；C 为传感器的热容量（J/K · cm³）。在 115 ℃下运行催化燃烧传感器时，对 1 000 ppm H_2 的响应和恢复时间分别为 0.36 s 和 1.29 s，功耗非常低（55.68 mW），这可以归因于微型加热器的小尺寸和悬挂结构提供的出色隔热性能。所制造的催化燃烧气体传感器具有相对较高的响应性、选择性、快速响应、恢复性以及输出信号的高再现性。该气体传感器可用于实现便携式感测设备，如气体分析仪和气体泄漏检测仪。

4. 光学气体传感器

光学气体传感器包括红外吸收传感器、光谱吸收传感器、荧光传感器和光纤传感器，其中红外吸收传感器是最广泛用于通过测量和分析各种气体吸附产生的红外吸收峰来检测气体的传感器。这种传感器具有出色的抗振动、抗污染能力、自动校正以及连续和更长的动态监控可能性等许多突出优点。

在发生工业事故或化学、生物、放射、核（chemical，biological，radiological，nuclear，CBRN）事件后，需要可靠性高的紧凑型化学传感器。如图 3－42 所示，意大利拉奎拉研究所 Mengali 研究员团队报告了一种用于衡量危险气体的便携式选择性光学气体传感器[31]。基于 MEMS 的快速气相色谱（fast gas－chromatographic，fast－GC）分离柱和小型化的石英增强光声光谱（quartz－enhanced photoacoustic spectroscopy，QEPAS）检测器，集成的传感系统提供了二维选择性，结合了 GC 保留时间和 QEPAS 光谱信息，坚固耐用，可以在肮脏的环境中进行分析，响应时间仅为几分钟，适合部署在无人系统车辆上。

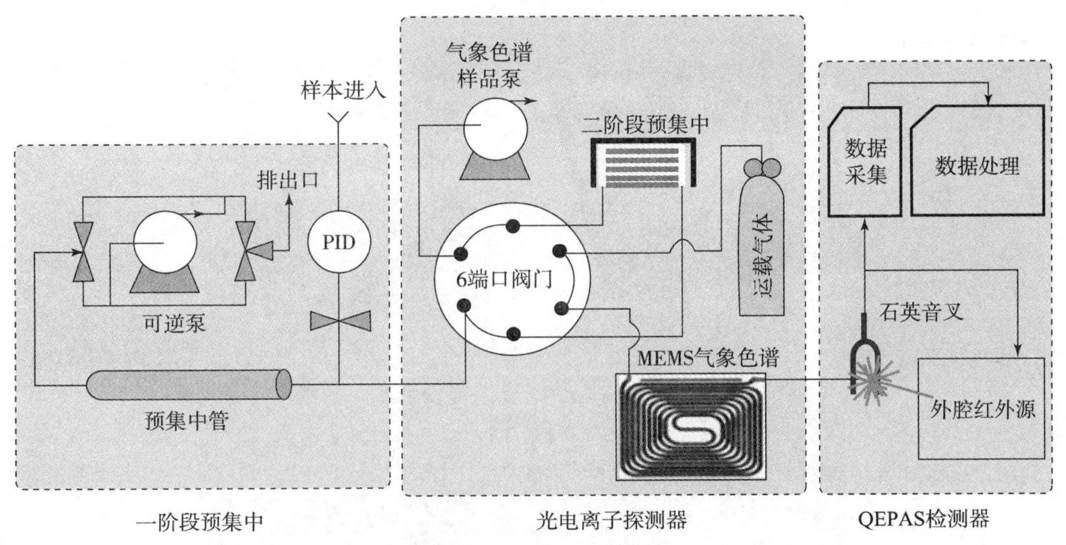

图 3－42　危险气体化学传感器

3.3.2　离子传感器

离子传感器是利用光、声、电方式感测液体中离子或化合物的浓度。其中，离子选择传感器是利用离子选择性电极，将感受的离子量转换成可用输出信号的传感器，多用于测量水溶液样本中选定离子的浓度。离子选择性电极（ion selective electrode，ISE）是一种转换器（或传感器），可将溶解在溶液中的特定离子的活性转换为电位。根据能斯特（Nernst）方程，理论上电压响应取决于离子活度的对数。ISE 用于分析化学和生物化学/生物物理研究，需要测量水溶液中的离子浓度。离子选择性电极的性能遵循改进的 Nikolsky 方程：

$$E = E_0 + \frac{2.303RT}{nF}\log(\gamma N) \tag{3-33}$$

式中，E 为实验观察到的 ISE 电位；E_0 为标准条件下的电位；R 为气体常数（8.31 J/Kmol），T 为热力学温度（K）；n 为具有正负号和大小对应的整数；对于主离子的电荷，F 为法拉第常数（9.659 104 C/mol）；γ 为离子的活度系数；N 为离子的浓度。

ISE 具有测量速度快、功耗低和成本低的优点。但是，迄今为止，常规的大型 ISE 仪器的检测极限只能达到 ppm 级，对实际检测重金属离子还不够灵敏。如图 3-43 所示，清华大学优瑞教授等报道了一种微离子选择性电极阵列，它可以在一个芯片上实现重金属离子对 Pb^{2+}、Cd^{2+}、AsO^{2-} 和 Hg^{2+} 的多重检测[32]。在允许的饮用水极限内，可分别达到 1 ppb、3 ppb、10 ppb 和 1 ppb。与传统 ISE 相比，来自微加工工艺的微米级器件阵列显示出更高的

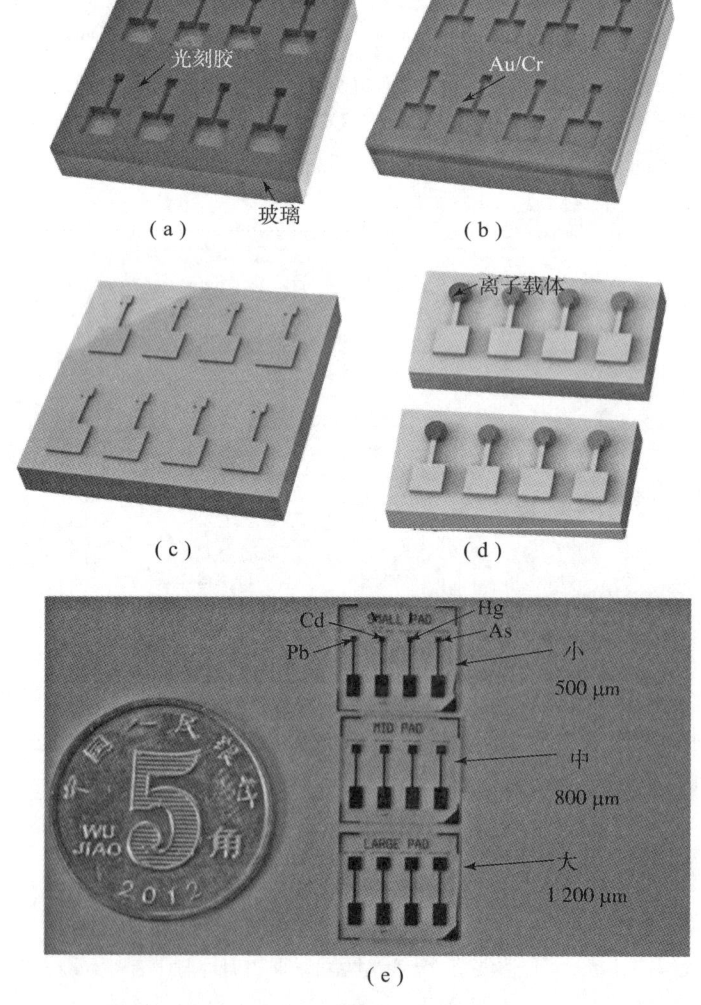

图 3-43 ISE 阵列的制造过程

（a）光刻制备电极阵列；（b）溅射沉积金属层；（c）去除光刻胶和多余的金属层；（d）将玻璃晶片切成小芯片；（e）四个不同尺寸的 ISE 阵列

灵敏度、均匀性和更短的响应时间（18 s）。该团队的设备显示出极好的选择性，并且还研究了其对温度和 pH 值的性能依赖性。

3.3.3　湿度传感器

湿度是指测量气体中水蒸气的量度，与湿度测量相关的两个常用参数是绝对湿度和相对湿度。绝对湿度是指单位体积中水蒸气质量的量度，相对湿度（relative humidity，RH）定义为在给定温度下存在的水蒸气压力与饱和的水蒸气压力之比。水蒸气是空气的自然成分，而水蒸气和空气混合物的 RH 定义为单位体积中水蒸气的质量与在混合物温度下饱和时该体积可以容纳的水蒸气的质量之比，因此相对湿度与环境温度有关。根据道尔顿分压定律（Daltons law of partial pressures），低压下气体压力与单位体积质量成正比，因此相对湿度通常表示为

$$\mathrm{RH} = \frac{P_{\mathrm{w}}}{P_{\mathrm{s}}} \times 100\% \tag{3-34}$$

式中，P_{w}和P_{s}分别为蒸汽压力和饱和压力。

对于湿度的感测在军事领域至关重要，因为许多精密的武器装备如弹道导弹、隐身战机需要保存在特定湿度环境中防止关键部件退化、生锈。目前，MEMS 湿度传感器（hygrometer）主要有电容型和压阻型。当今市场上约有 75% 的湿度传感器是基于电容型的。虽然电容湿度传感器具有许多固有的缺点，如滞后、响应时间慢、输出信号（pF）低和温度依赖性小，但由于它们的低功耗、高灵敏度和低制造成本等优点使得该类传感器仍然是开发工作的重点。电容湿度传感器的原理是检测水分引起的吸湿层介电常数的变化来测量环境相对湿度水平。通常，电容式湿度传感器由交叉形电极（interdigitated electrodes，IDE）阵列组成，该电极被介电层覆盖，该电极对湿度变化敏感（图 3－44）。电容型湿度传感器测得的电容值与相对湿度成非线性关系。

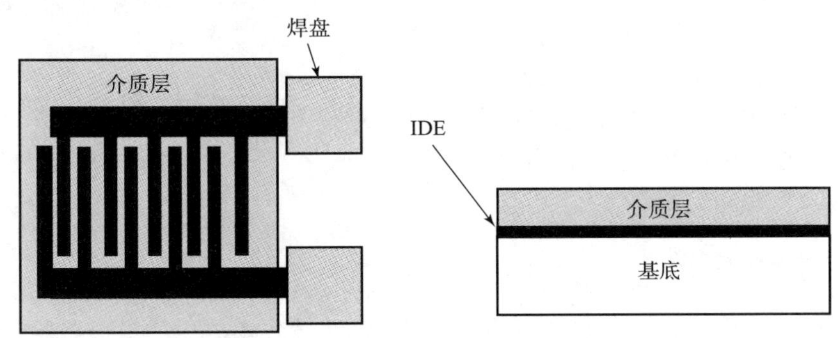

图 3－44　电容式湿度传感器结构示意

MEMS 技术的发展极大地促进了电容式湿度传感器在原理、结构设计、材料上的进步。例如，台湾成功大学 Lee 教授课题组开发了一种覆盖有吸水聚酰亚胺（polyimide）层的微型悬臂梁的湿度传感器[33]。该结构湿度传感器中，可动电极是通过在微细的悬臂上覆盖暴露于潮湿条件下的吸水材料而制成的，同时将电容器的对电极固定在玻璃基板上（图 3－45）。水分子的吸收导致悬臂梁的聚酰亚胺层膨胀，从而引起表面拉应力，将梁结构拉离玻璃基

板，这改变了两个结构之间的电容。实验数据表明该湿度传感器具有很高的稳定性（< ±0.8%）、高湿度下的低迟滞（1.9% RH）、高灵敏度（2.0 nF/% RH）和快速的响应时间（1.1 s）。

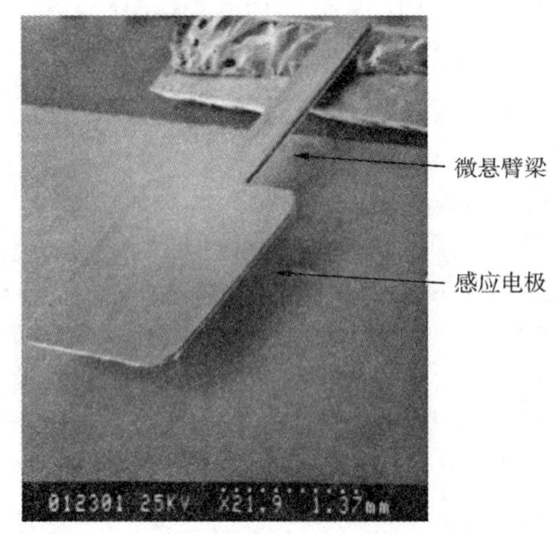

图 3－45　微型悬臂梁式湿度传感器

压阻式湿度传感器的转换机制涉及由水蒸气的吸附引起的压阻材料电阻变化。传感器的结构设计类似于电容式湿度传感器的结构设计，只是介电层被电阻层代替。压阻湿度传感器具有线性度高、长期稳定性好和读出电路简单的优点。通常，压阻式湿度传感器采用的是悬挂结构，上面覆有吸水层。基于聚合物的薄膜的吸水率为 2% ~6%，因此体积膨胀比约为 $55 \times 10^{-5}/\%$ RH。聚合物层（多为聚酰亚胺）随湿度变化的体积变化促使聚合物衬底的压电双晶结构层发生形变，从而导致板弯曲，然后通过集成的压敏电阻桥将其转换为输出电压。

东南大学的黄建秋教授团队提出了一种微悬臂压阻式湿度传感器[34]。图 3－46 为微悬臂压阻式湿度传感器，传感器利用了吸水材料的膨胀效应导致结构中的应力变化，通过压阻器（机械敏感元件）将应力变化转换为电信号。该传感器是通过 CMOS－MEMS 工艺制造的表面微加工。在制造过程中同时使用了前 CMOS 技术和后 CMOS 技术。与批量制造的微悬臂式压阻湿度传感器相比，加工精度提高，结构更加紧凑。为了表征湿度传感器的性能，该团队进行了静态和瞬态测试。根据测试结果，传感器的灵敏度为 7 mV/% RH，在 20 ℃ 时传感器的线性度为 1.9%。灵敏度和线性都对温度不敏感。随着温度从 10 ℃ 升高到 40 ℃，湿度传感器的迟滞从 3.2% RH 降低到 1.9% RH。在室温（25 ℃）下，传感器的恢复时间为 85 s。

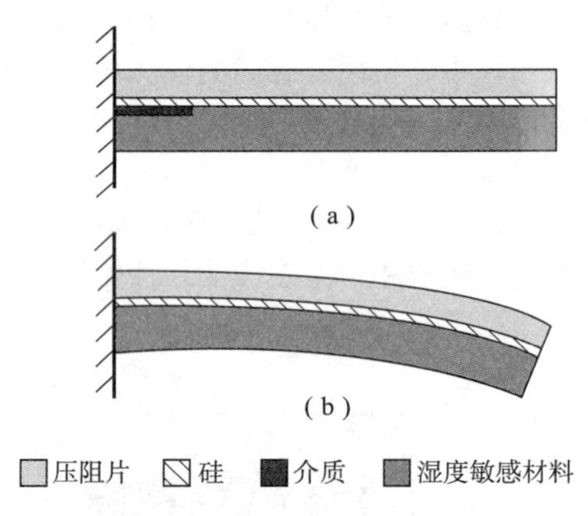

图 3－46　微悬臂压阻式湿度传感器

(a) 吸水前；(b) 吸水后弯曲

3.3.4　生物传感器

生物传感器在军事领域的主要应用是应对可能的生物攻击。生物传感器能敏感地、有选择地实时识别出有威胁的生物战剂（biowarfare agents，BWA），如细菌（营养菌和孢子）、毒素和病毒。目前已经进行了许多尝试，成功实现了具有 BWA 分子识别功能的生物传感器。其中，基于核酸的传感系统比基于抗体的检测方法更为灵敏，因为它们提供了基因的特异性，而无须利用扩增步骤来达到所需水平的检测灵敏度。例如人乳头瘤病毒（human papilloma virus，HPV）分为两种：HPV－16 和 HPV－18。HPV 可以使用具有双端口谐振器的表面声波肽核酸生物传感器快速检测，该探针可直接检测 HPV 基因组 DNA，而无须进行聚合酶链反应扩增，并且可以高效、精确地与目标 DNA 序列结合。

芯片上的生物传感器是一个相对较新的概念。传统上，任何能够定性或定量识别生物信号或事件的器件都可以标记为生物传感器。温度计是非常简单的生物传感器。生物传感器大致可分为侵入性和非侵入性两类。侵入式传感器通常伴随起搏器之类的治疗设备，并植入人体内部。可穿戴的非侵入式生物传感器将可穿戴电子设备的创新与微型化的生物传感技术结合在一起。便携式特征可使其穿戴在人体身上，集成到衣服中或集成到手持设备中。与侵入式设备相比，非侵入式传感器具有非传染性，由于缺乏疼痛感和不适感，因而被消费者广泛采用。因2020年新冠疫情，DARPA紧急资助Profusa公司开发一种附着在皮肤上的氧含量无线传感器。由于临床研究呼吸道感染导致的氧含量水平和其他生理指标（例如心率）变化，该传感器感测到组织氧含量变化，收集并报告给移动设备，以进行实时数据可视化，帮助医护人员更快地检测出新冠肺炎的早期症状。本小节将依据传感方法分别介绍微机械生物传感器、电化学生物传感器和光学生物传感器。

1. 微机械生物传感器

机械检测抗体－抗原反应的常用方法之一是采用微机械悬臂梁。微悬臂梁的生物传感器多为表面应力机械生物传感器。微悬臂梁准静态挠度是由生物分子与器件表面上的功能团结合而引起的形变（图3－47）。

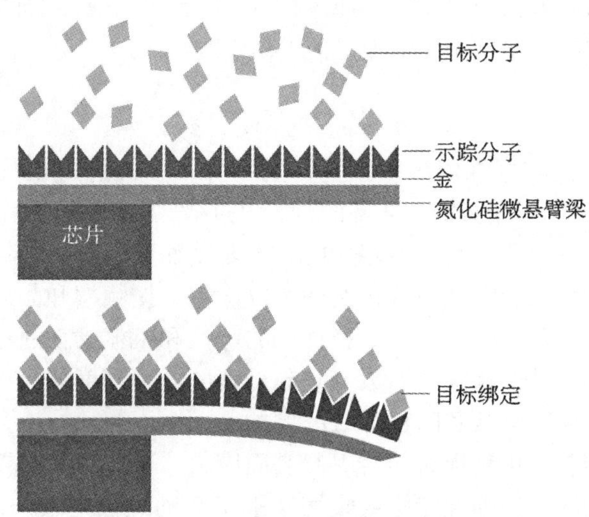

图3－47　生物分子与悬臂梁表面的功能团结合而引起悬臂梁弯曲

当生物分子结合时，由于静电排斥或吸引、空间相互作用、水合作用和熵效应而产生表面应力，会引起微悬臂梁挠曲。用悬臂梁进行检测的关键是对捕获生物信息后微悬臂梁的偏转量进行表征，一旦悬臂梁暴露于目标生物或化学环境中，就会发生体积和/或质量变化，从而导致悬臂梁偏转。当生物分子吸附在微机械系统表面时除了增加的质量外，还有3个物理量会由于生物分子吸附而发生变化：表面应力、等效杨氏模量和黏弹性，所有这些变化将影响生物传感器的响应。

微结构的静态弯曲通常由平面内表面应力产生，该平面力会产生曲率K的变化。当生物分子在微结构的表面相互作用时，可以实时监测曲率的变化。位移信号中的平均响应时间约为秒级。共振频率f_n取决于几何形状、尺寸和夹持方式。矩形且横截面均匀的微梁挠曲共振频率由式（3－35）给出：

$$f_n \cong \frac{\beta_n^2}{21.7656}\left(\frac{E}{\rho}\right)^{0.5}\frac{h}{L^2} \tag{3-35}$$

式中，E 为杨氏模量；ρ 为材料密度；h 为梁厚度；L 为梁长度；β_n为特征值。表 3－2 中显示了单端固定梁和两端固定梁的前 4 个特征值。第一个特征值提供了一阶共振频率，其他特征值提供了对于较高挠曲振动模态的高阶共振频率。

表 3－2　单端固定梁和两端固定梁的前 4 个特征值

特征值 n	$n=1$	$n=2$	$n=3$	$n=4$
单边夹紧梁 β_n	1.875 1	4.694 09	7.854 76	10.995 5
双边夹紧梁 β_n	4.730 04	7.853 2	10.995 6	14.137 2

品质因数 Q 定义为

$$Q = \frac{2\pi W_s}{W_d} \tag{3-36}$$

式中，W_s为振动能量；W_d为每个振动周期的能量损失，其中包括热弹性损失、黏性阻尼和支撑件的声学损失。品质因数 Q 决定了共振附近的振幅和相位曲线的斜率，因此在很大程度上决定了共振频率的测量精度。因此 Q 也可以定义为

$$Q = \sqrt{3}\frac{f_0}{\Delta f} \tag{3-37}$$

式中，Δf 为半峰最大时的谐振峰值频率全宽。生物分子在微悬臂梁的上侧形成吸附层，该吸附层产生表面应力，从而产生曲率为 K 的静态机械弯曲。另外，悬臂梁相对于平衡位置振荡，这种振荡是由在时间和空间上不相关的热力驱动而引起的。平均位移信号来自表面应力引起的悬臂梁弯曲，可以在频域中分析波动，以确定共振频率和品质因数 Q。等效弹簧模型可用于解释生物层对悬臂响应的影响。悬臂梁的弹性和机械损耗通过弹簧和阻尼器与弹簧常数和阻尼系数并联来建模，这两个系数分别与悬臂的抗弯刚度和品质因数有关。吸附层会导致整个系统的质量、弹簧常数和阻尼系数的增加。

当在悬臂梁表面捕获生化靶标时，会引起表面应力，从而导致悬臂弯曲。悬臂梁的弯曲实际上是非活性表面试图通过弹性膨胀或收缩来平衡活动表面上发生的表面能变化的结果。斯通尼方程（Stoney's equation）给出了悬臂梁表面应力变化 $\Delta\sigma$ 与曲率变化 ΔK 之间的线性关系：

$$\Delta\sigma = \frac{Eh^2}{6(1-v)}\Delta K \tag{3-38}$$

式中，E、h 和 ν 分别为各向同性和线性弹性基板的杨氏弹性模量、厚度和泊松比。式（3－38）表明了在给定表面应力下获得更高灵敏度需要考虑的设计参数。传统上，经常使用由硅或氮化硅制成的无机悬臂梁。通常，硅的杨氏模量约为 150 GPa，聚合物的杨氏模量为 1～5 GPa。这表明与硅基悬臂梁相比，聚合物悬臂梁可以将灵敏度提高至少一个数量级。

如果士兵作战时误食污染的水或食物，就可能会感染有害细菌，引发严重的食源性疾病，降低作战效率。微机械生物传感器只需置于潮湿环境中，通过细菌直接在微机械生

物传感器上生长，就可以实现对超小型细菌菌落的实时检测。如图3－48所示，瑞士巴塞尔大学Gfeller教授团队已经证明可以在不到1 h的时间内监测大肠杆菌的微培养物生长，这与传统方法所需一天的时间相比具有优势[35]。该方法利用悬臂梁阵列实现多种细菌检测。

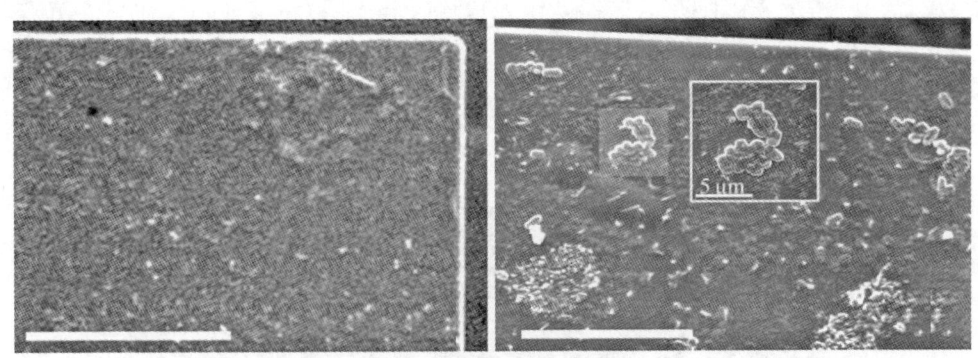

图3－48 悬臂梁上生长大肠杆菌

机械生物传感器可以在真空和空气中提供出色的质量分辨率，因此可用于液相捕获和真空检测。一旦与分析物结合，将其从溶液中移出，然后在质量检测之前将其干燥。但是微结构的静态弯曲无法连续检测和快速检测，如果将动态模式机械生物传感器浸入流体中，则可以以皮摩尔灵敏度和几分钟的响应时间进行连续检测。但是，获得的浓度灵敏度取决于目标质量。爱尔兰都柏林大学Braun教授团队制备了可以检测亚皮摩尔T5病毒粒子（分子量$=7\times10^7$ Da）的共振微悬臂梁阵列的传感器[36]。这些实验证明了共振微悬臂梁对于以微阵列形式进行膜蛋白－受体相互作用的特异性，无标记和时间分辨检测的潜力。动态模式质量传感也已用于单个活细胞的质量测量。该传感器可用于士兵健康检测。

下面将介绍一种广泛使用的机械生物传感器——石英晶体微量天平（quartz crystal microbalances，QCM）。

石英晶体微量天平通过测量石英谐振器的频率变化来测量单位面积的质量变化。石英晶体微量天平的共振频率由石英板的厚度和石英中的声速决定：

$$f_0=\sqrt{\frac{\mu}{2\rho t}} \tag{3-39}$$

式中，f_0为固有频率；μ和ρ分别为石英剪切模量和密度；t为石英板的厚度。根据式（3－39），石英板越薄，谐振频率越高。当QCM用作质量传感器，振荡频率的偏移与沉积质量相关时，谐振频率偏移与沉积在传感元件上质量的相关性用式（3－40）描述：

$$\Delta f=\frac{2f_0^2\Delta m}{A\sqrt{\rho\mu}}=C_f m \tag{3-40}$$

式中，Δf为频移；f_0为共振频率；Δm为质量变化；A为石英板上顶部金属电极的面积；C_f为灵敏度常数。式（3－40）表示，可以通过减薄石英板来提高灵敏度，以提高谐振频率或减小感测电极。

QCM可在真空、气相中使用，也可在液体环境中使用，对于在真空下监测薄膜沉积系统中的沉积速率很有用。QCM也已用于研究生物分子之间的相互作用。基于流体的QCM生物检测范围涵盖了从纳摩尔到飞摩尔的范围。

为了防止士兵误食有毒食物（敌方投掷或我方食物变质），纽约城市大学 Lee 教授团队使用 QCM 进行毒性测试[37]。QCM 具有 10 MHz 的谐振频率，由厚度剪切式晶体构成，两侧均带有金电极。如图 3－49 所示，通过与聚二甲基硅氧烷培养箱集成，此 QCM 转变为功能性生物传感器。虹鳟上皮细胞在共振器上作为感觉层进行培养。进行了三种不同浓度的毒性测试。由于细胞形态和黏附力的变化，共振频率的波动是水毒性的指标。共振频率的变化将提供有毒物质细胞活力的信息。他们证明了共振频率的变化与毒物浓度直接相关。谐振频率与石英晶体的厚度有关，通过使用更薄的石英晶体可以提高灵敏度。

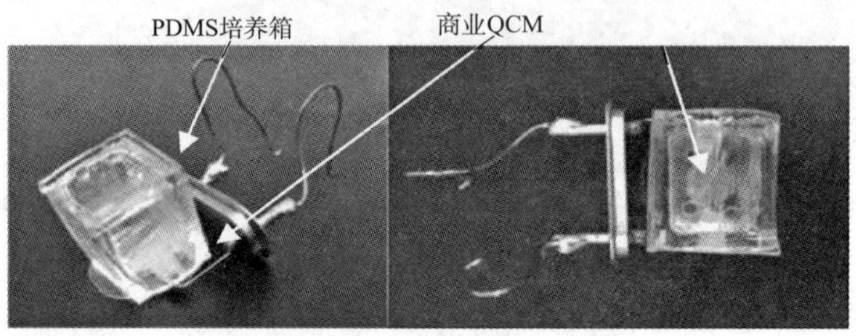

图 3－49　石英晶体微量天平实物

2. 电化学生物传感器

迄今为止，电化学生物传感器是文献中报道较多的生物传感器，并且多年来一直主导着生物传感器市场。第一款生物传感器是基于 Clark 氧电极的葡萄糖生物传感器。它是一种电化学生物催化传感器，使用葡萄糖氧化酶来测量葡萄糖含量。电化学生物传感器结合了电化学提供的分析优势和生物识别特性，从而使该技术具有相当高的灵敏度和专一度。

电化学生物传感器通常由四个功能组件构成：分析物、生物识别元件、电极传感层、CMOS 电路模块，如图 3－50 所示。分析物是目标靶标，如蛋白质、DNA、细菌等。生物识别元件（也称生物界面）赋予了选择性识别目标分析物的能力。电极传感层将分析物和生物识别元件之间的相互作用转换为电信号。该电极将由分析物和生物识别元件之间的结合反应产生的离子流转换为电流或电压。电路模块通常由电子电路组成，该电子电路捕获、放大和记录来自电极传感层的生物识别信号。液体环境由一种电解质溶液组成，该电解质溶液支持分析物的生物活性并将分析物传输到换能器。

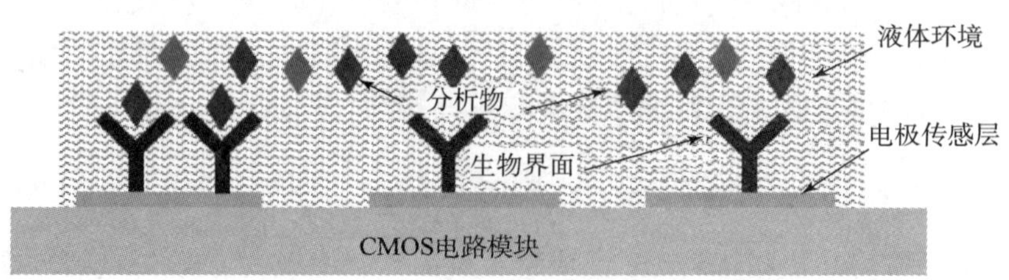

图 3－50　集成电化学生物传感器组成

这种电化学反应会导致溶液的电性能发生某些变化。电化学生物传感器具有快速、简单和低成本等特点，可以在混浊和/或有色介质中运行。这些优点使电化学生物传感器成为便携式生物分析系统的最合适方案。本小节根据产生的响应信号的类型如直流电势、直流电流或交流信号的响应，将电化学传感器分别定义为电位型、电流型和阻抗型。本小节还描述了场效应电化学生物传感器，并讨论了传感器电极结构对电化学传感器的影响。

1）电位生物传感器

在传统的电位生物传感器中，当电极之间没有电流流动时，将测量直流电位。该方法涉及施加直流电流并测量与分析物浓度成正比的电位值。电位生物传感器因其高选择性、简单性和低成本而受到广泛关注。然而，低灵敏度限制了它们在许多现代应用中的使用。电位生物传感器中的电流响应是传感器响应电流和电极双层充电电流的组合，在大多数电化学传感器模型中，电极双层充电电流由双层电容模型构建。充电电流通常很大，难以去除或滤除，因此限制了电位生物传感器的分辨率。一些电位生物传感器可能涉及氧化还原反应，被称为氧化电位生物传感器。氧化还原电位生物传感器已用于葡萄糖和 DNA 检测。

有机磷酸酯化合物被广泛用作农药、杀虫剂和化学武器。基于乙酰胆碱酯酶（acetylcholinesterase，AChE）抑制和有机磷水解酶（organophosphorus hydrolase，OPH）水解的生物传感器用于检测有机磷酸酯化合物。由于基于 OPH 的生物传感器的检测比基于 AChE 抑制的生物传感器的检测更为直接，因此日本筑波大学 Suzuki 教授团队制造了氧化铱 IrO_x 电位传感器，用于有机磷酸盐（Organophosphate，OP）农药，检测基于感测伴随 OP 酶水解的 pH 值变化[38]。该传感器基于玻璃基板，通过光刻和玻璃工艺，在玻璃基板上形成电极（图 3－51）。器件的尺寸为 11 mm×20 mm。在玻璃基板上形成的电极是 IrO_x 指示电极（直径 4 mm），Ag/AgCl 参比电极（直径 3.4 mm）和同心金辅助电极（直径 4 mm）。IrO_x 电极的平衡可能有三种机理：

$$\begin{aligned}&Ir_2O_3+6H^+ +6e^- \leftrightarrow 2Ir+3H_2O\\&IrO_2+4H^+ +4e^- \leftrightarrow Ir+2H_2O\\&2IrO_2+2H^+ +2e^- \leftrightarrow Ir_2O_3+H_2O\end{aligned} \tag{3-41}$$

在所有情况下，电势与 pH 值的关系均由 25℃下的同一能斯特方程描述：

$$E = E^0 - 2.303\frac{RT}{F}\text{pH} = E^0 - 0.059\ 16\ \text{pH} \tag{3-42}$$

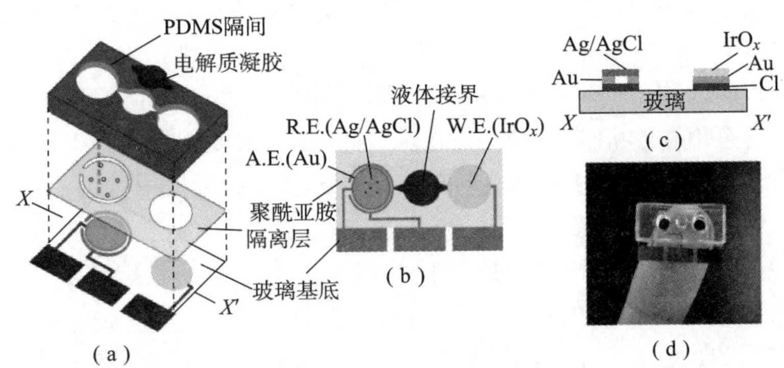

图 3－51　基于 OPH 的生物传感器

（a）结构示意；（b）俯视图；（c）横截面图；（d）实物图

2）电流生物传感器

从仪器的角度来看，受直流电压刺激并产生直流响应电流的生物传感器可归为电流生物传感器。响应电流与识别过程中涉及电活性物质的氧化（oxidation，O_x）和还原（reduction，Red）在理想情况下直接与目标分析物浓度相关。直流刺激源可以是施加在电极－电解质界面上的恒定、步进、多步或斜坡电势，并用作生物识别过程的驱动力。在电化学文献中，使用恒定直流激励电压的技术通常称为“安培法”，而具有随时间变化的直流电压的技术称为“伏安法”。电流生物传感器通常用作免疫传感器、酶生物传感器和化武监测器。如图 3－52 所示。

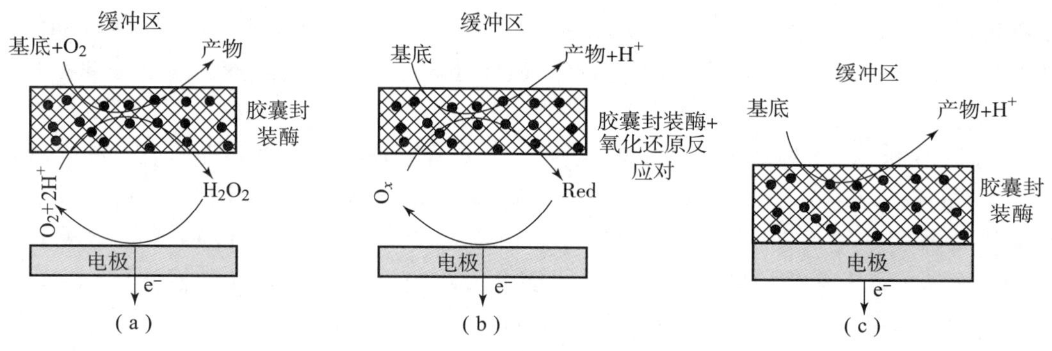

图 3－52　电流生物传感器的类型

（a）第一代电极——利用酶－底物反应转移电子；（b）第二代电极——利用氧化还原反应转移电子；（c）第三代电极——反应直接产生电子

为了监测士兵细胞代谢状态的指标，西英格兰大学（University of the West of England）Pemberton 教授团队设计和开发了基于酶生物传感器和化学传感器的集成电化学监测系统[39]。以 MEMS 技术制造微孔格式硅平台，化学传感器（pH、O_2）和丝网印刷生物传感器（葡萄糖、乳酸）。该生物传感器的性能特征表明该系统可以很容易地应用于代谢/毒性检测研究。

3）阻抗生物传感器

阻抗生物传感器在平衡状态下测量电极－电解质界面的交流电阻抗。阻抗生物传感器利用了生物识别特性（即电容或电阻），通过施加可变频率的正弦电压（电流）刺激并测量响应的电流（或电压）。该传感器的相位和/或幅度变化包含生物识别事件的信息，因此该技术通常被称为电化学阻抗谱（electrochemical impedance spectroscopy，EIS），并已用于监测双层脂质膜、检测具有生物学相关性的小分子和测量细胞浓度。与电位和电流生物传感器相比，阻抗生物传感器的一个重要优点是刺激正弦电压很小（幅度通常为 5 ~ 10 mV），并且不会损坏或干扰大多数生物识别层。

为了检测沙门氏菌对罐装密封军用口粮的污染，密苏里州哥伦比亚大学 Liu 教授团队报告了基于阻抗的生物传感器的设计、制造和实验表征[40]。该传感器可同时检测 3 个即食土耳其基质中低浓度沙门氏菌血清群（B 型、D 型和 E 型），病原体感测区域由多组叉指电极阵列组成（图 3－53）。实验表明，该装置可以检测低至 8 细胞/mL 的 B 型沙门氏菌浓度，例如 B 型沙门氏菌，检测时间为 1 h。聚焦区域的增加使信号强度提高了 4

倍。与基于 PCR 和酶联免疫吸附测定的检测相比，该设计检测沙门氏菌的能力显著提高。

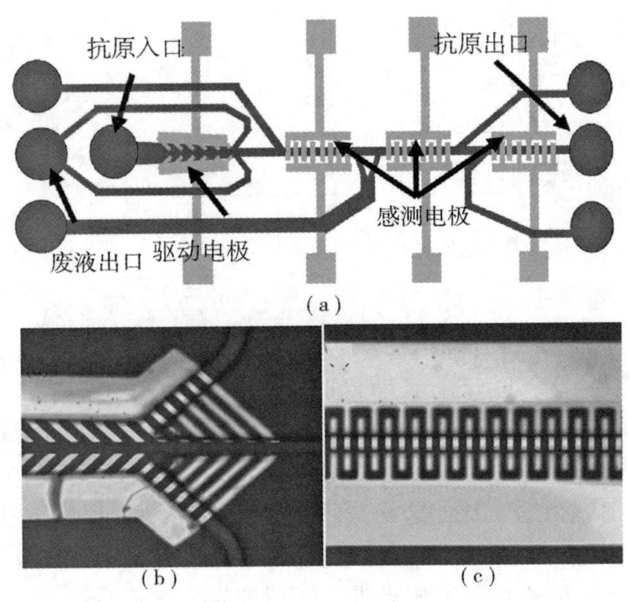

图 3－53　基于阻抗的生物传感器

(a) 二维结构示意图；(b) 驱动电机实物图像；(c) 传感电极实物图像

3. 光学生物传感器

光学生物传感器提供了优于常规分析技术的巨大优势，因为它们能够直接、实时且无标记地检测许多生物和化学物质。其优点包括高特异性、敏感性、小尺寸和成本效益。多种先进概念和高度多学科的方法，包括微电子、MEMS、微/纳米技术、分子生物学、生物技术和化学，都被用于研发新型光学生物传感器。在过去的 20 年中，光学生物传感器的研究和技术发展经历了指数级增长。光学生物传感器具有可靠性高、选择性高、灵敏度高、响应快等特点，可用于许多混浊或黏性的生物产品和代谢中间物的测定，包括抗生素、维生素、氨基酸、生长因子，以及异生物，如杀虫剂、洗涤剂及合成的有机化合物等测定，特别是在爆炸物的侦检方面具有独特的优势。

通过利用光场与生物识别元件的相互作用实现光学检测，光学生物传感可以大致分为两种常规模式：无标记型和标记型。简而言之，在无标记模式下，检测信号是通过分析材料与换能器的相互作用直接产生的。相反，标记型生物传感器通过比色、荧光或发光方法生成光信号。诸如葡萄糖之类的简单分子可以通过使用标记辅助传感的氧化酶来检测。血液的葡萄糖分析是生物传感器（即糖尿病患者使用的手持式血糖仪）在商业上最成功的（迄今为止）应用。但是，在某些情况下，如抗体－抗原相互作用，其中标记物与生物反应物偶联，标记会改变结合特性，因此会给生物传感器分析带来系统误差。

光学生物传感器是一种紧凑的分析器件，其中包含与光学传感器系统集成在一起的生物识别传感元件（图 3－54）。光学生物传感器产生与被测物质（分析物）的浓度成比例的信号。本小节主要介绍利用荧光法、表面等离子体共振（surface plasmon resonance，SPR）法和光波导干涉测量法的生物传感器。

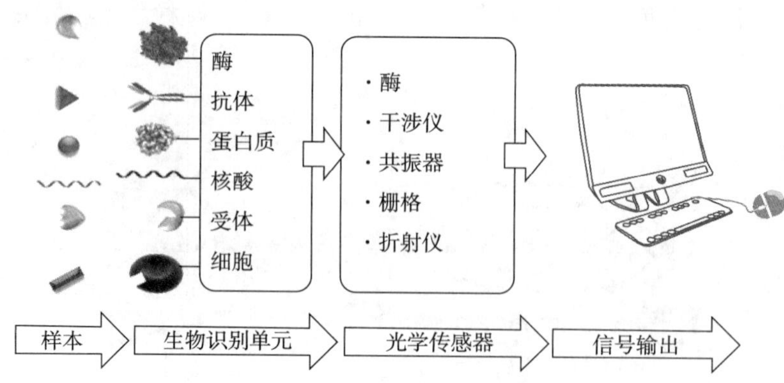

图 3-54　光学生物传感器

1）荧光生物传感器

荧光标记法是利用荧光蛋白作为标记物对研究对象进行标记的分析方法。常规分析仪器，包括但不限于高效液相色谱、气相色谱质谱仪、表面增强拉曼光谱、离子迁移谱、循环伏安法和能量色散 X 射线衍射。这些方法成功地为分析待测物提供了高灵敏度和高选择性；但是，便携性、自主性和响应时间难以应对现场实时检测任务。利用实时数据报告对爆炸物的痕量进行实时远程分析仍然是一项相当难以实现的技术。迄今为止，最可靠的现场部署爆炸物探测系统是经过广泛训练的警犬。但当分析物或目标物存在水里时，犬类的强烈嗅觉会失效。美国海军研究实验室 Adams 研究员团队展示了利用新型高通量微流控免疫传感器（high-throughput microfluidic immunosensors，HTMI）对小型硝基芳香分子进行检测和定量的现场试验结果[41]。图 3-55 展示了该传感器原理，利用微通道中含有的 TNT（trinitrotoluene）抗体使 TNT 固化，根据荧光标记的 TNT 溶液浓度来获取相关的图像。HTMI 在 2 h 内实现了免疫分析功能，同时在流速为 9 mL/min 的海水中成功实现了 20 ppb TNT 浓度的检测。

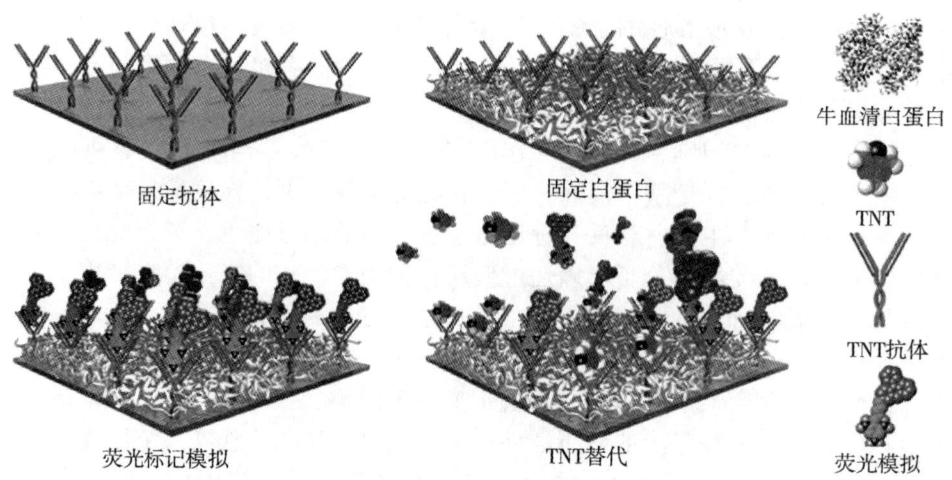

图 3-55　高通量微流控免疫 TNT 传感器

同样，悉尼科技大学 Doble 教授设计了一种纸基微流控分析仪（microfluidic paper - based analytical device，μPAD），用于从土壤中过滤、提取和预浓缩炸药，并通过芯片实验室（lab on chip，LOC）进行直接分析（图 3 - 56）[42]。炸药通过浸蜡印花 μPAD 直接进入甲醇土壤悬浊液 10 min 提取。从取样池中取出孔屑，并将其插入含有分离缓冲液的 LOC 井中进行直接分析，避免了其他的提取步骤。采用荧光比色法对 8 种目标炸药进行分离鉴定。所有 8 种爆炸物的最低检测量在 1.4 ~ 5.6 ng，从纸孔屑中的回收率为 65% ~ 82%，从土壤中回收率为 12% ~ 40%。该方法为复杂土壤样品中爆炸物的快速识别提供了一种简单、鲁棒的提取方法。

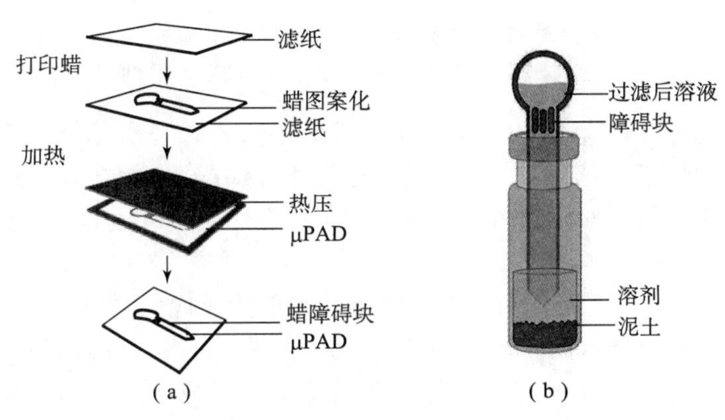

图 3 - 56　基于纸的微流控分析系统

（a）系统制备过程；（b）从土壤样品中提取炸药

2）表面等离子体共振生物传感器

SPR 的物理现象是在 1902 年被首次观察到的，这种光学现象经过数十年的研究发展，于 1983 年首次成功运用在生物分子的检测。Pharmacia Biosensor AB 推出了首款基于 SPR 的商业生物传感器仪器，后来更名为 Biacore。SPR 仪器目前由多家制造商生产，基于 SPR 的生物传感器目前是主要的光学生物传感方法。

当金属（或其他导电材料）被特定角度的偏振光照射时，会在两种介质（通常是玻璃和液体）的界面处发生 SPR 现象。这产生了表面等离子体激元，并因此降低了被称为共振角的特定角度的反射光的强度。该效果与器件表面质量成比例，因此可以通过测量反射率、角度或波长随时间的变化来获得该变化。实用的 SPR 仪器将通常用于测量强度偏移的光学检测器部件、具有金表面的传感器芯片和可实现受体固定的层结合在一起，受体与分析物的相互作用使受体层质量增加，通过测量传感器表面折射率的实时变化，便可表征分析物生物分子浓度。

典型的 SPR 仪器的工作原理如图 3 - 57 所示。受体固定在表面并与分析物相互作用。如果这种结合以 1∶1 的比例发生（Langmuir 结合），则结合动力学可以用式（3 - 36）描述。然后拟合如图 3 - 57（b）所示的响应时间的实验迹线。在实际应用中，可能还会受到其他影响并使 SPR 分析复杂化，包括非 1∶1 的化学计量比、受体的亲和力、非特异性吸收限制。

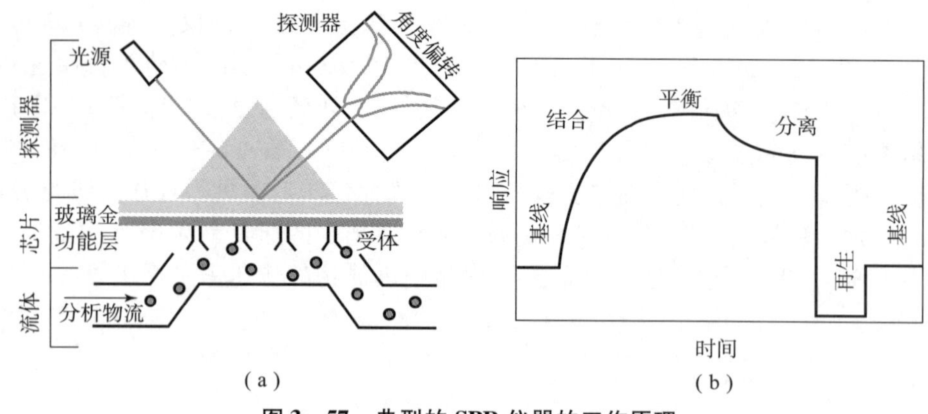

图 3-57 典型的 SPR 仪器的工作原理

(a) 受体与分析物相互作用示意图；(b) 响应-时间曲线

对于实际应用，有三种类型的 SPR 分析：动力学分析、平衡分析和浓度分析。动力学分析和平衡分析通常用于表征任何分子相互作用：受体-分析物结合、抗体-抗原相互作用、受体表征等，无须标记即可实时表征生物分子相互作用。因此，SPR 目前是进行分子生物学研究的主要工具。

SPR 成像（SPR image）通过将 SPR 的敏感性和空间成像以微阵列格式进行合并。SPR 成像允许同时研究一组分子上的多种不同相互作用（图 3-58）。高通量敏感性和获得生物相互作用空间分辨图像，为 SPR 在临床化学和医学中用于筛选生物标志物和治疗靶标打开了广阔的前景。

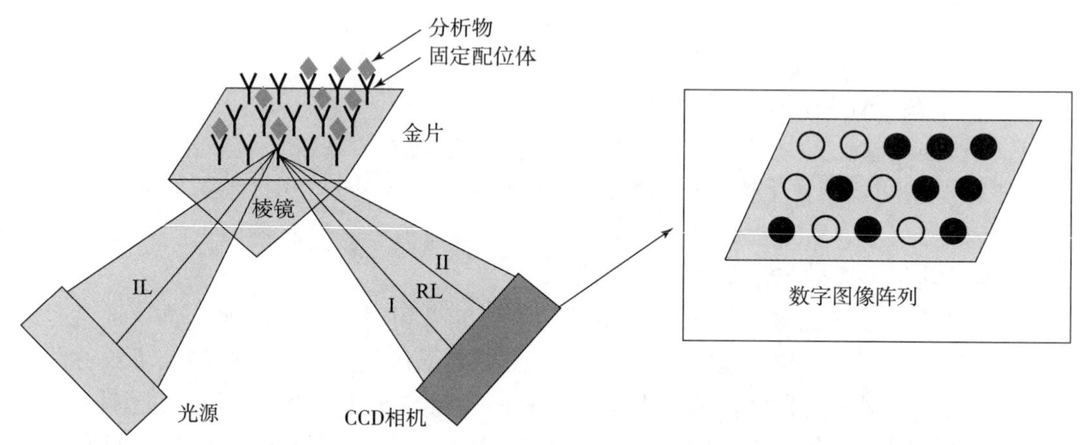

图 3-58 SPR 成像设置的示意图

香港中文大学 Wong 教授团队提出了一种基于 Mach-Zehnder 干涉仪设计的集成了高灵敏度 SPR 成像传感器的微流体平台（图 3-59）[43]。基于聚二甲基硅氧烷的微流体平台由 4 个独立的流动室组成，可以通过 SPR 成像生物传感器同时检测 4 种不同的战场试剂溶液。SPR 成像生物传感器的新颖特征是使用了 Wollaston 棱镜，通过该棱镜可以同时检测 p 和 s 偏振的相位量。由于 SPR 仅影响 p 偏振，因此可以由 s 偏振引起的信号用作参考。因此，两个极化之间的差分相位能够消除所有共通相位噪声，同时保持 SPR 效应引起的相位变化。

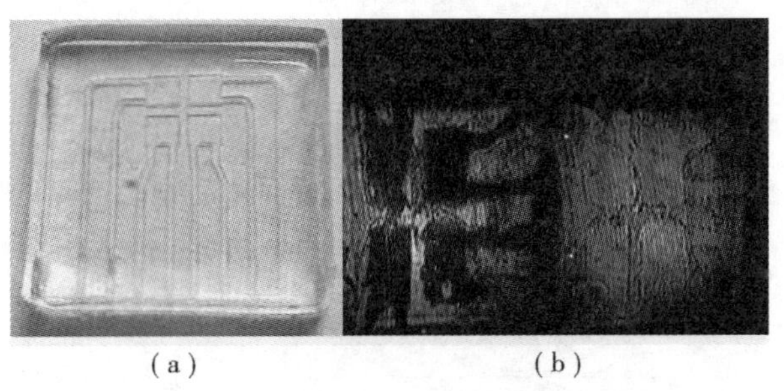

(a)　　(b)

图 3-59　基于 PDMS 的微流体平台

(a) 实物图；(b) 阵列的 SPR 图像

3) 光波导干涉生物传感器

隐逝波 (evanescent wave)，又称为消逝波，当光波入射介质表面时，一部分光发生反射，另一部分光波（倏逝波）只能沿物体表面传播，振幅在垂直界面方向指数衰减。在隐逝波荧光生物传感器中，生物识别和随后的结合过程发生在隐逝波的范围内。隐逝波是由光被限制在光波导 (optical waveguide) 或光纤中时的行为方式引起的，当光遇到光波导/光纤与周围折射率较低的介质的界面时，会在内部发生全反射，导致称为逝波的电磁场会从该界面延伸到折射率较低的介质中。集成的平面光波导干涉生物传感器是隐逝场感测和光学相差测量方法的组合。通过用隐逝场探测光栅传感器区域的近表面区域，探测区域折射率的任何变化都将导致隐逝场的相移。该相移在传感器输出端会产生一个信号，该信号的变化与折射率变化成正比，且与分析物的浓度相关。这项技术也称为共振波导光栅 (resonant waveguide grating，RWG)，适用于检测细胞内容物的重新分布、研究细胞反应和细胞过程、应用于病毒检测。

西班牙巴塞罗那自治大学 Sep'ulveda 教授团队使用标准 CMOS 兼容工艺将高度敏感的光学生物传感器完全集成到芯片实验室微系统[44]。这些光学生物传感器是建立在集成的 Mach-Zehnder 干涉仪的基础上，其设计具有很高的表面灵敏度和单模性能。所有集成的光学传感器都具有两个特性，即光在波导中的传播以及隐逝场检测。隐逝场渗透到相邻介质中的能力为数百纳米，具体取决于传感器方案，并且能够与环境相互作用。在隐逝场的区域中折射率的局部改变将改变引导模式的有效传播指数。因此，隐逝场将允许直接测量换能器表面的生物分子相互作用而无须标记。

在集成的 Mach-Zehnder 干涉仪中，通过 Y 型分离器将在通道波导内传播的光分成两个臂，即感应臂和参考臂（图 3-60）。这些臂在经过一定距离后再次重新组合，产生两个光束的干涉。在传感器臂中有一个称为传感器区域的区域，在该区域中，引导光的隐逝场可以与环境相互作用。在传感器区域中产生的折射率的局部变化将引起在两个臂中传播的光束之间的相位差，该相位差将作为 Mach-Zehnder 干涉仪的干扰信号的变化。因此，Mach-Zehnder 干涉仪的输出信号由以下表达式给出：

$$I_{\mathrm{T}} = I_{\mathrm{S}} + I_{R} + 2\sqrt{I_{\mathrm{S}}I_{\mathrm{R}}}\cos\Delta\varphi_{\mathrm{S}} \tag{3-43}$$

式中，I_{S}和 I_{R}分别为 Mach-Zehnder 干涉仪的传感器和参考臂中的光强；$\Delta\varphi_{\mathrm{S}}$为两个臂中传播的光之间的相位差。作为设备的生物传感应用，该器件展示了无须标记即可实时检测 DNA 链共价固定和杂交。

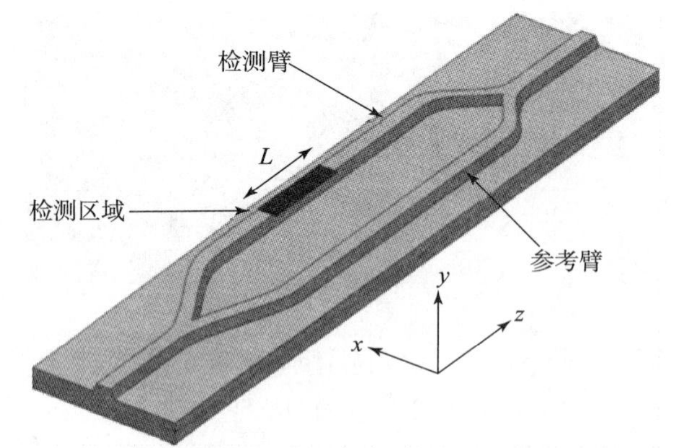

图 3-60　生物传感应用的集成式 Mach-Zehnder 干涉仪

3.4　温度传感器

随着近些年科技的迅猛发展，各种传感器的研发工作也得到了很大程度的发展，其中温度传感器（temperature sensor）无疑是最主要的一大分支，温度传感器是指能感受温度并转换成可用输出信号的传感器。随着我军装备质量的不断提高，微型计算机、电子电路系统越来越多地应用于装备技术领域。加之武器装备对自身和环境温度的要求也越来越苛刻，无论是在实战还是在存储条件下，自身和环境温度直接影响着武器装备作战能力甚至武器装备本身的安全。例如，枪管和炮管温度需要实时监测，以免射速过快导致损坏；军用仓库的温度需实时监控以保持恒定，防止高温和低温导致装备元件老化；火箭推进器的尾焰温度需进行测量，避免影响其隐身性能。这些场合均需要微型、高灵敏度的温度传感器。

3.4.1　热敏电阻温度传感器

热敏电阻温度传感器是最常用的温度测量器件之一。热敏电阻是一种由半导体材料制成的温度敏感单元，微小的温度变化会引起很大的电阻变化。对于随温度变化 dT 而变化的特性 R，温度系数 α 由式（3-44）定义：

$$\frac{\mathrm{d}R}{R} = \alpha \mathrm{d}T \tag{3-44}$$

式中，α 具有逆温度的维数，单位为 1/K。如果温度系数本身不会随温度而变化太大，则线性近似将有助于估算 R 的值在给定温度 T 下的特性，给定其在参考温度 T_0 的值 R_0：

$$R(T) = R(T_0)(1 + \alpha\Delta T) \tag{3-45}$$

式中，ΔT 为 T 和 T_0 之间的差。

热敏电阻价格低廉、坚固耐用，可靠且响应迅速。由于这些特性，热敏电阻温度传感器适用于较低温度测量，但不适用于高温。由于热敏电阻具有可靠、便携、经济高效、灵敏且最适合测量单点温度等优点，在军事领域主要用于车辆、战机、军舰人员舱的温度监测以及单兵作战服保温测试等。

薄膜热敏电阻温度传感器具有高灵敏度和快速热响应的优点，上海交通大学程平教授团队使用 MEMS 工艺在氧化铝基板上制备了铂（Pt）膜温度传感器（图 3-61）[45]。Pt 敏感元件具有 10 μm 的宽度和 200 nm 的厚度。电阻 - 温度依赖性在 25 ~900 ℃的范围内进行了研究。讨论了退火温度对 Pt 膜传感器的初始电阻率和电阻温度系数（temperature coefficient of resistance，TCR）的影响。实验结果表明，当其低于 700 ℃时，初始电阻率随退火温度的升高而降低，这可能归因于晶粒尺寸的增长和硅（111）取向。薄膜传感器沉积后 TCR 为 1.94×10^3/℃，800℃退火时 TOR 为 340×10^3/℃；在 900℃退火时，TCR 为 233×10^3/℃。制备后薄膜传感器的平均误差为 26.4℃，历经 900℃退火后平均误差降至 3.4℃，这表明薄膜传感器在 900 ℃退火后获得了很高的精度。

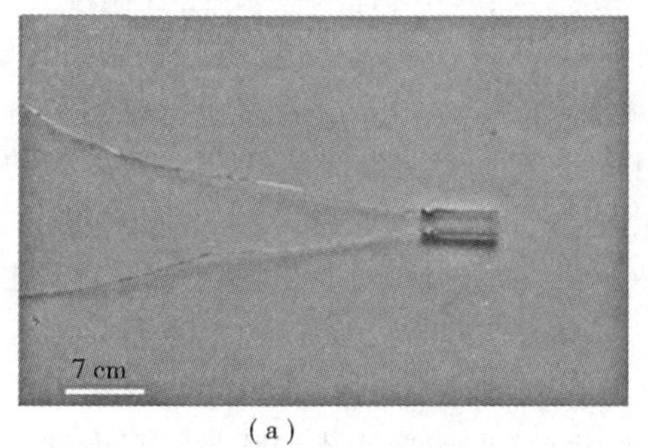

(a)

(b)

图 3 - 61　Pt 膜热敏电阻温度传感器

（a）实物图；（b）Pt 膜敏感元件的局部放大

美国阿克伦大学 Carletta 教授团队开发了电纺尼龙制成的织物热敏电阻温度传感器，该传感器可用于士兵皮肤、单兵智能可穿戴设备、军事蒙皮等柔性场所的温度感测（图 3 - 62）[46]。纳米复合材料电导率随温度线性降低。在 25 ~45 ℃温度范围，纳米复合材料的平均负 TCR 值为 -0.204 ±0.008%/℃。该值可与先前研究的碳纳米管和器件的值相媲美，但是该传感器的不同之处在于它需要使用聚合物基板，在 100 次循环中，没有显示出明显的滞后现象，温度平均误差为 4.29% ±6.33%。

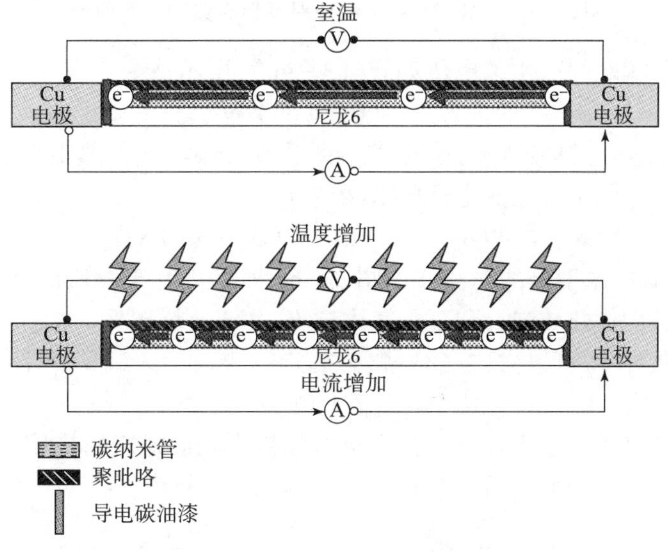

图 3 - 62　热敏电阻温度传感器响应示意图

3.4.2 热电红外温度传感器

温度高于绝对零度的任何物体都会产生红外（infrared，IR）辐射，其频率范围为 $3\times10^{11}\sim4\times10^{14}$ Hz，波长为 0.75 ~ 1 000 μm。因此，IR 辐射是可见光和微波范围之间的电磁波辐射。红外光谱（即波长范围）和能量密度（即辐射强度）都取决于物体类型、表面温度、表面形状和其他因素。理想的 IR 辐射对象称为“黑体”。IR 辐射与温度之间的关系可以用普朗克辐射公式表示[47]。

根据其工作原理，热电红外温度传感器分为热电、热释电和辐射热计红外温度传感器。热电红外温度传感器中的温度变化通过塞贝克效应（Seebeck effect）转换为电压信号输出。热释电红外温度传感器中的温度变化是通过加热物体中的电荷积累来测量的。辐射热计红外传感器的温度变化通过传感器的电阻来测量。目前，微电堆红外传感器由于其固有的优势（包括对环境温度不敏感，光谱响应宽泛且易于操作）而在军事上有广泛的应用，例如安装在军事装备如坦克、战机、舰艇上作为火灾事故预警，或者制成独特的测温电缆铺设在导弹发射井、弹药燃料储备室等温度敏感区域。

图 3－63 显示了热吸收区与两种不同的热电材料 A 和 B 之间的连接，热电材料 A 和 B 的另一端是敞开的。当热吸收区收集到红外辐射通量 Φ_{rad}时，由于入射热量，热电偶结会变热。然后，连接点（热结）和散热器（冷结）之间的温差 ΔT 稳定。

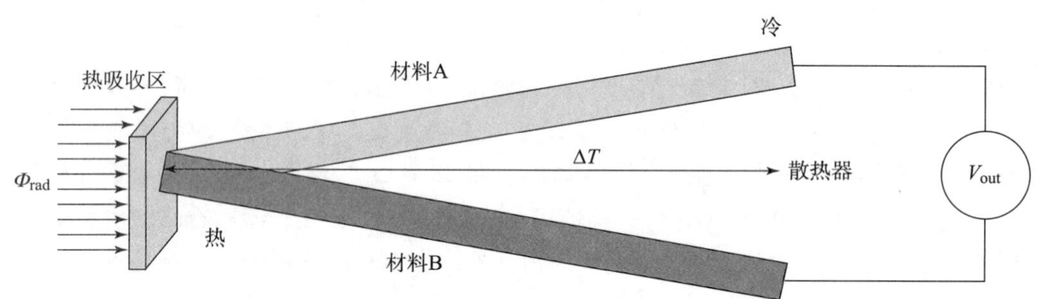

图 3－63　MEMS 热电红外温度传感器的工作原理

塞贝克效应在两端之间产生的电压如式（3－46）所示：

$$V_{out}=(\alpha_A-\alpha_B)\Delta T \tag{3-46}$$

式中，α_A和 α_B分别为热电材料 A 和 B 的塞贝克系数。热电堆是热电偶的串联阵列。因此，热电堆红外探测器产生的电压与热电偶的数量 N 成正比：

$$V_{out}=N(\alpha_A-\alpha_B)\Delta T=(\alpha_A-\alpha_B)\Delta T_{total} \tag{3-47}$$

式中，ΔT_{total}为热电偶中温度差的总和。如图 3－64 所示，基于 MEMS 的热电红外传感器中的热损失分为三种：固体热传导，G_{solid}；气体对流，G_{gas}；热辐射，G_{rad}。因此，热结点及其周围环境之间的总热导 G_{th}可以由式（3－48）确定：

$$G_{th}=G_{solid}+G_{gas}+G_{rad} \tag{3-48}$$

固体热传导损耗是指通过固体悬浮热电堆结构散发到硅衬底的热量。热电堆结构由半导体热电偶和介电膜组成。因此，可以通过式（3－49）得出 G_{solid}：

$$G_{solid}=N\frac{k_1t_1w_1}{l_1}+N\frac{k_2t_2w_2}{l_2}+\frac{k_3t_3w_3}{l_3} \tag{3-49}$$

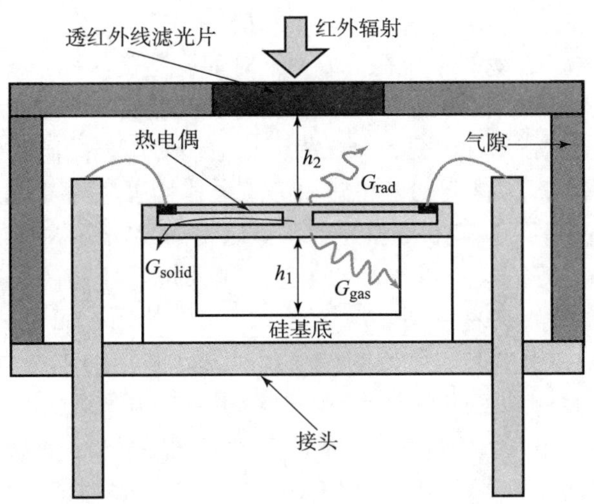

图 3 – 64　热电红外温度传感器的截面图

式中，k_n 为材料的电导率；t_n 为层厚度；w_n 为层的总宽度；l_n 为层的长度（对于 n 型半导体热电偶，$n=1$；对于 p 型半导体热电偶，$n=2$；对于介电膜，$n=3$）。

MEMS 热电 IR 传感器通常在常气压下封装。气体对流损失是由于空气中分子运动引起的热传递所致。因此，G_{gas} 可确定为

$$G_{gas}=k_g A_s\left(\frac{1}{d_1+2\frac{2-\alpha}{a}\frac{m_0p_0}{p}}+\frac{1}{d_2+2\frac{2-\alpha}{a}\frac{m_0p_0}{p}}\right) \tag{3-50}$$

式中，k_g 为大气的热导率；a 为悬浮面积；d_1 为膜与蚀刻腔底部之间的距离；d_2 为膜与包装盒盖之间的距离；$\alpha=0.77$ 为容纳系数（代表气体分子之间能量传输的效率）；m_0p_0/p 为气体分子的平均自由程，p 为压力。在室温下，对于氮气，$m_0p_0=6.65\times10^{-3}$ Pa · m。热辐射损失是指从热表面以电磁波辐射的能量。热结点和冷结点之间的温差远低于环境温度；因此，热损失可以通过式（3 – 51）得出：

$$G_{rad}=4A_s\xi_{eff}\sigma_b T_0^3 \tag{3-51}$$

式中，ξ_{eff} 为热电堆结构的有效发射系数；σ_b 为 Stefan – Boltzmann 常数。

响应度（R_s，V/W）是热电红外温度传感器的基本性能指标。它是输出电压（V_{out}）与入射红外功率的比率，可以表示为

$$R_s=\frac{V_{out}}{A_{abs}\Phi_{in}}=\frac{N\alpha_{AB}\eta}{G_{th}} \tag{3-52}$$

式中，A_{abs} 为红外温度传感器的吸收面积；Φ_{in} 为红外功率密度；N 为热电偶的数量；α_{AB} 为热电偶的塞贝克系数；h 为吸收层的吸收率；G_{th} 为热连接及其周围环境之间的总热导率。探测比（D^*，cm · $Hz^{1/2}$ · W^{-1}）可表示为

$$D^*=\frac{R_s\sqrt{A_s\Delta f}}{u_{noise}} \tag{3-53}$$

式中，Δf 为测量频率带宽；u_{noise} 为热电堆红外探测器的噪声电压。通常，约翰逊噪声占主导地位。因此，u_{noise} 可以写成

$$u_{\text{noise}} = \sqrt{4kRT\Delta f} \tag{3-54}$$

式中，k 为玻耳兹曼常数；R 为检测电阻；T 为绝对环境温度。

新加坡南洋理工大学李成郭教授团队在理论上和实验上研究了基于纳米级多晶硅（poly-Si）的热电红外温度传感器[48]。如图 3-65 所示，他们使用多晶硅和铝（Al）作为热材料。悬臂梁由三层组成：热 SiO_2、掺杂的多晶硅和等离子体增强化学气相沉积 SiO_2，而 Al 线连接热结和冷结以读取电信号。n 型和 p 型悬臂测试结构的几何形状相同。多晶硅的厚度分别设计为 52 nm 和 300 nm，宽度为 90 μm，长度为 300 μm。Al 线的宽度和厚度分别为 1 μm 和 100 nm。微型加热器布置在悬置端以加热测试结构的热结，而另一端连接到保持在环境温度的 Si 衬底作为冷结。由多晶硅制成的温度计布置在热结的末端，以通过监视温度计的电阻来监视测量温度。该团队使用 MEMS 技术制造了包括 128 对热电偶红外传感器，该热电偶红外传感器由 n 掺杂或 p 掺杂纳米厚度多晶硅条与铝金属互连层串联连接而成。对于 52 nm 厚的多晶硅传感器，n 掺杂和 p 掺杂热电堆红外传感器的真空比检测度（D^*）为 $3.00\times10^8\ \text{cm}\cdot\text{Hz}^{1/2}\cdot\text{W}^{-1}$ 和 $1.83\times10^8\ \text{cm}\cdot\text{Hz}^{1/2}\cdot\text{W}^{-1}$，对于 300 nm 厚的多晶硅传感器，分别为 $10^7\ \text{cm}\cdot\text{Hz}^{1/2}\cdot\text{W}^{-1}$ 和 $3.95\times10^7\ \text{cm}\cdot\text{Hz}^{1/2}\cdot\text{W}^{-1}$。出色的热电性能表明该纳米级多晶硅热电红外温度传感器在测量飞行器壳体摩擦热量以及汽车内燃机的热力学分析等应用具有前景。

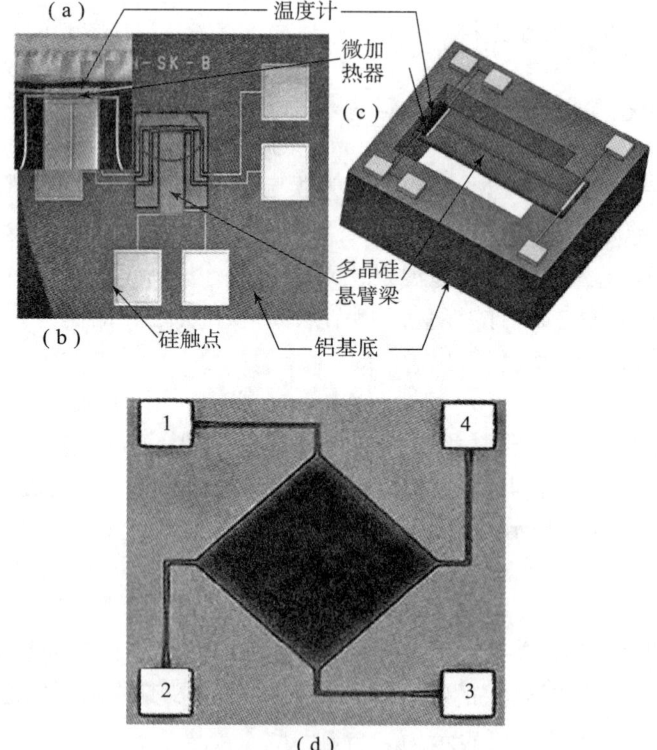

图 3-65　纳米级多晶硅热电红外温度传感器

（a）SEM 图像；（b）光学显微镜图像；（c）导热系数测试键示意图；（d）电阻率测试键光学图像

为了获得更加灵敏的温度传感器，台湾国立清华大学 Fang 教授团队研究并提出了一种微型热电红外温度传感器，该传感器由加热器和蛇形热电偶结构组成，采用标准 CMOS MEMS 技术[49]。加热器设计具有伞状结构，与参考设计（嵌入式热电偶的蛇形结构）相比，可获得更好的热流路径，并且增加了冷端和热端之间的温差。而且，与蛇形结构相比，伞状结构具有更高的红外吸收面积。另外，分别表征了具有和不具有硅化物的多晶硅膜的塞贝克系数。实验结果表明，在 200 mTorr 的气压下，具有硅化物的多晶硅具有更高的塞贝克系数(56 倍)，并在本研究中用作热电偶材料。

3.4.3 光纤温度传感器

光纤温度传感器由于其体积小和灵活性强，可在难以接近的恶劣环境和测量场所提供可靠的测量。而干涉测量法已成为光纤温度传感器中采用的一种关键检测技术，已经有报道证明了各种基于干涉法测量温度的方案的有效性，包括但不限于 FBG、Mach - Zehnder 干涉仪、Fabry - Pérot 干涉仪。

涡轮进气温度（turbine inlet temperature，TIT）是燃烧室废气进入涡轮发动机单元时的温度，需要对 TIT 准确高效地测量以优化燃油经济性、诊断和预测，从而设计出高性能军用涡轮发动机。但是用于测量该参数的传感器被认为是整个燃气涡轮发动机仪表中最脆弱的部分，因此需要廉价、坚固、耐用且可联网的 TIT 传感器系统，以在飞机燃气涡轮发动机的极端温度环境中运行。美国空军研究实验室 Behbahani 研究员团队提出了一种基于 FBG 的 TIT 传感器系统，该系统采用了蓝宝石纤维材质，在超高温条件下具有优异的性能表现[50]。图 3 - 66 为传感器的结构设计，具有非侵入式、高精度和鲁棒性、多点测试等优点。同时他们展示了玻璃单模光纤传感器可耐 1050℃的高温下工作。这种光学 TIT 传感系统在下一代涡轮发动机的测温应用中将有强大的表现力。该技术不仅适用于军用发动机，而且还适用于商用飞机发动机，尤其是高性能汽车发动机。

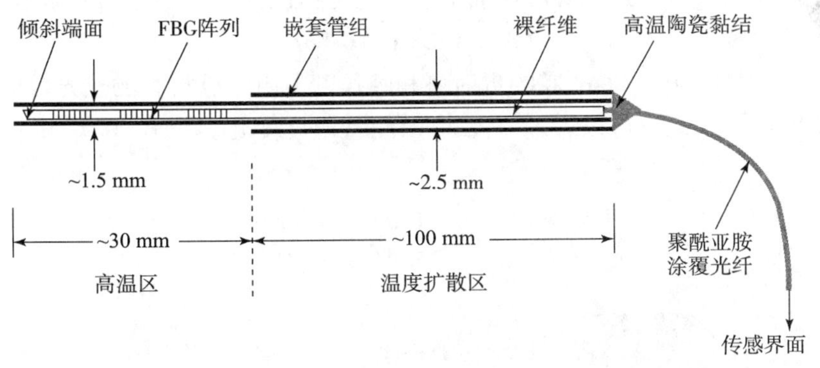

图 3 - 66 超高温光纤探头体设计

为了提高干涉光纤温度传感器的灵敏度，伊斯坦布尔科技大学 Çirkinoğlu 教授提出了一种提高干涉光纤温度传感器灵敏度的方法[51]。图 3 - 67 显示出了所提出的光纤温度传感器结构示意图。从光纤发出的窄带光源通过渐变折射率（graded index，GRIN）透镜进行准直。GRIN 透镜周围的套圈既充当 MEMS 元件的平台，又充当隔离器，以允许 0 阶光耦合回光纤，同时消除其他阶数。由于 MEMS 聚对二甲苯/钛双材料膜随温度变化而呈现出平面外位移，嵌入式衍射光栅与 MEMS 元件集成形成了在线干涉仪，从中可以推导出位移以及温度。制成的探测器放置在单模光纤输出端，并通过渐变折射率透镜进行准直。这种新颖的架构允许将 MEMS 检测器集成在标准光纤上，并且可以轻松替换 MEMS 检测器元件，从而改变传感器的测量范围和响应时间。该传感器提供了温度和时间常数测量，并通过参考测量进行了验证，使用低成本的激光源和光电探测器，其温度分辨率为 20 mK，响应时间为 2.5 ms。

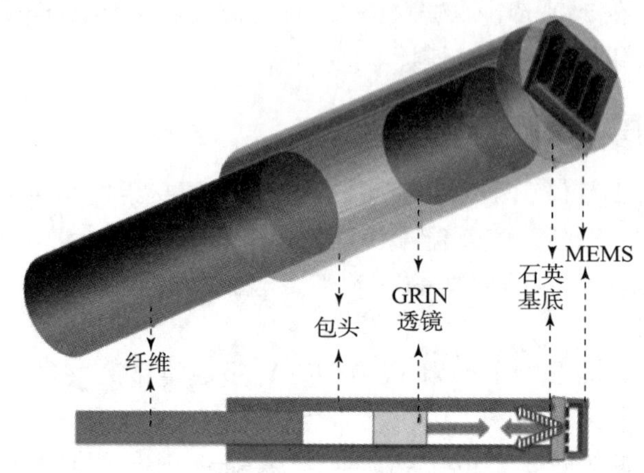

图 3－67　光纤温度传感器结构示意图

美国内布拉斯加大学林肯分校 Han 教授团队则报告了一种基于硅 Fabry－Pérot 腔的光纤温度传感器，该光纤通过将硅柱附着在单模光纤的尖端上而制成，用于高分辨率和高速温度测量[52]。传感器系统如图 3－68（a）所示。通过光纤循环器，将白光源注入传感器头中，并将返回的信号定向到高速光谱仪，该光谱仪包括在 1 550 nm 波长范围内工作的透射光栅和二极管阵列。图 3－68（b）显示了传感器的探头结构，由一个约 200 μm 长的双面抛光硅柱组成，该柱附着在信号模式光纤的端面上。反射光谱的第 N 个条纹峰的波长 λ_N 为

$$(N+1/2)\lambda_N = 2nL \tag{3-55}$$

式中，n 和 L 分别为 Fabry－Pérot 腔的折射率和腔长度。由于硅材料的热光效应和热膨胀，n 和 L 都取决于温度。因此，可以通过监视 λ_N 来测量温度变化。由式（3－55），温度灵敏度如下：

$$\frac{\partial \lambda_N}{\partial T} = \lambda_N\left(\frac{1}{n}\frac{\partial n}{\partial T} + \frac{1}{L}\frac{\partial L}{\partial T}\right) \tag{3-56}$$

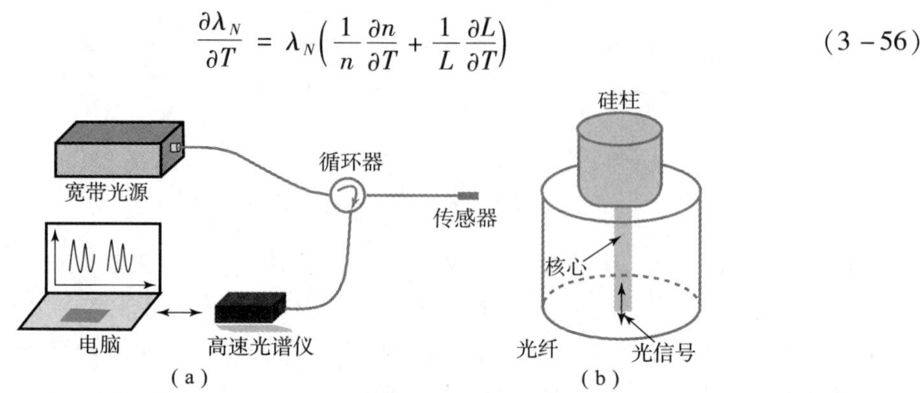

图 3－68　硅柱光纤温度传感器

（a）传感器系统；（b）传感器结构示意

由于硅材质具有高的热光系数和高的热膨胀系数，传感器的灵敏度为84.6 pm/℃。同时他们提出了一种新颖的平均波长跟踪方法，用于改善传感器解调的信噪比，可实现6×10^{-4} ℃的温度分辨率，缩短响应时间，满足诸如海洋中高度动态的环境变化的需求。

3.5　MEMS 陀螺仪传感器

陀螺仪是一种能够精确地确定运动物体的方位传感器，它是现代航空、航海、航天和国防工业中广泛使用的一种惯性导航仪器，它的发展对一个国家的工业、国防和其他高科技的发展具有十分重要的战略意义。传统的惯性陀螺仪主要是指机械式的陀螺仪，其对工艺结构的要求很高，结构复杂，它的精度受到了很多方面的制约。自从20世纪70年代以来，现代陀螺仪的发展已经进入了一个全新的阶段。1976年研究人员提出了现代光纤陀螺仪的基本设想，到80年代以后，现代光纤陀螺仪就得到了非常迅速的发展，与此同时激光谐振陀螺仪也有了很大的发展。光纤陀螺仪具有结构紧凑、灵敏度高、工作可靠等优点。关键部件和光纤陀螺仪同时发展的除了环式激光陀螺仪外，还有现代集成式的振动陀螺仪，集成式的振动陀螺仪具有更高的集成度，体积更小，也是现代陀螺仪的一个重要发展方向。

陀螺仪在军事上最重要的作用就是导航。由于坦克、装甲战车上的铁制物和电磁系统较多，通常指南针会受到影响因而难以发挥作用。如果在车辆开始行进时，将陀螺仪高速转轴放置在南北方向，则由于陀螺仪的定轴性，无论车身如何转动，陀螺仪的高速转轴都会稳定地指向当地的南北方向。车辆的纵轴与陀螺仪高速转轴的夹角即为航向角，根据其大小即可确定方向，并通过电子系统控制车辆的前进。苏联最早在自行高炮和萨姆导弹的发射车上装备了陀螺仪。对于飞行器如飞机、火箭、导弹等，飞行过程中的方向和姿态可以用三个角度来描述，其一是飞行器头部的上仰下俯，也就是飞行器绕垂直于飞行方向的水平轴的旋转，可用俯仰角来表示；其二是飞行器头部左右的摆动也就是绕铅直轴的转动，可用偏航角来表示；其三就是飞行器绕其本身纵向轴线的转动，可用侧滚角来表示。测出这三个角度至少要用两个陀螺仪，即绕铅直和水平轴转动的两个陀螺仪。由于高速转子的定轴性，无论飞行器如何运动，两轴线的方向都保持不变，因此两轴线可分别作为铅直和水平基准线。上述三个角度可分别通过陀螺仪的内、外框架与相应轴线、基座之间的夹角测得。例如，飞行器的侧滚角和俯仰角可根据以铅直基准线为转轴的陀螺仪测出，偏航角可以根据以水平基准线为转轴的陀螺仪测出，将测出的信号传送给计算机系统，就能发出指令，随时纠正飞行器飞行的方向和姿态。自20世纪80年代以来，战术级和惯性级陀螺仪受到越来越多的关注。

3.5.1　MEMS 陀螺仪概述

传统的陀螺仪主要是利用角动量守恒原理，因此它主要是一个不停转动的物体，它的转轴指向不随承载它的支架的旋转而变化。但是 MEMS 陀螺仪，或者说 MEMS 角速度传感器，是基于 MEMS 工艺在硅片衬底上制备用于感测科里奥利力的器件。陀螺仪可分为机械式和光学式。机械陀螺仪保持振动系统中存储的角动量守恒，而光学陀螺仪利用在环形腔或光纤线圈中反向传播激光束所经历的 Sagnac 效应。陀螺仪的分类如图3－69所示[53]。

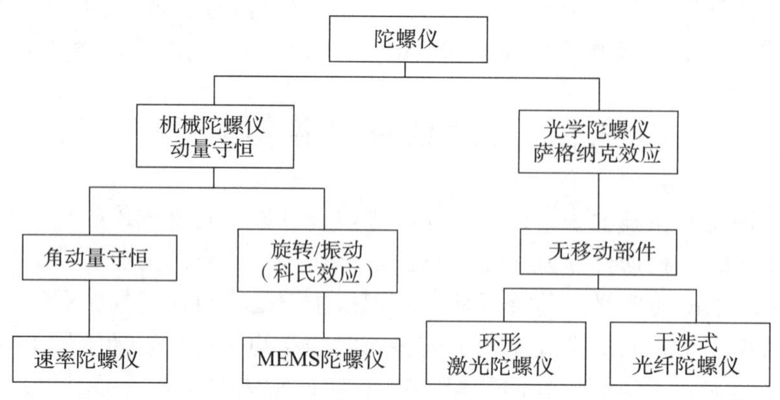

图 3-69 陀螺仪的分类

MEMS 陀螺仪测量相对于惯性参考系绕特定轴的角速度，并已广泛应用于汽车、无人机和军事医疗设备。随机游走系数和零漂对导航和定位系统而言是极为重要的性能指标。当前，MEMS 陀螺仪在这些关键性能指标方面落后于光学陀螺仪技术。此外，MEMS 陀螺仪和惯性系统的热灵敏度也阻碍了其在军事领域的进一步应用。因此 MEMS 陀螺仪还有较大的发展改进空间。

MEMS 陀螺仪主要是振动陀螺仪，其检测两个振荡模式之间的能量转移[54]。图 3-70 显示了典型的两自由度（2-DOF）机械谐振器设计。振动陀螺仪的经典实现包括单个防振质量块。使用柔性梁将检测质量块悬挂在基板上方，将检测质量块与陀螺仪支撑结构隔离，并使其自由振动。

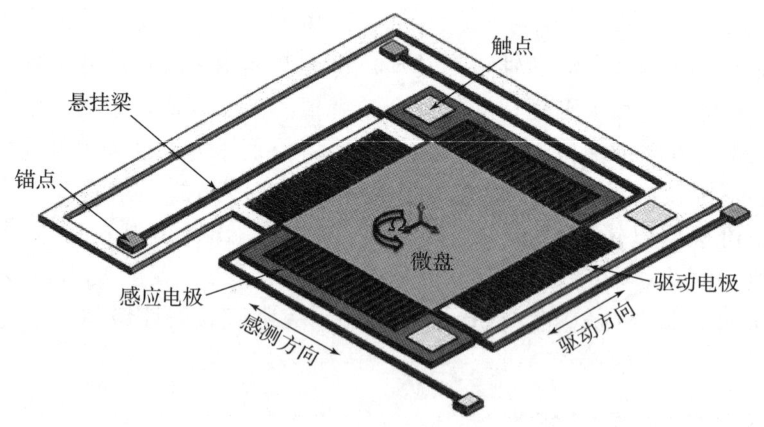

图 3-70 MEMS 陀螺仪结构

MEMS 振动陀螺仪的简单工作原理如图 3-71 所示。该传感器主要由检测质量块、驱动系统和传感元件组成。驱动系统和传感元件由类似弹簧的系统支撑。检测质量块可以由悬挂梁支撑。在恒定的工作条件下，由于驱动系统的作用，检测质量块沿 x 方向往复运动。它的运动方程可以表示为式（3-57），其中 x 是检测质量块的位移；A_x是运动幅度；ω_x是驱动系统的角速度。

$$x = A_x \cos(\omega_x t) \tag{3-57}$$

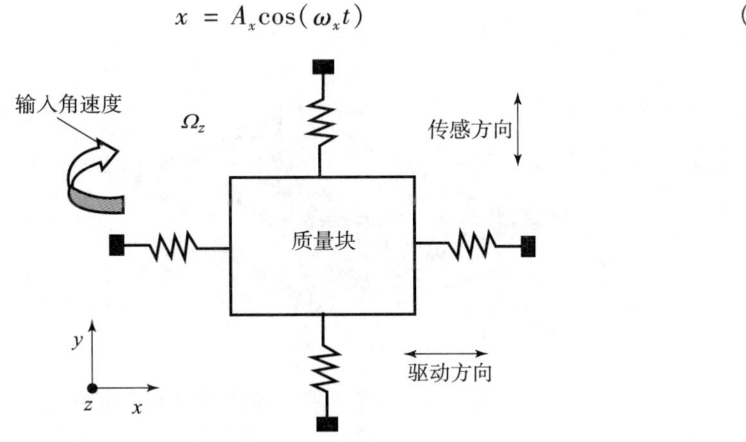

图3-71 MEMS振动陀螺仪的简单工作原理

当沿 z 方向在此传感器上存在角速度时，由于科里奥利效应，沿 y 方向会产生科里奥利力，可以表示为

$$F_y = 2m\Omega \times v = -2m\Omega A_x w_x \sin(\omega_x t) \tag{3-58}$$

式中，F_y为科里奥利力；Ω为施加的角速度；v为检测质量块的线性运动速度。通过检测施加在传感器敏感元件上的F_y便可以获得施加角速度Ω。

MEMS振动陀螺仪根据结构和输入原理不同，可以分为框架式、音叉式谐振环式。框架式振动微陀螺是最早的非转子式微机械陀螺，由美国Draper实验室最先提出。它采用内、外环框架结构，理想条件下，外框架的驱动频率等于内框架的谐振频率。1993年5月，Draper实验室又成功研制出第一台音叉式线振动陀螺仪。它采用单晶硅梳状结构产生静电力驱动音叉，该陀螺已经可以达到战术级水平。谐振环型陀螺仪，由于采用高度对称的设计，降低了对振动的干扰影响，因此陀螺仪的敏感度得到有效提高。环形MEMS陀螺谐振子经历了单环环形、实心盘和多环环形的发展过程，测控电路经历了角速率开环模式、力平衡模式和全角模式的发展过程，加工工艺经历了旋转涂布玻璃（spin-on glass，SOG）到绝缘体上硅的发展过程，其输出性能逐步提高。

3.5.2 MEMS陀螺仪发展

1985年，在美国军方的资助政策下，Draper实验室开始了MEMS陀螺仪的研究，并且是第一个在硅微机械陀螺仪研究方面发表研究成果的组织[16]。该成果发表在旧金山举行的IEEE“TRANSDUCERS”91会议上。图3-72为双平衡环体硅MEMS陀螺仪，由扭转柔性梁支撑。使用电铸镍作为有源振动元件，将该陀螺仪制作在硅片上，尺寸为300 μm×600 μm。当其承受垂直于装置平面的旋转时，科里奥利力将使平衡环结构以等于驱动频率的频率振荡。在实际应用中，采用闭环操作以提高其测量精度。

1993年，该机构在双框架微机电陀螺仪的基础上，又研制出了第二代MEMS陀螺仪：振动陀螺仪，它使用音叉作为敏感元件。它是第一个谐振型硅MEMS陀螺仪。它的尺寸小于1 mm。音叉陀螺仪的结构图和扫描电子显微镜照片如图3-73所示，该陀螺仪采用硅玻璃工艺制造，具有杂散电容小的优点。

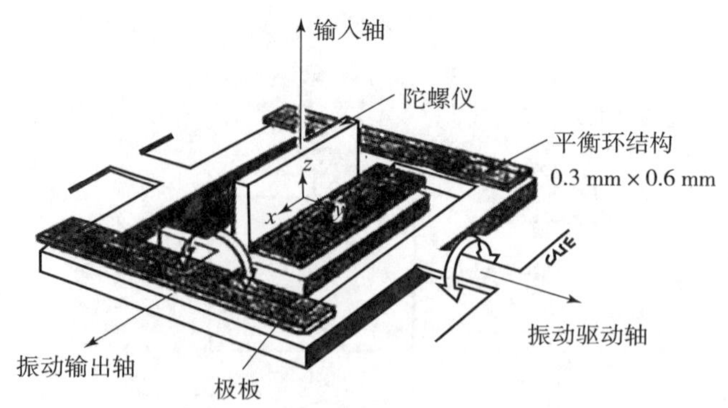

图 3-72 双平衡环体硅 MEMS 陀螺仪

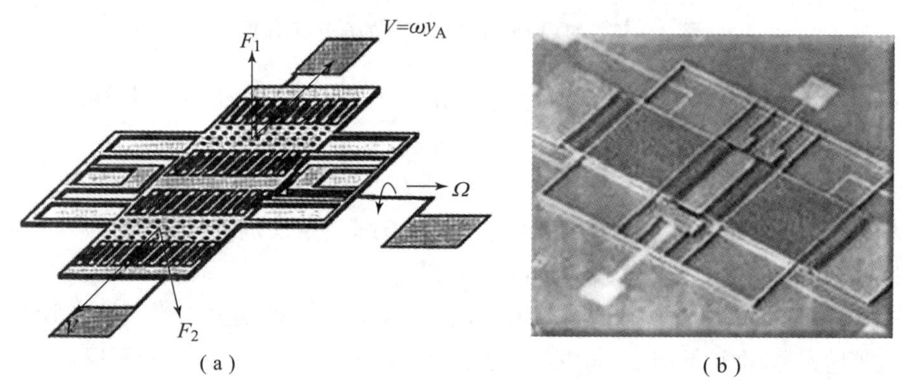

(a)　　　　　　(b)

图 3-73 梳齿传动音叉线振动陀螺仪

(a) 结构图；(b) 扫描电子显微镜照片

1995 年，该实验室对 1991 年研制的双框架结构的硅 MEMS 陀螺仪进行了改进，实现了内外框架的功能交换。通过将传感电极与外框架板相结合，提高了陀螺仪的信噪比，同时将驱动分别传递给内框架结构。感应电极结构扭矩恢复后或再次平衡下，驱动运动不再包含叠加信号。测试表明，在 20 Hz 的带宽范围内，角速度测量能力可以达到 1°/s。

1996 年，Draper 实验室开发了振动轮式陀螺仪。直径约为 1 mm。陀螺仪是基于湿法工艺制造的。与以音叉为敏感元件的陀螺仪相比，这种传感器具有结构简单、轮状结构外环。它是用梳齿驱动机构旋转驱动的。这种驱动方式可以方便地实现俯冲模态和传感模态共振频率的一致性，极大提高了陀螺的精度。测试结果表明，该系统的速率传感能力优于 0. 1°/s。

除了 Draper 实验室，加州大学伯克利分校也在 MEMS 陀螺仪的发展方面取得了巨大的进步。1996 年，这所大学发明了一种 z 轴振动 MEMS 陀螺。采用梳状驱动和电容传感实现角速度的测量。该传感器的电镜照片如图 3-74 所示。陀螺仪采用集成 MEMS 技术制造，CMOS 电子器件的最小栅长为 2 μm，机械元件的多晶硅层厚度为 2. 25 μm。

1997 年，该机构报告了基于表面微加工技术的双轴 MEMS 陀螺仪。图 3-75 所示为扫描电镜图。双轴同时工作的关键是设计具有对称四边形的圆形内转子。通过测量，采用静电调谐匹配模式时，陀螺仪的随机游走噪声可降至 $2°/\sqrt{h}$，但代价是交叉轴灵敏度过高。

横滨技术中心的 Mochida 和 Tamura 研究了微机械振动速率陀螺仪的驱动模式和检测模

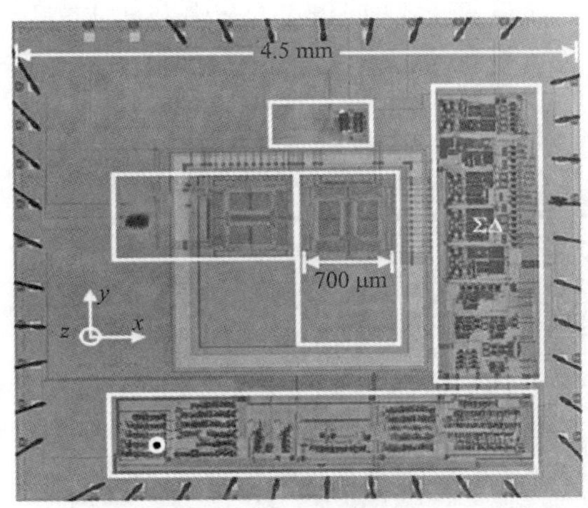

图3-74 z 轴陀螺仪的电镜照片

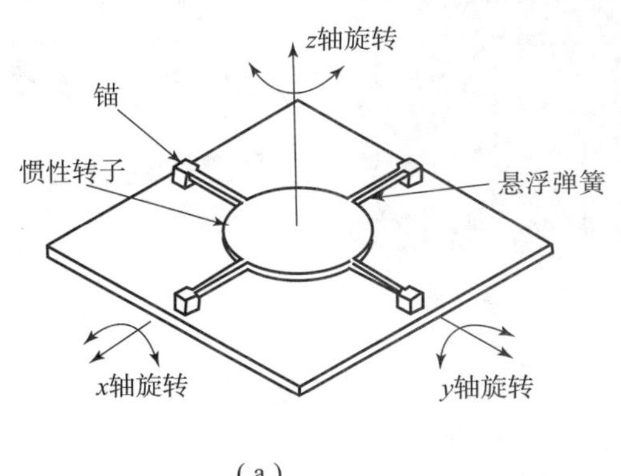

(a)

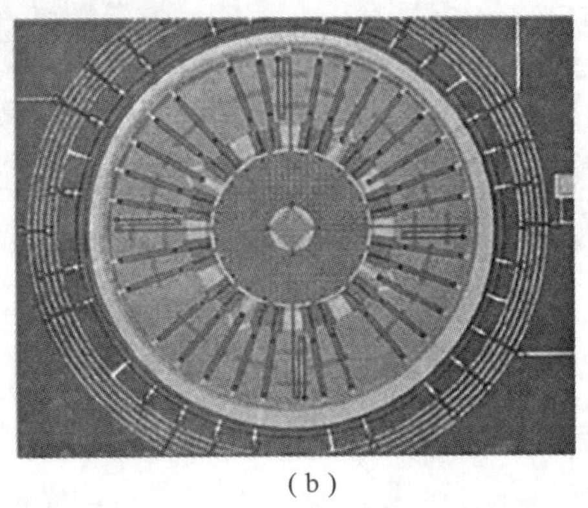

(b)

图3-75 双轴陀螺仪

(a) 概念图；(b) 模具特写照片

式之间的机械耦合。利用二维激光位移计测量系统测量了陀螺仪的耦合度。由于耦合作用，发现振荡具有椭圆运动。当采用直流偏置电压静电频率调谐降低频率失配时，耦合增强。新结构具有独立的驱动和探测光束，耦合较弱，在10 Hz波段分辨率为0.07°/s。

21世纪以来，随着MEMS陀螺仪理论和工艺的迅速发展，越来越多的研究者开始关注MEMS陀螺仪的研究。测试技术的发展也帮助研究人员设计出更先进的MEMS陀螺仪。2002年加州大学伯克利分校的研究人员开发了基于体硅的单输出MEMS陀螺仪，具有良好的动态特性、高稳定性、大动态范围、高分辨率、准数字调频输出等优点。随后，美国桑迪亚国家实验室首次提出了基于体硅的谐振MEMS陀螺仪，其噪声水平为0.3°/s/$\sqrt{\text{Hz}}$，采用谐振音叉平面振动测量角速率。该器件为高精度谐振硅微机械陀螺的设计提供了一个良好的设计思路。

佐治亚理工学院也是MEMS陀螺仪研究取得重大进展的代表性机构之一。2006年，该大学的Zaman等人提出了一种平面内匹配模式音叉陀螺仪（tuning fork gyroscope，TFG）。TFG的扫描电镜及振型如图3-76所示，接口电子、驱动振荡器和感测通道如图3-77所示。采用简单的双掩膜工艺，在50 μm厚的SOI衬底上实现了制备。检测质量块由梳状驱动电极驱动，使其沿 x 轴振动，沿 z 轴旋转引起的科里奥利加速度由沿 y 轴的电容感测。在结构参数优化方面，提出了匹配模式的思想。它能有效地提高振动陀螺仪的灵敏度、偏置稳定性和噪声下限。

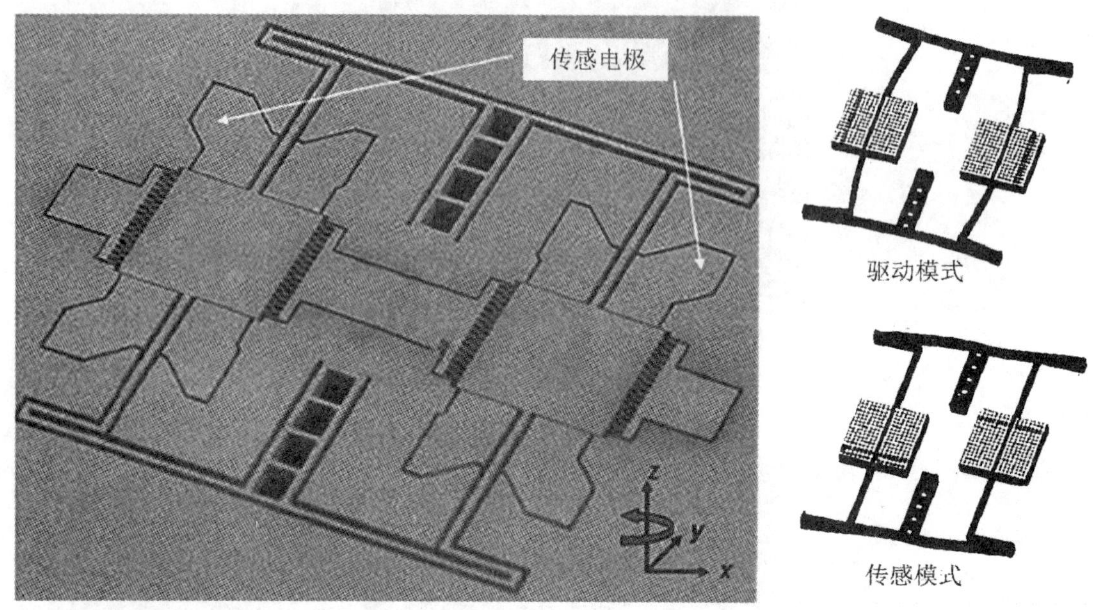

图 3－76　TFG 的扫描电镜及振型图

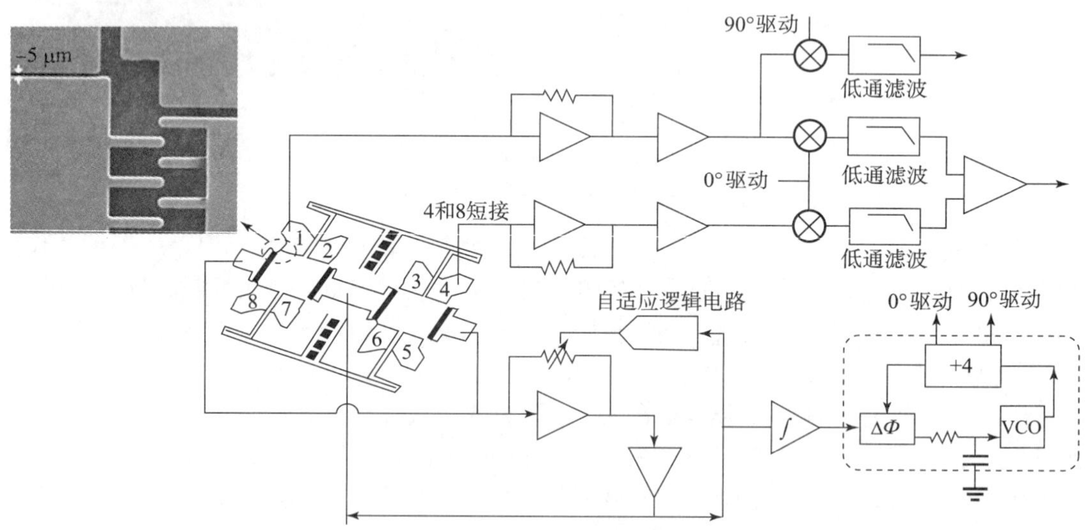

图 3－77　TFG 接口电子、驱动振荡器和感测通道

佐治亚理工学院 Sharma 教授采用匹配模式的设计思想，设计了能自动保持匹配模式的闭环的 TFG 伺服电路。该系统采用动态范围为 10^4 dB 的 T 网络（transimpedance amplifier，TIA）作为前端，基于 CMOS 专用集成电路。陀螺仪系统的完整框图以及驱动电极和传感电极的近距离扫描电镜如图 3－78 所示。该集成电路采用 0.6 μm 标准 CMOS 工艺，面积为 1.5 mm×1.5 mm。15 kHz 时电容分辨率为 0.02 aF/$\sqrt{\text{Hz}}$。

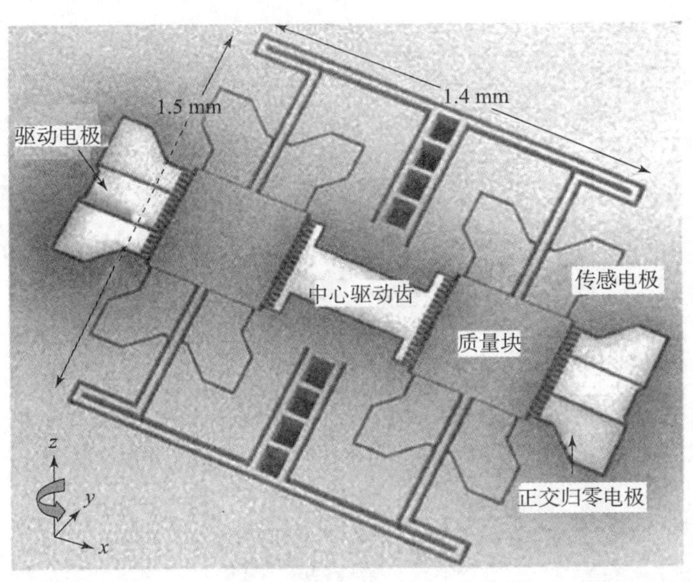

图 3－78　陀螺仪系统的完整框图以及驱动电极和传感电极的近距离扫描电镜

2009 年，加利福尼亚大学 Trusov 教授报道了一种 Z 轴音叉 MEMS 陀螺结构，其包装音叉陀螺的光学照片如图 3－79 所示。该传感器的品质因数极大提高，驱动模式的品质因数为 67 000，传感模式为 125 000。2011 年，Trusov 等人提出了另一种双检测质量块 MEMS Z 轴陀螺仪，该陀螺仪改进了机械驱动模式的顺序，同时，给出了较为完整的计算和实现方案，提供了一种超高比例因子的设计方案，同时又不影响对外部加速度的敏感性。

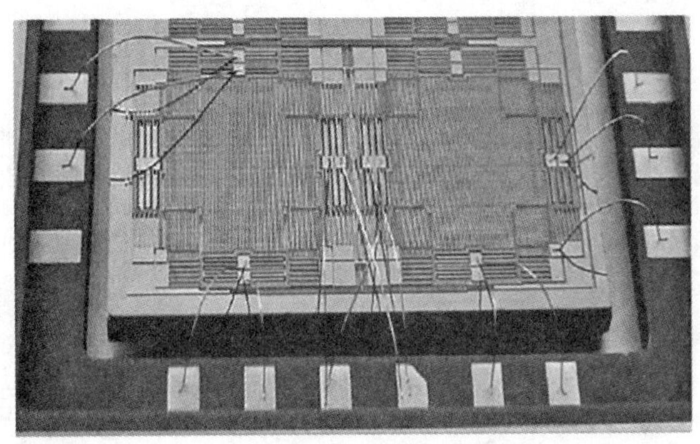

图 3－79　包装音叉陀螺的光学照片

同年，在 TFG 的基础上，多明尼肯大学和犹他大学共同提出了一种高品质因数的多波束音叉陀螺仪（multibeams tuning fork gyroscope，MB－TFG。），其扫描电镜照片如图 3－80 所示。实验结果与理论计算结果完全吻合。在 15.7 kHz 的频率下，最高品质因数可达到 255 000（驱动模式）和 103 000（传感模式）。总速率分辨率为 0.37°/h/$\sqrt{\text{Hz}}$。

台湾大学的研究人员在 2012 年开发了一种具有宽驱动频率范围的 MEMS 双解耦陀螺仪。MEMS 双解耦陀螺仪的结构细节和相应的材料/层如图 3－81 所示。实验表明，陀螺驱动电

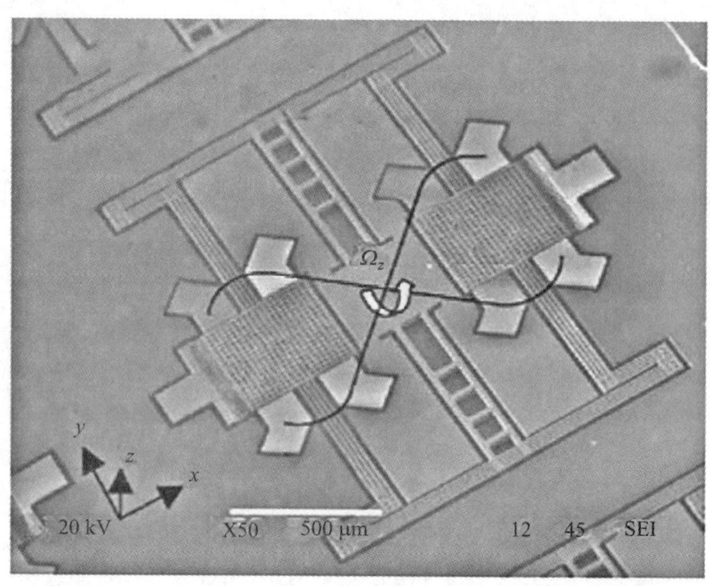

图 3-80 多波束音叉陀螺仪（MB-TFG）的扫描电镜照片

压宽带可达 240 Hz。宽频带提供了灵活性和易用性。双解耦结构使驱动单元和传感单元之间的干扰/耦合最小化。转速等于或小于 18.71 rad/s 时的性能测试表明，该陀螺的灵敏度为 4.28 mV/(rad/s)。

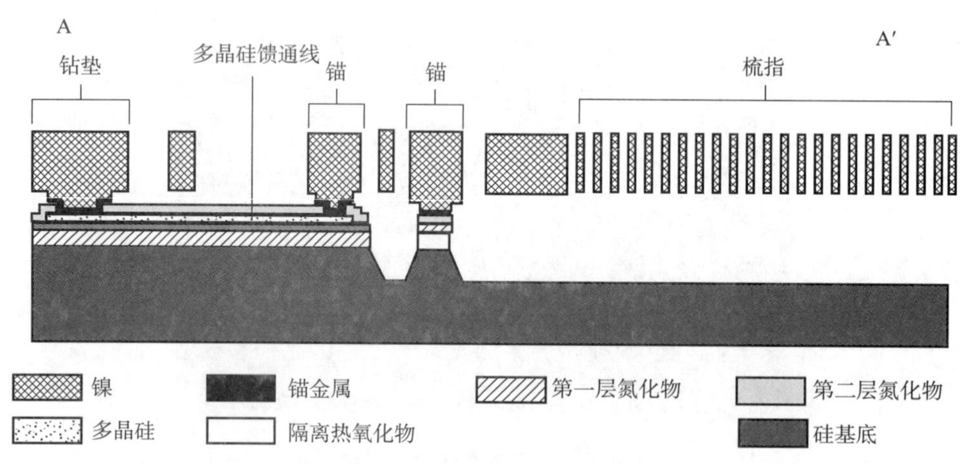

图 3-81 MEMS 双解耦陀螺仪的结构细节和相应的材料/层

双翅目昆虫利用平衡棒感应身体的旋转，从而实现飞行时定位和调节姿态。受此启发，2014 年，特温特大学的 Droogendijk 教授开发了一种仿生框架悬浮陀螺仪。陀螺仪结构示意图如图 3-82 所示。利用静电力驱动棒状检测质量块，使其处于稳态共振旋转运动中。通过测量质量块倾斜时电容的差分变化，可以计算出感测方向上的角速度。对仿生陀螺仪的测量表明，驱动模式的共振频率约为 550 Hz，阻尼比为 0.9。可见，由于国内外许多著名机构的研究，MEMS陀螺仪的种类越来越多。结构的改进和加工技术的进步也使MEMS陀螺具有更高的品质因数和灵敏度。

参考文献

[1] Sriram R，Ram S N，Hegde G M，et al. Shock tunnel measurements of surface pressures in shock induced separated flow field using MEMS sensor array [J]. Measurement Science and Technology，2015，26：095301.

[2] Kumar S S，Tanwar A. Development of a MEMS – based barometric pressure sensor for micro air vehicle（MAV）altitude measurement [J]. Microsystem Technologies，2020：901 – 912.

[3] Tran A V，Zhang X，Zhu B. Mechanical Structural Design of a Piezoresistive Pressure Sensor for Low – Pressure Measurement：A Computational Analysis by Increases in the Sensor Sensitivity [J]. Sensors，2018，18：2023.

[4] Kim K，Hong S K，Jang N，et al. Wearable Resistive Pressure Sensor Based on Highly Flexible Carbon Composite Conductors with Irregular Surface Morphology [J]. ACS Applied Materials & Interfaces，2017，9：17499 – 17507.

[5] Reagan T，Underbrink J R，Meloy J，et al. Fabrication and characterization of a flush – mount MEMS piezoelectric dynamic pressure sensor and associated package for aircraft fuselage arrays [C]//55th AIAA Aerospace Sciences Meeting，Grapevine，Texas，2017.

[6] Borkholder D A. Concept to commercialization of a MEMS – based Blast dosimetry sytem [C]// Transducers 2015，Anchorage，Alaska，USA，2015.

[7] Chen Z，Wang Z，Li X. Flexible piezoelectric – induced pressure sensors for static measurements based on nanowires/graphene heterostructures [J]. ACS Nano，2017，11：4507 – 4513.

[8] Dzuba J，Vanko G，Drzik M，et al. AlGaN/GaN diaphragm – based pressure sensor with direct high performance piezoelectrictransduction mechanism [J]. Applied Physics Letters，2015，107：122102.

[9] Liu W，Yu P，Gu C，et al. Fingertippiezoelectric tactile sensor array for roughness encoding under varying scanning velocity [J]. IEEE Sensors Journal，2017，17：6867 – 6879.

[10] Xu F，Li X，Shi Y，et al. Recent developments for flexible pressure sensors：a review [J]. Micromachines，2018，9：580.

[11] Nguyen D，Pillatsch P，Zhu Y，et al. MEMS – based capacitive pressure sensors with pre – stressed sensing diaphragms [C]//2015 IEEE Sensors，2015.

[12] Fang G C，Jia P G，Cao Q，et al. MEMS Fiber – optic Fabry – Perot pressure sensor for high temperature application [C]//International Symposium on Optoelectronic Technology and Application，Beijing，China，2016.

[13] Wang X，Wang S，Jiang J，et al. An MEMS optical fiber pressure sensor fabricated by Au – Au thermal compression bonding [C]//International Conference on Optical Instruments and Technology 2017，Beijing，China，2017.

[14] Vinayak N，Holden L，Chuan T. Monolithic CMOS – MEMS integration for high – g accelerometers

[C]//Emerging Technologies in Security and Defence Ⅱ; and Quantum - Physics - based Information Security Ⅲ, 2014.

[15] Rao K, Wei X, Zhang S, et al. A MEMS micro - g capacitive accelerometer based on through - silicon - wafer - etching process [J]. Micromachines, 2019, 10: 380.

[16] Yamane D, Matsushima T, Konishi T, et al. A dual - axis MEMS capacitive inertial sensor with high - density proof mass [J]. Microsystem Technologies, 2016, 22: 459 - 464.

[17] Wang P, Zhao Y, Tian B, et al. A piezoresistive micro - accelerometer with high frequency response and low transverse effect [J]. Measurement Science and Technology, 2017, 28: 015103.

[18] Seena V, Hari K, Prajakta S, et al. A novel piezoresistive polymer nanocomposite MEMS accelerometer [J]. Journal of Micromechanical and Microengineering, 2017, 27: 015014.

[19] Shen Z, Tan C Y, Yao K, et al. A miniaturized wireless accelerometer with micromachinedpiezoelectric sensing element [J]. Sensors and Actuators A, 2016, 241: 113 - 119.

[20] Gong X, Chen C, Wu W, et al. A high sensitivity piezoelectric MEMS accelerometer based on aerosol deposition method [C]//Sensors and Smart Structures Technologies for Civil, Mechanical, and Aerospace Systems, 2019.

[21] Rastegar J, Feng D, Pereira C M. A novel class of MEMS accelerometers for guidance and control of gun - fired munitions [C]//Micro - and Nanotechnology Sensors, Systems, and Applications Ⅶ, 2015.

[22] Leman O, Mailly F, Latorre L, et al. HDL modeling of convective accelerometers for system design and optimization [J]. Sensors and Actuators A, 2008, 142: 178 - 184.

[23] Dau V T, Dao D V, Sugiyama S. A 2 - DOF convective micro accelerometer with a low thermal stress sensing element [J]. Smart Materials and Structures, 2007, 16 (6): 2308.

[24] Kim J, Han M, Kang S, et al. Multi - axis Response of a Thermal Convection - based Accelerometer [J]. Micromachines, 2018, 9: 329.

[25] Krishnamoorthy U, Olsson R, Bogart G, et al. In - plane MEMS - based nano - g accelerometer with sub - wavelength optical resonant sensor [J]. Sensors and Actuators A, 2008, 145: 283 - 290.

[26] Davies E. George D S. Gower M C, et al. MEMS Fabry - Pérot optical accelerometer employing mechanical amplification via V - beam structure [J]. Sensors and Actuators A, 2014, 215 (15): 22 - 29.

[27] Moon S, Choi N, Lee H, Semiconductor - Type MEMS Gas Sensor for Real - Time Environmental Monitoring Applications [J]. ETRI Journal, 2013, 35 (4): 617 - 624.

[28] Liu H, Zhang L, Li Ki, et al. Microhotplates for Metal Oxide Semiconductor Gas Sensor Applications - Towards the CMOS - MEMS Monolithic Approach [J]. Micromachines, 2018, 9: 557.

[29] Leea J, Choi N, Lee H - K, et al. Low power consumption solid electrochemical - type micro CO_2 gassensor [J]. Sensors and Actuators B, 2017, 248: 957 - 960.

[30] Lee E, Hwang I, Chac J, et al. Micromachined catalytic combustible hydrogen gas sensor

[J]. Sensors and Actuators B, 2011, 153: 392 - 397.

[31] Zampolli S, Mengali S, Liberatore N, A MEMS - Enabled Deployable Trace Chemical Sensor Based on Fast Gas - Chromatography and Quartz Enhanced Photoacoustic Spectroscopy [J]. Sensors, 2020, 20 (1): 120.

[32] You R, Li P, Jing G, Ultrasensitive micro ion selective sensor arrays for multiplex heavy metal ions detection [J]. Microsystem Technologies, 2019, 25: 845 - 849.

[33] Lee C, Lee G, MEMS - based humidity sensor with integrated temperature compensation mechanism [J]. Sensors and Actuators A, 2008, 147 (2): Pages 522 - 528.

[34] Huang J, Li F, Zhao M, A Surface Micromachined CMOS MEMS Humidity Sensor [J]. Micromachines, 2015, 6: 1569 - 1576.

[35] Gfeller K, Nugaeva N, Hegner M. Rapid Biosensor for Detection of Antibiotic - Selective Growth of Escherichia Coli [J]. American Society for Microbiology, 2005, 71 (5): 2626 - 2631.

[36] Braun T, Ghatkesar M K, Backmann N, et al. Quantitative time - resolved measurement of membrane protein - ligand interactions using microcantilever array sensors [J]. Nature Nanotechnology, 2009, 4: 179 - 185.

[37] Lee K, Ng S, Li F, et al. High - Sensitivity MEMS Resonant Biosensor for Monitoring Water Toxicity [C]//ASME 2017 International Mechanical Engineering Congress and Exposition, Tampa, Florida, 2017.

[38] Wang J, Yokokawa M, Satakea T, et al. A micro IrO_x potentiometric sensor for direct determination of organophosphate pesticides [J]. Sensors and Actuators B, 2015, 220: 859 - 863.

[39] Pemberton R M, Cox T, Tuffin R, et al. Fabrication and Evaluation of a Micro (Bio) Sensor Array Chip for Multiple Parallel Measurements of Important Cell Biomarkers [J]. Sensors, 2014, 14 (11): 20519 - 20532.

[40] Liu J, Jasim I, Dastider S, et al. Impedance Based MEMS Biosensor for Detection of Foodborne Pathogen [C]//Proceedings of the 13th Annual IEEE International Conference on Nano/Micro Engineered and Molecular Systems, Singapore, 2018.

[41] Adams A A, Charles P T, Veitch S P, et al. REMUS100 AUV with an integrated microfluidic system for explosives detection [J]. Anal Bioanal Chem, 2013, 405: 5171 - 5178.

[42] Uelanda M, Blanesa L, Taudte R V, et al. Capillary - Driven μPAD's for Lab on a Chip Screening of Explosive Residues in Soil [J]. Journal of Chromatography A, 2016, 1436: 28 - 33.

[43] Wong C, Lei K, Chow W, et al. Chemical and Biological Detection using Microfluidic Platform and Surface Plasmon Resonance Imaging Sensor [C]//2005 IEEE Sensors, Irvine, CA, 2005.

[44] Sep'ulveda B, S'anchez J, Moreno M, et al. Optical biosensor microsystems based on the integration of highly sensitive Mach - Zehnder interferometer devices [J]. J. Opt. A: Pure Appl. Opt. , 2006, 8: 561 - 566.

[45] Han J, Cheng P, Wang H, et al. MEMS - based Pt film temperature sensor on an alumina substrate [J]. Materials Letters, 2014, 125: 224 - 226.

[46] Blasdel N, Wujcik E, Carletta J, et al. Fabric Nanocomposite Resistance Temperature Detector [J]. IEEE Sensors Journal, 2015, 15: 300 - 306.

[47] Xu D, Wang Y, Xiong B, et al. MEMS - based thermoelectric infrared sensors: A review [J]. Frontiers of Mechanical Engineering, 2017, 12: 557 - 566.

[48] Zhou H, Kropelnicki P, Lee C. Characterization of nanometer - thick polycrystalline silicon with phonon - boundary scattering enhanced thermoelectric properties and its application in infrared sensors [J]. Nanoscale, 2015, 7: 532 - 541.

[49] Shen T, Chang K, Sun C, et al. Performance Enhance of CMOS - MEMS Thermoelectric Infrared Sensor by Using Sensing Material and Structure Design [J]. J. Micromech. Microeng, 2018, 29: 025007.

[50] Pakmehr M, Costa J, Lu G, et al. Extreme Environment Sensor System Development: Optical Turbine Inlet Temperature (TIT) Sensing for Gas Turbine Engines [C]//AIAA Propulsion and Energy 2019 Forum, Indianapolis, IN, 2019.

[51] Çirkinoğlu H, Bilgin H, Fehmi Ç, et al. Fiber temperature sensor utilizing a thermomechanical MEMS detector [J]. Journal of Lightwave Technology, 2016, 34 (3): 1025 - 1030.

[52] Liu G, Han M, Hou W. High - resolution and fast - response fiber - optic temperature sensor using silicon Fabry - Pérot cavity [J]. Optics Express, 2015, 23 (6): 7237 - 7247.

[53] Passaro V, Cuccovillo A, VaianiL, et al. Gyroscope Technology and Applications: A Review in the Industrial Perspective [J]. Sensors (Basel), 2017, 17 (10): 2284.

[54] Guo Z, Cheng F, Li B, et al. Research development of silicon MEMS gyroscopes: a review [J]. Microsystem Technologies, 2015, 21: 2053 - 2066.

第4章
典型微执行器技术

微执行器由于其紧凑的结构、极低的功耗和优良的力学性能而在微系统中展现了出色的灵活性和适应性。各国纷纷开展微执行器的研究，不断拓展其应用潜力。例如，微执行器用于引信安全与解除保险机构，使常规引信有更大空间去容纳多传感器电路，大大增强了弹药精确度和杀伤力；又如，作为射频功能器件的可调谐振结构实现吉赫兹乃至太赫兹的卫星和军用雷达通信。当然微执行器在机器人领域更为广泛，例如DARPA于2018年启动了一个名为短程独立微型机器人平台（short－range independent microrobotic platform）的项目，用于发展基于MEMS微执行器的微型机器人技术，以提供战场侦察、搜索救援、危险环境检测等任务。本章主要介绍三种主要类型的微执行器：微静电执行器、微压电执行器和微电热执行器，结合最新技术发展详细讨论了其优缺点和应用。

4.1　微静电执行器

4.1.1　基本原理

静电执行器是利用电荷间的库仑力作用来驱动电极，实现扭转或平移等机械运动的执行器。其基本原理是基于库仑定律，如式（4－1）所示。当在两极板施加电压时，由于极板之间有电介质存在，正负电荷会分别聚集在两个极板上，这时正负电荷之间就会产生静电引力，即库仑力。当改变施加的电压时，由于静电力的作用将导致电极之间的距离发生变化。

$$F_{\text{elec}} = \frac{1}{4\pi\varepsilon_r\varepsilon_0}\frac{q_1q_2}{x^2} \tag{4-1}$$

式中，q_1、q_2分别为两个点电荷的电荷量；x为电荷间的距离；ε_0、ε_r分别为真空介电常数和电介质的相对介电常数；F_{elec}为两个电荷间的作用力。

对于如图4－1所示的平行板电极结构的静电执行器，其极板移动做功W以及极板间作用力F可由式（4－2）表示：

$$\begin{cases} W = -\dfrac{1}{2}CV^2 = -\dfrac{1}{2}\dfrac{\varepsilon_0\varepsilon_r V^2}{x} \\ F = \dfrac{\mathrm{d}W}{\mathrm{d}x} = \dfrac{1}{2}\dfrac{\varepsilon_0\varepsilon_r AV^2}{x^2} \end{cases} \tag{4-2}$$

式中，x为极板间的距离；ε_0、ε_r分别为真空介电常数和介质的相对介电常数；C为两极板间的电容；V为极板间电势差；A为极板重叠面积。

对于静电执行器而言，电极间距越小，电极间电场强度越大，产生的静电力也越大。静

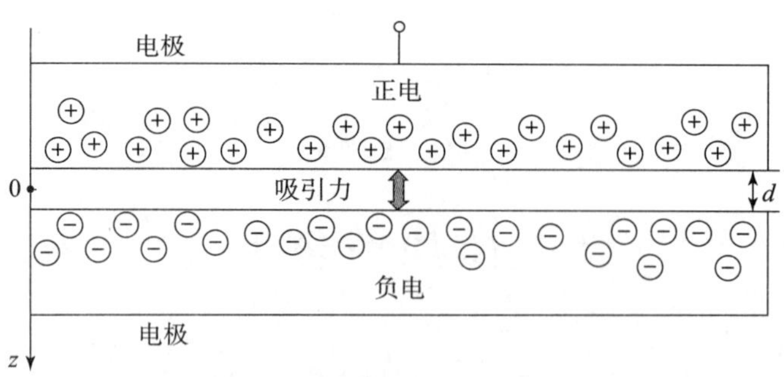

图 4－1 静电执行器原理

电执行器包括悬臂梁结构、梳状结构、旋转马达结构等多种结构。静电执行器很容易用微纳米工艺加工制造，并且具有易与金属氧化物半导体集成的优点。静电执行器结构简单、效率高、功耗低、响应速度快且易于控制，适宜应用于高频状态下的驱动，在高频开关、振荡器、微镜、电机等领域有着广泛的应用。

然而，大多数静电执行器会受到“pull－in”效应的影响。当在平行板电极间加入电压，会产生静电力或力矩的作用，同时还存在弹性回复力或力矩维持平衡状态（静止或往复运动）。随着电压增加，极板间的距离会减小。在电压达到某个临界值后，系统失稳，极板会突然吸合并可能因此断裂。在实际应用中，由于需要考虑制造公差和安全裕度，会导致所加电压较理论值下降。“pull－in”效应的相关影响，如黏力、附着力、放电和电介质充电，被认为是典型的静电驱动微器件失效的主要原因。静电微纳执行器和传感器的未来发展面临的主要挑战是控制“pull－in”效应不稳定性，使其行程范围超出“pull－in”效应极限。

4.1.2 结构与应用

由于没有线圈和铁芯，结构简单、体积小、重量轻、制造方便，直线电机一直是研究热点。沙蒙工程学院 Tapuchi 教授和 Baimel[1] 提出了一种多层直线型静电电机，如图 4－2 所示。该电机结构简单、控制方便，简化了生产过程。电机采用了独特的结构和新型介电材料，具有较高的相对介电常数（$\varepsilon_r = 1.7 \times 10^4$）。使用多层电容器结构增加了静电力的大小。提出的电机具有先进的运动控制选项，允许精确控制速度和位置。此外，电机对电磁场不敏感。由于不存在铜损和磁滞损耗，从而降低了功率损耗。

该执行器产生的力可表示为

$$F = n\frac{\varepsilon_0 \varepsilon_r b V^2}{2d} \tag{4-3}$$

式中，n 为电机的层数；ε_0、ε_r分别为真空介电常数和介质的相对介电常数；V 为极板间电势差；b 为极板宽度；d 为两极板间的距离。

该研究还给出了该电机在不同运行模式下的性能仿真结果。采用 400 V 直流电压 V_1 和 V_2施加到电机上，产生的力为 0.9 N，在 0.066 s 产生 14 mm 的位移。采用这种控制方法，电机的启动力相对较高，较适于快速加速和高速条件下使用，但是转子的立即停止会对电机造成机械损伤。对电机施加幅值为 400 V 的正弦电压 V_1 和 V_2，产生的位移为 4.2 mm。该方法的优点是相对较小的机械冲击和机械应力。缺点是转子速度和加速度有限且初始力为零。

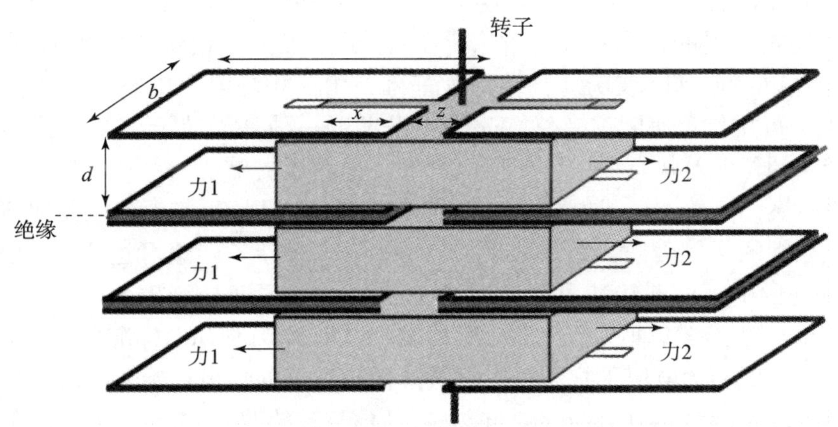

图4-2　多层直线型静电电机结构

这种方法不适用于启动相对较重的负载。采用幅值400 V的锯齿形电压V_1和V_2施加到电机上，产生位移为2.8 mm。锯齿形电压产生了较高的启动力，对电机的机械冲击和机械应力相对较小。因此，该方法可用于启动负载较高的电机。且电压波形可以很容易地组合在一起，以获得所需的力、速度和位置，适用于闭环控制。该方法可用于光学系统、机电一体化和机器人系统等需要精确运动控制的领域。

针对微小机器人操纵物体的需求，澳大利亚纽卡斯尔大学的Piriyanont和Moheimani[2]提出了一种MEMS旋转微夹持器，如图4-3所示。该器件是基于扭转夹持设计，包括一个静电旋转执行器和一个电热力传感器。制造的夹持器在不超过80 V的驱动电压下能达到90 μm的稳定驱动行程，该夹持器由生物兼容性材料制成，具有足够长的夹持臂，可用于操纵活细胞、组织和其他生物相关样本。在软细胞上进行了选择-放置实验，验证了旋转微夹持器的性能。

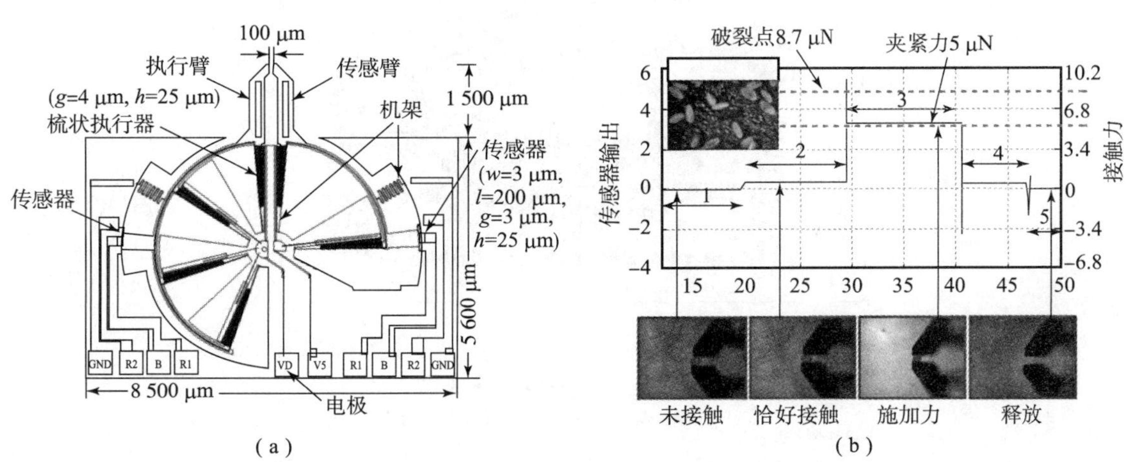

图4-3　MEMS旋转微夹持器

(a) 夹持器结构；(b) 夹持器精密操作在溶液中的40 μm百合花粉细胞

为了实现微型无人机的惯性导航，清华大学的韩丰田教授团队[3]设计并测试了一种基于可变电容电机旋转控制方法的静电陀螺仪，如图 4 -4 所示。真空微电机的同步旋转是通过闭环相位换相实现的，采用了一个精确的转子位置传感通道来实现对相位激励的适当控制。该器件以玻璃/硅/玻璃键合结构为基础，由三相静电电机驱动，转子转速提升至 10^4 r/min 以上，可用作角速度陀螺仪。此外，提出了一种基于转子角度位置的闭环换相方案，即根据转子的位置对执行器进行切换。另外，他们还提出了一种基于电子换相的微电机自旋恒速操作方案，实验测试了电机自旋过程在不同真空环境下与恒速控制回路的静态和动态特性，以及陀螺的比例因数。结果表明，在 400 s 内，转子转速可达 2.5×10^4 r/min，在 11.8 V 的驱动电压下，稳态转速可达 2.96×10^4 r/min。恒速控制模式下的测量数据表明，在 1.5×10^4 r/min 的参考转速下，转速的绝对误差为 0.595 r/min，标准偏差为 0.070 r/min。保持高真空度，降低驱动电压干扰，可以显著降低陀螺仪的噪声。旋转控制将有助于解决真空中高速、高精度音圈马达（voice coil motors，VCMs）的驱动问题。为了获得更好的陀螺性能，未来的工作将集中于开发一种真空封装方法，使其保持稳定，空腔压力在 10^{-1} Pa 以下，电机引起的陀螺噪声和扭矩干扰最小。此外，通过进一步优化器件几何形状和驱动电路，可以实现微电机的快速自旋。

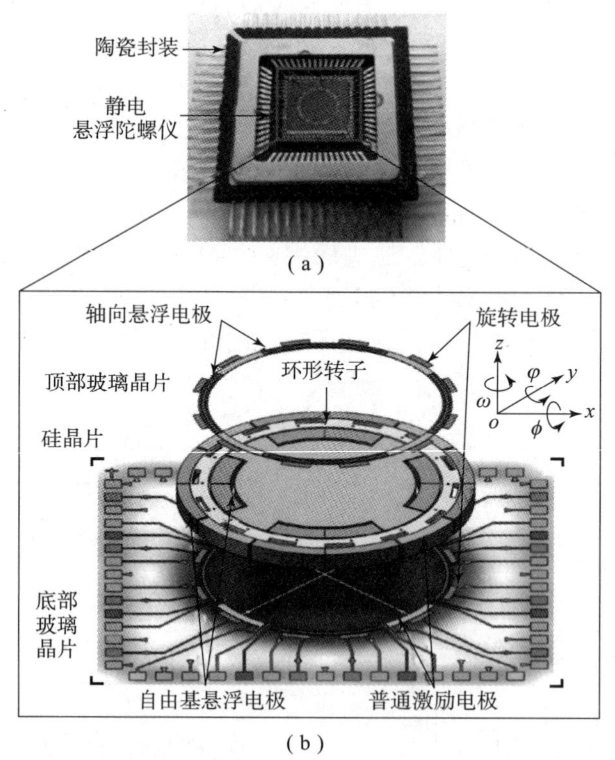

图 4 -4　静电微陀螺仪

（a）制造的陀螺仪；（b）器件的放大图

采用三相驱动，其中单相驱动产生的扭矩可表示为

$$T_{e(i)} = \pm V_{\mathrm{R}}^2 \times K_{\mathrm{m}} \tag{4-4}$$

式中，V_{R} 为该相施加的电压；K_{m} 为扭矩系数，根据电机几何计算得到其大小为 1.05×10^{-12} N·m/V^2。

精密度一直是武器系统尤其是高精尖武器系统生产、制造的关键指标。加利福尼亚大学的 Schindler 教授团队[4]提出并设计了一种静电式 MEMS 微细丝操作器，其结构和工作原理如图 4-5 所示。该器件采用标准的绝缘体上硅 MEMS 工艺制造，其活动电机面积小于 1 mm^2（不包括电机外围），能够推动 7 μm 直径碳丝以 0.2 mm/s 的速度通过电机通道。该操作器可被用作微蜘蛛机器人的吐丝器，以及用于微型机器人的细丝、纤维或金属丝等精准放置与组装的微操作。

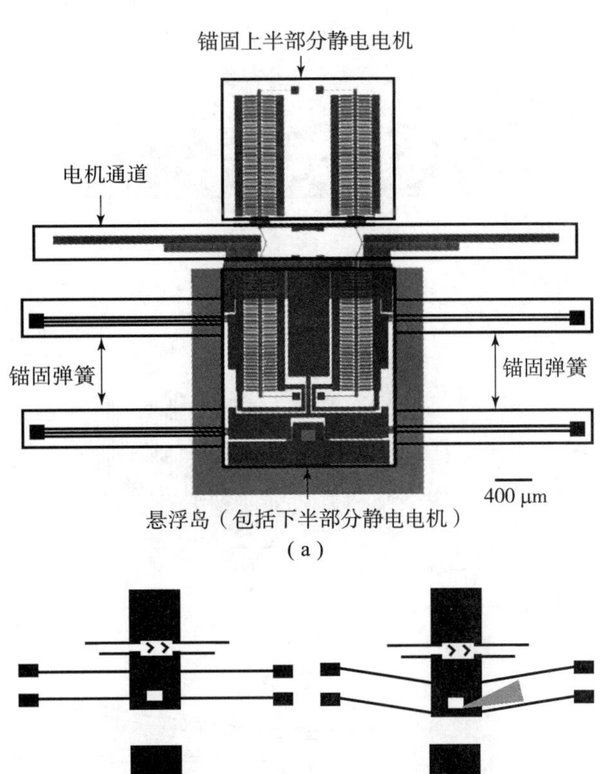

(a)

(b)

图 4-5　MEMS 微丝操作器

(a) 操作器结构；(b) 操作器的工作原理

初始（左上角）：设备处于标称位置；步骤 1（右上角）：用钨探针尖端拉回浮岛；步骤 2（左下角）：7 μm 碳丝插入电机通道；步骤 3（右下角）：关闭电机通道以固定微丝

水中兵器一直是兵器科学与技术的重要发展方向，俄亥俄州立大学的 Preetham 教授团队[5]设计并制造了一种可应用于水下操作的可弯曲静电执行器，如图 4-6 所示。该执行器采用了一种可在水下环境中工作的两端固支梁结构（clamped - clamped beam），其特点是它能以一种稳定的方式运行，突破“pull - in”效应的不稳定性。如图 4-6（b）、（c）、（d）所示，执行机构通过施加调制频率为 f、载止频率为 f_c 的调幅周期电压 V_A、V_B 驱动执行器向前或向后运动，使执行器行程增益为 $2w$（L）。该研究利用基于 Rayleigh - Ritz 方法的模型准确地预测了静态失稳的状态下位移与电压的函数对应关系，该执行器能产生 19.5 μm 的峰值位移和 43 μN 的力，驱动电压小于 ±8 V。未来将进一步研究弯曲能量的非线性，以扩大弯曲电极静电执行器的使用范围。

清华大学的赵嘉昊研究员[6]设计了一种具有自动锁定与解锁的梳状静电执行器与 MEMS 静电开关，如图 4-7 所示。以工艺线宽和行程为边界条件，利用静电场方程的数值解求解优化问题。采用遗传算法对形状进行优化，提出了一种开关驱动电极形状的优化方法。该方法既增加了驱动力，又降低了平面内静电 MEMS 开关的驱动电压。实验结果表明，与传统梳状电极相比，优化后的驱动电极的下拉电压比传统梳齿电极低 39%，驱动性能得到明显改善。在线宽为 6 μm、行程为 12 μm 的情况下，MEMS 开关能实现 14 V 的下拉电压。实验结果表明，驱动电极的位移为 6 μm 时驱动力增加了 187%，这验证了该优化方法的有效性和可行性。

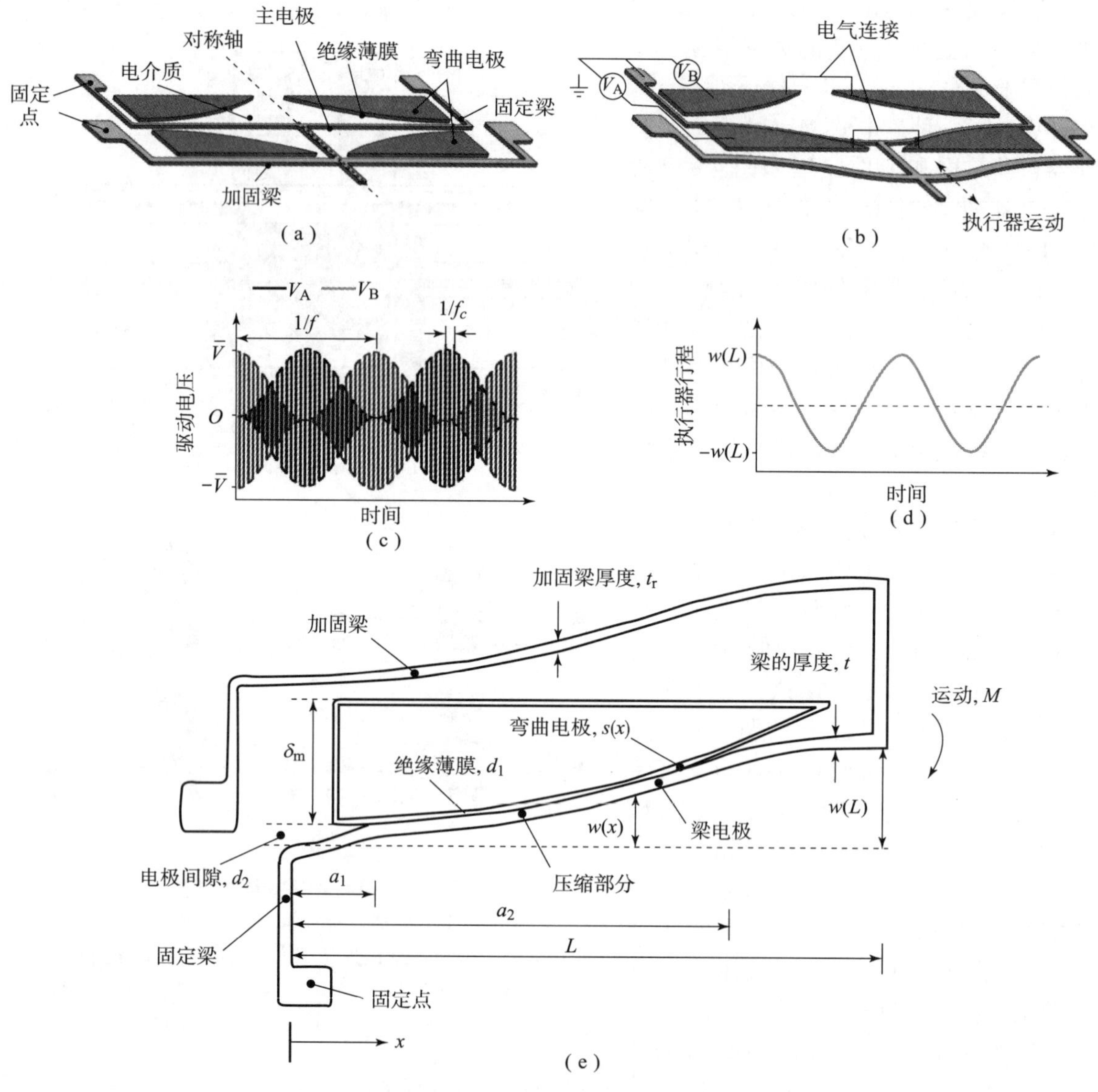

图 4-6　弯曲电极执行器结构示意图

(a) 未通电状态；(b) 通电状态，执行机构通过施加电压 V_A 和 V_B 分别向前或向后驱动；
(c) 驱动电压 V_A、V_B；(d) 执行器行程；
(e) 左半部分执行器处于通电状态的原理图

对梳状静电执行器，其可动结构的静电驱动力 F_{es} 需大于回复力 F_{re}，这两个力可表示为

$$\begin{cases} F_{es}(x) = N\dfrac{1}{2}\dfrac{\partial C}{\partial x}V^2 \\ F_{re}(x) = kx \end{cases} \tag{4-5}$$

式中，N 为驱动电极单元的层数；C 为驱动电极单元的电容；x 为执行器行程；V 为驱动电压；k 为弹簧刚度系数。

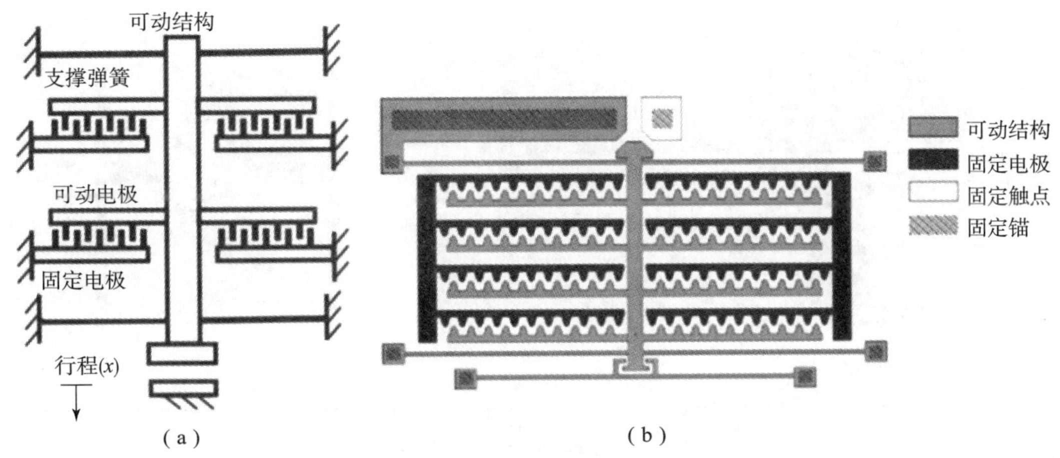

图 4-7　MEMS 静电开关

(a) 力学原理；(b) 优化电极后结构

“扑翼机”是一种非常特殊的飞行器，其特点就是效仿鸟的飞行，机翼可以像鸟的翅膀一样“扑动”，通过扑动机翼来获得升力和前进的动力。与固定翼和旋翼相比，扑翼的主要特点是将举升、悬停和推进功能集于一个扑翼系统，可以用很小的能量进行长距离飞行，具有较强的机动性和隐蔽性，可用于长时间长距离军事侦察。北京航空航天大学的漆明净教授团队[7]提出了一种采用一对枢轴梁支架实现高升力的静电扑翼执行器。采用枢轴梁支架的扑翼执行器在发散角为 40°时可以达到最大翼旋转角 29°，并产生 79.2 μN 的气动升力。图 4-8 为提出的枢轴梁支架的静电扑翼执行器，由一个翼-梁组件（2 个平行的金属梁和 2 个人工扑翼)、2 个枢轴梁支架、4 个支撑框架和 2 个电极板组成。枢轴梁支架如图 4-8（b）所示，其在底部有 1 个主洞和 1 个分流孔（θ 为分流孔的夹角）来保持枢轴梁和横梁。顶部平行的金属梁是枢轴梁，由枢轴孔固定，只允许转动。底部金属梁为横梁，由发散孔设计进行引导和约束。两个人工扑翼被组装在横梁的两端，这样它们的运动被分流孔结构的边缘所引导。这个设计可以引导金属梁的运动生成旋转角 φ。攻角 α 也见图 4-8（b）。图 4-8（c）为该扑翼自激振动的原理示意图。

加州大学伯克利分校的 Ethan 教授团队[8]提出了一种中尺度静电斥力执行器，并使用柔性电路板制造工艺。电极设计的改变使得执行机构能够在相同的工作电压和电极特征尺寸下，产生 8.6~10.5 倍的静电压力。与此同时，执行机构可靠性极高——单个执行机构已通过高达 1 000 V、0.1~100 Hz 和 0.25~1.00 atm* 的环境测试。该静电执行器还具有稳定的开环操作，没有“pull-in”效应的不稳定性，机械滞后小，在静止状态下有峰值力。执行机构采用柔性电路板制造工艺，允许大规模生产和超大面积生产。在开环稳定带宽为 43 Hz、谐振峰为 29 Hz 的情况下，执行器能产生的最大斥力为 9.03 mN（36.1 Pa)，位移为 242~511 μm。提出的静电斥力执行器如图 4-9 所示。图中实心部分为聚酰亚胺衬底，正斜线部分为负极，反斜线部分为正极，$T_1=25$ μm 为衬底厚度，$T_2=18$ μm 为电极厚度，$L_P=500$ μm 为正电极宽度，$L_N=500$ μm 为负电极宽度，$L_G=500$ μm 为相邻电极之间的间隙宽度，ΔZ 表示层间高度。执行器的层受到静电排斥压力的作用。

* 1 atm = 101 325 Pa。

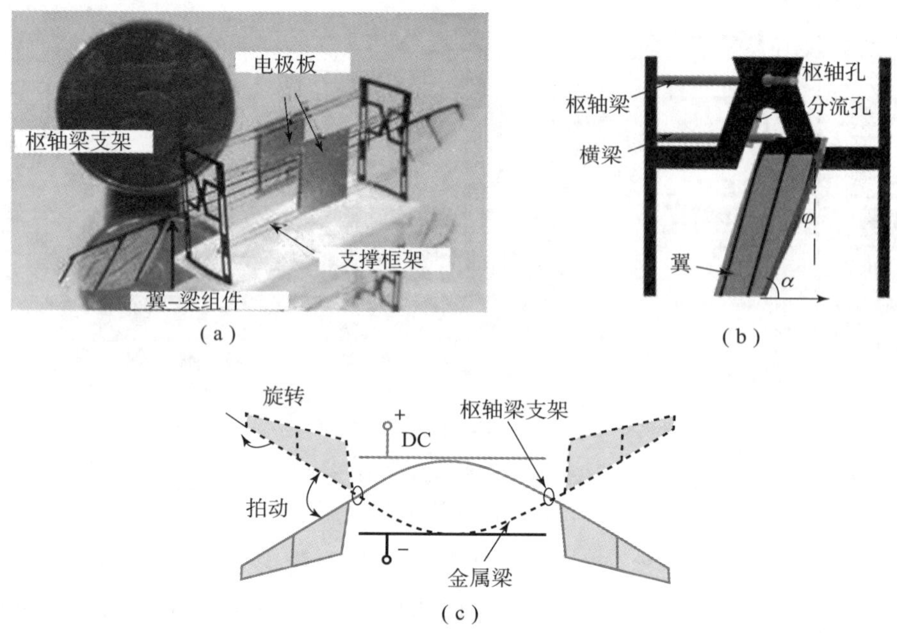

(a)
(b)
(c)

图 4-8 静电扑翼执行器

(a) 执行器光学照片；(b) 枢轴梁支架放大图；(c) 执行器自激振动示意图

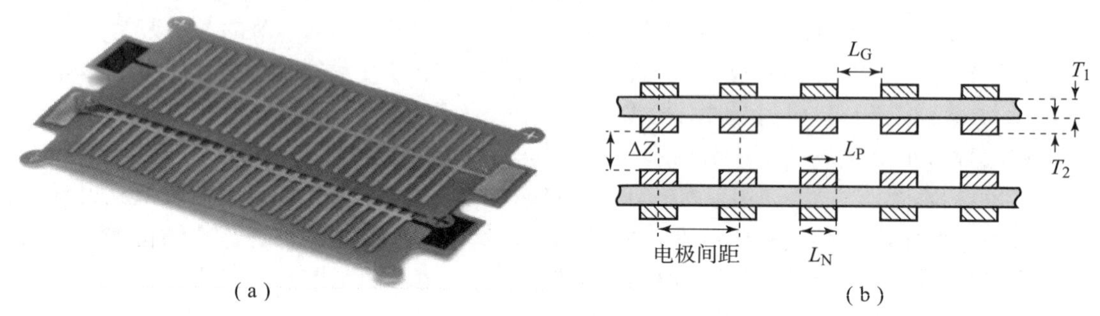

(a)
(b)

图 4-9 静电斥力执行器

(a) 执行器外观；(b) 执行器尺寸

微型机器人是当前武器系统研究中的热门话题，东京大学的王宏强教授等[9]研究了一种结合静电驱动力和黏附力两种力作用机制的静电驱动电黏履带爬行机器人，如图 4-10 所示。他们采用有限元分析方法，分别分析了电极设计参数对黏附力和驱动力的影响，并考察了一体化内部静电驱动力和黏附力之间可能存在的干扰。分析表明，静电驱动力和黏附力对集成没有干扰。通过对机器人机械力平衡的分析，发现在机器人两个表面上的两个执行器之间的电极错位会降低有效载荷的性能。基于这些分析，设计并制作了一个重量轻（94 g）和低高度（15 mm）的原型样机，其电极薄膜由丝网印刷制成。实验证明，该样机在水平方向可以产生 1.3 N 的有效拉力，在垂直壁上最大能以 35.3 mm/s 的速度移动。

机器人受到的驱动力 F_{dr}和黏附力 F_{ad}可以表示为

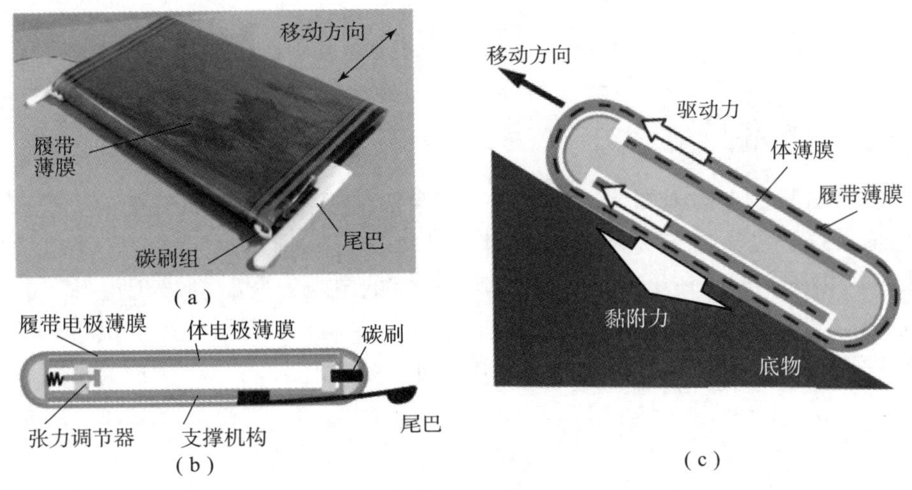

图 4-10　静电驱动电黏履带爬行机器人

(a) 机器人外观；(b) 机器人结构；(c) 行走原理

$$\begin{cases} F_{dr} = \dfrac{3\pi}{2p} C_a V^2 \sin(\theta_x - 2\Phi + \pi/3) \\ F_{ad} = \dfrac{1}{8}\varepsilon_0 \varepsilon^2 S \left(\dfrac{V}{\varepsilon_0 t + \varepsilon t_0}\right)^2 \end{cases} \tag{4-6}$$

式中，V 为三相电压峰值；C_a为单相中一个钉子和滑块之间的电容 C_m变化量；θ_x为电学角度中对应的滑块状态；Φ 为电压相位；ε_0、ε 分别为真空介电常数和电介质的介电常数；t 和 t_0分别为空气间隙的宽度和电介质的厚度；S 为电极薄膜的总面积。

在航空航天领域，为实现控制微波信号通道的转换，印度奥兰加巴德政府工程学院的 Kolhare 研究员[10]提出了一种用于超微卫星应用的 0.1～40 GHz 的射频（radio frequency，RF）MEMS 开关，其结构如图 4-11 所示。移相器集成在高电阻硅衬底上，负载元件采用 Coventorware 软件进行 360°开关设计，其在尺寸、功率、隔离度等方面优于 PIN 二极管和场效应晶体管等现有技术。开关的间隙高度设计为 1～4 μm，可实现 5 V 的下拉电压。测量出的下行状态插入损耗在 40 GHz 为 -0.1 dB，开关电阻为 1Ω。在 0.1～5 GHz 时达到 -40 dB 的隔离度，且在 40 GHz 时降低 -20 dB。测试的反射系数以线开关为主导，在 30 GHz 时为 -20 dB。该开关可用于 X 波段（8～12 GHz）和 K 波段（18～27 GHz）的无线电波移相器、开关电容器组和可调滤波器。

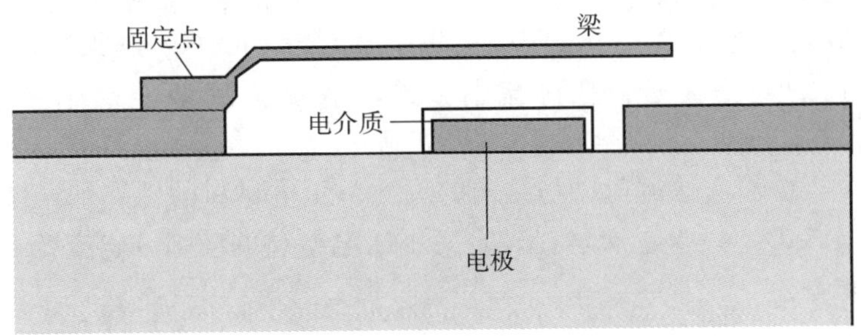

图 4-11　RF-MEMS 开关

4.2 微压电执行器

4.2.1 基本原理

当压电材料沿某一方向施加压力或拉力时，会发生极化，此时材料的两个表面将产生符号相反的电荷。这种由于机械力的作用而引起材料表面电荷的效应称为正压电效应，由式（4-7）表示。相反，如果在压电材料两端施加一定的电场，材料会表现出一定的形变（伸长或缩短），这一相反的过程称为逆压电效应，由式（4-8）表示。压电执行器的原理是基于压电材料的逆压电效应可以将电能转换成机械能。施加电压可以产生应力，并引起材料的尺寸变化。

$$D = d\sigma \tag{4-7}$$

$$S = d^{\mathrm{T}}E \tag{4-8}$$

式中，D 为电位移张量；d、d^{T} 为压电应变常数；σ 为应力张量；S 为应变张量；E 为电场强度。

压电执行器广泛应用于军事国防领域，如利用压电执行器改变机翼气动布局的可变翼技术、驱动快速伺服刀架实现复杂武器型面零件加工以及作为微小型机器人的运动机构。压电执行器可分为两大类：单晶层执行器和双晶层执行器。在单晶结构执行器中，电压作用于压电材料产生的力被直接用于线性扩展或收缩，位移通常非常小，但驱动速度相当高。与单晶层执行器不同，双晶层执行器更适用于产生更大的位移。双晶层执行器可以由两个主动元件构成，也可以由一个主动元件和一个被动元件构成。对被动元件的约束将主动元件的压电应变转化为垂直方向上的大弯曲位移。压电执行器能实现较大的力输出，响应快，但驱动电压较高，所需工艺要求高。此外，压电执行器的一个显著特点是通过适当的结构设计，可以在一个单元上兼有传感器和执行器的双重功能，同时在具体性能和应用等方面也有较大的区别。

4.2.2 结构与应用

在现代医学领域，药物输送一直是一个难题。印度国家技术研究院 Sateesh 教授等[11]设计、仿真并分析了一种基于压电执行器的微泵，如图 4-12 所示。该微泵由 PZT 压电陶瓷材料（Pb（$Zr_{11x}Ti_x$）O_3，PZT）、石英通道和聚二甲基硅氧烷膜构成，工作电压为 5 V。在考虑湍流和层流的情况下进行了数值模拟。当考虑湍流，出口和通道的尺寸变化对流速有影响时，最优泵的最大流量为 0.039 $\mu m^3/s$。当管道内考虑层流时，出口和通道的尺寸增大，流速减小。考虑最优尺寸层流的流量为 0.029 $\mu m^3/s$。结果表明，所提出的微泵提供了灵活和可控的药物输送，在湍流中微泵具有良好的性能，在层流中也有较好的流量。

在该微泵中，药物输送的流速，与结构的尺寸、压电材料的性能和液体的黏度有关。压电材料的本构方程如式（4-9）所示，其定义了压电材料的应力 σ、应变 ε、电位移 D 和电场 E 的相互作用关系。

$$\begin{cases} S = S_{\mathrm{E}} \times T + d^{\mathrm{T}} \times E \\ D = d \times T + E_{\mathrm{T}} \times E \end{cases} \tag{4-9}$$

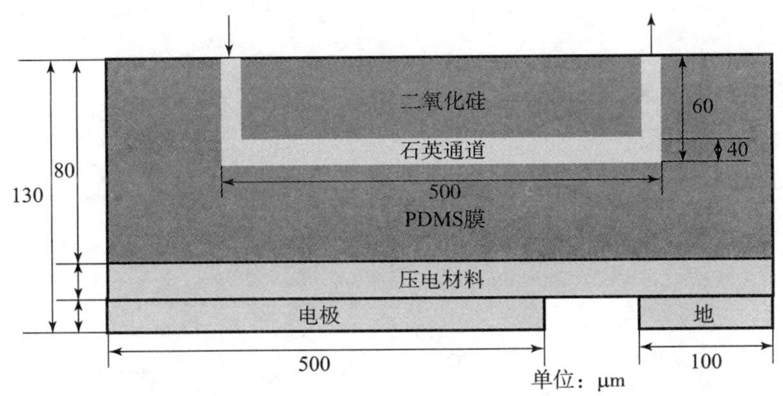

图 4－12　压电微泵

式中，S_E为恒电场下材料的柔度系数；d^T和 d 为材料的压电应变系数；E_T为恒应力下材料的介电系数。

结构长度的静位移 L 变化可以表示为

$$\Delta L = \frac{d_{31}l}{t}V \tag{4-10}$$

式中，d_{31}为横向大压电信号变形系数；l 为材料长度；V 为施加的电压；t 为压电材料厚度。

流体所受的合力可以表示为

$$Ma = F_g + F_p + F_v + F_t + F_s + F_e \tag{4-11}$$

式中，F_g、F_p、F_v、F_t、F_s和 F_e分别为重力、压力、黏性力、紊流力、表面张力、压缩应力。

流体流速 V 与流量 Φ 以及管道横截面积 A 的关系可表示为

$$V = \Phi/A \tag{4-12}$$

MEMS 安全与解除保险机构（safety and arming devices，S&A）能有效增加武器系统如引信系统的空间利用率，容纳更多的传感器和装药，提高弹药的精度和毁伤能力。南京理工大学的王炅教授等[12]提出了一种基于压电驱动的引信 S&A 机构，并进行了设计和实验研究（图 4－13）。驱动机构是 4 个驱动脚与导轨交替接触，实现连续运动。通过模态分析和谐波分析，确定了结构尺寸与工作原理，并用有限元法分析了驱动脚的运动轨迹。结果表明，由于结构的不对称性，驱动脚的运动轨迹为不同角度的斜椭圆。结果表明，在 120 V_{0-p}的驱动电压和 88.5 kHz 的工作频率下，样机在两个方向达到的最大平均速度分别为 120.6 mm/s 和 130.1 mm/s。在固定行程为 3 mm 的情况下，可以在 25 ms 内实现状态转变。对 H 型驱动结构的承载能力进行了测试，两个方向的最大推力分别超过了 31 g 和 25 g，分别是驱动结构自身质量的 3.1 倍和 2.5 倍。

印度 KL 大学 Rao 教授等[13]设计并分析了一种适用于药物输送系统的生物兼容的微泵，可用于战场紧急给药，如图 4－14 所示，其中压电执行器形状为圆形或矩形。通过改变执行器的压电层厚度，观察了执行器的均匀偏转。在厚度为 0.1 μm 和 0.6 μm 时，圆形和矩形执行器的最大行程分别为 2 950 μm 和 1 080 μm。进一步，通过固有频率和应力分析，以最小安全系数的形式确定了该器件的可靠性。当最小安全系数小于等于 1 时，执行器在压电和机械方面的性能都是可靠的。与矩形压电执行器相比，圆形压电执行器具有更好的性能，在

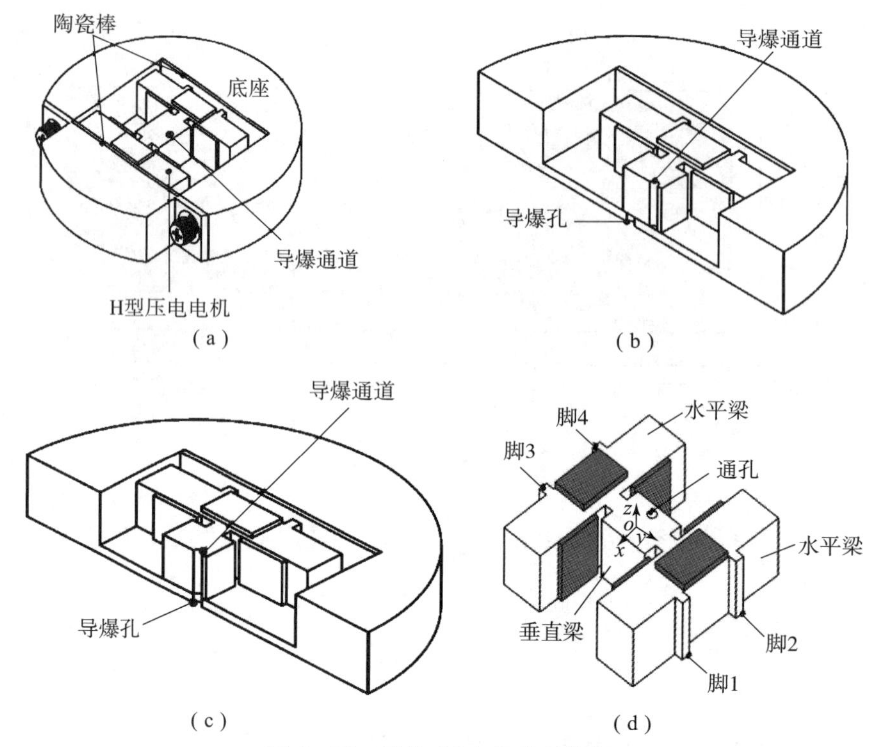

图 4-13 引信 S&A 机构结构图

(a) 引信 S&A 机构结构；(b) 保险状态；(c) 解保状态；(d) H 型压电电机

最小安全系数为 1 的情况下，圆形压电执行器在 0.1μm 的小厚度下能承受 2 950 μm 的位移，在第一模态频率下执行器所能承受的最大应力和电压分别为 596 GPa 和 8 500 V。

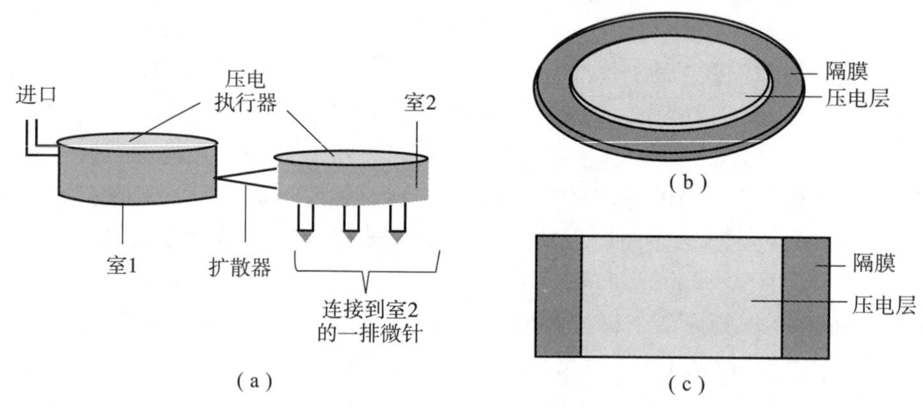

图 4-14 压电微泵

(a) 微泵结构；(b) 圆形压电执行器；(c) 矩形压电执行器

MEMS 扫描镜是激光应用必不可少的关键激光元器件，可以用在激光雷达、光学通信、战场数字显示。新加坡国立大学 Koh 教授等[14]研究了一种基于 PZT 悬臂执行器的新型二维 MEMS 扫描镜，如图 4-15 所示。该扫描电镜通过压电陶瓷执行器在不同模态激励电压下实现工作。研究了 S 型 PZT 悬臂执行器的尺寸和数量对微镜二维扫描性能的影响。为了减小重力对器件性能的影响，进行了垂直于光学工作台的垂直安装实验。器件 A 由单 S 型 PZT

悬臂执行器驱动，与双S型PZT执行器件B相比，在直流和交流激光扫描中都有更好的表现。在较高的直流和交流驱动电压下，器件A和器件B之间的扫描角度差异变大。这是由于器件B与器件A相比，作用在镜板上的引力矢量增加而带来的阻尼效应增加。在频率响应方面，器件B的水平轴与垂直轴之间的频率比与器件A相比更大。在10 V直流电压下，器件A和器件B分别获得4.6°和3.3°的静态偏转角（angle of deflection，AOD）。在弯曲模式下，交流驱动时，器件A在1 V与27 Hz的共振频率下实现了±9.0°的AOD，器件B在1 V与20 Hz的共振频率下实现了±7.2°的AOD。在扭转模式下，监测到器件A和B分别在70 Hz和156 Hz达到动态AOD峰值，为±1.8°和±1.2°。因此器件B更适合于投影显示等二维扫描应用程序。

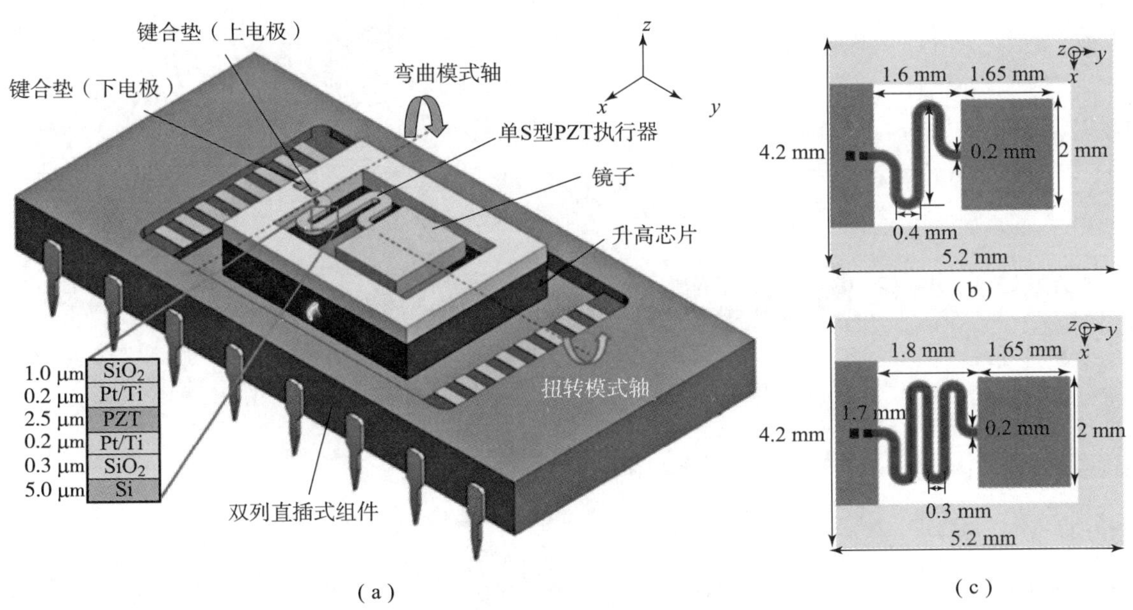

图4-15 基于PZT压电执行器的MEMS扫描镜

（a）由S型PZT悬臂执行器驱动的2-D MEMS扫描镜原理图；
（b）器件A（单S型PZT悬臂执行器）；（c）器件B（双S型PZT执行器）

仿生机器人尤其是仿人机器人的研究是机器人研究的重要方向。南京航空航天大学的金家楣教授等[15]设计和制造了一种基于单模态压电执行器的新型机械手指。与以往的机器人研究压电执行器不同，该手指能通过改变施加在相邻两个压电执行器上的两个激励信号的相位差来实现关节的双向运动。利用有限元模型，确定了压电执行器的几何参数，并将这三个压电执行器组装成一个机械手指的原型。机械手指的尺寸为111 mm×10 mm×10 mm，大约是人类中指的1.5倍，重量为0.11 kg。实验结果表明，在400 V_{PP}电压下，样机的角速度达到6.6 rad/s，指尖力为0.27 N，分辨率为20 m/rad，启动和关机响应时间分别为26 ms和7 ms。此外，由于压电执行器具有断电自锁、响应快等特点，手指可以实现高精度运动的微操作。图4-16为提出的机械手指结构。该手指由3个铰接式压电执行器和两组连接元件组成。压电执行器起着两种作用：一种是作为驱动关节的执行器，另一种是作为指骨形成手指的框架。每个压电执行器包括一个金属基板和两块粘贴在金属基板上的PZT。在金属基板的两端分别设置有三角槽和带台阶孔的圆柱体。连接元件由两个轴承、两个连接板和两个螺栓组成。利用连接元件，在端部与中间压电执行器的连接界面上施加预紧力，实现可靠的接触。因此，端部和中部压电执行器铰接形成转动关节，与中部和底部压电执行器相同。该手指利用压电执行器的单模态产生摩擦力来驱动关节。

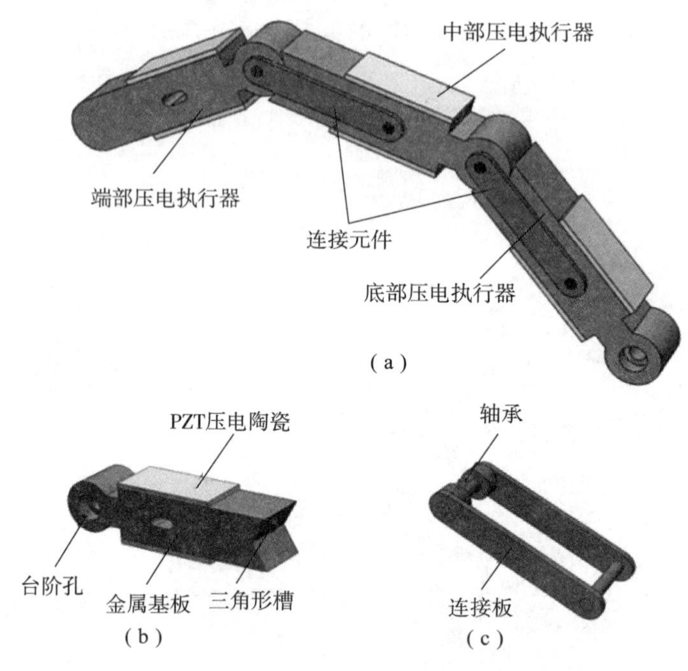

图 4-16　机械手指结构

(a) 机械手指结构；(b) 单个压电执行器结构；(c) 连接元件

精密运动及其控制技术可应用在机床的精密进给、显微镜的精密定位平台、精密变焦镜头的调节系统等领域。哈尔滨工业大学刘英想教授等[16]提出了一种具有低运动耦合特性的U形步进压电执行器。执行器的工作原理类似于尺蠖。建立了基于等效弹簧的静态模型，计算了执行器的夹紧力和步长。测量了样机的机械输出特性。实测步长和夹紧力与静态模型计算结果吻合较好。通过测试推压单元和夹紧单元产生的输出位移，运动耦合比仅为4%。研究了激励信号的电压和频率对执行器输出速度的影响。输出速度几乎随电压的增加而线性增加，最稳定的工作频率约为5.8 Hz，由压电执行器单元（piezoelectric actuation units，PAUs）的上升和下降次数来评估。当频率从0.05 Hz增加到5 Hz时，速度几乎呈线性增长，然后在5～6.25 Hz的频率范围内略有增长，最后在频率大于6.25 Hz时速度下降。样机的最大输出速度和推力分别为273.4 μm/s和189.7 N。图4-17显示了该执行器的结构。执行器包含4个相似的PAUs，它们以U形集成，按功能分为推压单元和夹紧单元，如图4-17（a）所示。两个推动单元沿X轴方向固定在基座上。两个夹紧单元沿Y方向布置，与两个推动单元连接，两个滑块分别固定在两个夹紧单元的两端，由两个托架支承。两个夹紧单元的输出端作为两个驱动脚。采用滑块和托架来改善夹紧单元沿Y方向的线性刚度和沿Z方向的转动刚度。该结构将有力地抑制推压单元与夹紧单元之间的运动耦合，从而抑制转轮的非期望位移。虽然夹紧单元和推紧单元在形状和尺寸上有一定的差异，但它们的基本结构是完全相同的，如图 4 – 17（b）所示。将 PZT 堆叠和块夹在套筒和隔膜之间，施加一定的压力，使 PZT 堆叠安全有效地工作。所述半球形块将所述环形 PZT 堆叠的位移收敛到设置在膜片中心的输出端。该结构不仅保证了 PZT 堆叠通电时输出端产生较大的纵向位移，而且保护了 PZT 堆叠不受横向剪切力的影响。如图 4 – 17（c）所示，推动单元的膜片也充当推动单元和夹紧单元之间的连接器。推动单元和夹紧单元的膜片在结构和尺寸上是相同的，它们只是在输出端形状上不同。

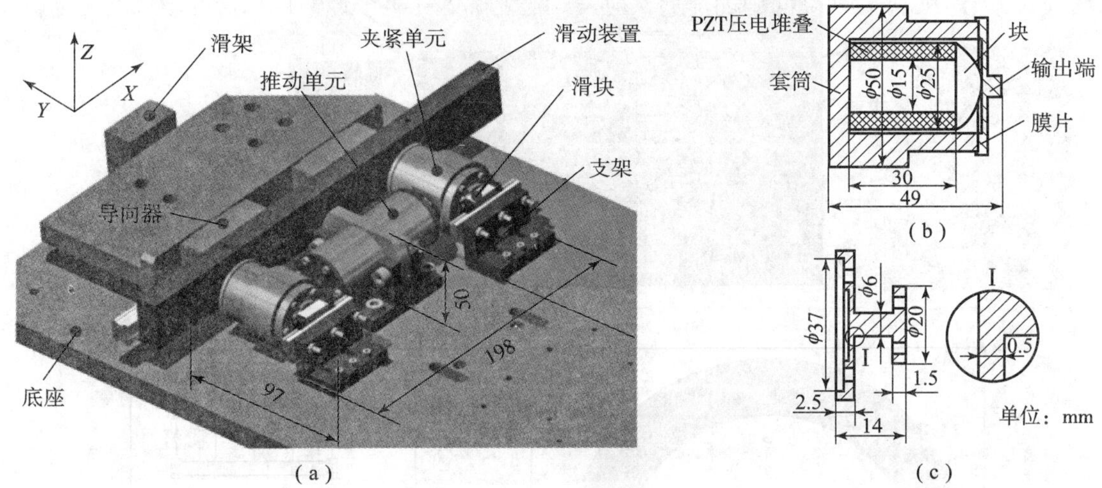

图 4 – 17 U 形步进压电执行器

（a）执行器结构和尺寸；（b）夹紧单元结构和尺寸；（c）推动单元结构和尺寸

令 K_1 为 k_1 和 k_2 的等效刚度系数，K_2 为 k_3 和 k_4 的等效刚度系数，k_1、k_2、k_3、k_4 分别为 PZT 堆叠、半球形块体、振膜和套筒的等效刚度系数，该执行器的 PAU 的输出位移可以用式（4 – 13）表示：

$$\begin{cases} d = \dfrac{DK_1}{K_1 + K_2} \\ K_1 = \dfrac{k_1 k_2}{k_1 + k_2} \\ K_2 = \dfrac{k_3 k_4}{k_3 + k_4} \end{cases} \tag{4-13}$$

式中，d 和 D 分别为 PAU 和 PZT 堆叠自由边界条件相同的电压下的位移。

记 K_3、K_4、K_5 分别为连接器、支架和滑架的等效刚度系数。执行机构的夹紧力 F_q 可表示为

$$F_q = \frac{DK_1(K_3 + K_4)K_5}{(K_1 + K_2)(K_3 + K_4 + K_5) + (K_3 + K_4)K_5} \tag{4-14}$$

针对航空航天领域以及精密仪器、医疗器械等高新技术产业对电机提出的短、小、薄、低噪声、无电磁干扰等特殊要求，谢里夫理工大学 Sanikhani 和 Akbari[17] 提出了一种具有椭圆形金属定子和两个正交振型的直线超声电机。电机的运动是由定子内部的两个压电执行器在 ±π/2 相位差的正弦电压激励下产生的。电机的空载速度为 40 mm/s，最大推力为 1.55 N。测量时，激励电压幅值为 70 V，频率为 18 500 Hz，相位差为 90°，定子转子预载力调

整为 12 N。为了研究超声电机的工作特性，建立了定子－转子相互作用和转子运动的解析方程。根据该方程，利用激光振冲实验数据，对电机特性曲线进行了数值计算。并与实验曲线进行了比较。结果表明，推导出的方程在预测电机性能方面具有良好的适用性。图 4－18 为提出的直线超声电机，该电机由椭圆形定子和直线滑轨作为转子组成。转子与定子接触的一侧的摩擦杆集成。定子由椭圆壳体通过柔性梁与固定底座连接而成，在椭圆壳内，沿主轴方向安装了两个由中心隔开的多层 PZT－4 压电陶瓷执行器，以产生定子运动。压电执行器采用螺柱机构，在椭圆壳体与中心质量块之间施加环形预应力，这能确保完整地传输执行器的微尺度运动。

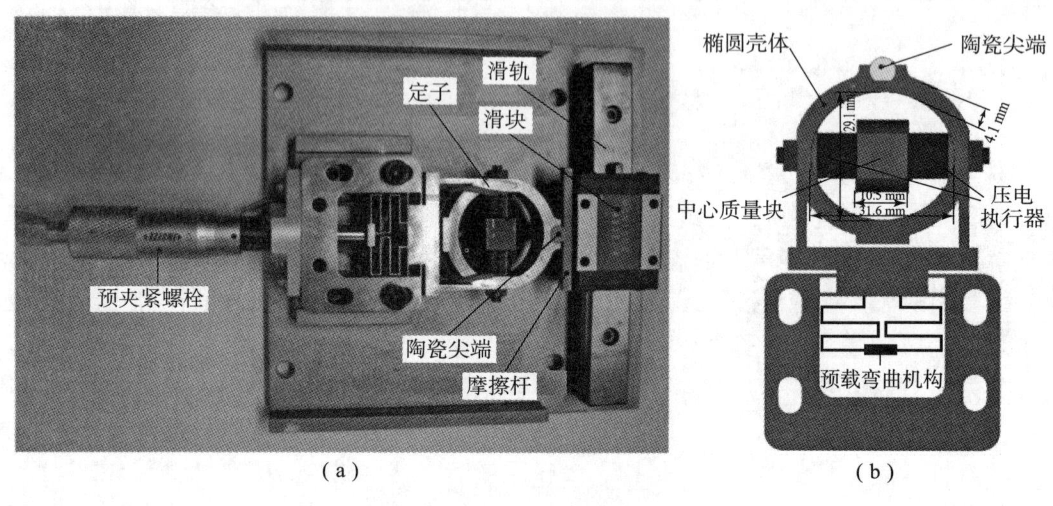

图 4－18　直线超声电机

（a）电机结构；（b）定子结构

提高执行器的工作性能是科研人员一直在努力的方向。哈尔滨工程大学的张强教授等[18]提出并设计了一种具有分段激励的弯曲混合线性压电执行器。图 4－19 为他们所提出的弯曲混合线性压电执行器，该执行器由端部梁、压电陶瓷、电极以及驱动组件组成。首先讨论了该执行器的工作机理和分段激励，在此基础上得到了 PZT 陶瓷的最佳激发位置，从而确定了最终的结构参数。分段激励产生两个正交的三次弯曲振动，使两个振动的 PZT 陶

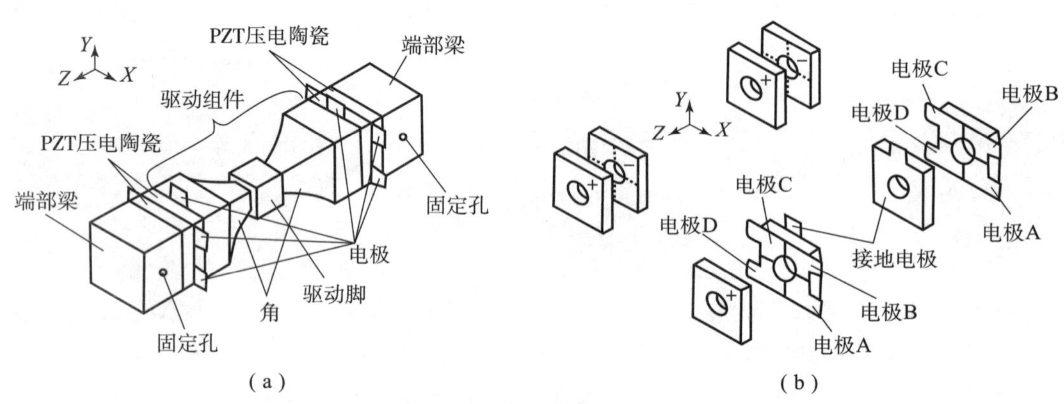

图 4－19　弯曲混合线性压电执行器

（a）执行器三维模型；（b）PZT 陶瓷的电极和极化

瓷同时处于相同的最佳激励位置。在 4 个分段电极上按顺序施加 4 个 90°相位差的激励电压。在此基础上，利用瞬态分析方法研究了执行器的三次弯曲振动和驱动脚的椭圆运动轨迹。当导轨与驱动脚接触并施加垂直预紧力时，椭圆轨道的垂直分量将克服预紧力，而椭圆轨道的水平分量将推动导轨做直线运动。振动特性和机械输出能力的实验测试结果与计算值吻合较好。原理样机质量为 185 g，获得的最大空载速度为 850 mm/s。在预紧力为 60 N 时，达到了最大输出推力密度 124.3 N/kg，在预紧力为 30 N 时，执行器获得了最大输出功率 3.335 W。所提出的执行器与前人工作的对比显示了分段激励是提高弯曲混合压电执行器工作性能的有效方法，用更少的 PZT 陶瓷实现更高的输出推力密度和输出功率密度。

针对导弹精确制导、快速捕捉高速移动目标并进行实时跟踪的需求，新南威尔士大学 Chen 教授等[19]提出了一种新型压电微透镜执行器，如图 4－20 所示，该微透镜可制成仿生

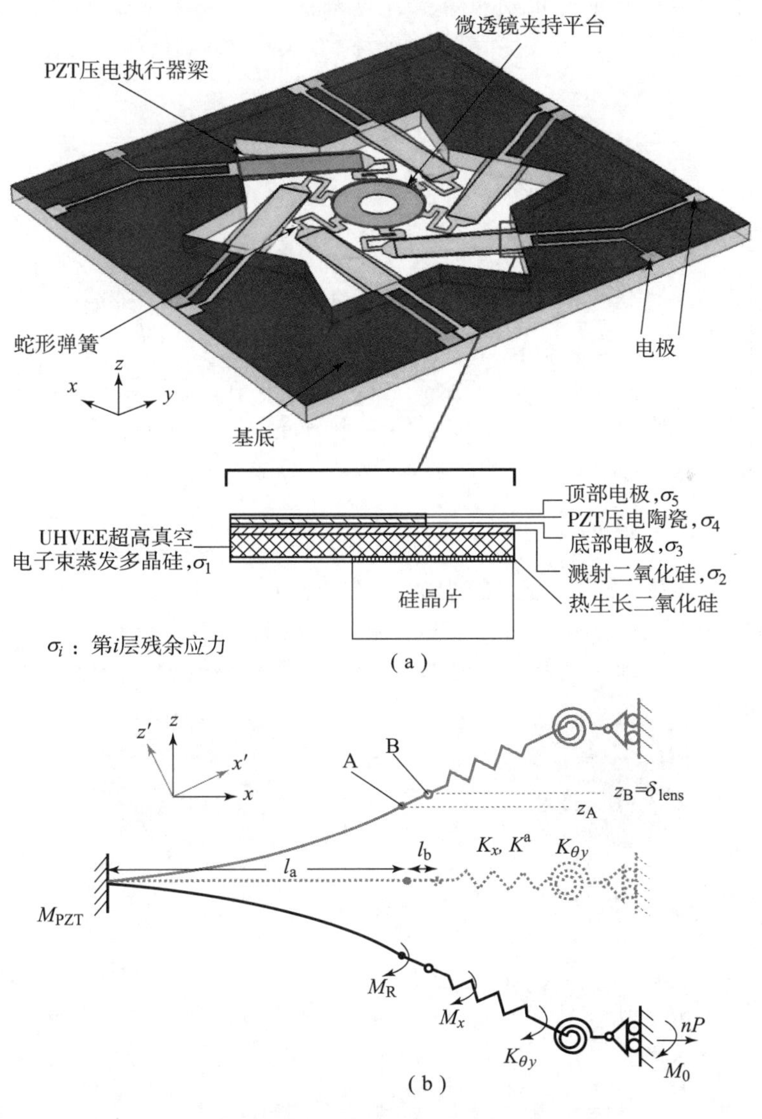

图 4－20 压电微透镜执行器

(a) 微透镜结构图；(b) 单个执行器上下偏转原理图

复眼结构。与其他基于 MEMS 的压电微透镜执行器相比，微透镜执行器在灵敏度和偏转输出方面都有了显著的提高。通过超高真空电子束蒸发（ultra－high vacuum e－beam evaporated，UHVEE），形成了 6 μm 厚的多晶硅作为执行器的结构层，这些薄膜在不同的制造阶段进行退火，从而可以获得指定的应力值，补偿了由执行器的电极和压电层产生的残余力矩，重新定义了执行器的初始挠度，有助于增加执行器行程。比较了两种设计相同但结构层中残余应力水平不同的微透镜执行器，一种执行器的初始挠度接近－47 μm，另一种接近－98 μm。微透镜在 22 V 激励下能产生 145 μm 和 228 μm 的平面外高冲击，共振频率约为 2 kHz。初始向下偏转较大的执行器与其他执行器相比灵敏度提高了 57.2%。

如图 4－20（b）所示，执行器梁的弯矩 M_0 可表示为

$$M_0 = M_{PZT} - M_R - M_{\theta y} - M_x \tag{4-15}$$

式中，M_{PZT} 为 PZT 产生的力矩；M_R 为残差力矩之和；$M_{\theta y}$ 为蛇形弹簧的扭转力矩；M_x 为轴向载荷引起的弯矩。

4.3　微电热执行器

4.3.1　基本原理

电热执行器是基于材料的热膨胀原理。材料热膨胀系数（coefficient of thermal expansion，CTE）为 α，体积为 V，温度为 T，它们之间的关系可由式（4－16）表示。根据结构类型，电热执行器可分为 U 形执行器、V 形执行器、双金属型执行器三类。在操作上，U 形执行器利用其部件的不对称热膨胀，V 形执行器采用一个方向上受限制的热膨胀，双金属型执行器则依赖于结构材料 CTE 的差异。

$$\alpha = \frac{1}{V}\frac{dV}{dT} \tag{4-16}$$

随着深 X 射线光刻技术、光刻电镀成型（lithographie，galvanoformung，abformung，LIGA）和深反应离子蚀刻（deep reactive ion etch，DRIE）技术的发展，微执行器的发展成为可能，这些技术能够制造具有高深宽比的器件。电热执行器需要的制造工艺相对容易，与标准 IC 和 MEMS 制造方法兼容。因为电热工作器在工作过程中不涉及静电或磁场的操作，所以它们更适用于处理生物样品和电子芯片。电热执行机构易于控制，在尺寸上易于扩展，结构紧凑。此外，电热执行机构还适合在空气、真空、灰尘环境、液体介质或扫描电子显微镜下工作。

4.3.2　U 形执行器

U 形执行器也称为热－冷臂执行器，在 MEMS 中得到了广泛的应用，特别是在微操作、射频、光学系统和微机械开关等方面的应用。其基本的工作原理是结构中的非对称热膨胀，该效应可以用多种方法产生。热－冷臂结构的优点是材料均匀，制造相对容易。

U 形执行器的缺点是非直线运动时通常输出力较低，一般为 μN 级。在冷臂中的寄生加热效应会降低执行器的效率。背部弯曲和臂之间接触也可能造成不良影响。同时，由于其由多结构层组成，不可避免地造成双金属偏转现象。

图 4－21 给出了一个简单的 U 形执行器结构，它由两个锚固定的不对称的热（窄）臂和冷（宽）臂组成。结构的截面不同，导致了两臂加热的差异。截面较小的窄（热）臂具有较大的电阻。因此，产生了较高的温度，从而产生了较大的热膨胀。相反，较宽的（冷）臂具有较低的电阻，此外，热量通过较大的表面消散。冷臂底部的弯曲梁有利于弯曲的产生。这种电热执行器的概念最初是由威斯康星大学的 Guckel 等人提出的，这种结构有时被称为“Guckel 执行器”。随后，文献报道了传热的分析模型和 U 形电热执行器的偏转机理。东南大学黄庆安等人的研究表明材料中的电阻加热、热传导对驱动性能有影响。辐射损失在很高温度下才会考虑，但通常可以忽略不计（大约比热传导低 3 个数量级）。

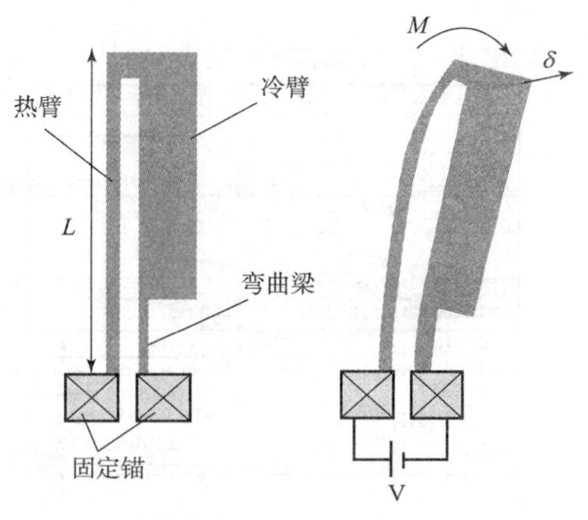

图 4－21　U 形执行器结构

执行器的挠度是执行器关键几何参数的函数。执行器的总长度对位移的贡献最大。挠度与热臂和冷臂长度之比以及冷臂宽度有非线性关系。最佳的弯曲梁尺寸约为总臂长的 14%～18%。臂间间隙的大小对挠度也有影响，较大的位移可以用较小的间隙来实现。东南大学的黄庆安等人开发了一个模型来分析 U 形执行器的挠度。假设冷臂是刚性的，热臂和弯曲梁具有相等的截面积和惯性矩，标准 U 形执行器的尖端挠度可以表示为

$$\delta y = \frac{1}{2}\frac{(a^4 + a^2 + 2a)Ar\alpha\Delta T_{\mathrm{net}}L^2}{5a^4I + a^4r^2A - 2a^3I + 5aI + r^2aA + I + a^5 - 2a^2I} \tag{4-17}$$

式中，a 为弯曲梁与热臂的长度之比；r 为热臂和弯曲梁的中心距离；ΔT_{net} 为净温差；L 为执行器的长度；A 和 I 分别为热臂（或弯曲梁）的横截面积和惯性矩。

在过去的 30 年里，U 形执行器在 MEMS 领域引起了极大的兴趣。实验结果表明，不对称热膨胀可以由臂长、电流分布、掺杂水平和电阻率以及外部加热器元件（例如，在聚合物器件中）的差异来调节。勤益科技大学 Pan 和 Hsu[20] 设计、制造了一种基于不同臂长 U 形执行器的微夹持器。在该结构中，长臂是热臂，因为它具有较大的阻力，并且在整个区域产生更多的热量。因此，长臂产生较大的膨胀首先是由于较高的温度，其次是由于长臂相对于短臂的总伸长率较大。

宾夕法尼亚大学的 Moulton 和 Ananthasuresh[21] 引入了电热化学（electro－thermal chemical，ETC）驱动的概念。在两个臂的平行电气连接中，电阻较小的宽臂会产生较大的电流。因此，宽臂消耗更多的能量。另一种方法是降低冷臂的电阻。在单臂中引入较多的杂质会显著降低其电阻。此外，还可以通过在冷臂顶部沉积一层额外的金属来改变电阻率，从而有效地传导热量。

滑铁卢大学的 Yan 教授等[22] 通过在执行器中添加一个热臂来提高效率。在三臂执行器中，电流只在热臂上通过。图 4－22 为卡塞尔大学的 Ivanova 教授等[23] 设计的双热臂型的微夹持器，该执行器在 5～6 V 驱动电压和 50～60 mA 电流下有 5 μm 的夹持宽度。

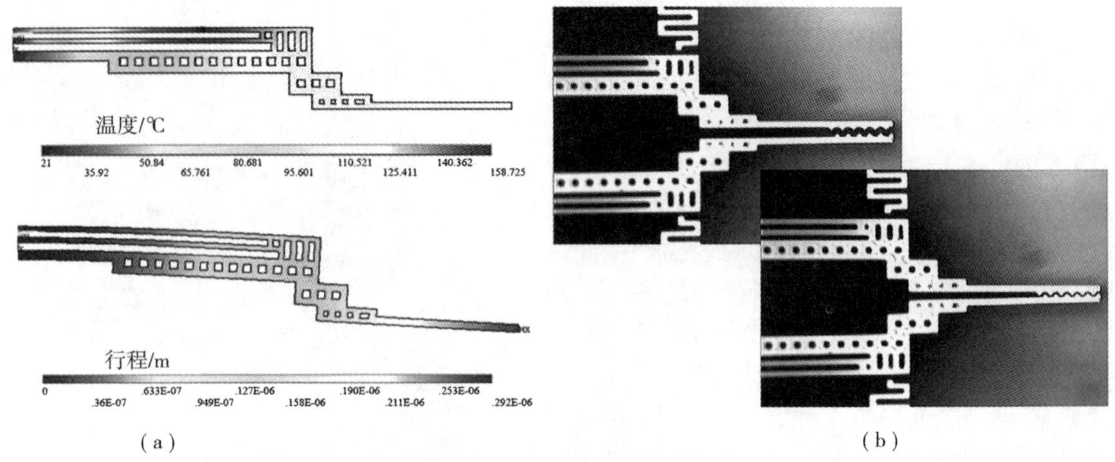

（a）　　　　　　（b）

图 4-22　双热臂微夹持器

（a）执行器结构；（b）微夹持器 SEM 图像

针对生物科学及医疗器械领域的需求，都灵理工大学 Somà 教授等人[24]提出了一种基于 U 形执行器的适用于单细胞操作的细胞微夹持器，如图 4-23 所示。该执行器在 650 mV 驱动电压时能达到最大位移 50.5 μm。

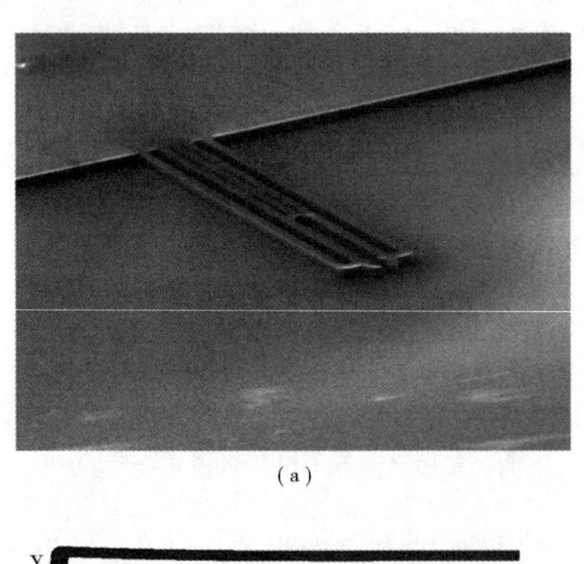

（a）

（b）

图 4-23　电热微夹持器

（a）SEM 图像；（b）温度分布

4.3.3　V 形执行器

V 形执行器是一种广泛使用的平面内电热执行器，通常由对称的梁组成。相比于 U 形执行器，V 形执行器的驱动依赖于结构的热膨胀，且产生的力更大、功耗更低，已用于微操作、定位、材料测试、MEMS 开关和射频等领域。与 U 形执行器相比，V 形执行器具有一些明显的优点，如直线运动、无冷臂以及可堆叠级联结构。此外，V 形执行器设计还可以产生较大的输出力（数百 μN 和 mN），并具有较低的驱动电压；也可以通过放大机制实现较大的位移。V 形执行器允许增加刚度和双向弯曲的范围。V 形执行器运行中的一个突出缺点是面外屈曲效应，限制了驱动温度范围。与其他电热执行器相比，V 形执行器通常占用空间较大、扩展梁窄而长。由于掩膜分辨率不足以及粘黏问题，这可能是制造工艺上的挑战。

图 4 – 24 给出了一个典型的 V 形执行器结构。该执行器呈对称分布，其中两个等长的斜梁以一定的角度连接到中间的顶点处，另一端固定在基板上。电阻加热引起热膨胀后，两根对称的斜梁使中间的顶点产生直位移。

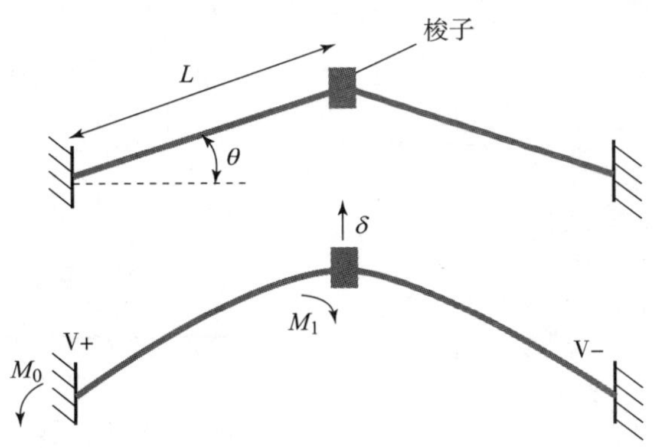

图 4 – 24　V 形执行器

亚利桑那大学的 Enikov 教授等[25]提出了 V 形执行器的挠度计算的综合模型。该模型涉及超越函数：

$$
\begin{aligned}
c(k,F,\bar{T}) = {} & \frac{k^2IL}{A} - \alpha\bar{T}L + \frac{1}{2}\left(\tan\theta - \frac{F}{2k^2EI\cos\theta}\right)\times\left\{\frac{3L}{2} + \frac{\sin(2kL)}{4k}\left[1 - \tan^2\left(\frac{kL}{2}\right)\right] + \right.\\
& \left.\tan^2\left(\frac{kL}{2}\right)\frac{L}{2} + \tan\left(\frac{kL}{2}\right)\frac{4\cos(kL) - \cos(2kL) - 3}{2k} - \frac{2\sin(kL)}{k}\right\} + \\
& \tan\theta\left[\frac{2}{k}\tan\left(\frac{kL}{2}\right) - L\right]\left[\tan\theta - \frac{F}{2k^2EI\cos\theta}\right] \\
= {} & 0
\end{aligned}
\tag{4-18}
$$

式中，k 为一个未知的特征值；F 为外部负载；$\bar{T}$ 为梁的平均上升温度；α 为热膨胀系数；L 为执行器梁的半长；A 为横截面积；θ 为梁的倾斜角度；E 为弹性模量；I 为惯性矩。通过求解方程确定特征值 k，执行器位移 δ 可表示为

$$
\delta = \left(\tan\theta - \frac{F}{2k^2EI\cos\theta}\right)\left(\frac{2\tan\dfrac{kL}{2} - kL}{k\cos\theta}\right) \tag{4-19}
$$

V 形执行器还有其他的结构形式。美国加州 OpticNet 公司的 Que 研究员等[26]提出了级联结构，如图 4－25（a）所示，该结构增加了输出力和输出位移。在级联结构中，主单元固定在基板上，次单元连接到主单元的顶点。级联结构产生的总位移远大于单个执行器。其缺点是增加了平面外屈曲的风险，可通过限制操作温度来预防。麦吉尔大学的 Varona 教授等[27]提出了平面外结构，如图 4－25（b）所示，该结构在垂直于基板的平面内有一个预弯曲角度（偏移），这有利于在垂直方向上偏转。

北卡罗来纳州立大学 Guan 和 Zhu[28]引入了 Z 结构，如图 4－25（c）所示。Z 结构的梁由两个长杆（标记为 L）和一个短杆（标记为 l）组成。分析表明，Z 结构梁的刚度比 V 结构小得多。虽然 V 结构可以产生较大的输出力，但 Z 结构能够在较小的梁尺寸下产生较大的位移。直线型 Z 结构更容易在小尺寸下制造。

法国贝桑松费托－斯特研究所 Rakotondrabe 研究员等[29]提出了扭结结构，如图 4－25（d）所示。该结构由直线部分和倾斜部分组成。主热伸长发生在直线部分，中心扭结在选定的方向上引导变形。该执行器的关键设计参数为臂长（AL）、弯曲长度（BL）和弯曲角度。扭结结构的设计具有可变的偏移刚度。扭结结构相比等效的 V 结构具有更高的放大系数，因此它能输出更大的位移。

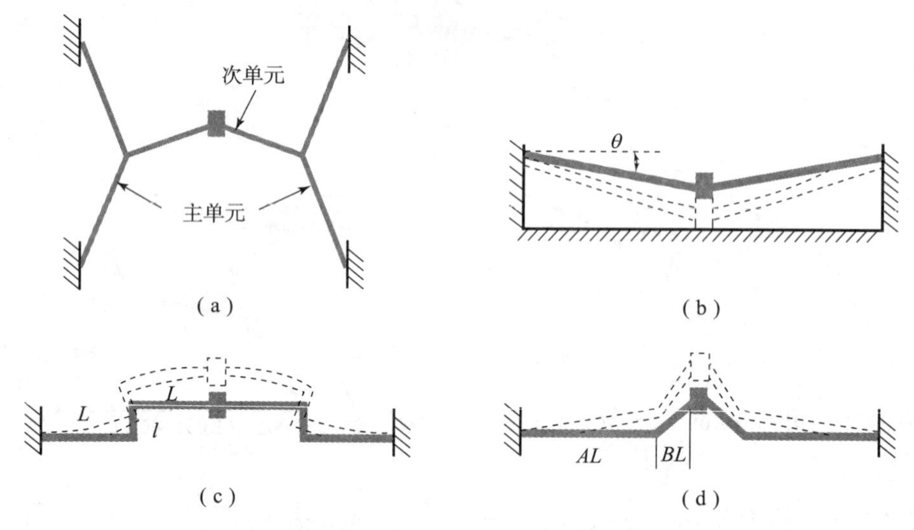

图 4－25　V 形执行器替代结构

（a）级联结构；（b）面外结构；（c）Z 结构；（d）扭结结构

为实现武器系统尤其是在空间武器系统的惯性导航，伊斯兰堡国立科技大学 Muhammad 教授[30]提出了一种采用三自由度驱动模式和一自由度传感模式的多自由度电热驱动非谐振 MEMS 陀螺仪，如图 4－26 所示。建立了考虑电热执行器和多质块系统动力学的详细分析模型。优化了悬索梁的刚度，使其在驱动模式下的感模共振频率位于前两个共振峰之间的平坦区域。驱动模式的前三个谐振频率分别设计为 2.51 kHz、3.68 kHz 和 5.77 kHz。传感模式谐振频率为 3.13 kHz。在 0.2 V 的驱动电压下，感应质量块位移是 18.6 μm。

为实现卫星信号的传输及转换，印度希夫纳达尔大学 Subramanian 教授等[31]提出了一种多端口 RF MEMS 转换器，如图 4－27 所示。它提供了一种适用于卫星有效载荷领域的新型

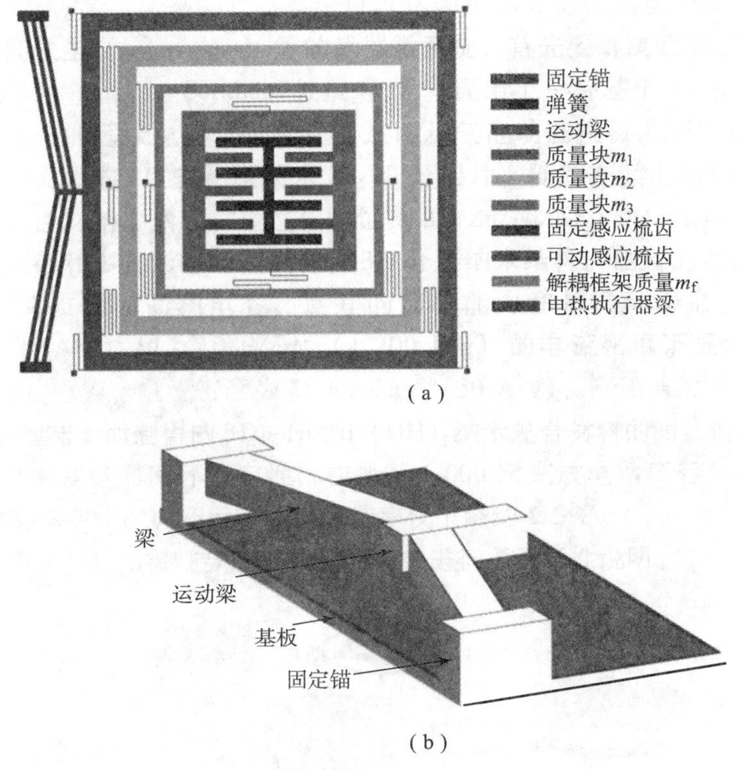

图4-26 MEMS陀螺仪

(a) 陀螺仪结构；(b) 电热执行器结构

单输入/多输出拓扑方法。电热执行器可以将信号从一种模式切换到另一种模式。当电压差作用于电热执行器的电极时，根据设计的不同，执行器在平面内向前或向后运动，分别通过四模组态或双模组态输出，可以有效地改善反射和插入时的损耗。测量数据显示当其处于双模组态输出的模式时，输入时的反射系数（S_{11}）小于-50 dB，而传输系数（S_{21}）在0~15 GHz时优于-2 dB。当其处于四模组态输出的模式时，输入时的反射系数（S_{11}）小于-55 dB，而传输系数（S_{21}）在0~15 GHz时优于-4 dB。当大于50 dB且超过0~15 GHz的范围时可以同时确保在双模和四模组态输出时信息不会丢失，这时驱动电压降低到4.5 V。由测量的数据可得，当转换器的功率消耗达到50 mW时功率的载荷可达到35 dBm。这种紧凑的RF MEMS电容转换器具有高隔离率、低功耗、良好的功率处理能力。

为保障武器系统的安全性并提高系统的性能，西安交通大学赵玉龙教授等[32]提出了一种基于V形执行器的引信S&A机构，如图4-28所示，由盖板、致动芯片和托板组成。在11 V的驱动电压下，棘爪和滑块的结构可产生100 μm和45 μm的位移，并实现拉动、脱离和重新啮合，从保险状态平稳过渡到待触发状态。棘爪和滑块形成的齿条和互锁机构使该机构具有线性输出位移、低功耗、输入信号识别和持续位移的功能。施加了20 000g的后坐加速度，撞击后没有发现结构损坏，这表明MEMS引信S&A机构具有良好的抗负载能力。引信S&A机构的最小化尺寸为8.5 mm×8.5 mm×0.8 mm。

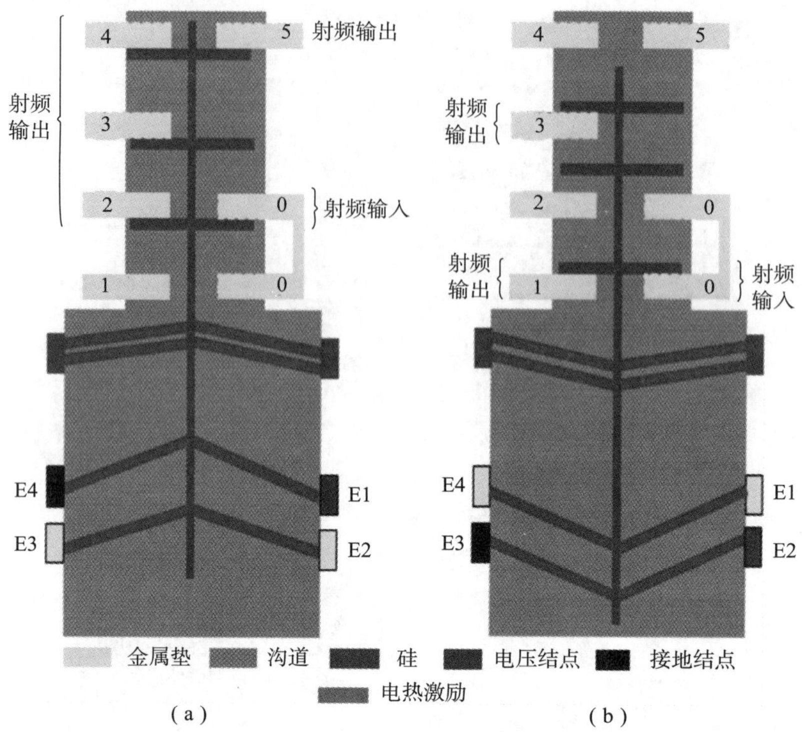

图 4-27　RF MEMS 转换器

(a) 执行器向前运动（提供四轴输出）；(b) 执行器向后运动（提供双输出）

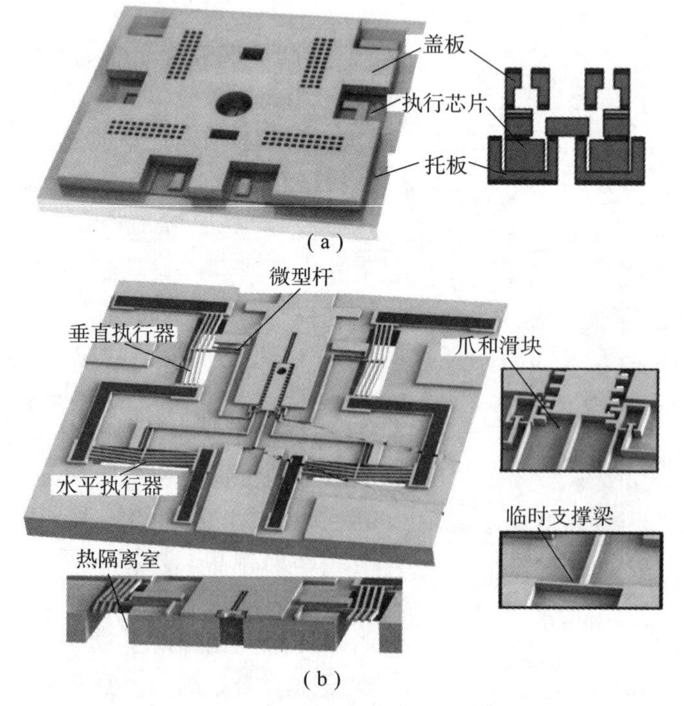

图 4-28　基于 V 形执行器的引信 S&A 机构

(a) S&A 机构结构；(b) 执行芯片结构

4.3.4　双金属执行器

双金属执行器由两层或多层不同的材料组成，利用热膨胀系数的差异进行驱动。双金属执行器通常被设计成面外驱动的应用。双金属执行器是开发时间最长的电热执行器。目前，双金属执行器已应用在微操作、光学器件、扫描探针显微镜以及可调谐射频器件等领域。

图 4－29 给出了双金属执行器结构，由两层梁组成：一层 CTE 值高，另一层 CTE 值低。在激励下，焦耳热将在高 CTE 层产生更大的膨胀，产生的应变将使整个结构向低 CTE 层弯曲，进而实现平面外弯曲。通常，梁的预弯曲发生在基板释放后，因为在高温下的制造过程中，高 CTE 层中积累了较高的残余热应力。

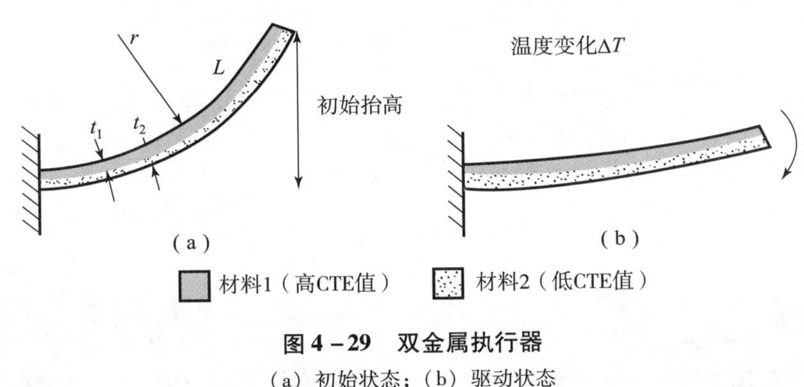

图 4－29　双金属执行器

(a) 初始状态；(b) 驱动状态

在两层悬臂梁的简单情况下，由热膨胀失配引起的曲率可表示为

$$k=\frac{6b_1b_2E_1E_2t_1t_2(t_1+t_2)(\alpha_1+\alpha_2)\Delta T}{(b_1E_1t_1^2)^2+(b_2E_2t_2^2)^2+2b_1b_2E_1E_2t_1t_2(2t_1^2+3t_1t_2+2t_2^2)} \tag{4-20}$$

式中，ΔT 为环境中的温度变化量；α 为热膨胀系数；b 为宽度；t 为厚度；E 为两个梁的杨氏模量。曲率半径 r 可以表示为

$$r=\frac{1}{k} \tag{4-21}$$

长度为 L 的梁的挠度可以表示为

$$d=\frac{kL^2}{2} \tag{4-22}$$

双金属执行器的可选材料较多。对于 CTE 值要求高的层，常用的材料是金属和聚合物。低 CTE 层通常由介电或半导体材料制成。2011 年，韩国 SAINT 研究所和 HINTS 技术中心的 Zhu 研究员等[33]在研究中还引入了石墨烯/聚合物材料。

此外，双金属执行器还可以具有复杂多变的结构。针对不同方向上的应用需求，南安普顿大学的 Sehr 教授等[34]提出了一种垂直型双金属执行器，如图 4－30 所示，它是通过对硅悬臂梁侧壁上沉积铝金属层实现的。该执行器在 3 mW 的激励下，1 000 μm 的梁产生的挠度为 4.5 μm；在 1 mW 的激励下，1 400 μm 的梁产生的挠度为 4 μm。

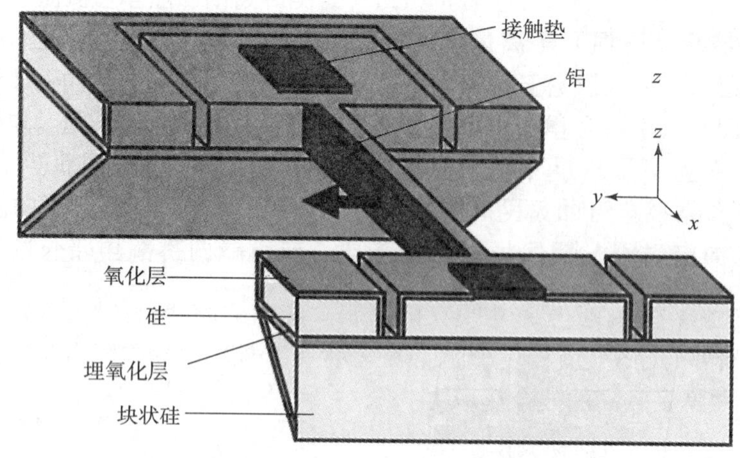

图 4-30 垂直型双金属执行器

美国卡内基·梅隆大学 Gilgunn 教授等[35]提出了一种横向双金属执行器，如图 4-31 所示，通过内部互连构件的不平衡热膨胀来实现致动。该执行器长为 100 μm，宽为 1.3 μm，厚为 4.5 μm，热灵敏度为 18 nm/K。

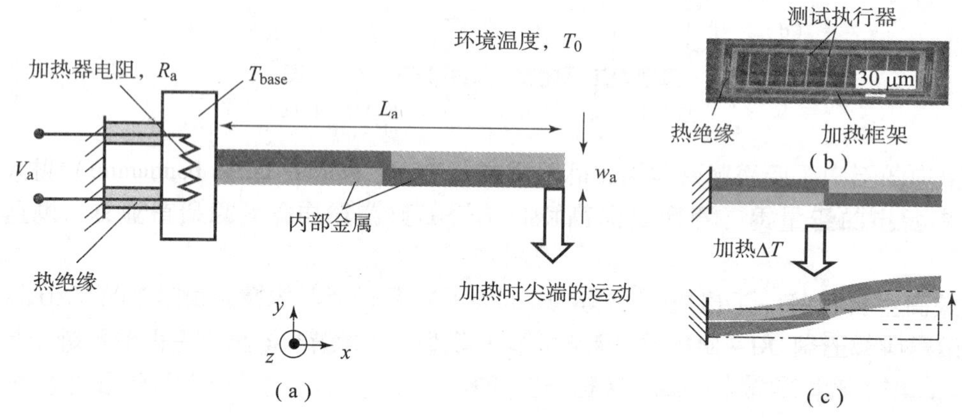

图 4-31 横向双金属执行器

（a）执行器结构；（b）执行器外观；（c）驱动原理

波士顿大学 Jessica 教授[36]提出了用于光束控制的电热驱动微镜，如图 4-32 所示。在 27 mW 的功率下，焦距可调范围为 -0.48 ~ 20.5 mm。此外，沿两侧轴的偏转角度在 ±40° 以内。通过同时驱动双金属管脚，微镜可以提供一个垂直距离为 300 μm 的四自由度驱动模式。该系统在大角度下的响应时间大约为 5 ms。

针对高压电气系统中高压开关保险丝的需求，沈阳理工大学郝永平教授等[37]介绍了一种利用双金属薄膜热膨胀原理的微电热执行器。该执行器采用聚合物SU-8 材料和镍作为执行器的功能性结构材料，通过电加热电阻丝，在器件的垂直轴向上产生平面运动，偏压层与基板接触，完成信号输出。利用 Coventorware 软件建立三维模型，从理论上优化结构，确定

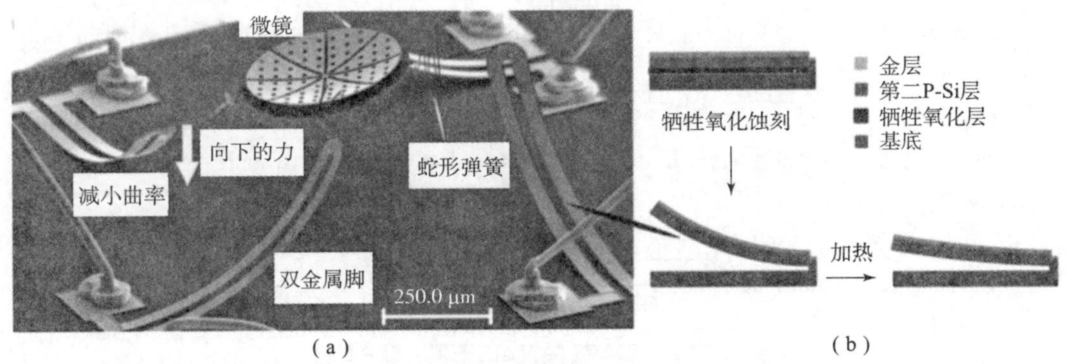

(a)　　　　(b)

图 4-32　电热微镜用于光束控制

(a) 微镜的 SEM 图像；(b) 蚀刻前后的双金属执行器

电热性能。经电热分析，在 5 V 电压下，执行器位移为18 μm，温度从 300 K 上升到 440 K，响应时间为 5 ms。在 100 000 m/s^{2}加速度场下，执行器位移为 20 μm。在耦合场中，施加 3 V 电压，初始温度为 300 K，加速度为 50 000 m/s，执行器的驱动位移为 23 μm，温度上升到 400 K。最后，通过对不同场源的应力测试，执行器的最大应力小于镍的许用应力。图 4-33 显示了电热执行器。

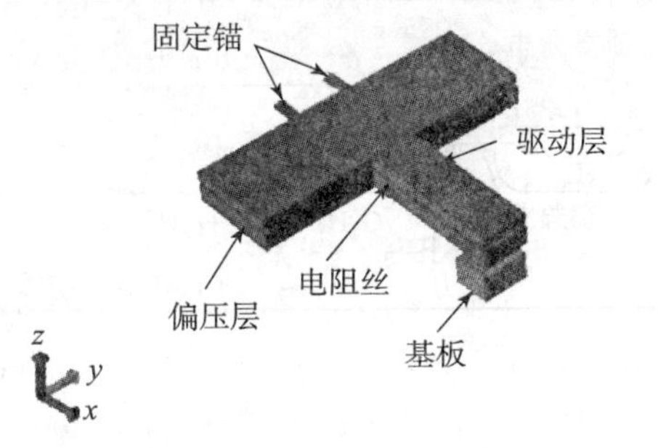

图 4-33　双金属型执行器结构示意图

参考文献

[1] Tapuchi S, Baimel D. Novel multilayer differential linear electrostatic motor [C]//International Symposium on Power Electronics, IEEE, 2014.

[2] Piriyanont B, Moheimani R. MEMS rotary microgripper with integrated electrothermal force sensor [J]. Journal of Microelectromechanical Systems, 2014, 23 (6): 1249-1251.

[3] Sun B, Han F, Li L, et al. Rotation control and characterization of high-speed variable-capacitance micromotor supported on electrostatic bearing [J]. IEEE Transactions on Industrial Electronics, 2016, 63 (7): 4336-4345.

[4] Schindler C B, Contreras D S, Greenspun J, et al. An electrostatic MEMS filament micromanipulator for microrobots [C]//Int. Conf. Manip. Autom. Robot. Small Scales, 2017: 7-9.

[5] Preetham B S, Lake M A, Hoelzle D J. A curved electrode electrostatic actuator designed for large displacement and force in an underwater environment [J]. Journal of Micromechanics and Microengineering, 2017, 27 (7): 095009.

[6] Zhao J H, Gao Y. Electrostatic comb-drived actuator for MEMS relay/switch [C]//Micro Electro Mechanical Systems, 2017: 907-927.

[7] Liu Z, Yan X, Qi M, et al. Electrostatic flapping-wing actuator with improved lift force by

the pivot - spar bracket design [J]. Sensors and Actuators A, 2018, 280 (1): 295 -302.

[8] Ethan W S, Zohdi T I, Fearing R S. Thin - film repulsive - force electrostatic actuators [J]. Sensors and Actuators A, 2018, 270 (1): 252 -261.

[9] Hong Qiangwang, Akio Y, Toshiro H. A crawler climbing robot integrating electroadhesion and electrostatic actuation [J]. International Journal of Advanced Robotic Systems, 2014, 11 (12): 191 -201.

[10] Kolhare N. MEMS switches for 0.1 - 40 GHz for pico - satellite application [J]. Microsystem Technologies, 2015, 21 (4): 707 -717.

[11] Sateesh J, Sravani K G, Kumar R A, et al. Design and flow analysis of MEMS based piezo - electric micro pump [J]. Microsystem Technologies, 2018, 24 (3): 1609 -1614.

[12] Sun D, Tang Y, Wang J, et al. Design of an H - shaped linear piezoelectric motor for safety and arming device [J]. Sensors and Actuators A, 2020, 303 (1): 111687.

[13] Rao K S, Hamza M, Kumar P A, et al. Design and optimization of MEMS based piezoelectric actuator for drug delivery systems [J]. Microsystem Technologies, 2019 (26): 1671 -1679.

[14] Koh K H, Kobayashi T, Lee C. Investigation of piezoelectric driven MEMS mirrors based on single and double S - shaped PZT actuator for 2 - D scanning application [J]. Sensors and Actuators A, 2012, 184: 149 -159.

[15] Di C, Li X, Jin J, et al. An articulated finger driven by single - mode piezoelectric actuator for compact and high - precision robot hand [J]. The Review of Sscientific Instruments, 2019, 90: 015003.

[16] Tian X, Zhang B, Liu Y, et al. A novel U - shaped stepping linear piezoelectric actuator with two driving feet and low motion coupling: design, modeling and experiments [J]. Mechanical Systems and Signal Processing, 2019, 124: 679 -695.

[17] Sanikhani H, Akbari J. Design and analysis of an elliptical - shaped linear ultrasonic motor [J]. Sensors and Actuators A, 2018, 278 (1): 67 -77.

[18] Zhang Q, Chen H, Liu Y, et al. A bending hybrid linear piezoelectric actuator using sectional excitation [J]. Sensors and Actuators A, 2018, 271 (1): 96 -103.

[19] Chen S, Michael A, Kwok C. Enhancing out - of - plane stroke in piezoelectrically driven micro - lens actuator with residual stress control [J]. Sensors and Actuators A, 2020, 303: 111620.

[20] Pan C S, Hsu W. An electro - thermally and laterally driven polysilicon microactuator [J]. Journal of Micromechanics and Microengineering, 1997, 7 (7): 7.

[21] Moulton T, Ananthasuresh G K. Micromechanical devices with embedded electro - thermal - compliant actuation [J]. Sensors and Actuators A, 2001, 90 (2): 38 -48.

[22] Yan D, Khajepour A, Mansour R. Modeling of two - hot - arm horizontal thermal actuator [J]. Journal of Micromechanics and Microengineering, 2003, 13 (2): 312.

[23] Ivanova K, Ivanov T, Badar A, et al. Thermally driven microgripper as a tool for micro assembly [J]. Microelectronic Engineering, 2006, 83 (4): 1393 -1395.

[24] Somà A, Iamoni S, Voicu R, et al. Design and experimental testing of an electro – thermal microgripper for cell manipulation [J]. Microsystem Technologies, 2018, 24 (2): 1053 – 1060.

[25] Enikov E T, Kedar S S, Lazarov K V. Analytical model for analysis and design of V – shaped thermal microactuators [J]. Journal of Microelectromechanical Systems, 2005, 14 (4): 788 – 798.

[26] Que L, Park J S, Gianchandani Y B. Bent – beam electrothermal actuators – Part Ⅰ: single beam and cascaded devices [J]. Journal of Microelectromechanical Systems, 2001, 10 (2): 247 – 254.

[27] Varona J, Tecpoyotl – Torres M, Hamoui A A. Design of MEMS vertical – horizontal chevron thermal actuators [J]. Sensors and Actuators A, 2009, 153 (1): 127 – 130.

[28] Guan C, Zhu Y. An electrothermal microactuator with Z – shaped beams [J]. Journal of Micromechanics and Microengineering, 2010, 20 (8): 085014.

[29] Rakotondrabe M, Fowler A G, Moheimani S R. Control of a novel 2 – DoF MEMS nanopositioner with electrothermal actuation and sensing [J]. IEEE Transactions on Control Systems Technology, 2013, 22 (4): 1486 – 1497.

[30] Muhammad S, Muhammad M S, NaveeD M, et al. Design and analysis of a high – gain and robust multi – DOF electro – thermally actuated MEMS gyroscope [J]. Micromachines, 2018, 9 (11): 577.

[31] Subramanian M, Joshitha C, Sreeja S, et al. Multiport RF MEMS switch for satellite payload applications [J]. Microsystem Technologies, 2018, 24 (5): 2379 – 2387.

[32] Hu T, Ren W, Zhao Y, et al. The research on actuation performance of MEMS safety – and – arming device with interlock mechanism [J]. Micromachines, 2019, 10 (2): 76.

[33] Zhu S, Roxana S, Jonghyun R, et al. Graphene – based bimorph microactuators [J]. Nano Letters, 2011, 11 (3): 977 – 981.

[34] Sehr H, Evans R, Brunnschweiler A, et al. Fabrication and test of thermal vertical bimorph actuators for movement in the wafer plane [J]. Journal of Micromechanics and Microengineering, 2001, 11 (4): 306.

[35] Gilgunn P J, Liu J, Sarkar N, et al. CMOS – MEMS lateral electrothermal actuators [J]. Journal of Microelectromechanical Systems, 2008, 17 (1): 103 – 114.

[36] Jessica M, Matthias I, Little T, et al. Electrothermally actuated tip – tilt – piston micromirror with integrated varifocal capability [J]. Optics Express, 2015, 23 (7): 9555 – 9566.

[37] Wang S, Hao Y, Liu S. The design and analysis of a MEMS electrothermal actuator [J]. Journal of Semiconductors, 2015, 36 (4): 044012.

第 5 章
典型微能源技术

军事能源是军事能力的原力所在，打赢未来信息化战争，新一代武器装备的战场电力供应必不可少。在当今时代，装备技术发展已经趋于小型化、微型化和集成化，其中微型化能源技术成为目前能源领域关注的重点。传统能源技术体积大、能量密度低、供电时间短，无法为微系统提供电能，因此微能源技术是当前 MEMS 技术在军事领域的研究热点。早在 2004 年，美国国家科学研究委员会的一份报告就指出：陆军应该研究替代的能源，如燃料电池和小型发电机，为士兵使用的装备创造寿命更长、更轻、更便宜和更可靠的能源。MEMS 微能源技术是指以现有的能量获取、交换与存储技术为基础，将先进的 MEMS 技术应用于高性能、高功率密度的新型微能源系统的研制与开发，称之为 PowerMEMS。MEMS 微能源在体积、重量、寿命、能量密度、补给速度、可靠性、成本等方面均具有显著优势，能有效解决目前限制军事赛博物理系统（military cyber - physical systems，MCPS）物理节点发展的供能问题。本章将分别介绍微化学电源、微物理电源和超级电容等几种典型微能源系统。

5.1 微化学电源

化学电池是指能将化学能转变为电能的装置，主要部分包括电解质溶液和浸入溶液的正负两个电极。使用时，将导线连接两个电极，即有电流通过产生放电，进而获得电能。放电到一定的程度后，电能减弱，有些电池可经充电复原而再使用，称作蓄电池，如铅蓄电池、铁镍蓄电池等；有些不可充电复原，称作原电池，如干电池、燃料电池等。本节主要介绍微燃气涡轮发电机、微锂电池、微锌镍电池以及微燃料电池。

5.1.1 微燃气涡轮发电机

涡轮发电机是一类利用流体冲击叶轮转动而产生动力的发电机，能提取风的动能并将其转换为轴的旋转机械能，目前已经被广泛用作航空航天等大型系统的电力设备。缩小涡轮发电机的体积成为微型化涡轮发电技术的努力方向。涡轮发电机按其工作原理可以分为燃气涡轮发电机（原理是利用燃气产生的化学能）、磁电式涡轮发电机（基于法拉第电磁感应定律）、压电式涡轮发电机（利用压电效应）以及静电式涡轮发电机（基于静电效应）。本小节主要介绍微燃气涡轮发电机，其余三者将分别在微物理电源中分别介绍。

为了弥补当前大电网供电模式在安全稳定性方面的不足，提高供电可靠性，同时满足特殊地区（如不适合搭建电网地区）的用户供电需求，专家学者提出了分布式供电

（distributed generation）方式。针对高效节能的分布式供电的需求，奥克兰大学的 D'souza 和 Sharma[1] 提出了一台微型燃气涡轮发电机，如图 5－1 所示。燃气涡轮是运用燃料燃烧将化

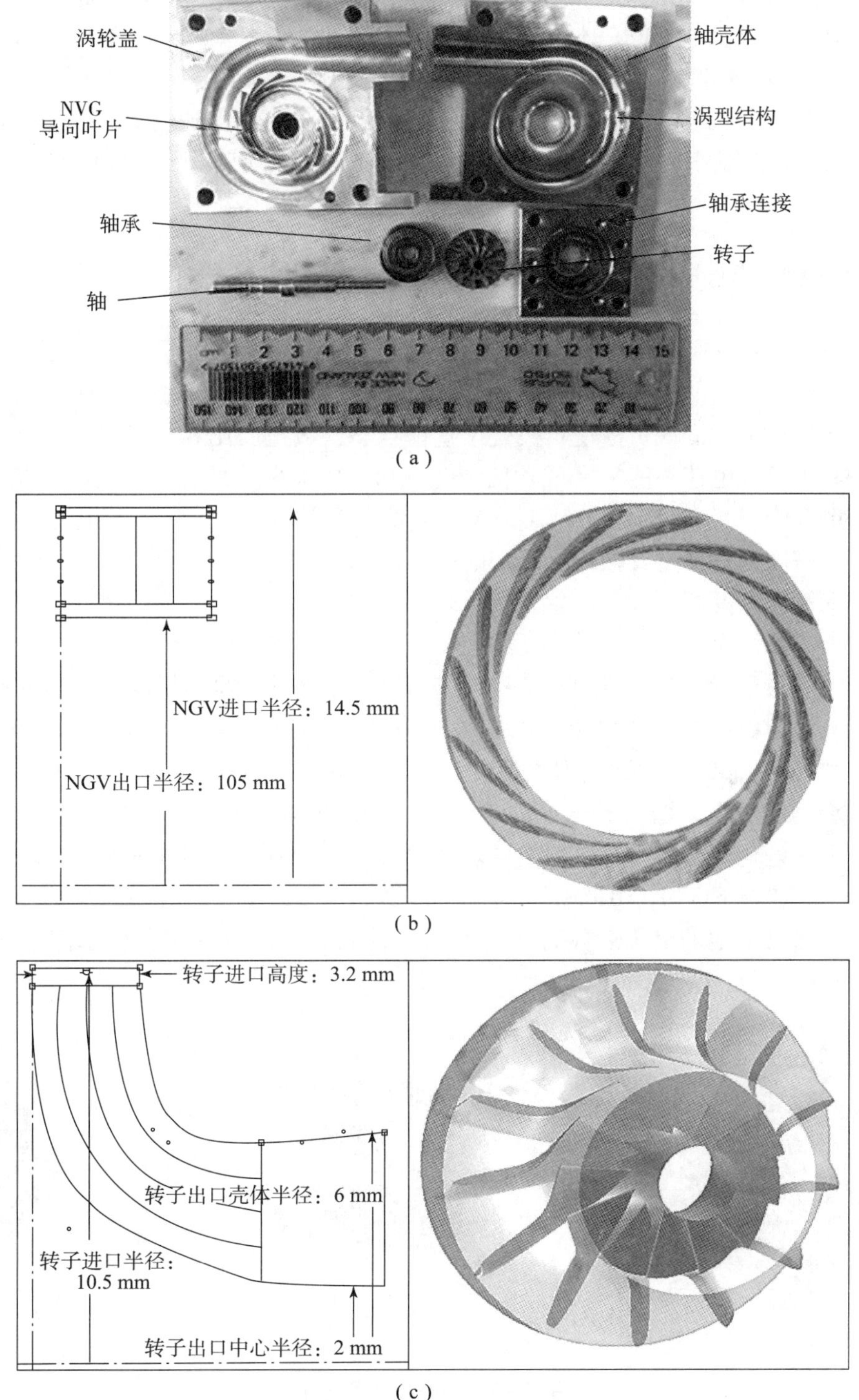

（a）

（b）

（c）

图 5－1　微型燃气涡轮发电机

（a）涡轮壳体；（b）NVG 叶片剖视图和 3D 示图；（c）转子剖视图和 3D 示图

学能转换成热/电能的涡轮发电机，典型的燃气有氢气、丙烷、丁烷等。D'souza 等人开发了转子直径为 20 mm 的径向涡轮微发电机，由 Ti－64 通过 3D 打印实现。瞬态运行（包括加速和减速试验）用来计算机械扭矩和功率曲线。稳态运行用于计算功率曲线，以及各种无量纲性能图。在转速为 44 000 r/min 和 60 000 r/min 时，瞬态试验获得了 2.64 N · mm 和 15 W 的最大机械扭矩和功率。稳态试验中，在 57 000 r/min 和 69 000 r/min 转速下，获得了 4 W 和 15 W 的最大涡轮发电功率。在 60 000 r/min 的转速下，转子电阻占总电阻损耗的 10%。在比转速为 0.53 时，热循环效率高达 18.6%，成功地验证了燃气发电机的性能。

5.1.2 微锂电池

锂离子电池（Li ion battery，LIB）是一类以锂金属或锂合金为正/负极材料、使用非水电解质溶液的电池，它的工作原理是基于锂离子 Li^+ 在正负极之间的移动：充电时，Li^+ 从正极脱嵌，经过电解质嵌入负极使负极处于富锂状态，放电时则相反。LIB 由于其稳定的长期循环性能和中等放电速率能力已成功商业化。LIB 被认为是最有前途的大规模储能/转换电源，用于电动汽车（electric vehicles，EV）或能量存储系统（ESS）等电源。重量能量密度和体积能量密度是一项重要指标。采用耐高电压的比容电极材料受到了广泛的关注，它可以提高 LIB 的能量密度。

固态锂离子电池有更高的能量密度和使用寿命，以及极佳的安全性，是一种清洁高效的储能电源，能满足武器系统长时间安全供电的需求。中科院北京纳米能源与纳米系统研究所的 Zhang 等人[4]制备了基于锂离子导电固体电解质（hybrid solid electrolyte，HSE）和无机 $Li_7La_3Zr_2O_{12}$ 颗粒（LLZO）的固态锂电池（solid－state lithium batteries，SSLBs），如图 5－2 所示。HSE 膜的复合设计增强了电池的性能，可以满足柔性固态锂电池的多种要求，如高离子电导率、宽电化学窗口和高热稳定性。由 HSE、Li 金属阳极和 $LiFePO_4$ 阴极组成的固态锂电池在 0.5 C 速率下经过 180 次循环后仍可提供 110 mA · h/g 的容量。这种传导锂离子的 HSE 具有制造柔性电池的潜力。而且，这种耐用的固态电池可用于存储摩擦电纳米发电机

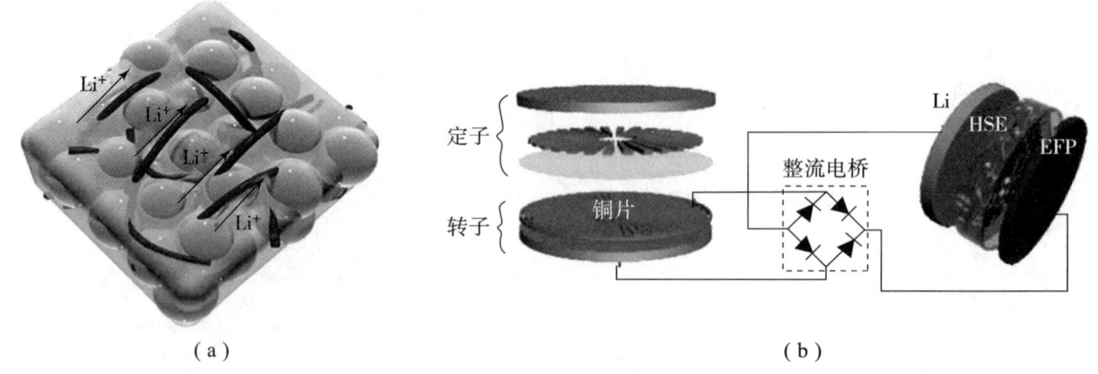

图 5－2 固态锂离子电池

(a) 导电固体电解质膜中的 Li 离子传导路径示意图；
(b) 在固态锂离子电池中存储由摩擦电纳米发电机产生的脉冲能量的示意图

(triboelectric nanogenerators，TENG）收集的能量。固态电池可以有效地存储脉冲能量，特别是对于高频输出。TENG 与安全耐用的全固态锂离子电池的集成有望为可持续提供更稳定的功率输出。

中南大学的刘晋教授团队[5]通过无溶剂热压法制备了用于全固态锂离子电池的交联固体聚合物电解质（solid polymer electrolyte，SPE）膜，制造了基于 Si－O 键聚合物的固体电解质。固体聚合物电解质膜的热压制造方法如图 5－3 所示。在 20∶1 的摩尔比和 120 ℃的环境下，环氧乙烷（EO）∶Li（LiN（SO_2CF_3）$_2$，LiTFSI）电解质的离子电导率达到 1.34×10^{-3} S/cm，分解电压为 4.87 V。TG－DSC 结果表明，SPE 在氩气气氛中高达 230 ℃温度环境下具有热稳定性。组装好的 $LiFePO_4$/SPE/Li 全固态电池可以在 80～140 ℃的温度范围内稳定工作。在 120 ℃时，电池在 1 C 时的初始放电容量为 156.7 mA·h/g，接近正极材料的理论容量，且显示出较长的循环寿命，这表明无溶剂成膜方法对固体聚合物电介质而言具有低成本且无污染等优点。该电解质可以代替隔膜材料和易燃液体电解液。

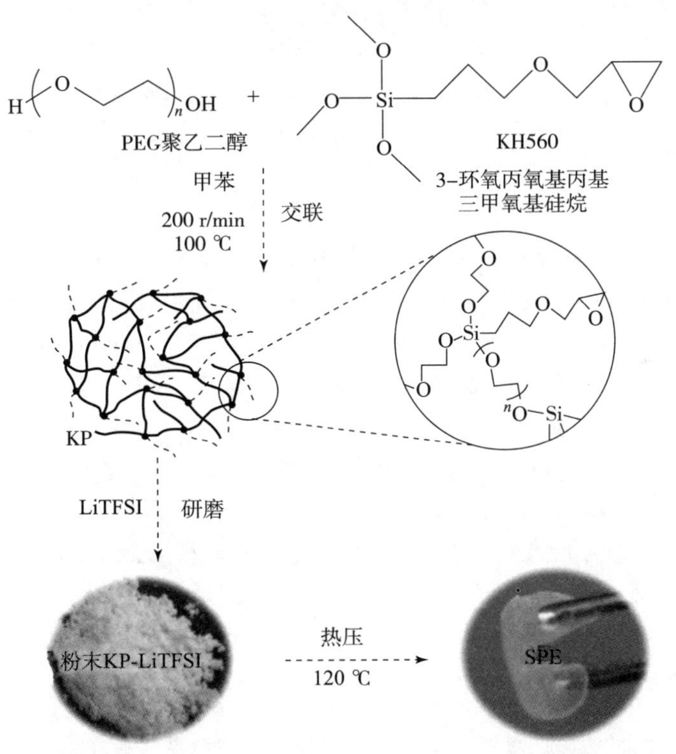

图 5－3　用于固态锂离子电池的固体聚合物电解质膜的热压制造方法

锂氧电池（lithium－oxygen batteries，LOB）由于其特别高的比能量而备受关注。然而，其循环稳定性较差，能量效率低，使其发展受限。针对这些问题，清华大学的吕伟研究员等人[6]提出了一种长寿命锂离子 O_2 电池（Li ion O_2 battery，LIOB）的制造方法。如图 5－4 所示，该电池由一个市售的预锂化铝箔制成的带有稳定固体电解质界面（solid electrolyte interphase，SEI）层的阳极、一个预装 Li_2O_2 的氧阴极锂离子源以及一个阻止 O_2 穿越的

Nafion 膜组成。预锂化的铝箔同时充当阳极和集电器，并且在预锂化过程中阳极形成稳定的固体电解质中间相层提高了循环稳定性。组装后的 LIOB 在 1 000 mA・h/g_{carbon} 的 100 次循环中可提供 100 mA/g 的比可逆比容量，最大比能量密度能达到 1 178 W・h/kg，而 100 次循环后剩余能量密度为 1 002 W・h/kg。

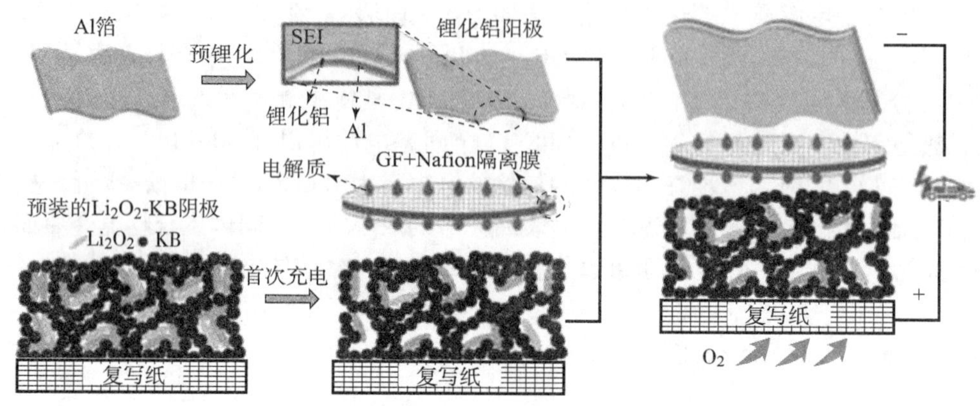

图 5-4 由 Li_2O_2-KB 阴极和锂化铝阳极组成的 LIOB 的组装路线示意图

注：KB 指 Ketjen 炭黑（Ketjen carbon black，KB）；GF + Nafion 指带有玻璃纤维的 Nafion 膜（a glass fiber with a Nafion membrane）

获取清洁、环保的能源以及对废物的回收利用是当前新能源技术发展的重要方向。新加坡南洋理工大学的 Maharjan 教授等人[7] 使用橙皮衍生活性炭（orange peel derived activated carbon，OP-AC）制备了高比能量超级锂离子电容器（lithium ion capacitor，LIC），如图 5-5 所示。活性炭具有高比表面积 1 901 m^2/g。用 OP-AC 和预锂化石墨（pre-lithiated graphite，LiC_6）制成的 LIC 的比能量约为 106 W・h/kg。此外，还研究了基于金属氧化物的 LIC（OP-AC/$Li_4Ti_5O_{12}$），相比于水溶液而言，采用有机溶液的 OP-AC 超级电容的比能量 7 W・h/kg 提升至 106 W・h/kg。该发现开辟了从大量、低成本、可持续的生物质废物中发展高比能量 LIC 的可能性，为探索丰富、低成本、可再生的生物质废物回收利用提供了新机遇。

5.1.3 微锌镍电池

随着现代社会对清洁能源和移动电源需求的增长，需要大规模的储能系统。锂离子电池由于其高能量密度和高功率密度而成为目前使用最广泛的能量存储设备。然而，由于使用了无水有机电解质，锂离子电池存在安全隐患、成本高等缺点。目前，传统的水性电池由于其低成本和高安全性而受到越来越多的关注。在传统的水性电池中，Zn/Ni 电池具有许多优点，包括制造简单、成本低、安全、无毒、原料丰富等。此外，其拥有优异的性能，如高能量密度、高功率密度、高工作电压和宽工作温度范围等，不仅可以替代传统的水性电池、镍镉电池、铅酸电池，还可以替代锂离子电池。

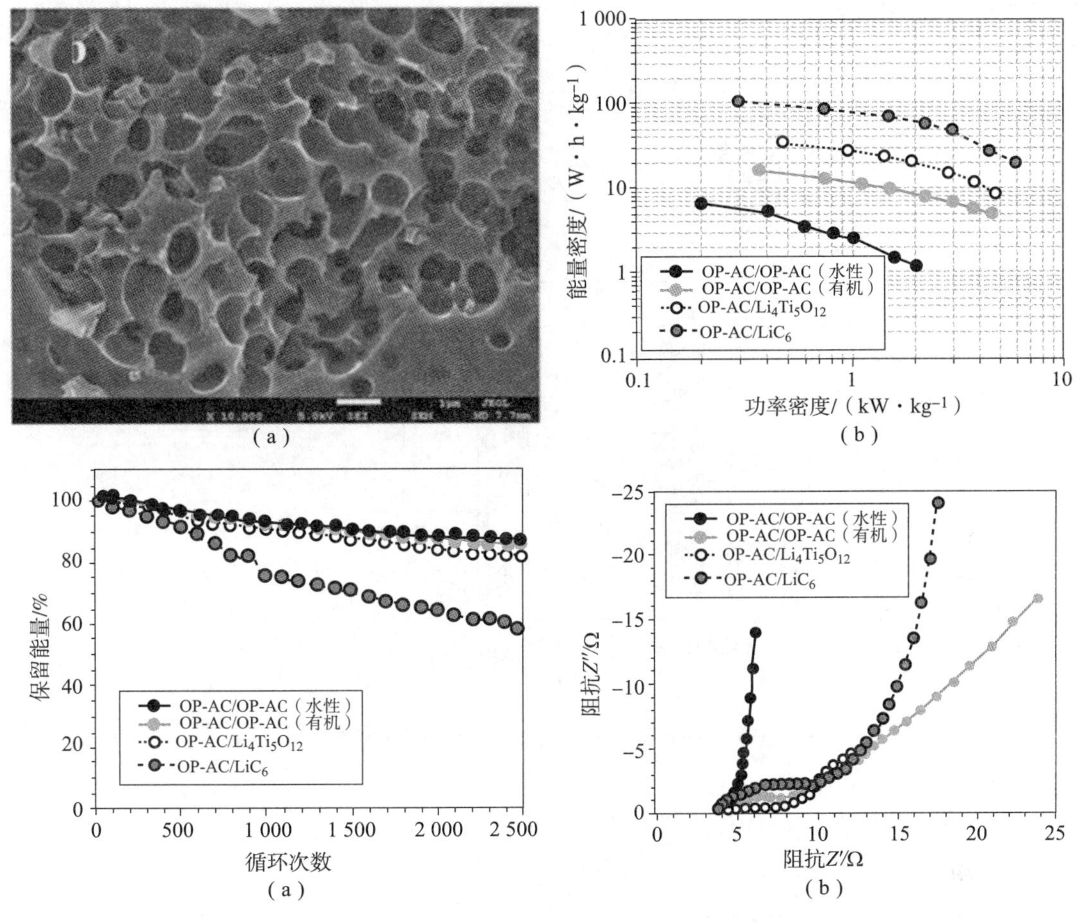

图 5-5　基于 OP-AC 的 LIC

(a) OP-AC 的 SEM 图像；(b) 制造的四类 LIC 的比能量和功率 Ragone 图；

(c) 四类 LIC 在 1 Ag^{-1}的特定电流下的循环能力及归一化图像；(d) 四类 LIC 的奈奎斯特图

Zn/Ni 电池一般由镍正极［用 Ni $(OH)_2$作为活性材料］、锌负极，还有隔膜和电解质组成，其反应方程如下：

$$\text{阳极}\ Zn(OH)_4^{2-} + 2e^- \underset{\text{充电}}{\longrightarrow} Zn + 4OH^- \tag{5-1}$$

$$\text{阴极}\ 2Ni(OH)_2 + 2OH^- \underset{\text{充电}}{\longrightarrow} 2NiOOH + 2H_2O + 2e^- \tag{5-2}$$

为优化制造工艺、降低生产成本以及提高电池性能，重庆大学的陈昌国教授团队[8]首次使用葡萄糖作为碳源，通过单锅水热法成功地合成了磷化镍/碳（Ni_2P/C）复合材料作为正极的 Zn/Ni 电池，如图 5-6 所示。结果表明，葡萄糖不仅提供了碳源，而且阻止了 Ni_2P 颗粒的聚集。所获得的 Ni_2P/C 复合材料和纯 Ni_2P 用作碱性 Zn/Ni 电池的正极材料。由于独特的 Ni_2P/C 复合材料和松散的、花状的超薄形状，合成的 Ni_2P/C 材料在 1 A/g 时可提供 176 mA·h/g 的比容量，在 5 A/g 时可提供 82 mA·h/g 的比容量。此外，还显示出良好的循环寿命，在 1 500 次循环后容量仅下降 6.2%。这些优异的电化学性能优于用于 Zn/Ni 电池的 Ni（OH)$_2$、NiO、Ni_3S_2等电极材料，表明所制备的 Ni_2P/C 复合材料可能是一种镍锌可充电电池替代正极材料。

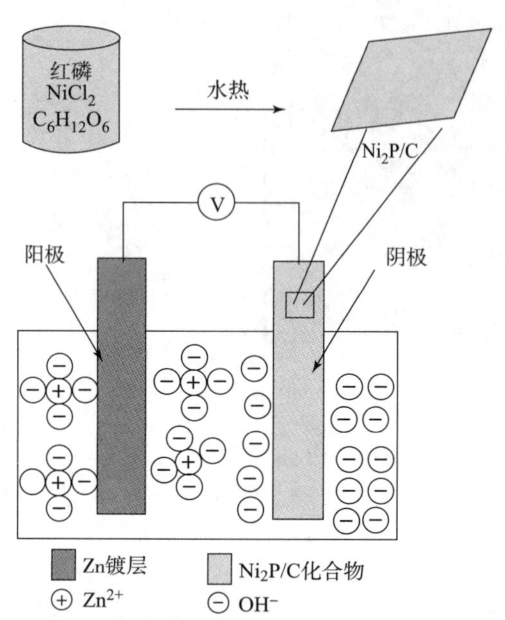

图 5－6　Ni_2P/C 的制备示意图和 Zn/Ni 电池原理

对于该 Zn/Ni 电池，Ni_2P/C 将进行以下化学过程：

$$Ni^{2+}+2OH^{-}\rightarrow Ni(OH)_2 \tag{5-3}$$

$$Ni(OH)_2+OH^{-}\underset{放电}{\overset{充电}{\rightleftharpoons}}NiOOH+H_2O+e^{-} \tag{5-4}$$

针对可穿戴式电子设备的供电需求，专家学者们对纤维状储能装置（fiber shaped energy－storage devices，FESDs）进行了深入研究。中山大学的方萍萍教授团队首次提出了基于 Ni－NiO 异质结构纳米片阴极的超稳定、高性能、柔性准固态纤维状 Zn/Ni 电池，如图 5－7 所示。无黏结剂的多孔 Ni－NiO 纳米片材是通过便捷、高效的水热和低温热处理工艺获得的。互连的 Ni－NiO 异质结纳米粒子和多孔 Ni－NiO 纳米片加速了离子扩散速率，具有较高的电解质渗透性，显著提高了电导率。制成的纤维状 Ni－NiO//Zn 电池显示出高容量和令人赞叹的倍率性能。因此，带有该 Ni－NiO 阴极的纤维状 Zn/Ni 电池在水性电解质中具有非凡的循环耐久性（10 000 次循环后容量衰减为 3.4%），具有相当大的容量（在 3.7 A/g 时为 237.8 μA・h/cm^3），并且具有出色的倍率能力（在 37 A/g 的大电流密度下，容量保持率为 74.4%）。此外，制成的准固态纤维状 Zn/Ni 电池不仅具有出色的柔韧性，而且即使在聚合物电解液中处于不同的电流密度下也具有出色的长期稳定性（在 22.2 A/g 的电流下经过 10 000 次循环后几乎没有容量衰减）。该纤维状 Zn/Ni 电池还实现了 20.2 mW/cm^2 的显著功率密度，甚至远高于大多数碳基纤维超级电容器（super capacitor，SC）。研究中提出的在 NiO 中引入 Ni 的策略可以扩展到其他金属氧化物的制造中，以优化性能。这种具有高稳定性的纤维状 Zn/Ni 电池概念将极大地丰富用于未来便携式/可穿戴电子设备的灵活能量存储技术，为高端可穿戴和小型电子设备开辟新途径。

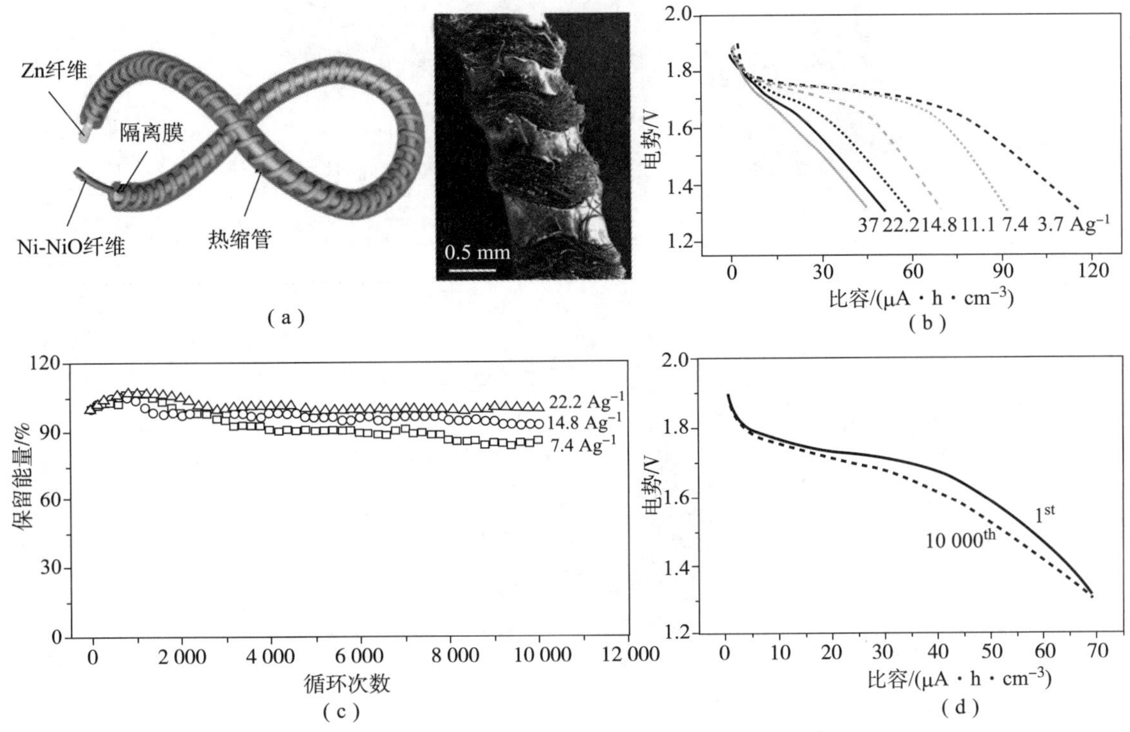

图 5－7　柔性纤维 Ni－NiO//Zn 电池

(a) 电池结构示意图；(b) 电池的 SEM 图像；(c) 电池在各种电流密度下的恒电流放电曲线；
(d) 电池在各种电流密度下的循环性能；(e) 当在 22.2 A/g 下循环时，
电池的第 1 次放电和第 10 000 次放电曲线

随着便携式和可穿戴电子产品的兴起，具有高性能、低成本、安全、环保、轻便、轻薄和灵活功能的电化学存储设备受到广泛关注。针对便携式武器以及单兵作战武器供电需求，清华大学的杨诚教授团队[10]通过在 Ni（OH)$_2$阴极上掺杂 Co，并在高导电性、超亲水性和柔性镍纳米线阵列（nickel nanowire arrays，NNA）薄膜集电器上电沉积 Zn 作为阳极来设计和制造可充电的柔性 Zn/Ni 水性电池。如图 5－8 所示，可以将［co－doped Ni（OH)$_2$，CNH］阴极材料电化学沉积到 NNA 上，该 NNA 在 5 A/g 的电流密度下可以提供 346 mA·h/g 的比容量。在 30 A/g 的 5 000 次充/放电循环中，Co 掺杂可以有效地稳定 Ni（OH)$_2$，容量损失仅为 10%。对于阳极，在 NNA 上设计 Zn 可以大大降低腐蚀和枝晶形成的风险。结果，获得了超快可充电 Zn/Ni 电池，其电池电压约为 1.75 V，能量密度为 148.54 W·h/kg，功率密度为 1.725 kW/kg（充电时间小于 1 min），相应的体积能量密度为 4.05 W·h/L。此外，基于 NNA 的 Zn/Ni 水性电池还具有出色的寿命（5 000 次循环后容量损失仅为 12%），其结果比碱性电池领域的现有技术好得多。上述这些特点使该 Zn/Ni 电池成为下一代高性能小型化能量存储系统的发展方向。

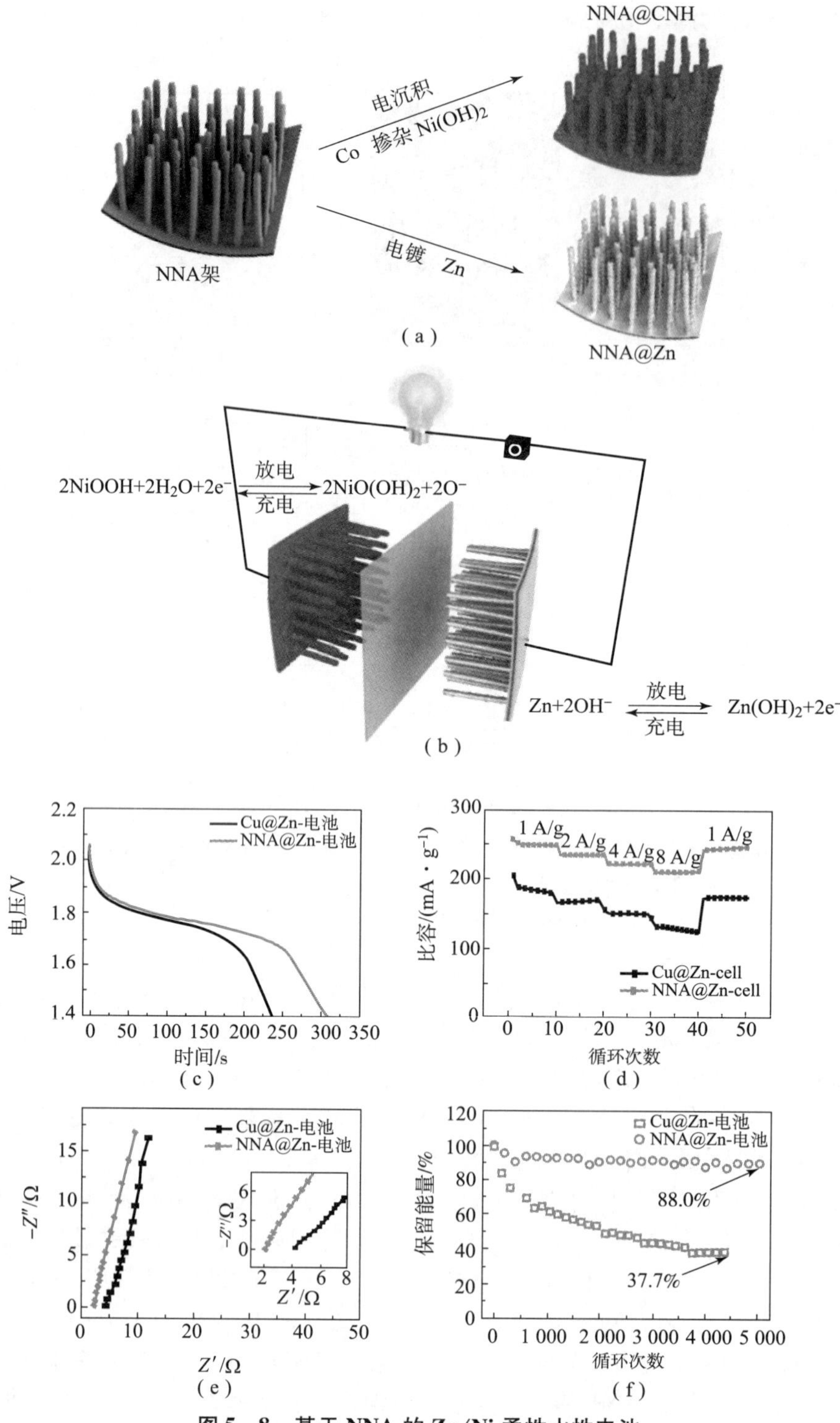

图 5-8 基于 NNA 的 Zn/Ni 柔性水性电池

(a) 电池的阴极和阳极；(b) 电池的结构、工作机理以及所涉及的电化学反应；(c) NNA@Zn 电池和 Cu@Zn 电池的典型恒电流充放电（galvanostatic charge and discharge，GCD）曲线；(d) NNA@Zn 电池和 Cu@Zn 电池的速率性能；(e) NNA@Zn 电池和 Cu@Zn 电池的电化学阻抗谱（electrochemical impedance spectroscopy，EIS）；(f) NNA@Zn 电池和 Cu@Zn 电池的循环性能

随着纳米技术的发展，未来的武器系统可以达到极小甚至比尘埃颗粒更小的尺寸，为了开发这类如智能微尘（smart dust）等的武器微系统，首先要解决武器系统的供能问题。伊朗大不里士大学的 Ashassi – Sorkhabi 教授等人[11]提出了一种基于 3D 多孔微纳米 Ni/Ni $(OH)_2$分层复合材料的超级电容。首先，通过两步气泡动态模板沉积方法，构建了具有多孔结构和超高表面积的 3D 多孔微纳米 Zn/Ni 分层片，随后在其上电沉积了 Ni $(OH)_2$纳米结构作为电活性材料。然后，通过化学蚀刻 3D Zn/Ni/Ni $(OH)_2$纳米复合物中的锌，并形成了具有更精细和多孔形态的氢氧化镍 3D 分层纳米结构。制备的电池表现出优异的电容性能，具有高质量和面积电容、良好的倍率能力和长循环寿命。制备的电极在 1.2 mA/cm^2（1.25 A/g）和 1.10 F/cm^2（1 200 F/g）的电流密度下显示出 2.18 F/cm^2（2 400 F/g）的高比电容，电流密度为 45 mA/cm^2（50 A/g），高于通过将氢氧化镍直接沉积在合成的 3D 镍泡沫上而制得的 3D – Ni/Ni $(OH)_2$纳米复合材料的测量值。另外，所制备的纳米复合薄膜具有良好的循环稳定性，在执行 1 000 次充放电循环后，电容保持率约为 100.012%，而在第 2 000 次循环后，电容保持率仅下降约 1.3%。

3D 多孔 Ni/Ni $(OH)_2$的制造过程在图 5 – 9 中进行了示意性说明。

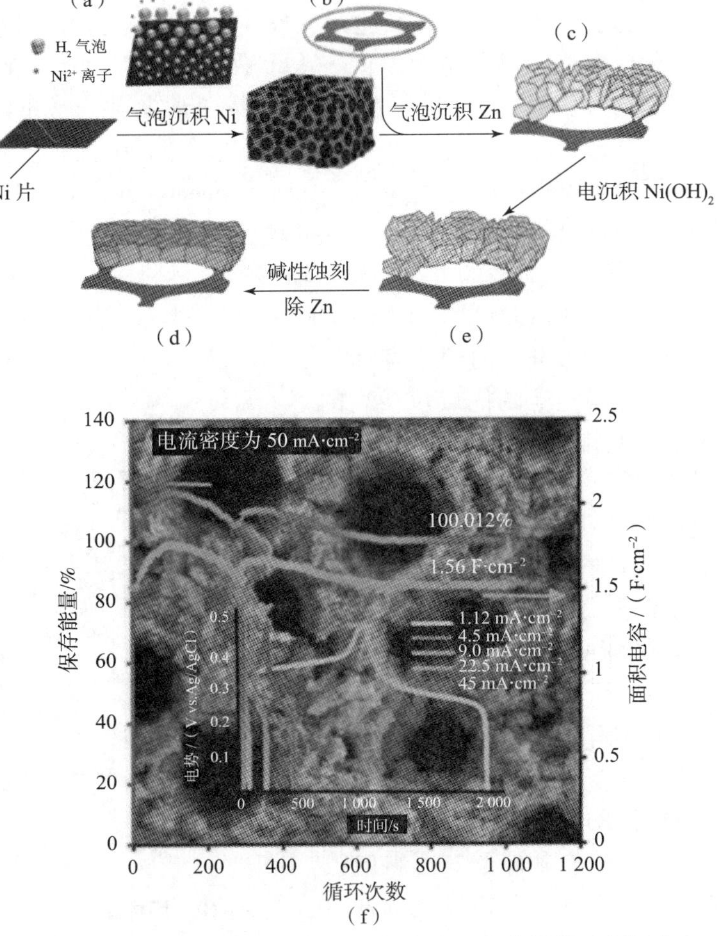

图 5 – 9　3D 多孔微纳米 Ni/Ni $(OH)_2$分层复合材料的超级电容

(a) ~ (e) 3D 多孔 Ni/Ni $(OH)_2$的制造过程；(f) 制造的电容性能

最初，3D－Ni 泡沫是通过气泡动态模板沉积法制造的，如图 5－9（b）所示。在 －4 V 电压和高浓度的 NH_4^+ 的作用下，铵离子在阴极表面放电，并放出氢气，如式（5－5）和式（5－6）所示。同时，溶液中以复合化合物形式存在的镍离子在电极表面放电，并最终形成泡沫结构的镍，如式（5－7）和式（5－8）所示：

$$NH_4^+ + e^- \longrightarrow NH_3 + H_{ad} \tag{5-5}$$

$$2H_{ad} \longrightarrow H_2(g) \tag{5-6}$$

$$Ni^{2+} + n(NH_3) \leftrightarrow Ni(NH_3)_n^{2+}, 2 \leqslant n \leqslant 6 \tag{5-7}$$

$$Ni(NH_3)_n^{2+} + 2e^- \longrightarrow Ni(s) + n(NH_3) \tag{5-8}$$

然后在高压下将锌六角形微纳米片电沉积在 3D 多孔基板上，如图 5－9（c）所示。最后，在基板表面产生氢氧根离子并化学沉淀氢氧化镍，将 Ni/Ni（OH）$_2$纳米结构沉积在准备好的 3D 多孔层状 Zn/Ni 支架上，如图 5－9（d）所示。这部分化学反应如下：

$$NO_3^- + H_2O + 2e^- \longrightarrow NO_2^- + 2OH^- \tag{5-9}$$

$$Ni^{2+} + 2OH^- \longrightarrow Ni(OH)_2 \tag{5-10}$$

5.1.4 微燃料电池

燃料电池是一种电化学电池，它通过氧化还原反应将燃料（通常是氢）和氧化剂（通常是氧）的化学能转化成电能。燃料电池不同于大多数电池，需要连续的燃料和氧气来源（通常来自空气）维持化学反应；而在电池中，化学能量通常来自金属和它们的离子或氧化物。只要燃料和氧气供应充足，燃料电池就可以连续发电。燃料电池有多种类型，包括金属氢化物燃料电池、质子交换膜燃料电池（proton exchange membrane fuel cell，PEMFC）、固体氧化物燃料电池（solid oxide fuel cell，SOFC）、甲醇燃料电池等。

SOFC 是目前世界上发展最有效的（燃料输入输出比）燃料电池发电机。在燃料选择方面具有灵活性、碳基燃料，例如天然气。由于 SOFC 所有部件都是固态的，因此无须维护电解液消除了电极腐蚀现象。SOFC 的预期寿命可能超过 80 000 h。这类燃料电池的优点包括高的热电效率、燃料柔性、低排放和相对低的成本。但 SOFC 在实际工作条件下的耐久性限制了其商业化。具体来说，SOFC 阴极经常受到各种污染，如互连材料和密封材料分别产生的 Cr 和 Si，导致长期性能下降的严重问题。

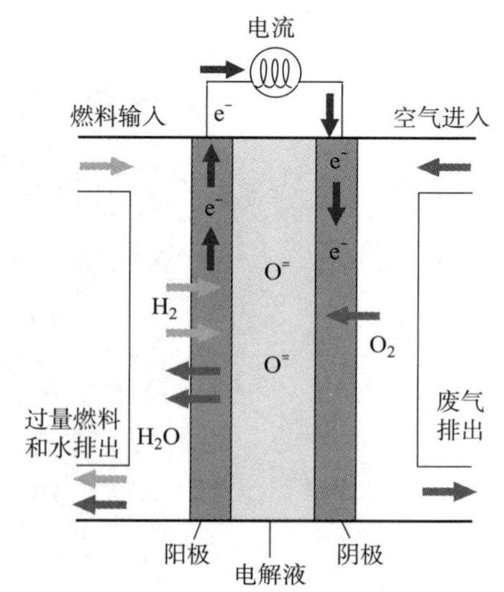

图 5－10　固体氧化物燃料电池工作原理图

图 5－10 为固体氧化物燃料电池工作原理图，在阴极处将氧还原为氧离子，这些离子可以通过固体氧化物电解质扩散到阳极，式（5－11）和式（5－12）给出了反应方程式。电解质的类型通常被用来定义燃料电池的类型，可以由多种物质制成，如氢氧化钾、碳酸盐和磷酸。燃料电池使用的燃料，最常见的是氢气。阳极催化剂通常是细的铂粉，可将燃料分解成电子和离子。阴极

催化剂（通常是镍）将离子转化为化学废料，其中水是最常见的废料。设计用于抵抗氧化的气体扩散层。

$$阳极\ H_2 + O^- \rightarrow H_2O + e^- \tag{5-11}$$

$$阴极\ O_2 + 4e^- \rightarrow 2O^- + 2e^- \tag{5-12}$$

目前，SOFC 在 MEMS 武器系统受到其特性的限制。SOFC 在长时间运行下的稳定性、抗降解性、硫的抵抗性和抗氧化性都是关键参数。意大利乌迪内大学 Boaro 等人[12]研究了氧化还原处理对 Cu 和 $Ce_{0.5}Zr_{0.5}O_2$（CZ）渗入多孔 YSZ 骨架制备的 SOFC 阳极的形貌和性能的影响。使用 Amel 7050 稳压器和 Amel 7200 频率响应分析仪获得 $I-V$ 极化曲线和阻抗谱，电压幅度为 50 mV，频率范围为 0.5 Hz ~ 1 MHz。操作条件是在 973 K 下加湿 3% 的 H_2 流量（50 mL/min）。氧化还原循环是在测试电池的第二天进行的，包括以下步骤：N_2 吹扫为 30 min，2% O_2/He 中的氧化为 1 h，所有步骤在 973 K 下进行。在 800 ℃以上的 SOFC 操作条件下，渗入的 CZ 具有较高的还原性和导电性，结果表明，CZ 中可能发生焦绿石相的结构变化，从而对电解液/电极界面施加机械应力，引起分层。另外，700 ℃下的原位氧化还原循环导致在 3% 加湿氢气中 Cu－CZ/YSZ/YSZ/YSZ/LSM 电池的功率密度显著增加，这是由于 CZ 氧化物在电极/电解质界面上的形态和微观结构的重新排列以及铜的重新分布导致 Cu－CZ 连接性的提高。图 5－11 所示的扫描电镜清楚地证明了这一点。铜与 CZ 之间的相互作用是决定阳极电化学活性的基础。

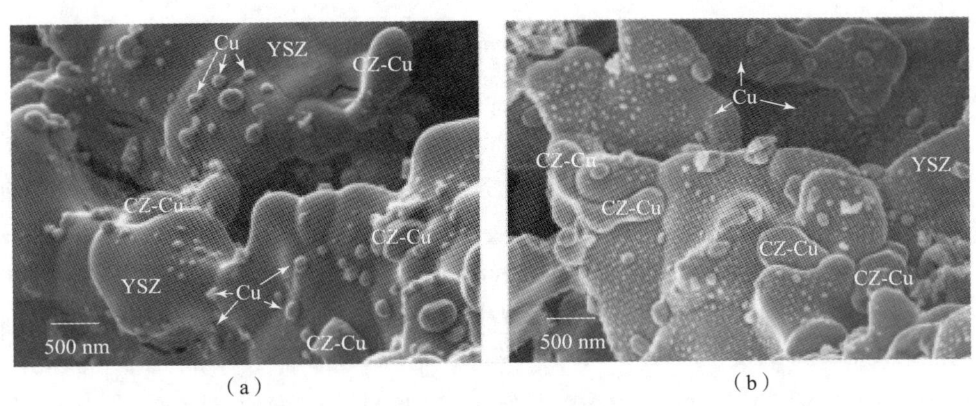

图 5－11　多孔 YSZ 与 10 wt% Cu 和 20 wt% CZ 渗透的扫描电镜图像

（a）700 ℃氧化前；（b）700 ℃氧化后

质子交换膜燃料电池由膜电极（membrane－electrode assembly，MEA）和带气体流动通道的双极板组成，PEMFC 的结构如图 5－12（a）所示。其核心部件膜电极是采用一片聚合物电解质膜和位于其两侧的两片电极热压构成，中间的固体电解质膜起到了离子传递以及分割燃料和氧化剂的双重作用，而两侧的电极是燃料和氧化剂进行电化学反应的场所。PEMFC 通常以全氟磺酸型质子交换膜为电解质，Pt/C 或 Pt Ru/C 为电催化剂，氢或净化重整气为燃料，空气或纯氧为氧化剂，带有气体流动通道的石墨或表面改性金属板为双极板。

PEMFC 的工作原理如图 5－12（b）所示。PEMFC 工作时，燃气和氧化剂气体通过双极板上的导气通道分别到达电池的阳极和阴极，反应气体通过电极上的扩散层到达电极催化层的反应活性中心，氢气在阳极的催化剂作用下解离为氢离子（质子）和带负电的电子，氢离子以水合质子 H + 的形式在质子交换膜中从一个磺酸基迁移到另一个磺酸基，最后到达阴极，实现质子导电。质子的这种迁移导致阳极出现带负电的电子积累，从而变成一个带负电的端子（负极）。与此同时，阴极的氧分子在催化剂作用下与电子反应变成氧离子，使得阴极变成带正电的端子（正极），在阳极的负电终端和阴极的正电终端之间产生了一个电压。如果此时通过外部电路将两端相连，电子就会通过回路从阳极流向阴极，从而产生电流。

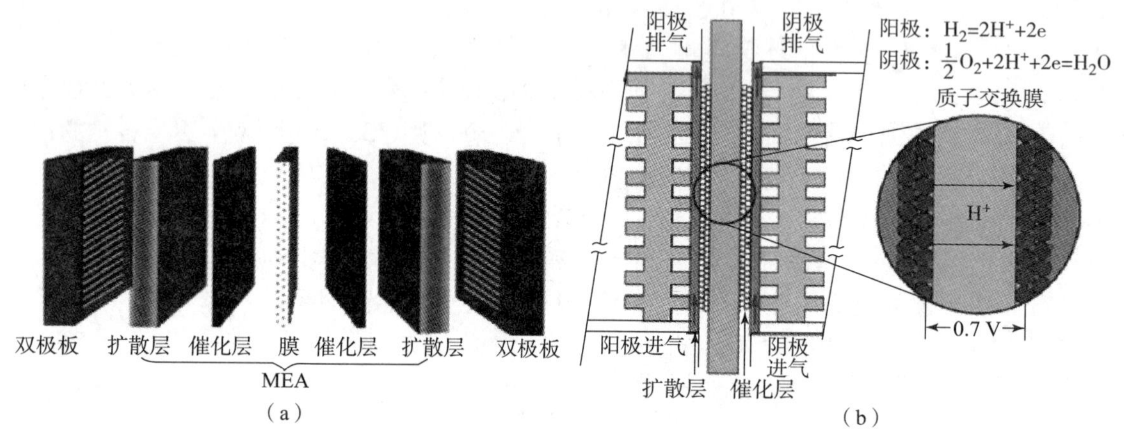

图 5－12　PEMFC 的结构及工作原理

（a）PEMFC 的结构；（b）PEMFC 的工作原理

无人机（unmanned aerial vehicle，UAV）在军用和民用等领域得到了广泛的应用，可用于环境监测、农业植保以及输电线巡检等任务，对高能量密度、质量轻的电池有很大的需求。

针对 UAV 的长期供电需求，埃及军方的 Mobariz 等人[13]提出了一种可再生高效能源系统的设计。该系统由一个燃料电池堆、一组锂离子电池和一个 DC－DC 降压转换器组成。其中燃料电池采用 PEMFCs 设计（图 5－13），其开路电压 $E=1.2$ V，内部电流密度 $i_n=2$ mA/cm^2，内阻 $r=0.000\ 03$ kΩ · cm^2，激活损耗常数 $A=0.06$ V，交流电流密度 $i_0=0.067$ mA/cm^2，浓度损耗常数 $B=0.05$ V，极限电流密度 $i_1=900$ mA/cm^2。其反应如下：

$$\text{阳极}\ 2H_2 \rightarrow 4H^+ + 4e^- \tag{5-13}$$

$$\text{阴极}\ O_2 + 4H^+ + 4e^- \rightarrow 2H_2O \tag{5-14}$$

Helen[14]等人提出了一种微型质子交换膜甲醇燃料电池的设计，可用于驱动 0.5－20 W 的微型装置。他们提出了两种微型 PEMFC 设计方式：一种是双极设计，使用单独的硅晶片作为正极和负极，如图 5－14（a）所示；另一种是将正极和负极整合到一个硅晶片上的整体设计，如图 5－14（b）所示。制备方法是利用掩膜技术在硅片上选择性制备多孔硅膜，然后利用电抛光技术在多孔硅下面制备流场通道；用旋涂或喷涂方法在多孔硅表面覆盖催化剂后，与 Nafion 膜一起组成电池组。该系统利用先进的硅处理和微机电系统技术，实现了最佳的燃料电池性能和最大限度地降低生产成本。

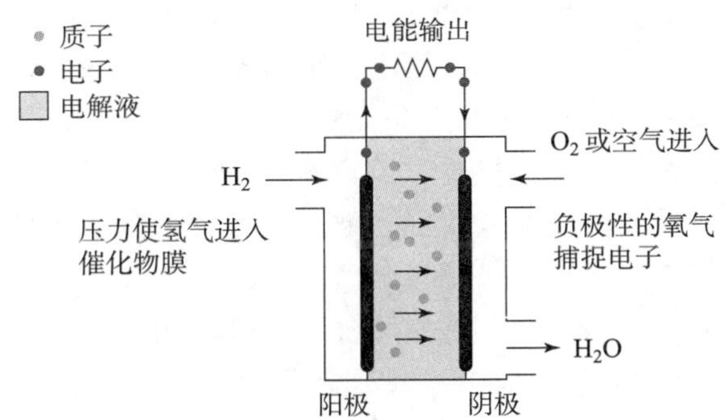

图 5－13　用于 UAV 的 PEMFCs 燃料电池

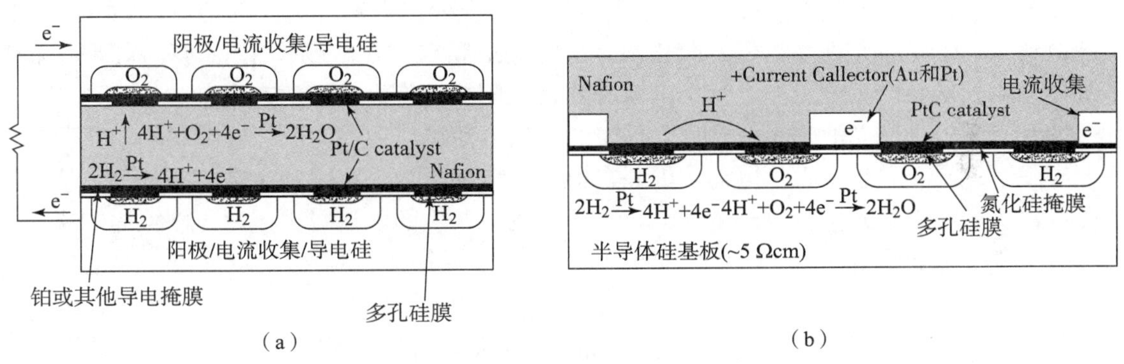

图 5－14　微型质子交换膜甲醇燃料电池结构

(a) 双极设计；(b) 整体设计

5.2　微物理电源

微物理电源不同于化学电源，后者是利用化学能转变为电能，而前者没有化学反应，是将其他物理能如机械能、光能转化为电能。与化学电源相比，绝大多数物理电源在正常使用中不会被损坏，可重复使用。此外，由于大多数化学电源内部存在可变化的化学物质，长期储存（10～15 年）以及高低温变化均会劣化其输出性能。而物理电源在选材上具有宽的温度和湿度能力。相比化学电源，物理电源更适合为长期值守电子系统供电。本节将介绍光伏电池、压电式发电机、电磁式发电机、驻极体式发电机等典型微物理电源。

5.2.1　光伏发电技术

1. 简介

随着人类社会的发展，地球上的自然资源开始出现了大量消耗，导致能源匮乏。因此各国开始对可再生能源进行了研究利用，其中太阳能作为可再生资源中利用率最高的能源，其在世界各地都受到了广泛的使用。目前利用太阳能的光伏发电技术已成为最有潜力的可再生技术之一，其主要是将太阳能辐射光能储存到光伏电池中，从而产生电能[15]。该技术中利用了半导体光伏发电的原理，在太阳电池中聚集来自太阳能辐射的光能，将其转换为电能。

光伏发电技术与基于化石燃料的发电技术相比，其产生电能的过程更为简单、高效与清洁。并且太阳能储备丰富、分布范围广，使用太阳能不仅能够保护环境，同时还能杜绝资源浪费。国际能源署[16]在 2011 年表示：“开发负担得起的、取之不尽、用之不竭的清洁太阳能技术，将产生长期的巨大收益。它将通过依靠本土的、取之不尽、用之不竭的进口资源，提高各国的能源安全，增强可持续性，减少污染，降低缓解全球变暖的成本以及保持化石燃料价格低于其他方面的优势，这些优势具有全球性。”

由于太阳光分布范围较为广泛，因此对其进行开发和利用是十分便捷的。太阳能光伏发电系统在运行的过程中，主要由光伏电池组件、蓄能蓄电池、直交流逆变器等部分组成。对于太阳能光伏发电而言，光伏电池组件是最重要的部件，其承担着将光能转换为电能的重要作用。

2. 工作原理

光伏发电的原理是基于光生伏特效应（photovoltaic effect），当光线照射到带有 pn 结的半导体材料时，光子会激发 pn 结中的电子，形成电子－空穴对。由于其特殊的结构和光伏电池材料，电子仅被允许沿单个方向移动，这些电子和空穴在电场作用下会分别向 n、p 型半导体运动，从而产生电动势。光伏电池阵列将太阳能转换为可用的直流电。

图 5－15 为光伏电池的等效模型。理想的光伏电池可以通过与二极管并联的电流源来建模。实际上，没有理想的光伏电池，因此在模型中增加了分流电阻和串联电阻分量。从等效电路可以明显看出，光伏电池产生的电流等于电流源产生的电流减去流过二极管的电流再减去流过分流电阻器的电流：

$$I = I_L - I_D - I_{SH} \tag{5-15}$$

式中，I 为输出电流；I_L为光生电流；I_D为二极管电流；I_{SH}为分流电流。

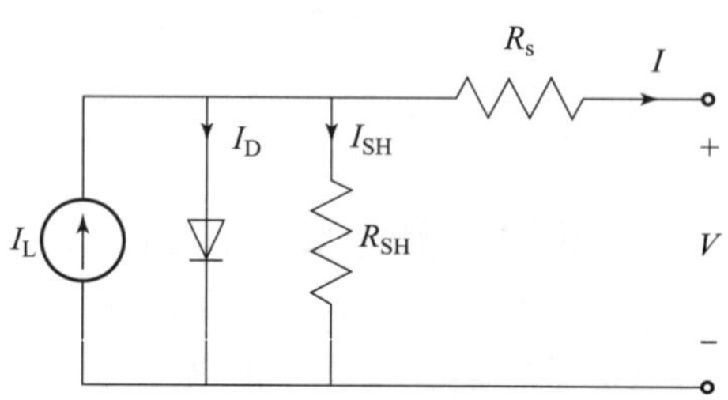

图 5－15　光伏电池的等效模型

通过这些元件的电流取决于它们之间的电压：

$$V_j = V - IR_s \tag{5-16}$$

式中，V_j为二极管和分流电阻 R_{SH}两端的电压；V 为输出端子两端的电压；I 为输出电流；R_s为串联电阻。根据肖克利二极管方程，流过二极管的电流为

$$I_D = I_0\left\{\exp\left[\frac{V_j}{nV_T}\right] - 1\right\} \tag{5-17}$$

式中，I_0为反向饱和电流；n 为二极管理想因数（理想二极管为 1）；热电压 $V_T = kT/q$，q 为元电荷；k 为玻耳兹曼常数；T 为绝对温度。将式（5－16）和式（5－17）代入式（5－15）可得出光伏电池的特性方程式，它将光伏电池参数与输出电流和电压相关联：

$$I = I_L - I_0\left\{\exp\left[\frac{V + IR_s}{nV_T}\right] - 1\right\} - \frac{V + IR_s}{R_{SH}} \tag{5-18}$$

由于无法直接测量参数 I_0、n、R_s 和 R_{SH}，因此，特性方程式的最常见应用是非线性回归，以便根据它们对光伏电池行为的综合影响来提取这些参数的值。当 R_s 不为零时，上面的等式不会直接给出电流 I，但是可以使用 Lambert W 函数来求解：

$$I = \frac{(I_L + I_0) - V/R_{SH}}{1 + R_s/R_{SH}} - \frac{nV_T}{R_s} \times W\left(\frac{I_0 R_s}{nV_T(1 + R_s/R_{SH})}\exp\left(\frac{V}{nV_T}\left(1 - \frac{R_s}{R_s + R_{SH}}\right) + \frac{(I_L + I_0)R_s}{nV_T(1 + R_s/R_{SH})}\right)\right) \tag{5-19}$$

当电池使用外部负载时，可以将其电阻简单地添加到 R_s 并将 V 设置为零以找到电流。当 R_{SH} 无限大时，对于小于 $I_L + I_0$ 的任何 I，都有针对 V 的解：

$$V = nV_T \ln\left(\frac{I_L - I}{I_0} + 1\right) - IR_s \tag{5-20}$$

当电池在开路状态下工作时，$I = 0$，输出端子上的电压定义为开路电压。假设分流电阻足够高，可以忽略特性方程式的最后一项，则开路电压 V_{OC} 为

$$V_{OC} \approx \frac{nkT}{q}\ln\left(\frac{I_L}{I_0} + 1\right) \tag{5-21}$$

同样，当电池在短路状态下工作时，$V = 0$，流经端子的电流 I 定义为短路电流。可以看出，对于高质量的光伏电池（低 R_s 和 I_0，高 R_{SH}），短路电流 I_{SC} 为

$$I_{SC} \approx I_L \tag{5-22}$$

在地球上太阳能几乎无处不在，且蕴藏的能量巨大，太阳能辐射的平面能量密度可以达到 1 396 W/m^2，总量为 173 000 TW。光伏发电技术成熟，已经有了大规模的应用，小到路灯的光伏电池，大到沙漠中的大型电厂。目前光伏电池多以硅材料为主。太阳能主要取决于日照强度和日照时数，这两者都因地点而异。如果能够确定合适的地理位置，太阳能资源的最佳利用是可能的。尽管转换效率和成本不足以替代传统能源，但根据地理位置的不同，可以降低成本、增加能量。

因为地理、时间变化、云层覆盖以及人类可利用的土地等因素限制了人类可以获取的光伏能量。地理因素会影响太阳能的潜力，因为更靠近赤道的区域具有较高的太阳辐射量。但是，采用跟随太阳位置的光伏电池能显著提高离赤道较远区域的太阳能利用率。时间变化会影响太阳能利用率，因为在夜间，地球表面几乎没有太阳辐射可吸收，这限制了光伏电池板一天之内可以吸收的能量。云层会影响太阳能利用率，因为云层会阻挡来自太阳的入射光并减少可用于光伏电池的光能。

3. 典型应用

太阳能的一大应用适用于电力生产，如直接使用光伏（photovoltaic，PV）或间接使用聚光太阳能（concentrated solar energy，CSP）将太阳光转换为电能。CSP 系统使用透镜或镜子和跟踪系统将大面积的阳光聚焦为一小束光束。PV 利用光电效应将光转换成电流。预计到 2050 年，太阳能将成为世界上最大的电力来源，太阳能光伏发电和集中式光伏发电两种发电方式分别占全球总消耗的 16% 和 11%[17]。在 2016 年，光伏发电量占全球发电量的 1.3%。在过去的 20 年中，PV 已经从小规模应用发展成为主流电源。图 5－16 展示了太阳能的军事应用。太阳能无人驾驶飞机多采用超薄砷化镓光伏电池，砷化镓光伏电池可以产生足够的发电量供飞机进行远距离侦察飞行。单兵太阳能设备则为士兵提供了恒定的能量来为

电池充电，同时减少了携带大型电源装备需求。

(a)　　　　　　　　　　　　(b)

图 5 - 16　太阳能军事应用

(a) 太阳能侦察无人机；(b) 美军太阳能头盔

2014 年美国 PE Solar 公司为夏威夷瓦胡岛上的海军和海军陆战队基地建造了美国最大的光伏系统[18]。该项目包括 10 组屋顶光伏系统和 4 个地面光伏系统，分布在 3 个不同的基地。在建成后的第一年，这些电力系统节省了 160 万美元的电费，相当于 54000 桶石油花费。光伏发电系统产生的电能，可为 5000 多个家庭供电。该光伏阵列电源系统，可以连续工作 25 年。图 5 - 17 是军事基地的光伏发电系统。

图 5 - 17　军事基地的光伏发电系统

美国圣迭戈州立大学 Kassegne 教授团队开发了一种由三维结构亚微米和纳米柱阵列构成的聚合物光伏电池[19]，如图 5 - 18 所示。该团队利用标准微加工工艺实现了高导电性透明聚合物（Orgacon™）3D 阳极涂覆，替代了传统昂贵的 ITO 电极。该 3D 结构不仅增加了光吸收表面的面积，还提高了载流子的收集效率，光伏电池的能量转化率比 2D 结构的光伏电池提高了 2.75 倍。

埃及亚历山大大学 Tayel 研究员提出了一种双层微悬臂梁结构（Bilayer Micro - Cantilever，BMC）的 MEMS 光伏电池，可以同时收集光能和热能[20]。该微型光伏电池结构如图 5 - 19 所示。聚光镜用于收集入射太阳光；BMC 由金属化半导体制成，用于吸收光能，附在 BMC 上的压电薄膜用于转换 BMC 的应变能。当 BMC 暴露在阳光下时，BMC 吸收一定量的入射太阳能，一部分吸收的电能将转换为热量，从而在金属层和半导体层上产生热应力；另一部分能量在半导体层中产生自由电荷载流子，转换为电能。由于热应力，悬臂梁会偏转一定量。附着在 BMC 表面的薄膜压电层将这种应变能转换为电能。

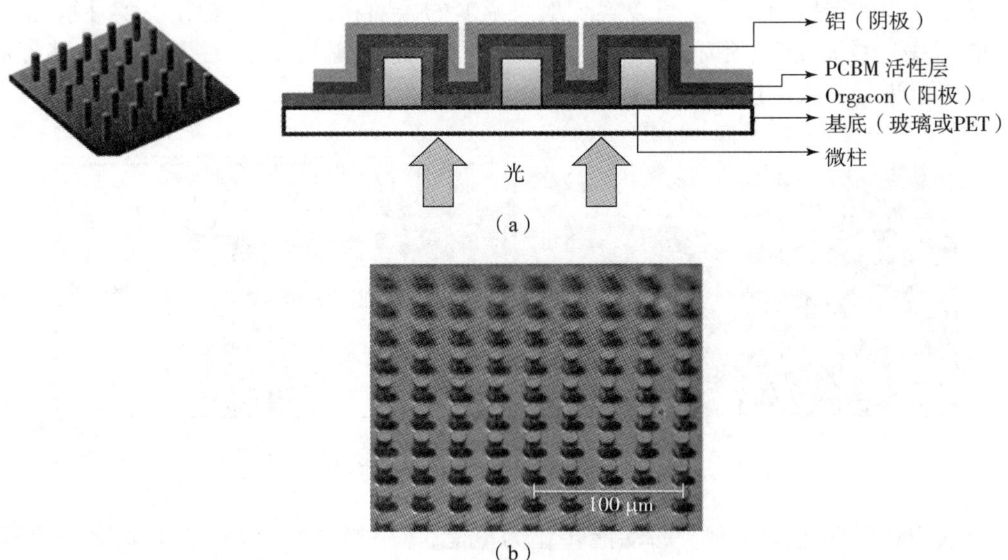

图5－18　3D 结构 MEMS 光伏电池

（a）结构示意图；（b）实物图

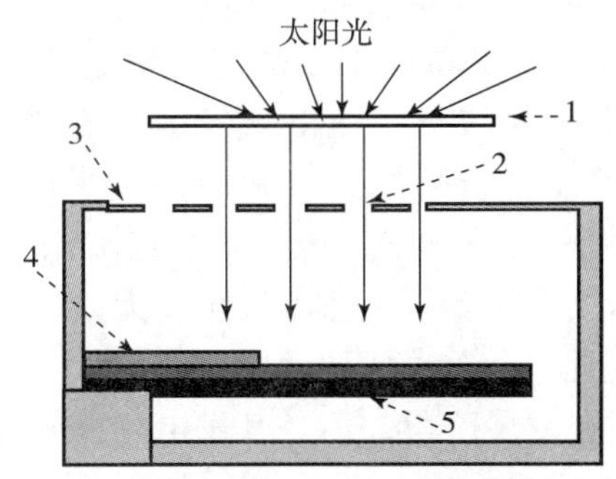

图5－19　微光伏电池结构示意

1—聚光镜；2—狭缝；3—固定板；4—压电薄膜；5—BMC

5.2.2　压电式发电技术

1. 简介

微型发电机在战场无线传感器网络、可穿戴单兵装备和医疗植入物的长寿命自供电方面具有巨大潜力，因此引起了学术界、工业界和军事界的极大兴趣。而随着无线通信和低功耗电子技术的发展，士兵对高效的自给式电力系统的需求越来越大。传统的电池由于寿命有限，需要定期充电或更换废电池，因此存在局限性。解决问题的一种方法是引入微型环境发电策略，可以从周围环境中收集能量并将其转换为可用的电能，实现设备长时间自供电，压电式发电技术就是这样的微型发电策略。

压电式发电技术是利用压电材料的正压电效应，将振动机械能转化为电能。在振动过程中，压电材料受到外力作用，在一定方向上产生极化现象，并在表面上产生电荷，除去外力，电荷也将消失。利用这一原理，在压电材料表面涂覆电极，就可以收集振动产生的能量。在发电结构的谐振频率下，可以实现最大幅度的振动和最大功率输出。实际情况下，振动结构的谐振频率较高，而环境振动通常为低频，因此需要降低发电结构的谐振频率。图 5 - 20 所示为带有末端质量块的压电式发电结构[21]。

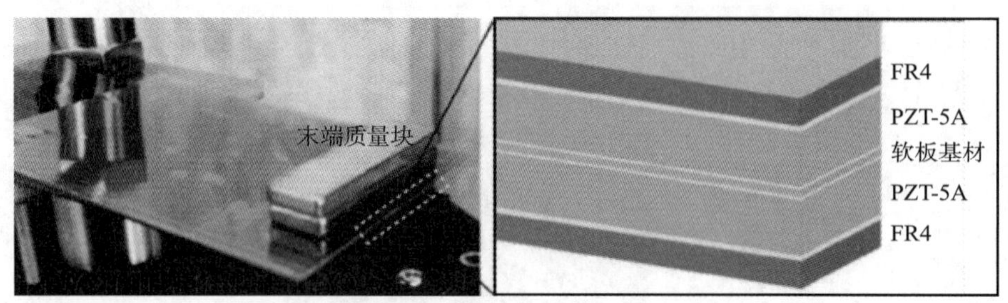

图 5 - 20　带有末端质量块的压电式发电结构

压电效应将振动或冲击形式的动能转化为电能，这种转换所得到的电能就称为压电能（piezoelectric energy）。压电效应具有能量转换效率高、易于实现、小型化等优点，被广泛应用于机械能转换为电能。当压电陶瓷在压力或振动下被机械激活时，它有能力产生足以在电极间隙产生火花的压电能。在弹药战斗部中，压电陶瓷经常用于点燃装药。

压电式发电技术（piezoelectric energy harvesting，PEH）具有可与 MEMS 技术很好地集成、能量输出密度大、发电结构简单、不发热、无电磁干扰、无污染、寿命几乎无限、易于加工制作和实现机构微小化的特点。压电式发电机有着最简单的结构但能产生相对较大的电能输出，使得微电子设备、微传感器和微型能量收集器等微型机电系统的应用范围不断扩大，包括用于健康监测的分布式传感器节点、用于医疗的嵌入式或者植入式传感器节点、大型系统的电池、汽车轮胎压力监测系统、无人飞行器以及家用安全系统等。目前市场上已存在很多中尺寸（厘米级）的压电发电机产品，如图 5 - 21 所示。虽然微尺寸压电发电机的研究与开发尚处在发展阶段，但是其发电的高效性已经被证实。

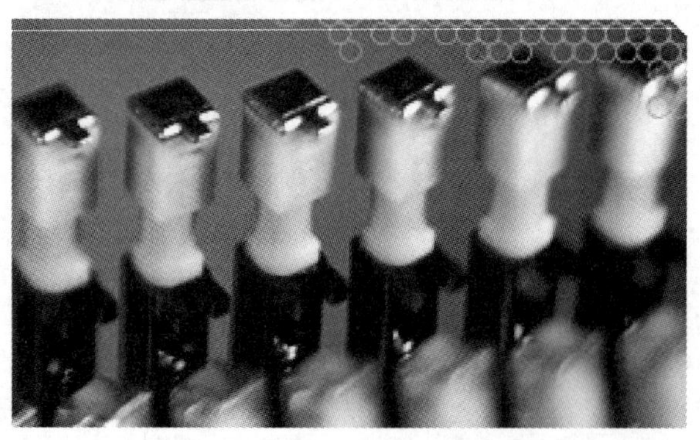

图 5 - 21　压电式发电机

2. 工作原理

正压电效应是 PEH 的基础。它由下列本构方程控制，将力学域（应力 T 和应变 S）与电域（电场 E 和电荷密度 D）连接起来：

$$\begin{bmatrix} \text{Converse} \\ \text{Direct} \end{bmatrix} = \begin{bmatrix} S \\ D \end{bmatrix} = \begin{bmatrix} s^E & \boldsymbol{d}^{\mathrm{T}} \\ \boldsymbol{d} & \boldsymbol{\varepsilon}^{\mathrm{T}} \end{bmatrix} \begin{bmatrix} T \\ E \end{bmatrix} \tag{5-23}$$

式中，$\boldsymbol{s}^E$为恒定电场下的柔度；$\boldsymbol{\varepsilon}^{\mathrm{T}}$为恒定应力下的介电常数；$\boldsymbol{d}$ 和 $\boldsymbol{d}^{\mathrm{T}}$ 为直接和逆压电效应的矩阵；上标 T 代表转置。大多数压电式发动机的工作频率远低于所用压电元件的谐振频率。因此，压电元件可以近似地看作平行板电容器。对于应力为 S 的压电元件（比表面积 S 和厚度 t），可以粗略地计算出电极上的累积电荷 Q、元件上的电压 V 和总转换电能 U 是

$$U = \frac{1}{2}QV = \frac{1}{2}(d \times \sigma \times S) \cdot (g \times \sigma \times t) = \frac{1}{2}d \times g \times \sigma^2 \times \text{Volume} \tag{5-24}$$

式中，d 为压电应变常数，g 为压电电压常数。上述简化的方程表明，当压电材料受到直接应力时，$d \times g$ 值较高的材料将显示出较高的功率密度。

方程式（5－24）可用于评估不同的压电材料。常用压电材料有氮化铝（AlN）、氧化锌（ZnO）、钛酸钡（$BaTiO_3$）、聚偏氟乙烯（PVDF）、压电陶瓷（PZT）、聚甲基丙烯酸甲酯（PMN－PT）（$Pb[Mg_{1/3}Nb_{2/3}]O_3$－$PbTiO_3$）、压电陶瓷 PZN－PT（$Pb[Zn_{1/3}Nb_{2/3}]O_3$－$PbTiO_3$）和各种压电复合材料。表 5－1 总结了这些压电材料的性能。Al_2O_3 和 ZnO 的压电效应比其他材料弱得多，它们通常用于微尺度的薄膜结构中，这些结构的优点不同于块体材料。因此，这里不比较 AlN 和 ZnO 的性质。如表 5－1 所示，通常压电系数 $d_{15} \gg d_{33} > d_{31}$。对于 PZT，$d_{31} \approx 0.5d_{33}$。PMN－PT 和 PZN－PT 单晶具有极高的压电性能，但比 PZT 对温度变化更敏感、更易疲劳、更难制造。因此，压电陶瓷仍然是压电式发电机中最受欢迎的压电材料。

表 5－1 压电材料及其性能

物理参数	材料							
	$BaTiO_3$	PZT－4	PZT－5A	PZT－5H	PZT－8	PVDF	PMN－33% PT	PZN－6% PT
d_{31}（10^{-12}C/N）	－78	－123	－171	－275	－97	－23	－920	－1 400
d_{33}	149	289	374	593	225	33	2 200	2 400
d_{15}	—	496	584	741	330	—	—	—
机械品质因数 Q_M	300	500	75	65	1 000	3～10	69	—
介电损耗	—	0.4%	—	2%	0.4%	—	0.42%	—
居里温度/℃	115	328	365	193	300	100	145	100

PZT 是一种钙钛矿型压电陶瓷，是将金属氧化物 $PbZr_{1-x}Ti_xO_3$按一定比例混合烧结而成。当 $x \approx 0.5$ 时，压电效应最大。在 $x = 0.5$ 左右，晶体 PZT 处于铁电单斜相和菱面体相的形态相界附近，并且有越来越多的畴结构共存。然后将复合粉末加热并形成所需形状。随后，经历烧结过程并获得致密的晶体结构。晶体按规格研磨，最后一道工序通过表面覆盖电极，实现极化。PZT 是一种多晶材料，具有随机取向的极性畴［图 5－22（a）］。因此，在极化之前，它不会显示宏观压电效应。在略低于居里温度下，通过电极提供强直流电场，随机取向的电畴在外电场的作用下，发生偏转，直至与极化电场方向一致［图 5－22（b）］。在冷却和去除电场后，被锁定在近似平行于极化电场方向的模式中［图 5－22（c）］。该材料具有永久的极化特性，并表现出理想的压电效应。

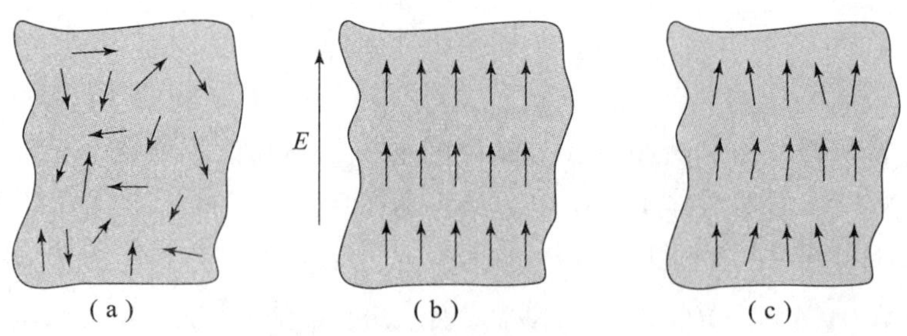

图 5-22　压电陶瓷极化过程

(a) 极化前极性畴的随机取向；(b) 在恒定电场下极化；(c) 电场消除后的剩余极化

根据极化方向和应力方向，压电式发电机可分为两种主要工作模式：d_{31} 和 d_{33}。如图 5-23 所示，在 d_{31} 模式中，极化方向“3”（即电场）垂直于施加应力“1”的方向。这是最常用的工作模式，广泛存在于弯曲梁结构中。相反，d_{33} 模式为极化方向与应力方向相同。d_{33} 模式通常构造叉指型电极来设计压电式发电机结构。

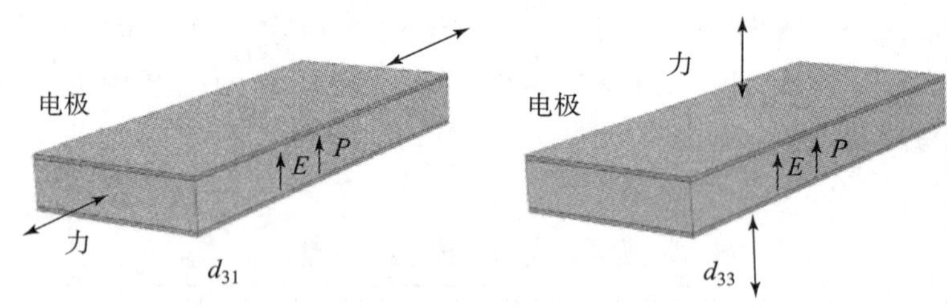

图 5-23　d_{31} 和 d_{33} 两种工作模式

3. 典型应用

针对高速运动武器系统的 MEMS 传感器、执行器需要 1 mW 功率供电的需求，弗吉尼亚理工大学的 Kishore 等人提出了一个由直径 72 mm 转子组成的超低启动速度的压电式风力涡轮发电机，如图 5-24 所示，具有 8 个叶片。当风对涡轮作用时，涡轮上产生空气动力扭矩，使转子沿其轴线旋转。转子的交变极性磁铁产生交变磁场，与附着在磁头尖端的磁铁相互作用，使它以循环的方式驱动压电双晶片产生形变。这种现象产生交替应力，从而感应输出交变电压。该风力涡轮发电机的雷诺数约为 2×10^4，但在最佳叶尖速比为 0.7 时仍具有约 11% 的较高能量转换率。当风速介于 2.4 mi（1 mi≈1.609 km）和 5.0 mi 之间时，该涡轮发电机的能量转换率为 9%～10%。此外，在风速为 4.2 mi/h，外接电阻为 9 kΩ 时，该涡轮发电机在额定功率下可产生 450 μW 的峰值功率。

对于该风力涡轮发电机，2 s 内以 4.2 mi/h 的速度启动其能量计算如下：

$$U = \frac{1}{2}CV_o^2 f\Delta T \tag{5-25}$$

式中，C 为压电双晶片的电容；V_o 为输入方波信号的幅度；f 为频率；T 为激励期间所需的时间。给定压电双晶片的电容测得为 224 nF。当知道其他变量的值：$V_o=120$ V 和 $f=1$ Hz 时，可以估计在 2 s 内激活压电双晶片能量输出约为 3 226 μJ。

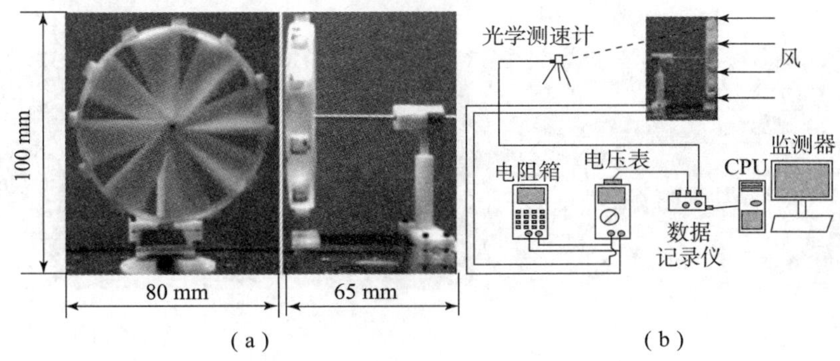

图5－24 压电式微风力涡轮发电机

(a) 发电机实物图; (b) 性能测试系统

加拿大多伦多大学杨正宝教授[21]推导了线性压电悬臂式发电机电能输出的有效表达式，建立了发电效率与结构电学等关键参数之间的关系，通过实验验证了该方法的有效性。此外，还对非线性微型发电机进行了开环共振和闭环共振测试。实验和理论研究表明，能量转换效率随激励频率的升高而降低，其值与激励/响应的相位差有关。在共振状态下，线性和非线性发电机的相位差都在90°左右，极大提高了输出功率，图5－25显示了线性压电悬臂式发电机结构。

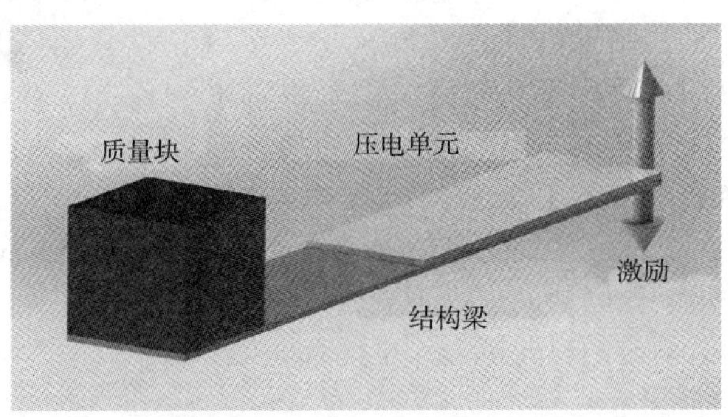

图5－25 线性压电式悬臂发电机结构示意图

为了从战场环境发电实现无线传感器自供电，台湾大学Su教授等人[22]开发了一种双向压电式发电机，它由两个子系统组成：一个用于发电的主梁和一个从另一个方向触发主梁振动的磁铁弹簧振子。如图5－26（a）所示，主梁对垂直方向的振动敏感。当振动发生在水平方向时，磁铁弹簧振子触发主梁振动，实现了双向振动发电。

英国谢菲尔德大学Arrieta等人[23]提出了一种双稳态复合板式压电式发电机，如图5－26（b）所示。该双稳态复合板是基于特殊热处理技术获得的，能够承受高水平激励。需要注意的是，高水平激励是产生高频受激振动的必要条件。英国巴斯大学Betts等人[24]提出了一种双稳态优化策略复合材料，研究中考虑了发电机的最佳长径比、堆叠顺序、厚度和压电面积。

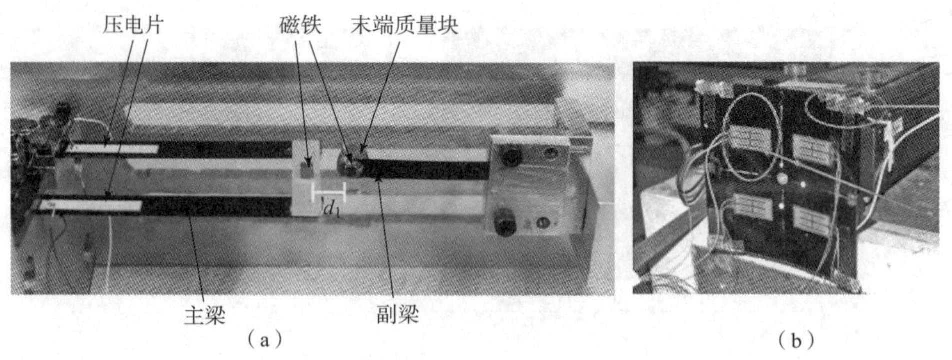

（a）　　　　　　　　　　（b）

图 5-26　压电式发动机结构示意图

（a）双向压电发动机；（b）双稳态复合板

美国洛斯·阿拉莫斯国家实验室工程学院 Farinholt 等人[25]开发了一种新型的单兵压电式发电背包，该背包可以通过使用聚偏氟乙烯从穿戴者和背包之间的力差中产生电能，如图 5-27 所示。

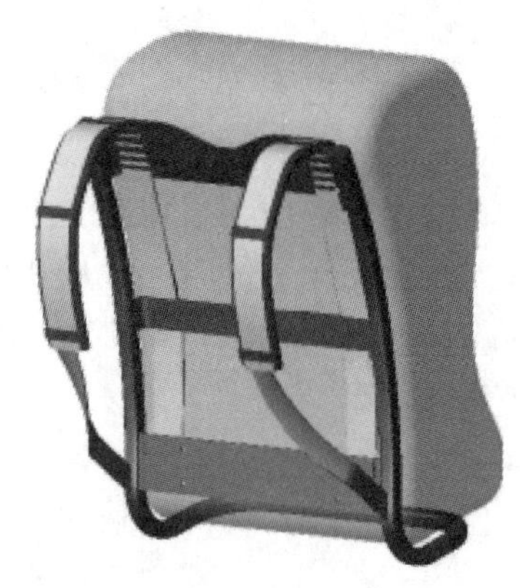

图 5-27　压电背带背包示意图

美国 NASA 艾姆斯研究中心 Akaydin 等人[26]研究了高雷诺数下置于湍流边界层和圆柱尾流中的柔性压电悬臂梁，并开发了三向耦合相互作用模拟来验证实验结果，如图 5-28 所示。探讨了利用压电式发电机从非定常湍流流体中获取能量的可能性。湍流在时空尺度上表现出很大的一致性，这为流体环境下发电提供了一个独特的机会。研究了在高雷诺数下，置于湍流边界层和圆柱尾流中的柔性压电悬臂梁产生的电压。将流体的主导频率与压电发电机的固有频率相匹配，可以使压电输出电压最大化。发电性能也取决于发电机在流场中的位置。建立了考虑压电发电机气动力、结构振动和电响应的三向耦合作用仿真模型。

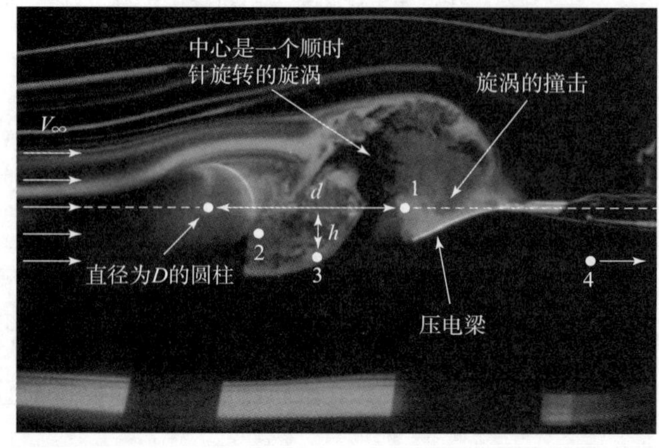

图 5-28　压电式发电机在流场中的原理图及将弹性梁置于涡流道中诱发振动的概念

5.2.3 电磁式发电技术

1. 简介

在物联网的无线传感节点应用场景中，需要寻找合适的能量来源。与太阳能、机械振动能、热能和其他形式的可再生能源相比，磁能已成为一种潜在环境能源。大多数环境中普遍存在杂散磁场，这些杂散磁场是由建筑物、架空输电线、工业机械和消费类电子设备的电力传输基础设施引起的。这些场通常被认为是噪声和/或对人体有害，如输电电缆周围产生固有的50/60 Hz振荡磁场（在距离50 mm电流电缆10 mm处<1 mT）（图5-29）。

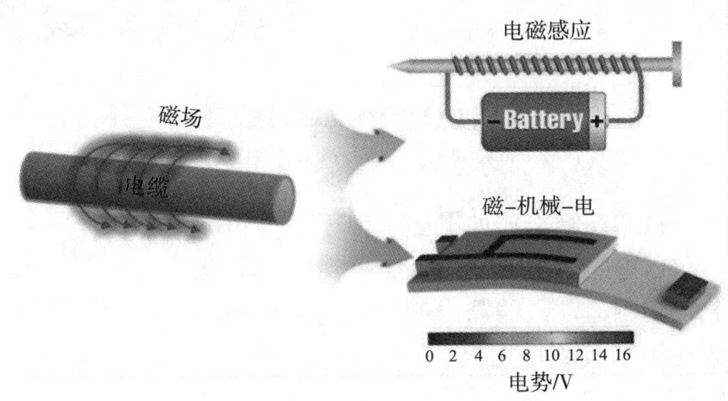

图5-29　电磁式发电机原理

2. 工作原理

电磁式发电技术的原理是基于法拉第电磁感应定律。其结构为永磁体和感应线圈，在振动过程中，永磁体和线圈之间存在相对运动，线圈切割磁场，使线圈中磁通量发生改变，产生感应电动势，从而在线圈中产生电流。感应电动势大小与磁通量变化率成正比。

$$E = -\frac{\partial \phi}{\partial t} \tag{5-26}$$

式中，E为感应电动势；ϕ为磁通量。若电圈匝数为N，则

$$E = -N\frac{\partial \phi}{\partial t} \tag{5-27}$$

3. 典型应用

麻省理工学院Radhakrishna教授团队设计了一款利用微加工技术制备的电磁式发电机[2]。如图5-30所示，作为振动质量块的永磁体，在硅弹簧的支撑下，于顶部和底部的线圈之间往复振动，将振动的机械能转换为电能。该电磁式发电机的开路电压为145 mV，在45.7 Hz的谐振频率下最大功率为165 μW，功率密度可达382 μW/cm^3。

德里印度理工学院Mallick教授等人[27]开发了一种高性能MEMS电磁式发电机。通过非线性弹簧结构设计，该器件具有60~80 Hz的带宽。磁铁作为振动质量块，由四个固定的悬臂梁支撑。梁被固定在框架的两个对角线位置，并且成对地连接到质量块的另外两个对角线位置上。振动时，悬臂梁除了弯曲应变之外，还存在拉伸应变，这种非线性挠曲行为极大地拓宽了发电机的带宽。

达姆施塔特工业大学Dai教授等人[28]研究了一种基于弹药输运振动的电磁式发电机。

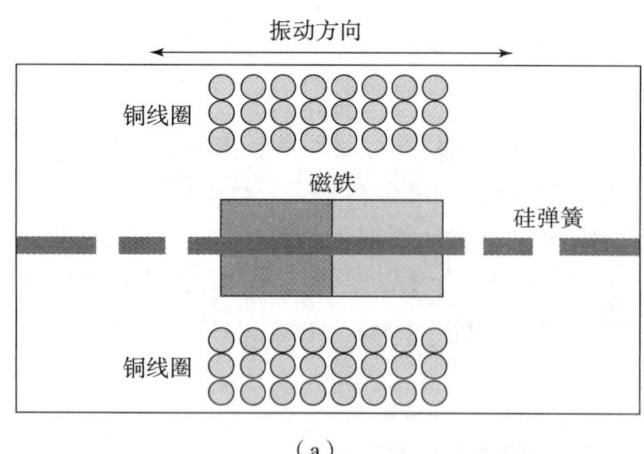

(a)

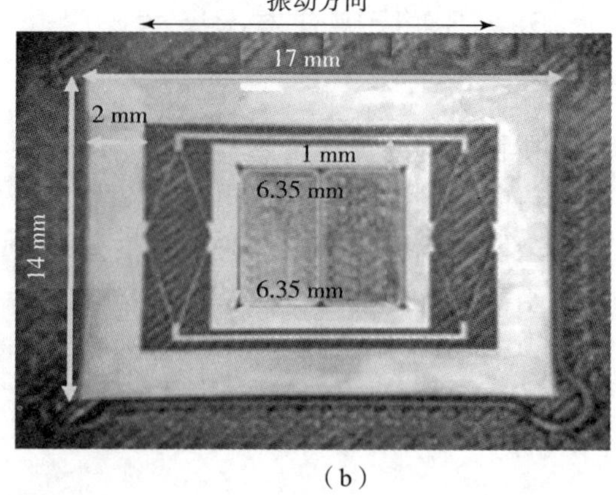

(b)

图 5-30　MEMS 电磁式发电机

(a) 结构示意图；(b) 实物图

如图 5-31 所示，由磁铁和线圈组成的电磁式发电机中，电路考虑了外接的电路负载电阻情况下，假设磁铁沿着横向移动，与线圈发生了相对切割运动，线圈内磁通量的变化会在线圈内产生电势，当连接到负载电阻时，电流从线圈流出，然后将电能输送到负载。同时，建立了横向位移和电磁感应电流的耦合方程，利用了准静态对系统的动力学建模，通过线性分析，确定了电阻对耦合阻尼和振动质量块起始速度的影响。结果表明，负载电阻对耦合阻尼和起振速度有很大的影响。对于较高的负载电阻值，负载电阻对起振速度的影响可以忽略不计。

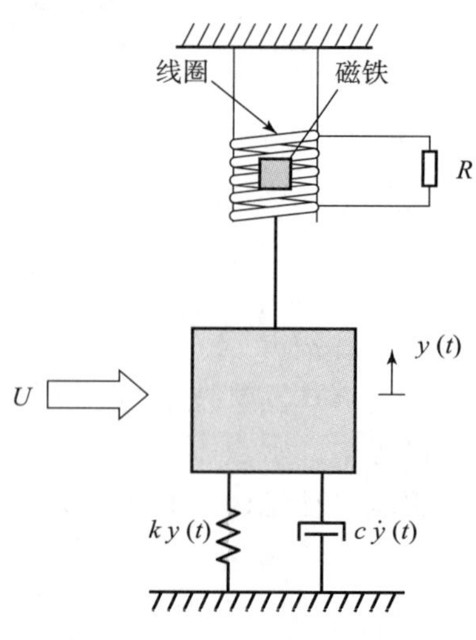

图 5-31　电磁式发电机系统建模

为了采集海面波浪能给军事浮标供电，新加坡国立大学 Yang 等人[29]设计并制造了一种新型的多频电磁式发电机，它由三块永磁体、三组双层铜线圈和一根丙烯酸支撑梁组成，这些线圈由 FR4 制成，采用标准印刷电路板，如图 5-32 所示。第一、第二和第三共振模式分别对应于 369 Hz、938 Hz 和 1 184 Hz 的共振频率。当激励振幅为 14 μm，磁体与线圈间隙为 400 μm 时，第一振型和第二振型的最大输出电压和功率分别为 1.38 mV、0.6 μW 和 3.2 mV、3.2 μW。

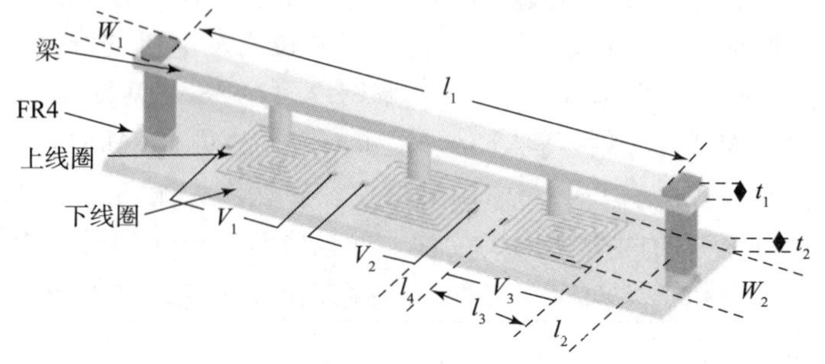

图 5-32　基于三组线圈和磁铁的电磁式发电机的原理设计

5.2.4 驻极体式发电技术

1. 简介

驻极体是具有准永久电荷或偶极极化的电介质材料，其电荷分布示意如图 5－33 所示。驻极体可以产生内部和外部电场。驻极体的电荷可以是真实电荷（或称空间电荷），例如表面电荷或体电荷；也可以是偶极电荷，或者两者兼有之。

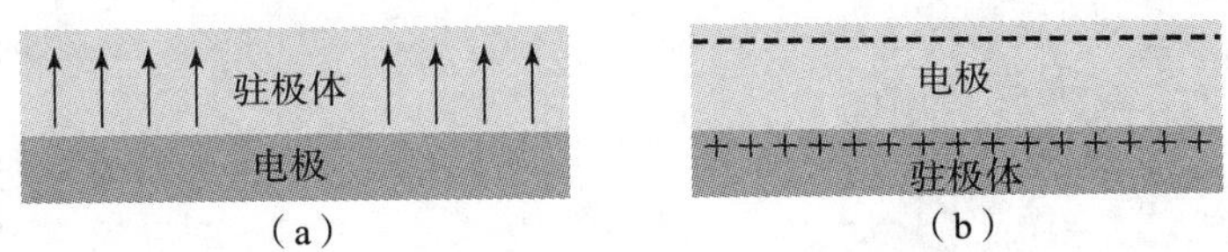

图 5－33 驻极体电荷分布示意图

（a）偶极子取向驻极体；（b）电荷注入驻极体

从理论上讲，电介质不导电；因此，植入的电荷被陷入在驻极体内，从而能够在电介质表面上方空间维持很长时间。驻极体电荷注入（极化）的方法有多种，但最常见的是电晕极化（图 5－34）。它采用了点—栅网的极化结构，放电针经受强电场从而产生等离子体。离子经栅网加速注入驻极体实现极化，电晕极化可以是单针电晕放电，也可以是针端位于同一平面的阵列分布的多针极化。栅网的安置要求靠近样品而远离电晕放电针，并提供一定量值与电晕电压同极性的电压。

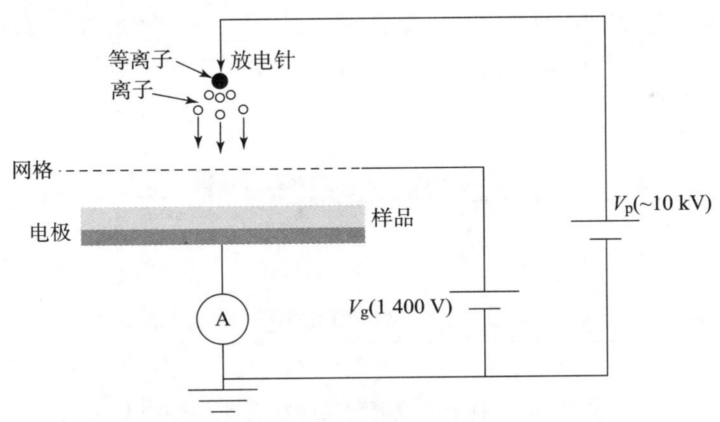

图 5－34 电晕极化驻极体技术

然而，驻极体不是完美的绝缘体，注入的电荷可以在材料的内部移动或者通过外部的电荷抵消，并最终消失。因此，如何长时间保持注入电荷的稳定性是驻极体研究的一个重点方向。出色的驻极体材料可以保持数百年电荷不消退。例如，Teflon ®和二氧化硅（SiO_2），其电荷的稳定性估计超过 100 年。驻极体材料在自然界中很常见。例如，石英和其他形式的二氧化硅是天然存在的驻极体。如今，大多数驻极体是由合成聚合物制成的，如氟聚合物、聚丙烯、聚对苯二甲酸乙二醇酯等。它们广泛地使用在商业化驻极体麦克风（图 5－35）、驻极体过滤器、驻极体式发电机。

图 5－36 展示了典型的驻极体式发电机结构。该结构由一个背电极和一个对电极组成，

在该电极上沉积一个驻极体，由气隙隔开并通过电负载连接。驻极体表面具有恒定电荷 Q_i，根据静电感应和电荷守恒原理，电极和对电极上的电荷总和等于驻极体上的电荷：$Q_i = Q_1 + Q_2$。

图 5－35　驻极体麦克风

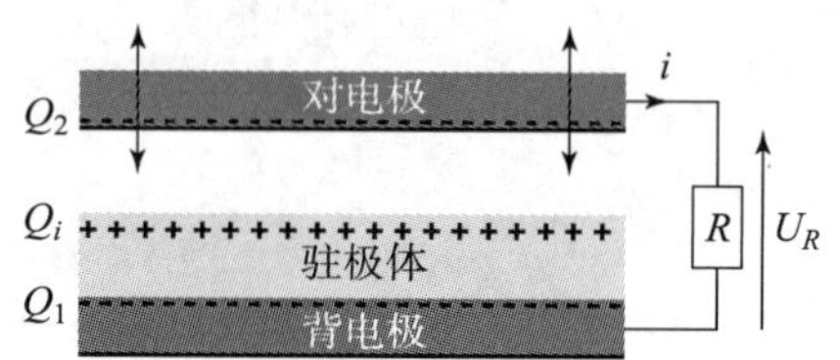

图 5－36　驻极体式发电机结构

当振动发生时，可通过改变背电极与对应电极之间的相对位置（例如，对电极远离驻极体，改变气隙）从而导致背电极和对电极之间通过负载的转移电荷——这会在负载 R 上产生电流，机械能被转化为电能。

2. 工作原理

图 5－37 给出了基于介质振荡型的驻极体式发电机的结构示意图。当金属化振荡电介质分别限制在驻极体偏置的静电场内但与驻极体固定的背电极电绝缘时，感应电荷最终取决于驻极体的极化程度和电介质的介电特性，与驻极体厚度或介电常数无关。空气间隙的变化导致电介质两端电极层产生电流。

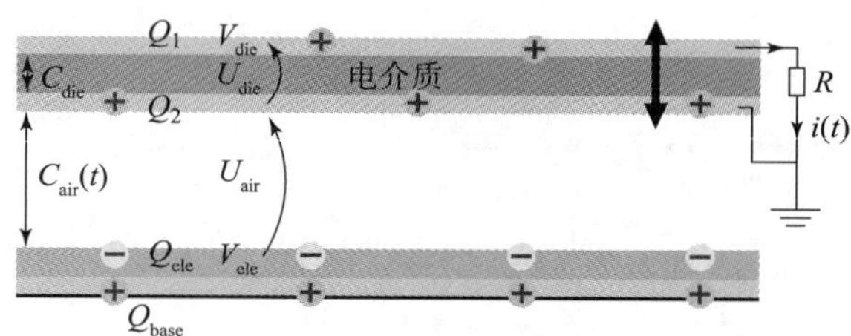

图 5－37　基于介质振荡型的驻极体式发电机

考虑电荷守恒定律，驻极体表面电荷 Q_{ele} 可写作

$$Q_{ele} = Q_1(t) + Q_2(t) + Q_{base} \tag{5-28}$$

式中，$Q_1(t)$、$Q_2(t)$ 和 Q_{base} 分别为电介质上下两个电极层和固定电极层上的电荷。根据基尔霍夫电压定律：

$$V_{ele} - V_{die}(t) - U_{air}(t) - U_{die}(t) = 0 \tag{5-29}$$

式中，V_{ele}、$V_{die}(t)$、$U_{air}(t)$ 和 $U_{die}(t)$ 分别为驻极体表面电位、电介质上电极的电位、空气层的电位差和电介质的电位差。这些变量之间的关系可以描述如下：

$$\begin{cases} U_{\mathrm{air}}(t) = \dfrac{Q_1(t) + Q_2(t)}{C_{\mathrm{air}}(t)} \\ V_{\mathrm{die}}(t) = \dfrac{Q_1(t)}{C_{\mathrm{die}}} \\ U_{\mathrm{die}}(t) = \dfrac{Q_2(t)}{C_{\mathrm{die}}} \end{cases} \tag{5-30}$$

式中，$C_{\mathrm{air}}(t)$ 和 C_{die} 分别为空气层和电介质的电容。因此，流经负载 R 上的电流 $i(t)$ 为

$$i(t) = \frac{\mathrm{d}Q_2(t)}{\mathrm{d}t} = \frac{C_{\mathrm{air}}(t)V_{\mathrm{ele}} - Q_2(t)\left(1 + \dfrac{C_{\mathrm{air}}(t)}{C_{\mathrm{die}}}\right)}{R(C_{\mathrm{air}}(t) + C_{\mathrm{die}})} \tag{5-31}$$

3. 典型应用

法国里昂中央理工学院的 Perez 教授等人[3]奠定了静电式微涡轮发电机的理论基础。从空气动力学的角度而言，静电式涡轮发电机可以分为曳力型垂直轴风力涡轮发电机（vertical axis wind turbine，VAWT）和升力型水平轴风力涡轮发电机（horizontal axis wind turbine，HAWT）。从转换机制而言，这些类型的转换都是基于由转子和定子之间的运动引起的电容变化的静电机制，分别采用驻极体静电源和摩擦起电静电源。制造了三类试验样机，分别是基于驻极体的曳力式风力涡轮发电机、基于驻极体的升力式风力涡轮发电机以及基于摩擦起电的升力式风力涡轮发电机，如图 5－38 所示。试验表明，基于驻极体的风力涡轮发电机非

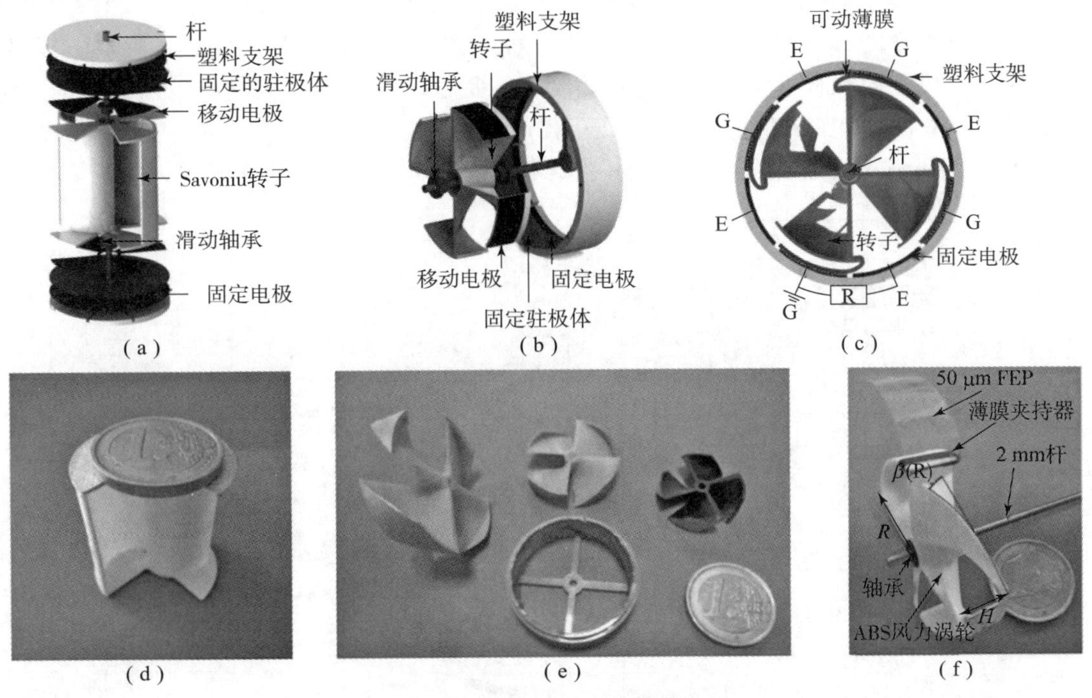

图 5－38　静电式风力涡轮发电机

(a) 基于驻极体的曳力式风力涡轮发电机（叶片数 $N=4$，每个上面都有驻极体）；(b) 基于驻极体的升力式风力涡轮发电机（可动电极数 $N=4$）；(c) 基于摩擦起电的升力式风力涡轮发电机（驻极体薄膜数 $N_{\mathrm{m}}=4$，电极数 $2N=8$）；(d) 制造的驻极体曳力式风力涡轮发电机（$R=5$ mm，$H=30$ mm，$N=2$ mm）；(e) 制造的含有 3 个驻极体的升力式风力涡轮发电机（$H=R/2$，$N=4$）；(f) 制造的含有 3 个驻极体的摩擦起电的升力式涡轮发电机（$R=20$ mm，$H=10$ mm，$N=4$，$N_{\mathrm{m}}=1$）

常适合于极低速应用。在这些旋转“非接触式”发电机中，升力型 HAWT 比起曳力型 VAWT 具有更好的性能，具有更高的转速（10 m/s 时，HAWT 为 7 300 r/min，VAMT 为 3 500 r/min）、功率水平（2 m/s 时，HAWI 为 300 mW，VAMT 为 28 μW）和效率（HAWT 为 9%，VAMT 为 0.4%），并且体积要小得多（HAWT 为 12.6 cm^3，VAMT 为 50.3 cm^3）。

法国原子能委员会电子与信息技术实验室（Laboratoire d'électronique des technologies de l'information）Boisseau 研究员等[30]介绍了一种驻极体式发电机，并建立了一种简单高效的驻极体式发电机的精确分析模型。振动加速度为 0.1g（≈1 m/s^2）时，可以输出高达 30 μW 的功率。如图 5-39 所示，为了确保良好的平整度，梁由硅材料制成，一端固定在框架上。与另一端相连的移动质量块由钨制成，钨具有较高的密度，可以限制其尺寸大小。

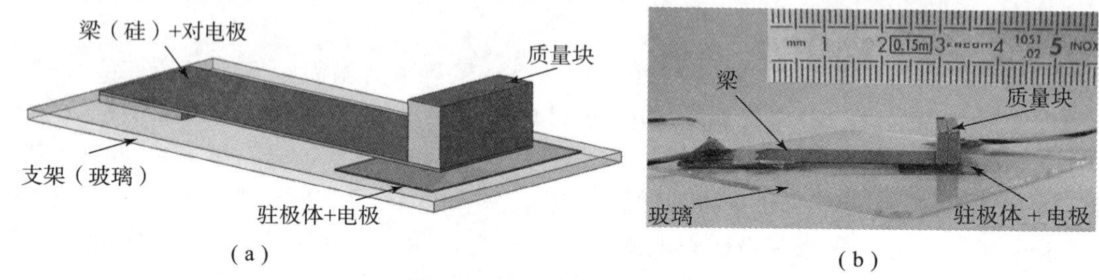

图 5-39　驻极体式发电机

（a）结构图；（b）实物图

印度德维大学的 Ahmed 和 Kakkar 提出了一种人体内可植入的驻极体式发电机。提出的发电机结合了可变面积和可变间隙两种拓扑结构的特性，以获得更大的电容随位移的变化，结果如图 5-40 所示。在最大位移下，可获得的最大功率为 9.6 μW；同时，最大功率密度为 109.71 $\mu W/cm^2$，因此，所提出的驻极式发电机可作为心脏和神经植入物的电源。

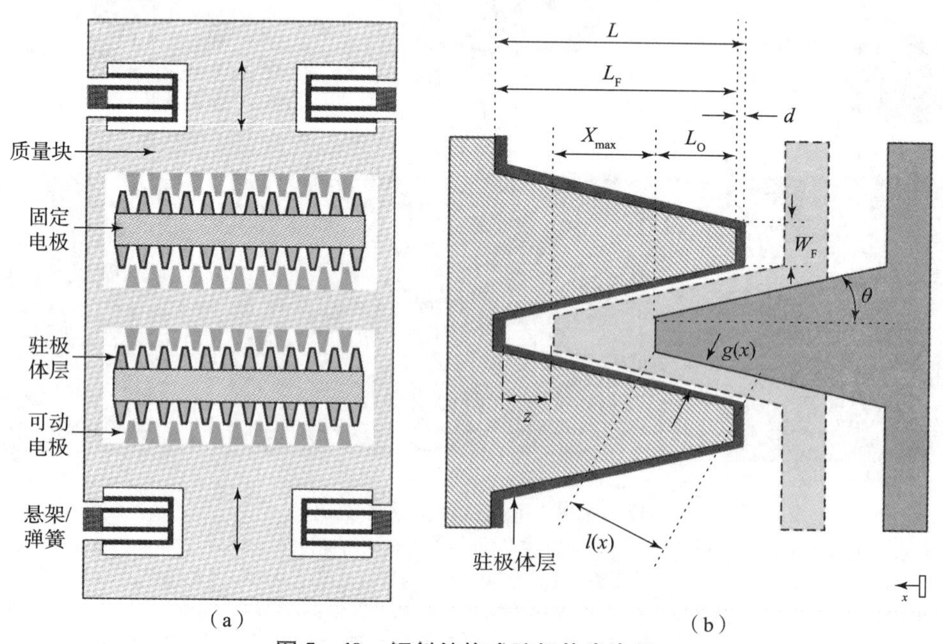

图 5-40　倾斜结构式驻极体发电机

（a）整体结构示意图；（b）倾斜电极结构示意图

5.3　超级电容器

5.3.1　技术背景

抢占太空空间、争夺“制天权”，已成为打赢未来信息化战争的重要一环。要建立强有力的防天系统，离不开精准高能的空间武器，如以高功率脉冲激光武器为代表的定向能武器等。这些武器具有惊人的威力，对打赢未来“天战”不可或缺。超级电容器作为高功率脉冲激光武器中最重要的供能部件，是一种新型储能装置，可在很短时间内爆发出巨大能量，在装甲车辆、舰艇、航天飞行器等需要较大脉冲放电功率的武器装备及设备上均有广泛的应用，在未来战场上的作用不能小觑。

当前，世界上超级电容器的民用产品技术已日趋成熟，但在军用产品技术方面，各国都讳莫如深，通常通过定制或将工业产品经过升级改造后用于军事装备。美国的 AVX 公司推出宇航级“卑金属”电极、电介质多层陶瓷超级电容器，这些电子器件展现出和那些“贵金属”（如金、银、铂等）电极超级电容器同样的电容电压特性，并以更小的体积提供更高的电容值，可减小电路板空间和器件总重量。他们计划将其应用于有人飞行器和无人飞行器以及轨道卫星的能源供应。美国 Evans 公司则开发出一种大型超级电容器，工作电压为 120 V，存储的能量超过 35 kJ，功率高于 20 kW，可用作机载激光武器的致密型超高功率脉冲电源。

从一些军事强国的发展看，超级电容器在电力综合推进系统中的应用已较为成熟，但在以激光武器为代表的脉冲功率技术的应用上仍存在工作电压低、内电阻较大的问题。

近年来，全球众多国家都在致力于提升超级电容器功率密度和降低内阻的研究。相信在不久的将来，随着超级电容器的高能化和小型化，束能武器的发展将会突飞猛进，激光枪、激光炮将会得到普及，“星球大战”或将不仅仅存在于科幻电影中了。

1. 简介

超级电容器（SC），也称电化学电容器。SC 是一种电容值远高于其他电容器，但电压限制较低的大容量电容器，它能弥合电解电容器和可充电电池之间的间隙。每单位体积或质量储存的能量是电解电容器的 10～100 倍，电荷的移动速度比电池快得多，并且比可充电电池能承受更多的充放电循环。市面上常见的超级电容如图 5－41 所示。

图 5－41　市面上常见的超级电容

超级电容的历史发展要从20世纪50年代初期算起，通用电气的工程师从燃料电池和充电电池的设计开始，在电容器的设计中尝试使用多孔碳电极。1957年，H. Becker开发了“带有多孔碳电极的低压电解电容器”。1966年，俄亥俄州标准石油公司（Standard Oil Company）的研究人员在进行实验性燃料电池设计的同时，开发了该组件的另一种形式，称为“电能存储设备”。1975—1980年，布瑞恩（Brian）对氧化钌电化学电容器进行了广泛的基础性和开发工作。20世纪80年代末，改进的电极材料增加了电容值。1994年，David A. Evans使用200 V高压钽电解电容器的阳极，开发了“电解混合电化学电容器”。最近的发展包括锂离子电容器，它们将静电碳电极与预掺杂的锂离子电化学电极结合在一起。这种组合增加了电容值。另外，预掺杂过程降低了阳极电势并导致了高电池输出电压，从而进一步提高了比能。活跃在许多公司和大学中的研究部门致力于改善比能量、比功率和循环稳定性等特性，并降低生产成本。

超级电容器通常采用薄涂层的电极，电连接至导电金属电流收集器。电极必须具有良好的导电性、高温稳定性、长期化学稳定性（惰性）、高耐腐蚀性和高比表面积。其他要求包括环境友好性和低成本。超级电容器电极通常由具有特别高的比表面积的多孔海绵材料制成，如活性炭。另外，电极材料执行法拉第电荷转移的能力增强了总电容。通常，电极的孔越小，电容和比能就越大[32]。但是，较小的孔会增加等效串联电阻（equivalent series resistance，ESR），并降低比功率。具有高峰值电流的应用需要较大的孔和较低的内部损耗，而需要高比能量的应用则需要较小的孔。

2. 结构及原理

图5-42（a）为超级电容的原型，5.5 V超级电容器由两个串联的单节电池组成，每个电池至少额定为2.75 V。图5-42（b）为超级电容器的典型结构，超级电容器由两个集电极、两个极化电极、亥姆霍兹双层等组成。当电子导体与固体或液体离子导体（电解液）接触时，两相之间出现一个公共边界（界面），即亥姆霍兹层。当电极被外加电压极化时，电解液中的离子形成与电极极性相反的电双层。例如，正极化的电极在电极/电解液界面上有一层负离子，同时正离子的电荷平衡层吸附在负离子层上。负极化电极的情况正好相反。此外，根据电极材料和表面形状的不同，一些离子可能渗透到双层膜中，成为特定的吸附离子，并对超级电容器的总电容产生赝电容（pseudocapacitor）。

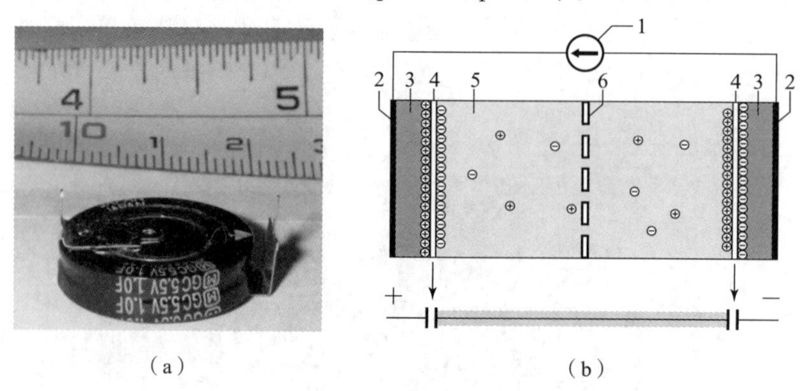

（a）　（b）

图5-42　超级电容器

（a）超级电容器原型；（b）超级电容器的典型结构

1—电源；2—集电极；3—极化电极；4—亥姆霍兹双层；5—具有正离子和负离子的电解质；6—隔膜

电解质在两个电极之间形成离子导电连接，将它们与通常存在电介质层的常规电解电容器区别开来，所谓的电解质，如 MnO_2 或导电聚合物，实际上是第二电极（阴极，或者更正确的是正电极）的一部分。超级电容器通过不对称电极的设计极化，或者对于对称电极，通过在制造过程中施加的电位极化。

3. 典型应用

超级电容器是利用双层效应来储存电能，但是这种双层没有传统的固体介质来分离电荷。电极双电层中有两种储存原理，它们对电化学电容器的总电容有贡献：静态双层电容和电化学赝电容，电能可以通过这两种储存原理储存在超级电容器中；两种电容的分布取决于电极的材料和结构。

超级电容器用于需要许多快速充放电循环的应用，而不是长期紧凑型储能——在汽车、公共汽车、火车、起重机和电梯中。图5－43为常见的超级电容器的外观构造。超级电容器用于再生制动、短期储能，或突发模式电源传输。较小的SC单元用作静态随机存取存储器（static random access memory，SRAM）的电源备份。与普通电容器不同，超级电容器不使用传统的固体电介质，而是使用静电双层电容（electrostatic double－layer capacitors，EDLCs）和电化学赝电容，两者都有助于电容器的总电容。下面将按照它们的特点进行分类。

（a）　　（b）

图5－43　常见的超级电容器的外观构造

（a）扁平样式；（b）径向样式

根据储存原理，超级电容器有三种类型。

（1）静电双电层电容器：带有活性炭电极或衍生物的静电双电层电容器要比电化学赝电容器的总电容高得多。它采用比电化学赝电容器更高的静电双电层电容器的碳电极或衍生物，在导电电极与电解液的界面处实现赫尔姆霍兹双层的电荷分离。电荷的分离度为0.3～0.8 nm，比传统电容器小得多。

（2）电化学赝电容器：通过法拉第氧化还原反应和电荷转移实现电能的电化学存储，是具有过渡金属氧化物或具有高电化学赝电容器的导电聚合物电极。使用金属氧化物或导电聚合物电极，其具有高的电化学赝电容性，附加于双电层电容器。赝电容器是通过法拉第电子电荷转移与氧化还原反应，插层或电吸附实现的。

（3）混合电容器：带有不对称电极，其中之一表现出大部分静电，而另一部分表现出电化学电容，如锂离子电容器。

由于双电层电容器和赝电容器都对电化学电容器的总电容值有不可分割的贡献，因此只能在通用术语下对这些电容器进行正确的描述。电化学赝电容器中每单位电压存储的电荷量是电极尺寸的函数，这些存储原理产生的电容值在1～100 F。最近提出的超级电池的概念，更好地表示那些性能更像超级电容器和可再充电电池的混合设备。

EDLCs 是电化学赝电容器，主要通过双层电容器实现能量存储。在过去，所有的电化学电容器都被称为双电层电容器。目前，双电层电容器与赝电容器一起被称为超级电容器。图 5 - 44 为超级电容器分类。

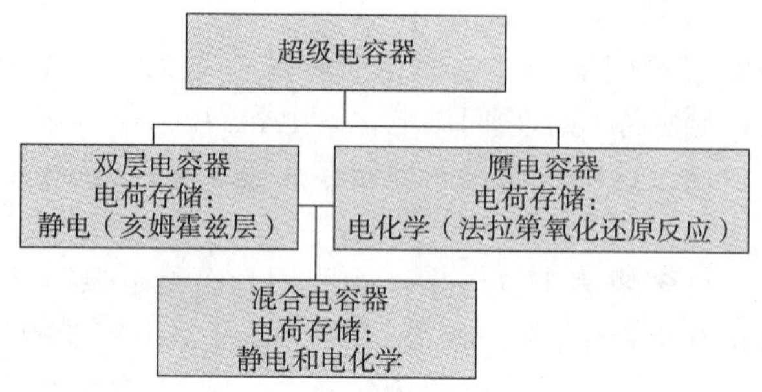

图 5 - 44　超级电容器分类

5.3.2　静电双电层电容器

1. 结构及原理

理想的双电层电容器的结构和功能如图 5 - 45 所示，每个电化学电容器都有两个集电极。双电层电容器是建立在德国物理学家亥姆霍兹提出的界面双电层（EDL）理论基础上的一种全新的电容器。众所周知，插入电解质溶液中的金属电极表面与液面两侧会出现符号相反的过剩电荷，从而使相间产生电位差。那么，如果在电解液中同时插入两个电极，并在其间施加一个小于电解质溶液分解电压的电压，这时电解液中的正、负离子在电场的作用下会迅速向两极运动，并分别在两上电极的表面形成紧密的电荷层，即双电层，它所形成的双电层和传统电容器中的电介质在电场作用下产生的极化电荷相似，从而产生电容效应。紧密的双电层近似于平板电容器，但是，由于紧密的电荷层间距比普通电容器电荷层间的距离小得多，因而具有比普通电容器更大的容量。

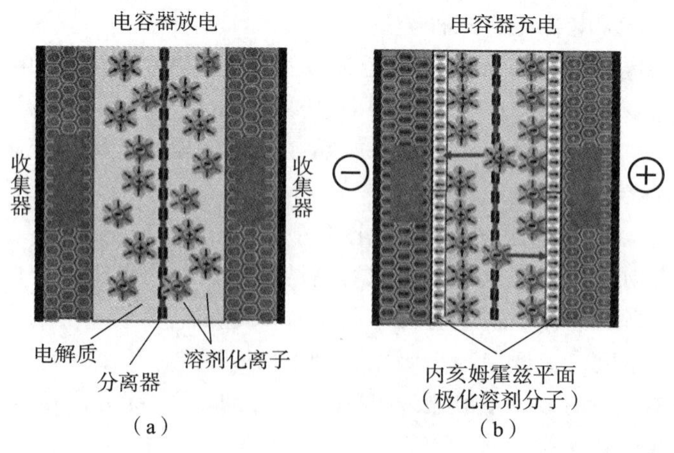

图 5 - 45　理想的双电层电容器的结构和功能

（a）离子随机分布；（b）相反极性离子的镜像电荷分布

对电化学电容器施加电压会使电容器中的两个电极产生双电层。这两层由两层电荷组成：一层是在电极的表面晶格结构中的电子层，另一层是从电解液中溶解和溶解的离子中产生的，极性相反。这两层被一层溶剂分子分开，其中在电极界面电解液一侧的紧密层，由特性吸附离子的电荷中心所形成的平面，称为内亥姆霍兹平面（inner Nehelmholtz plane，IHP），而在电极界面电解液一侧紧密双电层下，由非特性吸附离子（通常是溶剂化的）的电荷中心形成的平面溶剂分子通过物理吸附在电极表面，称为外亥姆霍兹平面（outer Nehelmholtz plane，OHP）。将极化相反的离子相互分离，可以理想地作为分子电介质。在两个电极的电容器上施加一个电压，就会形成一个亥姆霍兹双电层结构，将电解液中的离子按相反极性的镜像电荷分布分开。

在这个过程中，电极和电解液之间没有电荷转移，所以引起黏附的力不是化学键，而是物理力，如静电力。吸附的分子是极化的，但由于电解液和电极之间缺乏电荷转移，没有发生化学变化。当两极连接到外电路时，电荷的迁移会在外电路形成电流。电极中的电荷量与外亥姆霍兹平面上的反电荷量相匹配。这种双电层现象像在传统电容器中一样储存电荷。双电层电荷在 IHP 中溶剂分子的分子层中形成一个与外加电压强度相对应的静电场。

该双电层用作近似于传统电容器中的电介质层，尽管具有单个分子的厚度。因此，传统平板电容器的标准公式可用于计算其电容：

$$C = \varepsilon \frac{A}{d} \tag{5-32}$$

电容 C 为由高介电常数 ε、极板表面积 A 和极板之间距离 d 的材料制成的电容器电容。因此，双层电容器比传统电容器具有更高的电容值，活性炭电极的比表面积极大，且极薄的双层距离为 0.3 ~ 0.8 nm，德拜长度为 0.3 ~ 0.8 nm。

双层 SC 碳电极的主要缺点是量子电容值小，与离子空间电荷电容串联。因此，SC 中电容密度的进一步增加可以与碳电极纳米结构量子电容的增加联系起来。双层膜的静电储能与电荷呈线性关系，与吸附离子的浓度相对应。另外，传统电容器中的电荷是通过电子传递的，双电层电容器中的电容与电解质中离子的有限移动速度和电极的电阻多孔结构有关。由于电极或电解液中不发生化学变化，充电和放电双电层原则上是无限的。超级电容器的使用寿命仅受电解液蒸发效应的限制。

2. 静电双电层电容器的材料

超级电容器最常用的电极材料是各种表现形式的碳，如活性炭、碳纤维布（AFC）、碳源碳（CDC）、碳气凝胶、石墨（graphene）和碳纳米管（carbon nano - tube，CNT）。碳基电极主要表现为静态双电层电容，尽管根据孔径分布也可能存在少量的赝电容。碳的孔径通常从微孔（<2 nm）到中孔（2 ~ 50 nm）不等，但只有微孔（<2 nm）才有助于赝电容的形成。当孔径接近溶剂化壳的尺寸时，溶剂分子被排除在外，只有未溶解的离子填满了孔（即使是大离子），通过法拉第氢插层增加了离子的堆积密度和储存能力。

活性炭是 EDLCs 电极的首选材料。即使它的导电率约为金属的 0.003%（1 250 ~ 2 000 S/m），但对于超级电容器来说是足够的。活性炭是一种具有高比表面积的多孔碳——1 g 多孔碳表面积约为 1 000 ~ 3 000 m^2（4 ~ 12 个网球场的大小）。固体活性炭，也称为固结非晶炭（consolidated amorphous carbon），是超级电容器最常用的电极材料，可能比其他碳衍生物便宜。它由活性炭粉末制成，形成具有广泛孔径分布的块状物。比表面积约为 1 000 m^2/g 的电极，其典型的双电层电容约为 10 $\mu F/cm^2$，比电容为 100 F/g。

3. 相关研究

英国多伦多大学 Gao 等人[33]采用垂直定向石墨烯纳米片（vertically oriented graphene nanosheets，VOGN）电极和氢离子导电的四乙基氢氧化铵（TEAOH）－聚乙烯醇（PVA）聚合物电解质，制备了三明治结构和平板结构的超快固体双电层电容器。这些固态 EDLCs 在循环伏安法中的扫描速率为 1 000 V/s，响应时间小于 1 ms，在储存 18 个月后，在有限的封装条件下进行 100 000 次充放电循环后，仍保持了较高的性能，表明 TEAOH－PVA 电解质具有较高的稳定性。固态电容器能够在高温下工作，在 90 ℃下的响应时间为 0.35 ms。鉴于其超高速率能力、优异的寿命和循环寿命以及优异的温度稳定性，这些固态 EDLCs 有望替代目前用于交流线路滤波的大容量电解电容器，成为小型和轻型的替代品。图 5－46 展示了通过在电极表面滴注测量体积的聚合物电解质前驱体溶液，制备了 1 cm^2 平面叉指型固态 EDLC，前驱体溶液中的水在室温下蒸发，形成聚合物电解质层，覆盖数字化图案。

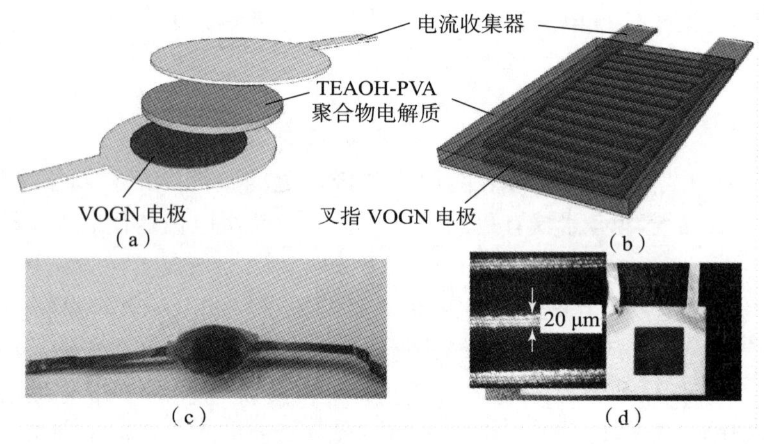

图 5－46　双电层电容器

（a）固态夹层型；（b）固态平面叉指型；（c）固态夹层型实物图；（d）固态平面叉指型实物图

印度泰米尔纳德邦哥印拜陀大学 Senthilkumar 教授等[34]用氧化还原添加剂电解质改善双电层电容及其比电容。他们添加了卤素（碘离子，I^-）的水电解质，有助于生物量衍生活性炭基双电层电容器的电容行为。以凤眼莲（普通水葫芦）为原料，采用 Zndz 活化法制备活性炭，以制备经济可行的超大规模 SC 电极。用循环伏安法（cyclic voltammetry，CV）、恒电流充放电法（constant current charge discharge，CCCD）、电化学阻抗谱和循环稳定性研究了 SC 的电化学性质。研究表明，碘离子改善了电极－电解质界面的离子导电性（在较低的电荷转移电阻下），这是通过 EIS 研究确定的。双电层电容器及其改进型在硫酸水溶液中的比电容和能量密度分别为 472 F/g、9.5 W·h/kg，图 5－47 显示的是实验中所用到的超级电容器。

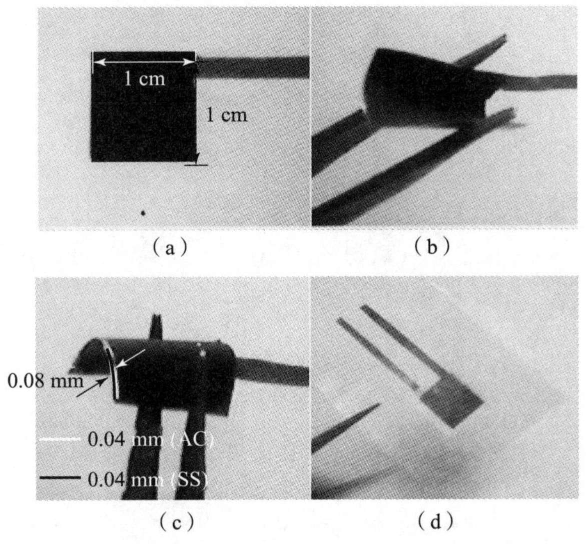

（a）　（b）　（c）　（d）

图5-47　柔性双电层电容器

（a）正常；（b）、（c）弯折；（d）装配情况下的超级电容器

5.3.3　电化学赝电容器

赝电容器，也称法拉第准电容器，是在电极表面或体相中的二维或准二维空间上，电活性物质进行欠电位沉积，发生高度可逆的化学吸附、脱附或氧化还原反应，产生和电极充电电位有关的电容。赝电容器不仅在电极表面，而且可在整个电极内部产生，因而可获得比双电层电容器更高的电容量和能量密度。在相同电极面积的情况下，赝电容器电容量可以是双电层的10~100倍。这种法拉第电荷转移是由在合适电极表面的可逆法拉第氧化还原、电吸附或插层过程的快速序列引起的。赝电容器伴随着电解液和电极之间的电子电荷转移，电子电荷转移来自脱溶剂和吸附的离子。每个电荷单元包含一个电子。吸附离子与电极原子没有化学反应（没有化学键产生），因为只有电荷转移发生。

在电容器端子上施加电压会将电解质中的极化离子或带电原子移动到相对的极化电极，在电极表面和相邻的电解质之间形成双电层。电极表面上的一层离子与电解质中相邻的极化和溶剂化离子的第二层移至相对的极化电极。这两个离子层被一层电解质分子隔开。在两层之间形成静电电场，从而产生双电层电容。伴随双电层，一些去溶剂化的电解质离子遍及分离溶剂层并被电极的表面原子吸附。它们被特异地吸附，并将其电荷传递到电极。换句话说，亥姆霍兹双电层电解质中的离子还充当电子给体并将电子转移到电极原子，从而产生法拉第电流。这种由快速序列的可逆氧化还原反应，电解质和电极表面之间的电吸附或插层过程引起的法拉第电荷转移称为赝电容。图5-48为电极上的双层模型的示意图。

电池和电化学电容器（超级电容器）之间的氧化还原反应的根本区别在于，在后者中，该反应是可逆过程的非常快速的序列，可逆过程具有电子转移，而电极分子没有任何相变，它们不涉及建立或破坏化学键，造成赝电容器的去溶剂原子或离子简单地附着在电极的原子结构上，电荷通过物理吸附分布在表面上。与电池相比，超级电容器的法拉第过程随着时间

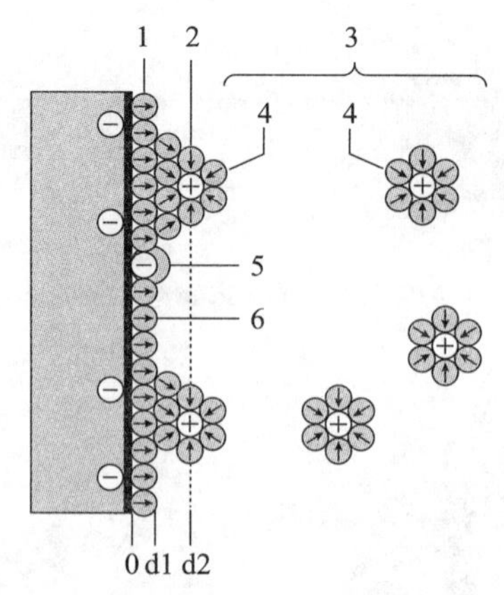

图 5－48　电极上的双电层模型的示意图

1—内亥姆霍兹平面；2—外亥姆霍兹平面；3—扩散层；
4—溶剂化的电解质离子；5—特定吸附的离子；6—溶剂分子

的流逝要快得多且更稳定，因为它们仅留下痕量的反应产物。尽管减少了这些产品的数量，但它们仍导致电容降低，这种行为是赝电容器的本质。与具有几乎与电荷无关的行为的电池相比，赝电容器过程导致与电荷有关的线性电容行为，以及非法拉第双电层电容器的实现。

1. 结构及原理

在电化学电容器端子上施加电压，将电解质离子移动到相反的极化电极上，形成一个双电层，其中一层溶剂分子充当分离器。当电解液中的特定吸附离子渗透到双层膜中时，可能产生赝电容器。这种赝电容器是通过双电层电化学电容器中合适的电极表面的可逆法拉第氧化还原反应来存储电能的。赝电容器伴随着电解液和电极之间的电子电荷转移，而电极是由去溶剂化和每个电荷单位只有一个电子参与的吸附离子。这种法拉第电荷转移是由可逆氧化还原、插层或电吸附过程的快速序列引起的。吸附离子与电极原子没有化学反应（没有化学键产生），因为只有电荷转移发生。如图 5－49 所示，这些离子向电极提供电荷，以解释赝电容的法拉第电荷转移。

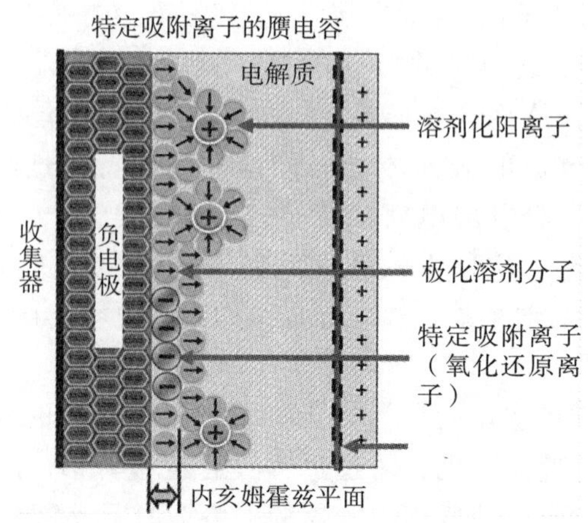

图 5－49　具有特定吸附离子的双层结构的简化视图

电极通过氧化还原反应、插层或电吸附实现赝电容器效应的能力很大程度上取决于电极材料对吸附在电极表面的离子的化学亲和力以及电极孔的结构和尺寸。在赝电容器中用作电极的氧化还原行为的材料是通过掺杂在导电电极材料如活性炭中的过渡金属氧化物，如 RuO_2、IrO_2或 MnO_2，以及导电聚合物，例如聚苯胺或覆盖电极材料的聚噻吩衍生物。赝电容器中存储的电荷量与外加电压呈线性关系，赝电容的单位是法拉。

法拉第电荷转移过程中的电子被转移到氧化还原电极试剂的价电子态（轨道）或从价电子态（轨道）转移出去。它们进入负极，并通过外部电路流向正极，在正极处形成了具有相同数量阴离子的第二层双层。到达正极的电子不会转移到形成双层的阴离子上，而是留在电极表面的强电离和“不需要电子”的过渡金属离子中。因此，法拉第赝电容器的存储容量受到可用表面上有限量试剂的限制。由前面可知，法拉第赝电容器仅与静态双电层电容器一起发生，其大小可能超过相同比表面积的双电层电容值的100倍，这取决于电极的性质和结构，因为所有的赝电容反应都只与脱溶剂离子发生，它们比溶剂化离子及其溶剂化壳小得多。赝电容量在由吸附阴离子表面覆盖的电位依赖程度决定的窄范围内具有线性函数。

2. 电化学赝电容器材料

电极产生赝电容的能力在很大程度上取决于电极材料对吸附在电极表面的离子的化学亲和力以及电极的孔结构和尺寸。用作赝电容器电极的表现出氧化还原行为的材料是通过掺杂在导电电极材料（如活性炭）中插入的过渡金属氧化物，以及导电聚合物。如在电容器阳极，将溶剂化离子限制在孔隙中，例如存在于碳化物衍生碳中的溶剂化离子。当孔径接近溶剂化壳的大小时，溶剂分子将被去除，从而导致更大的离子堆积密度和更高的电荷存储能力。图5－50显示了具有赝电容的“带电电极”中“负载”的“分布”方案。

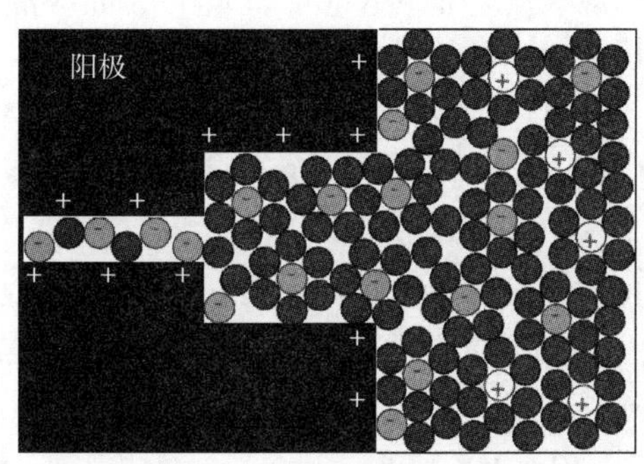

图5－50 一种赝电容器材料方案

二氧化锰（MnO_2）和二氧化钌（RuO_2）是典型的赝电容器电极材料，因为它们具有电容器电极的电化学特性（与电流－电压曲线呈线性关系）以及法拉第行为。此外，电荷储存来源于电子转移机制，而不是离子在电化学双层中的积累。赝电容器是通过活性电极材料中的法拉第氧化还原反应产生的。更多的研究集中在过渡金属氧化物如 MnO_2，因为过渡金属氧化物与贵金属氧化物如 RuO_2相比具有更低的成本。此外，过渡金属氧化物的电荷存储机制主要基于赝电容。下面介绍了 MnO_2电荷储存行为的两种机制。

第一种机制意味着质子（H^+）或碱金属阳离子（C^+）在还原后的材料中的嵌入，随

后在氧化作用下进行脱嵌，即

$$MnO_2 + H^+(C^+) + e^- \leftrightarrows MnOOH(C) \tag{5-33}$$

第二种机制是基于电解质阳离子在二氧化锰上的表面吸附。

$$(MnO_2) + C^+ + e^- \rightleftharpoons (MnO_2^- C^+)_{surface} \tag{5-34}$$

并非所有具有法拉第特性的材料都可以用作赝电容器的电极，例如 Ni（OH）$_2$，因为它是电池型电极（非线性依赖于电流－电压曲线）。

另一种方法使用电子导电聚合物作为赝电容器材料。虽然导电聚合物的力学性能很弱，但其导电性很高，导致 ESR 较低，电容也相对较高。这种导电聚合物包括聚苯胺、聚噻吩、聚吡咯和聚乙炔。这类电极还利用阴离子和阳离子对聚合物进行电化学掺杂或脱掺杂。由导电聚合物制成或涂有导电聚合物的电极的成本与碳电极相当。导电聚合物电极通常具有有限的循环稳定性。然而，聚二苯电极可以提供多达大约 10 000 次循环，比电池好得多。将溶剂化离子限制在孔隙中，如存在于碳化物衍生碳中的溶剂化离子。当孔径接近溶剂化壳的大小时，溶剂分子将被去除，从而导致更大的离子堆积密度和更高的电荷存储能力。

参考文献

[1] D'Souza R, Sharma R N. An experimental study of an ultra – micro scale gas "Turbine" [J]. Applied Thermal Engineering, 2019, 163 – 172.

[2] Shin A, Radhakrishna U, Yang Y, et al. A MEMS magnetic – based vibration energy harvester [J]. J. Phys.: Conf. Ser., 2015, 1052: 012082.

[3] Perez M, Boisseau S, Perez N, et al. Potential of electrostatic micro wind turbines [EB/OL]. arXiv Preprint arXiv: 1810.05579, 2018.

[4] Zhang W, Nie J, Li F, et al. A durable and safe solid – state lithium battery with a hybrid electrolyte membrane [J]. Nano Energy, 2018, 45: 413 – 419.

[5] Han P, Zhu Y, Liu J. An all – solid – state lithium ion battery electrolyte membrane fabricated by hot – pressing method [J]. Journal of Power Sources, 2015, 284: 459 – 465.

[6] Qin L, Zhai D, Lv W, et al. A high – performance lithium ion oxygen battery consisting of Li_2O_2 cathode and lithiated aluminum anode with nafion membrane for reduced O_2 crossover [J]. Nano Energy, 2017, 40: 258 – 263.

[7] Maharjan M, Ulaganathan M, Aravindan V, et al. Fabrication of high energy Li – ion capacitors from orange peel derived porous carbon [J]. Chemistry Select, 2017, 2 (18): 5051 – 5058.

[8] Li J L, Chen C G. One – step facile synthesis of Ni_2P/C as cathode material for Ni/Zn aqueous secondary battery [J]. Materials Research Express, 2018, 5 (1): 015502.

[9] Zeng Y, Meng Y, Lai Z, et al. An ultrastable and high – performance flexible fiber – shaped Ni – Zn battery based on a Ni – NiO heterostructured nanosheet cathode [J]. Advanced Materials, 2017, 29 (44): 1702698.

[10] Xu C, Liao J, Yang C, et al. An ultrafast, high capacity and superior longevity Ni/Zn

battery constructed on nickel nanowire array film [J]. Nano Energy, 2016, 30: 900 - 908.

[11] Ashassi - Sorkhabi H, La'Le Badakhshan P, Asghari E. Electrodeposition of three dimensional - porous Ni/Ni $(OH)_2$ hierarchical nano composite via etching the Ni/Zn/Ni $(OH)_2$ precursor as a high performance pseudocapacitor [J]. Chemical Engineering Journal, 2016, 299: 282 - 291.

[12] Boaro M, Pappacena A, Abate C, et al. Effect of redox treatments on $Ce_{0.50}Zr_{0.50}O_2$ based solid oxide fuel cell anodes [J]. Journal of Power Sources, 2014, 270: 79 - 91.

[13] Mobariz K N, Youssef A M, Abdel - Rahman M. Long endurance hybrid fuel cell - battery powered UAV [J]. World Journal of Modeling and Simulation, 2015, 11: 69 - 80.

[14] Helen L, Jeremy P. Miniature fuel cells for portable power: Design considerations and challenges [J]. Journal of Vacuum Science & Technology B: Microelectronics and Nanometer Structures, 2002, 20 (4), 1287 - 1297.

[15] Agrafiotis C, Roeb M, Konstandopoulos A G, et al. Solar water splitting for hydrogen production with monolithic reactors [J]. Solar Energy, 2005, 79 (4): 409 - 421.

[16] Benard C, Gobin D, Gutierrez M. Experimental results of a latent - heat solar - roof, used for breeding chickens [J]. Solar Energy, 1981, 26 (4): 347 - 359.

[17] Nedosekin D A, Ayyadevara S, Reis R J S, et al. Correction for Lewis and Nocera, powering the planet: chemical challenges in solar energy utilization [J]. Proceedings of the National Academy of Sciences of the United States of America, 2007, 104 (50): 20142.

[18] Wang X, He L, Ju C, Application of Photovoltaic Power Generation System in Military Systems [C]//International Conference on Manufacturing Science and Engineering (ICMSE 2015), Guangzhou, China, 2015.

[19] Kassegne S, Moon K, Ramos P, et al. Organic MEMS/NEMS - based high - efficiency 3D ITO - less flexible photovoltaic cells [J]. J. Micromech. Microeng., 2015, 22: 115015.

[20] Tayel M, Ragab Y. A novel design of a MEMS solar cell based on microcantilever - photoinduced bending [C]// 2012 First International Conference on Innovative Engineering Systems, Alexandria, Egypt, 2012.

[21] Yang Z, Erturk A, Zu J. On the efficiency of piezoelectric energy harvesters [J]. Extreme Mechanics Letters, 2017, 15: 26 - 37.

[22] Su W J, Zu J W. Design and development of a novel bi - directional piezoelectric energy harvester [J]. Smart Materials and Structures, 2014, 23 (9): 095012.

[23] Arrieta A F, Neild S A, Wagg D J. Nonlinear dynamic response and modeling of a bi - stable composite plate for applications to adaptive structures [J]. Nonlinear Dynamics, 2009, 58 (2): 259.

[24] Betts D N, Kim H A, Bowen C R, et al. Optimal configurations of bistable piezo - composites for energy harvesting [J]. Applied Physics Letters, 2012, 100 (11): 114104.

[25] Farinholt K M, Pedrazas N A, Schluneker D M, et al. An energy harvesting comparison of piezoelectric and ionically conductive polymers [J]. Journal of Intelligent Material Systems and Structures, 2009, 20 (5): 633 - 642.

[26] Akaydin H D, Elvin N, Andreopoulos Y. Energy harvesting from highly unsteady fluid flows using piezoelectric materials [J]. Journal of Intelligent Material Systems and Structures, 2010, 21 (13): 1263 – 1278.

[27] Mallick D, Amann A, Roy S. High figure of merit nonlinear microelectromagnetic energy harvesters for wideband applications [J]. Journal of Microelectromechanical Systems, 2016, 26 (1): 273 – 282.

[28] Dai H L, Abdelkefi A, Javed U, et al. Modeling and performance of electromagnetic energy harvesting from galloping oscillations [J]. Smart Materials and Structures, 2015, 24 (4): 045012.

[29] Yang B, Lee C, Xiang W, et al. Electromagnetic energy harvesting from vibrations of multiple frequencies [J]. Journal of Micromechanics and Microengineering, 2009, 19 (3): 035001.

[30] Boisseau S, Despesse G, Sylvestre A. Electret – based cantilever energy harvester: design and optimization [EB/OL]. arXiv preprint arXiv: 1111.2458, 2011.

[31] Ahmed S, Kakkar V. An electret – based angular electrostatic energy harvester for battery – less cardiac and neural implants [J]. IEEE Access, 2017, 5: 19631 – 19643.

[32] Tehrani Z, Thomas D J, Korochkina T, et al. Large – area printed supercapacitor technology for low – cost domestic green energy storage [J]. Energy, 2017, 118: 1313 – 1321.

[33] Gao H, Li J, Miller J R, et al. Solid – state electric double layer capacitors for AC line – filtering [J]. Energy Storage Materials, 2016, 4: 66 – 70.

[34] Senthilkumar S T, Selvan A R K, Meloca Y. Electric double layer capacitor and its improved specific capacitance using redox additive electrolyte [J]. Journal of Materials Chemistry, 2013, 1 (4): 1086 – 1095.

第6章

微系统加工技术

微加工技术不仅在尺寸和体积的缩小方面有一定优势，而且能够有效地降低生产成本。从微加工的演变过程来看，美国的静电马达的发明开启了微加工时代的新篇。最早的硅基微加工的出现和演变过程与大规模集成电路有着密切的联系，而随后出现的非硅基微加工技术更是适应了可穿戴电子、生物医疗等领域发展。微加工技术是建立在半导体集成电路微细加工工艺的基础上的，并与微电子技术紧密结合，微制造与批量生产使价格低廉的微系统被应用在诸多领域。按照加工的基底材料分，微加工工艺可分为硅基加工和非硅基加工。硅基MEMS技术得到了迅猛发展和广泛应用，在航空航天、武器装备和汽车电子等领域发挥着重要作用。与此同时，硅基MEMS技术存在三维成型能力不足、不能柔性弯折、组件装配困难等局限。因此，未来MEMS技术的材料体系必将从传统的硅材料向功能材料多元化发展，非硅柔性MEMS技术很可能发展为未来的前沿领域。

6.1 硅基制造典型工艺

通常微加工技术可分为表面微加工和体微加工。表面微加工技术是对沉积或生长在基板上的多层膜进行加工；而体微加工技术是对单晶硅或沉积有表面膜的体硅进行蚀刻，从而得到预期微结构。体微加工技术是MEMS微传感器、微执行器制造中最重要的微加工技术[1]。

6.1.1 表面与体微加工技术概述

表面微加工技术是在集成电路平面工艺基础上发展起来的一种MEMS工艺技术。其技术特点与集成电路相近，通过与集成电路集成制作的可行性最大。正因为有如此鲜明的特点，表面牺牲层工艺从其诞生起发展方向就是集成化。由于机械结构的复杂性，仅采用单层结构往往不能制备出所需构件，多层化是表面微加工工艺必然的发展趋势。

表面微加工技术利用硅平面上不同材料的顺序淀积和选择性腐蚀来形成各种微结构。表面微加工技术的基本思路是：先在基板上淀积一层称为牺牲层的材料，然后在牺牲层上面淀积一层结构层并加工成所需图形。在结构加工成型后，通过选择性腐蚀的方法将牺牲层腐蚀掉，使结构材料悬空于基板之上，形成各种形状的二维或三维结构，如图6-1所示。表面微加工工艺成熟，与IC工艺兼容性好。相对体微加工工艺，表面微加工工艺保持了衬底的完整性。

体微加工技术是指沿着厚度方向对硅片进行蚀刻的工艺，蚀刻是体微加工技术的关键工艺，是实现三维微结构的重要方法。蚀刻工艺分为干法蚀刻和湿法蚀刻。干法蚀刻是利用高能束或化学气体进行蚀刻，被蚀刻表面粗糙度较低，蚀刻效果好，但对工艺条件要求较高；而湿法蚀刻本质上是一种化学加工方法，利用蚀刻溶液与被蚀刻材料发生化学反应实现蚀

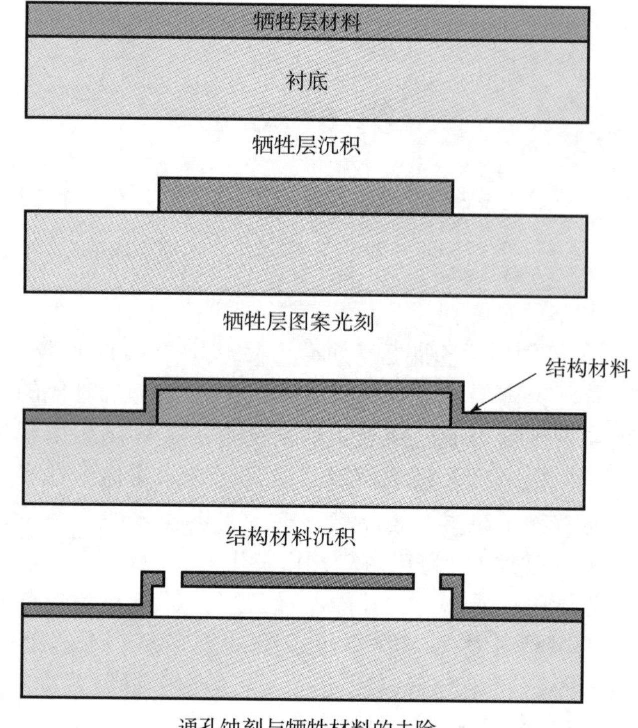

图 6-1　表面微加工工艺

刻。此外，从蚀刻形貌来看，存在各向同性与各向异性蚀刻，如图 6-2 所示。各向同性蚀刻是在各个方向上蚀刻速度相等，可以制作出任意横向几何形状微细图形结构的蚀刻方法；而各向异性蚀刻则是与被蚀刻晶片的结构方向有关的一种蚀刻方法，利用掩蔽图形与不同晶面的对准角关系可以制作出深度达几十微米的不同二维空间结构。

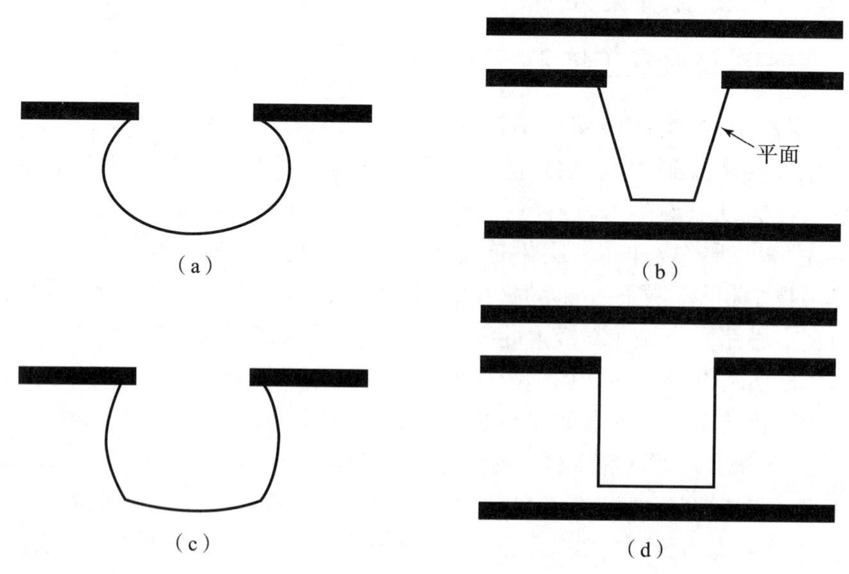

图 6-2　不同蚀刻方法的剖面图

(a) 各向同性湿法蚀刻；(b) 各向异性湿法蚀刻；(c) 各向同性干法蚀刻；(d) 各向异性干法蚀刻

在各向异性湿法蚀刻过程中，蚀刻速率应被精确控制。这是因为蚀刻速率直接关系到被蚀刻表面的粗糙度。如果蚀刻速率过快，得到的蚀刻表面会很粗糙。而如果蚀刻速率过慢，则可能会连同掩膜一起蚀刻掉，所以选择一个恰当的蚀刻速率极为关键。

6.1.2 光刻

光刻是平面型晶体管和集成电路生产中的一个主要工艺，是对半导体晶片表面的掩膜版（如二氧化硅）进行开孔，以便进行杂质的定域扩散的一种加工技术[2]。一般的光刻工艺要经历硅片表面清洗烘干、涂底、旋涂光刻胶、软烘、曝光、后烘等典型工序。光刻技术基于自上而下的方法，遵循图6-3所示的基本通用步骤。要准备光刻胶涂层，必须除去诸如硅片之类的基板上的所有污染物，包括溶剂污渍（甲基、酒精、丙酮等）、大气灰尘、表面上的微生物、气溶胶颗粒等。该过程要求在洁净室设施中操作，该洁净室设施在空气中的微粒浓度、温度、气压、湿度、振动和照明方面均严格控制在环境受控的空间内。在某些情况下，尤其是在生物医学应用中，硅片由于其理想的特性（即刚性、平坦、低成本和光滑）而基本上用作固体支持物，在其上沉积了其他材料层。晶片上涂有一层薄薄的光敏材料，这些材料通常是单体、低聚物或聚合物。对于图案化蛋白质和细胞等生物材料，近红外（Near Infrared，NIR）光比紫外线更可取，因为它对光的损害较小，且穿透力更强。在此程度上，取决于光刻胶的性质，可以使用不同范围的辐射，如电子束、离子束和X光射线。光刻的基本原理在于曝光后光刻胶的化学变化。将紫外线照射通过掩膜版，该掩膜版由印刷在透明板上的不透明图案组成，这些图案被转移到光刻胶上。在下一个显影步骤中，曝光后光刻胶的剩余部分取决于是否使用正光刻胶或负光刻胶，随后分别溶解曝光和未曝光区域。

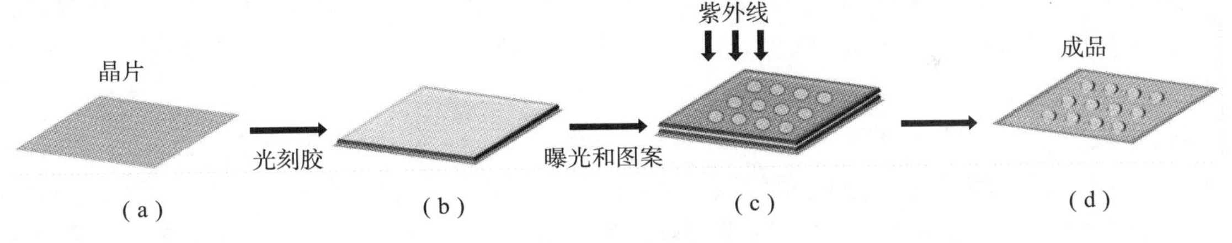

图6-3 光刻原理图

(a) 清洁晶片；(b) 旋涂光刻胶；(c) 紫外线曝光显影；(d) 清洗光刻胶

尽管光刻在微电子学和生物医学领域都很普遍，但存在一定的局限性，使其无法适用于所有应用。例如，光刻工艺需要昂贵的设备（无尘室、掩膜版制造、投影系统）。尽管传统的光刻技术在半导体工业中已广为人知，但由于其严格的工艺而遇到了明显的障碍。几个制造步骤（如清洗、烘烤、曝光）需要高温离子蚀刻溶剂的存在，这些步骤通常会导致生物材料降解。另外，光刻既不能控制表面化学，也不能控制弯曲/非平面表面。基于传统的光刻方法，科学家们开发了另一套微加工技术，用软物质（有机材料、聚合物、复杂的生化材料），并通过使用软光刻技术的弹性生物材料通过模制进行图案转移。软光刻的方法基本基于印刷、成型和压花。软光刻涉及使用弹性体压模、模具和掩膜版制造或复制结构的技术。

纳米压印光刻定义为压力将刚性模具的图案转印到加热后其玻璃化转变温度以上的热塑性聚合物膜上的过程，该方法可称为热压花。本质上，通过施加足够的压力，可以在浇铸在基板上的薄光刻胶膜中复制纳米结构模具。该阶段涉及将光刻胶加热至其玻璃化转变温度以上，在该温度下其变得黏稠且可变形。然后将模具与压缩部分中的残留光刻胶一起去除。该过程与热量和压力有关，因此选择具有相对较小的热膨胀系数和压力收缩系数的合适的光刻胶材料非常重要。将聚合物紫外线透明模具（石英或二氧化硅）压在涂有紫外线可固化光刻胶的基板上。曝光后，前驱体液体交联并构建稳定的图案。自从引入以来，纳米压印由于其简单、高效、高产量和低生产成本而取得了长足的进步。此外，与该领域有关的研究包括提高图案化纳米结构的分辨率。典型光刻工艺的一般处理步骤如下：基板准备、旋涂光刻胶、预烘烤、曝光、曝光后烘、显影和后烘，如图 6－4 所示。

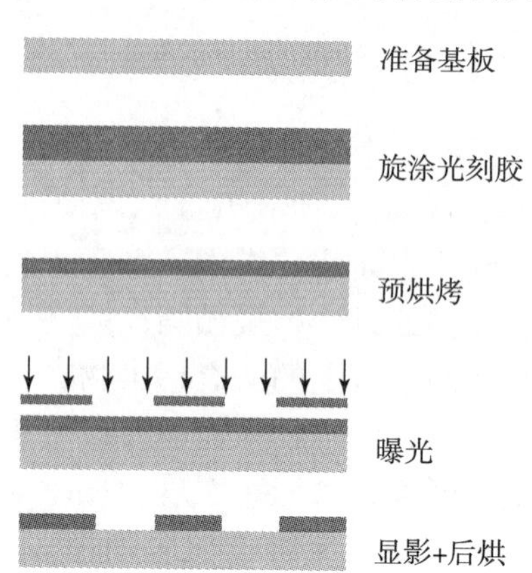

图 6－4　光刻工艺步骤的典型顺序

1. 基板准备

基板准备旨在改善光刻胶材料对基板的黏附性。绝大多数光刻胶是疏水的，而二氧化硅表面的羟基和残留的水分子是亲水的，这造成光刻胶和基板的黏合力差，就容易造成光刻过程中精度难以保证，导致分辨率降低。可以通过以下一种或多种方法来准备基板：清洁基板除去污染物、脱水烘烤除去水膜、添加增黏剂。基板表面沉积的污染物可以是微粒或薄膜的形式，也可以是有机物或无机物。颗粒污染物导致光刻胶图案缺陷，而薄膜污染物会导致较差的黏合性和随后线宽失去控制。颗粒污染物通常来自空气传播的颗粒或受污染的液体。控制颗粒物污染的最有效方法是消除其污染源，或使用化学/机械清洁来去除颗粒。有机膜，如油或聚合物，可能来自真空泵以及人体油脂和汗液，或者来自先前加工步骤的各种聚合物沉积物。通常这些薄膜污染物可以通过化学、臭氧或等离子蚀刻去除。

脱水烘烤是在 200～400℃温度下烘烤 30～60 min，去除基板表面吸附的水分。随后在干燥环境使基板冷却并尽快涂覆光刻胶。因为如果放置在潮湿（非干燥）的环境中，水分会很快重新吸附在基板表面。脱水烘烤还可以有效地去除有机污染物，进一步清洁基板。需要注意的是，低温脱水烘烤不能完全去除二氧化硅基板表面吸附的水分，因为硅胺基会与空气中的水分子反应形成硅醇基（SiOH）结构。要完全除去最后一层水分，需要烘烤温度超过 600℃。若在非干燥环境中冷却基板，硅醇基极大可能快速重建。因此，除去硅醇基的优选方法是采用化学去除方法。

2. 旋涂光刻胶

光刻胶又称光致抗蚀剂，它是一种对光敏感的有机化合物，它受紫外光曝光后，在显影液中的溶解度会发生变化。涂胶的目的就是在基板表面建立薄的、均匀且没有缺陷的光刻胶膜。一般来说，光刻胶膜从 0.5 μm 到 1.5 μm 不等，均匀性要求 ±0.01 μm 的误差。通过采用旋涂方法实现涂覆光刻胶，实现可控涂覆厚度均匀的光刻胶薄膜。

旋涂（或称旋转涂覆）是依靠匀胶机旋转时产生的离心力及重力作用，将倾倒在基板上的光刻胶溶液全面流布于基板表面的涂覆过程。典型的旋涂过程主要分为滴胶、旋转匀胶和溶剂挥发三个步骤：首先，将光刻胶溶液滴到基板表面上；然后，通过高速旋转将液滴铺展开来，形成均匀的光刻胶薄膜，再干燥挥发掉剩余的溶剂；最后，得到性能稳定的光刻胶薄膜。图6-5显示了典型的匀胶机转速的控制曲线。光刻胶成膜厚度与匀胶机转速相关，一般来说，某一固定固含量的光刻胶在相同的匀胶条件下都会有一个相对稳定的膜厚值，这个厚度随着匀胶转速的提高而降低。旋涂过程可采用静态旋涂（光刻胶相对基板保持静止）或动态喷洒（光刻胶相对基板旋转）两种方法。光刻胶的性质（如黏度、固体百分比和溶剂组成）和基板（材质和形貌）同时对光刻胶厚度的均匀性中也起到重要作用。此外，匀胶操作的温度和湿度控制以及基板清洁度都将对光刻胶成膜质量有着显著影响。

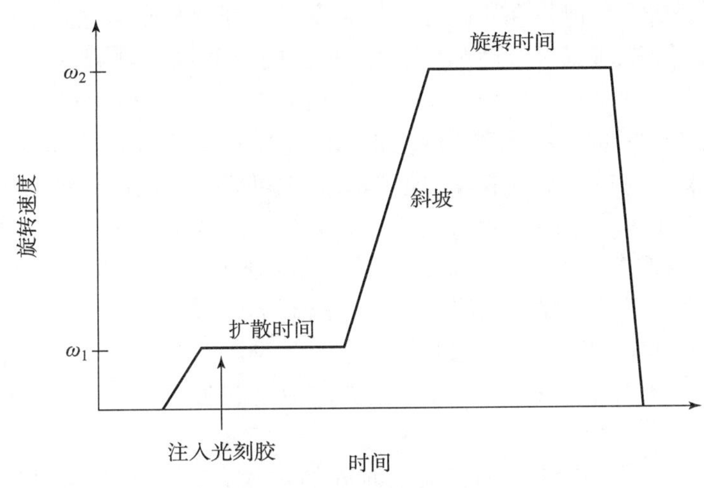

图6-5　光刻胶旋涂转速控制

3. 预烘烤

预烘烤，也称作预烘烤或软烘，其目的是将溶剂的残留浓度降至最低。这是因为涂胶后，光刻胶薄膜的残余溶剂浓度一般为10%～35%，这取决于光刻胶膜的厚度和所用的溶剂种类。在溶剂从光刻胶中逸出之前，溶剂在光刻胶中扩散至光刻胶表面。这种溶剂分子的扩散速度与溶剂的浓度和温度有一定的关系。然后，溶剂分子从光刻胶膜表面挥发，外接环境的空气流动对溶剂分子的扩散有着重要的意义。总之，改变温度和样品表面的空气流动对提高光刻胶中溶剂分子逸出光刻胶层有着重要意义。随着时间的延长，溶剂扩散的速度越来越低。一般来说，光刻胶靠近基板一侧的溶剂残留会高于表面。表面无溶剂残留对接触式光刻胶掩膜版寿命至关重要，而内部无溶剂残留则是曝光过程中避免气泡产生的先决条件。预烘烤步骤作用主要体现在：

（1）避免光刻胶粘在掩膜版上从而导致掩膜版污染；

（2）防止光刻胶在曝光过程中形成并产生气泡缺陷；

（3）提高光刻胶与基板的黏附性；

（4）显影时减小正胶的暗腐蚀效应；

（5）多层胶工艺或者多次旋涂工艺下，防止溶剂溶解下层胶；

（6）防止在后续的工艺过程中（如金属化或干法蚀刻））热效应下溶剂的挥发导致产生气泡，并提高光刻胶膜的软化温度，为后续工艺过程（如金属化或干法蚀刻）提供保障；

（7）在电镀过程中增加光刻胶结构的稳定性，并抑制残留溶剂对电解液的污染。

在预烘烤不充分情况下，正胶中过高的残留溶剂浓度会导致显影过程中未曝光的光刻胶膜区（暗腐蚀）增加，光刻胶轮廓形状受到影响，特别是尺寸精度及其侧壁陡直度也受影响。除了增加了暗腐蚀现象外，同时也会增强碱性显影液的碱度，从而导致对光刻胶膜更强的腐蚀性，这不仅会使光刻胶膜的改变，也会导致电解液等的有机污染。另外，在湿法化学工艺过程中，如湿法蚀刻或电镀，基板附近的高残留溶剂浓度会使光刻胶在基板上的附着力降低，导致工艺失败或者良品率降低。在负胶中过量的残余溶剂会抑制树脂的交联，从而在显影过程中对曝光的区域造成不必要的侵蚀。与正胶一样，过高的残留溶剂浓度会导致光刻胶与基板的黏附性降低，以及其在湿化学溶液中的稳定性下降。通常，负胶的交联是在通过曝光过程中开始和完成的，但是在较高的烘烤温度下，即使没有曝光，也可以发生或多或少的交联反应。因此，预烘烤温度过高和/或超过必要的时间烘烤都会降低后期显影速度或使显影困难或不可能，特别是在需要获得很小特征结构（如小孔或者沟槽）的情况下。

总之，烘烤温度和时间需要综合考量，预烘烤温度过低或时间过短的光刻胶膜会导致显影良率降低，并且光刻胶的稳定性和黏附性降低。预烘烤温度过高或烘烤时间过长都可能导致正电阻部分分解或引起负电阻树脂的热交联。除技术文件中有特殊要求外，通常紫外光刻胶薄胶的烘烤温度为100℃并烘烤 1 min，可针对部分光刻胶进一步优化参数。热敏的基板或需要快速烘烤以及厚胶等对烘烤的温度有一定限制的情况下，烘烤时间在 80 ~ 110℃之间调整。对于厚胶或者非常厚的胶，烘烤时间通常是薄胶烘烤时间的平方。光刻胶越厚越容易形成气泡。对于几十微米的厚胶，完全烘干需要的温度和时间将会破坏光刻胶膜中的光引发剂导致显影异常。

此外，随着光刻胶膜厚度的增加，太长时间的烘烤会在光刻胶膜中产生很大的机械应力，从而易形成裂纹，这对随后的湿化学工艺如蚀刻或电镀造成不良影响。因此，随着厚度的增加，预烘烤的时间/温度过程窗口变窄，必须根据不同的工艺要求仔细优化。

通常采用烘箱或加热板等加热设备对光刻胶进行烘烤。烘箱加热由于速度慢、且加热易造成表面和内部受热不均匀，效果欠佳；而加热板易于达到在胶的厚度方向且快速均匀烘干等要求，目前越来越多地采用加热板加热的方式。加热板的表面温度均匀性、温度控制精度、温度上升速度等是选择加热板的主要性能指标。需要注意的是，当从加热板上取下基板时，只要基板是热的，烘烤就在进行。除非很好地控制基板冷却（一般采用 N_2吹淋），否则不能很好地控制整个烘烤过程。

4. 曝光

对准是曝光之前的关键步骤，其作用是将所需要的图形在基板表面上定位或对准，而曝光的目的则是要通过汞弧灯或其他辐射源将掩膜版的图形转移到光刻胶图层上。曝光会激发光刻胶发生化学反应，从而将图形固定保存下来，经过显影后会形成光刻胶图形。用尽可能短的时间使光刻胶充分感光，在显影后获得尽可能高的留膜率、近似垂直的光刻胶侧壁和可控的线宽。

目前，占光刻技术主导地位的仍然是紫外光刻。按波长可分为紫外、深紫外和极紫外光刻；按曝光方式可分为接触/接近式光刻和投影式光刻。接触/接近式光刻通常采用汞灯产生的 365 ~ 436 nm 紫外波段，而投影式光刻通常采用准分子激光器产生的深紫外（248 nm）和极紫外光（193 nm 和 157 nm）。

接触/接近式光刻是发展最早，也是最常见的曝光方式。如图 6 - 6 所示，它采用 1∶1 方式复印掩膜版上的图形，接触曝光技术可提供较高分辨率（大约低至辐射波长），这类光刻机结构简单，价格便宜，发展也较成熟，分辨率最高可达 1 μm。此外，由于掩膜版直接和光刻胶接触，会造成掩膜版的玷污。接近曝光通过将掩膜版保持在晶片上方一定距离（如 20 μm）来减少掩膜版损坏。然而，分辨率极限为 2 ~ 4 μm，这使接近曝光仍不能达到加工要求。到目前为止，最常见的曝光方法是投影曝光。投影式光刻机在现代光刻中占主要地位，据调查显示，投影式光刻机占整个光刻设备市场份额的 70% 以上。其主要优点是分辨率高、不玷污掩膜版、重复性好，但结构复杂、价格昂贵。

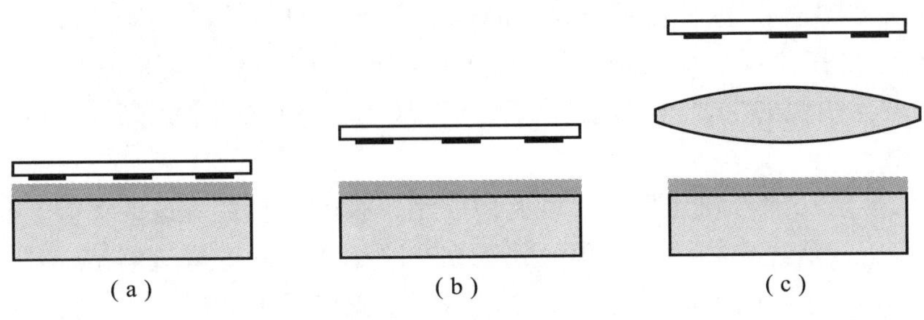

图 6－6　曝光三种模式

（a）接触曝光；（b）接近曝光；（c）投影曝光

5. *显影*

显影是在正性光刻胶的曝光区和负性光刻胶的非曝光区的光刻胶在显影液中溶解。它是在光刻胶中产生图形的关键步骤。正胶经过曝光以后成为羧酸，可以被碱性的显影液中和，反应生成的胺和金属盐可以快速溶解于显影液中。非曝光区的光刻胶由于在曝光时并未发生光化学反应，在显影时也就不存在这样的酸碱中和，因此非曝光区的光刻胶被保留下来。经过曝光的正胶是逐层溶解的，中和反应只在光刻胶的表面进行，因此正胶受显影液的影响相对比较小。对于负胶来说，非曝光区的负胶在显影液中首先形成凝胶体，然后再分解掉，这就使整个的负胶层都被显影液浸透。在被显影液浸透之后，曝光区的负胶将会膨胀变形。因此，相对来说，使用正胶可以得到更高的分辨率。另外，为了提高分辨率，目前每一种光刻胶几乎都配有专用的显影液，以保证后续高质量的显影效果。

6. *后烘*

减少驻波效应的一种方法称为曝光后烘（post exposure bake，PEB）。尽管对该机理仍有一些争论，但所用的高温（100 ~ 130℃）会引起光活性化合物的扩散，从而使驻波波峰变得平滑。还已经观察到，PAC 的扩散速率取决于预烘烤条件。认为溶剂的存在增强了 PEB 期间的扩散。因此，对于给定的 PEB 温度，低温预烘烤导致更大的扩散。

对于常规光刻胶，PEB 的主要重要性是扩散以去除驻波。对于另一类光刻胶，称为化学放大光刻胶，PEB 是化学反应的重要组成部分，化学反应在光刻胶的已曝光部分和未曝光部分之间产生溶解度差异。对于这些光刻胶，曝光会生成少量的强酸，而强酸本身并不会改变光刻胶的溶解度。在曝光后烘期间，这种光生酸催化改变聚合物树脂在光刻胶中的溶解度。PEB 的控制对于化学放大的光刻胶至关重要。

6.1.3　薄膜沉积技术

自从 1857 年法拉第第一次观察到薄膜淀积的现象到现在，薄膜制造技术得到广泛的应用，从最早应用在玩具和纺织行业，到现在无所不在的 IC 技术与 MEMS 技术，薄膜制备技术几乎渗透到我们日常生活的每个角落。据统计，仅薄膜设备一项，全球每年的销售额就可以达到数百亿美元，而应用这些薄膜设备制造的产品销售额要在100倍以上，不但应用广泛，薄膜淀积的技术也飞速进步，出现了很多种类。IC制造行业每5年就会更新一次设备，这其中有大量薄膜制备设备，薄膜淀积的尺寸从最初 ϕ50 mm（2英寸）提升到 ϕ300 mm（12英寸）。“基于体硅和薄膜技术的传感器、执行器和换能器的压电市场预计将在2024年达到485亿美元，从2018年算起的话，年复合增长率为12.6%。”Yole Développement的Jérôme Mouly说，“尽管市场中大部分技术都是基于体硅的器件，但基于薄膜的压电器件正在推动市场增长。”在薄膜器件市场中，主要是SAW和BAW的RF滤波器，Broadcom和Qorvo是RF滤波器领域的主要薄膜厂商，而未来5G随着频率越来越高，将极大地推动市场发展。

薄膜厚度从零点几纳米到几毫米，可见薄膜制备技术一直在飞速的进步，相应的理论研究非常深入和广泛，从经典的热力学理论到建立在原子级观测的成核理论，几乎涉及薄膜科学的每个方面，MEMS中的平面工艺可以说是薄膜淀积技术和光刻、蚀刻技术的组合，掩蔽层、牺牲层、LIGA技术中的电镀都离不开薄膜制备技术。MEMS中使用的薄膜制备可分为如下4类：

（1）真空薄膜制备技术，主要包括物理气相沉积（Physical Vapor Deposition，PVD）即原子直接通过气相从源到达基板的表面、化学气相沉积（Chemical Vapor Deposition，CVD）即通过化学反应在基板上形成薄膜。

（2）热氧化法。

（3）水溶液薄膜淀积即所谓的电镀技术。

（4）物理淀积。

可以看出MEMS中的薄膜制造技术，除了电镀技术都来自传统的IC制造工艺。本节重点介绍真空薄膜制备技术。

从薄膜淀积的现象被发现到现在，对薄膜淀积理论的研究一直在进行，其根本目的就是能够预言反应的过程，对实验提供指导，研究的范围涉及薄膜淀积过程的各个层面，从宏观热力、动力学研究到建立在原子级观察基础上的微观动力学的研究，基本思想都是以热力学理论、反应动力学理论、表面物理理论以及量子力学为基础。真空薄膜淀积的理论研究建立在经典的热力学理论和表面物理学化学理论基础之上，特别是由于表面研究手段不断丰富和进步，对薄膜的微观结构和表面生长的动力学的研究越来越深入和完善，无论是PVD还是CVD都是微观粒子运动到基板表面，碰撞成核，然后聚集成膜的过程，对薄膜淀积的理论研究也集中在对这三个过程的研究上。由于PVD淀积是一个物理过程，相对CVD过程要简单一些。

薄膜沉积技术是创造薄膜新材料的关键，可以满足工业界对多功能材料不断增长的需求[3]。沉积不仅能够制备功能性薄膜，还可以用于修饰现有薄膜的一些特性。但是，并非所有沉积技术都具有相同的特性，如微观结构、表面形态、摩擦学、电学、生物相容性、光学和硬度。

1. 物理气相沉积（PVD）工艺

所谓PVD是指原子直接以气态形式从靶源运动到基板表面从而形成固态薄膜。通常在真空条件下，采用物理方法将材料源—固体或液体表面汽化成气态原子、分子或部分电离成离子，并通过低压气体（或等离子体）过程，在基板表面沉积具有某种特殊功能薄膜的技术。它是一种近乎万能的薄膜技术，发展到目前，PVD技术不仅可沉积金属膜、合金膜，还可以沉积化合物、陶瓷、半导体、聚合物膜等。PVD主要可以分为蒸发淀积、溅射淀积。蒸发淀积是将源的温度加热到高温，利用蒸发的物理现象实现源内原子或分子的运输，因而需要高的真空，蒸发淀积中应用比较广泛的是热蒸发和电子束蒸发。电子束蒸发和热蒸发主要是加热方式不同，热蒸发的特点是工艺简单、成本低，由于热蒸发受自身的加热方式限制，很难达到较高的温度，因此不适合制备难熔金属和一些高熔点的化合物。同时，因为热蒸发是通过加热坩埚来加热坩埚内的金属，而坩埚在高温下会也会存在蒸发现象，所以热蒸发的最大缺点是淀积过程中容易引入污染。电子束蒸发最大的优点是几乎不引入污染，因为其加热方式是电子束直接轰击金属，同时电子束蒸发可以制备更多种类的薄膜，唯一的缺点是在淀积过程中会有X射线产生。溅射可以分为直流溅射、直流磁控溅射、射频溅射，溅射主要利用惰性气体的辉光放电现象产生离子，用高压加速离子轰击靶材产生加速的靶材原子从而淀积在基板表面。溅射技术的最大优点是理论上它可以制备任何真空薄膜，同时在台阶覆盖和均匀性上要优于蒸发淀积。当然，除了介绍的主流PVD，还有激光脉冲淀积、等离子蒸发、分子束外延等补充形式。

通常，PVD工艺用于沉积厚度在几纳米到0.001 nm范围内的薄膜，还可以用于多层沉积涂层、梯度成分沉积、非常厚的沉积、独立式结构以及与其他沉积技术的混合形式。每个PVD过程都涵盖三个基本步骤：

（1）产生气相物质。通过蒸发、溅射或离子轰击将待沉积的材料从固态转变成气相。

（2）从源到基板的运动或运输。从目标靶材源生成的原子或分子通过分子流动和热散射实现运输。同样，如果处于蒸汽状态的金属蒸汽压足够高，足以使源离子化，则在向基板运动过程中，气相中会发生大量碰撞。

（3）基板成核聚集成膜。所运输的原子或分子将逐渐在基板生长成核。薄膜的初期生长决定了基板与原子或分子之间形成界面的类型。

1）蒸发法

蒸发是一种古老的沉积工艺，用于在固体表面上形成和生长薄膜。蒸发法把基板所在的腔室抽成真空，使气压达到10^{-2} Pa以下，然后加热镀料，使其原子或分子从表面逸出，形成蒸气流入射到基板表面凝结，形成固态薄膜。蒸发法具有较高的沉积速率，相对较高的真空度，以及由此导致的较高的薄膜纯度。蒸发过程中，从热源蒸发的目标材料以最小的干扰到达基板材料。该过程通常是在高真空压力（high vacuum，HV）下进行的，目标材料向基板的运动轨迹是一条直线。蒸汽通量是通过在真空中将镀料加热到足够高的温度而产生的，真空环境创建了一个洁净区域，可将沉积过程中的气态污染物减少到可接受的最低水平，并使蒸发的原子从镀料到基板实现基本上无碰撞的传输。现代真空设备很容易使气体压力降低为$1.3\times10^{-9}\sim1.3\times10^{-3}$ Pa，平均自由程（mean free path，MFP）不小于5 mm。蒸发或真空蒸发的基本顺序步骤如下：

（1）升华或沸腾使目标镀料经受非常高的温度而产生的蒸汽。

（2）从目标镀料中喷射出的蒸汽通过真空传输到基板上。

（3）发生蒸汽的冷凝以在基底表面成核并不断聚集成膜。

2）溅射

溅射工艺是以一定能量的粒子（离子或中性原子、分子）轰击固体靶材表面，使固体靶材近表面的原子或分子获得足够大的能量而最终逸出靶材表面的工艺。溅射只能在一定的真空状态下进行。这是非热汽化过程，通过适当的高能离子轰击，原子碰撞级联会导致单个原子从靶材表面逸出。与蒸发不同，离子源不再由热产生，而是由离子对靶材的撞击产生。由于目标靶材到基板的距离更短，具有更好的附着力和更高的沉积速率，优于其他 PVD 工艺。

溅射沉积已成为各种溅射工艺的总称。溅射的形式有二极管溅射（阴极或射频）、反应溅射、偏置溅射、磁控溅射和离子束溅射等。溅射镀膜最初出现的是简单的直流二极溅射，它的优点是装置简单，但是直流二极溅射沉积速率低；为了保持自持放电，不能在低气压（<0.1 Pa）下进行；不能溅射绝缘材料等缺点限制了其应用。在直流二极溅射装置中增加一个热阴极和辅助阳极，就构成直流三极溅射。增加的热阴极和辅助阳极产生的热电子增强了溅射气体原子的电离，这样使溅射即使在低气压下也能进行；另外，还可降低溅射电压，使溅射在低气压、低电压状态下进行；同时，放电电流也增大，可独立控制，不受电压影响。在热阴极的前面增加一个电极（栅网状），构成四极溅射装置，可使放电趋于稳定。但是这些装置难以获得浓度较高的等离子体区，沉积速度较低，因而未获得广泛的工业应用。

磁控溅射是在二极溅射基础上发展而来，在靶材表面建立与电场正交磁场，解决了二极溅射沉积速率低、等离子体离化率低等问题，成为镀膜工业主要方法之一。磁控溅射与其他镀膜技术相比具有如下特点：可制备成靶的材料广，几乎所有金属、合金和陶瓷材料都可以制成靶材；在适当条件下多元靶材共溅射方式，可沉积配比精确恒定的合金；在溅射的放电气氛中加入氧、氮或其他活性气体，可沉积形成靶材物质与气体分子的化合物薄膜；通过精确地控制溅射镀膜过程，容易获得均匀的高精度的膜厚；通过离子溅射靶材料物质由固态直接转变为等离子态，溅射靶的安装不受限制，适合用于大容积镀膜室多靶布置设计；溅射镀膜速度快、膜层致密、附着性好等特点，很适合于大批量、高效率工业生产。

溅射用的轰击粒子通常是带正电荷的惰性气体离子，用得最多的是氩离子。氩电离后，氩离子在电场加速下获得动能轰击靶极。当氩离子能量低于 5 eV 时，仅对靶极最外表层产生作用，主要使靶极表面原来吸附的杂质脱附。当氩离子能量达到靶极原子的结合能（约为靶极材料的升华热）时，引起靶极表面的原子迁移，产生表面损伤。轰击粒子的能量超过靶极材料升华热的 4 倍时，原子被推出晶格位置成为汽相逸出而产生溅射。对于大多数金属，溅射阈能为 10～25 eV。

溅射产额，即单位入射离子轰击靶极溅出原子的平均数，与入射离子的能量有关。在阈能附近溅射，产额只有 10^{-5}～10^{-4}个原子/离子，随着入射离子能量的增加，溅射产额按指数上升。当离子能量为 10^3～10^4 eV 时，溅射产额达到一个稳定的极大值；能量超过 10^4 eV 时，由于出现明显的离子注入现象而导致溅射产额下降。溅射产额还与靶极材料、原子结合能、晶格结构和晶体取向等有关。一般来说，单金属的溅射产额高于它的合金；在绝缘材料中，非晶体溅射产额最高，单晶其次，复合晶体最低。

溅射工艺主要用于溅射蚀刻和薄膜淀积两个方面。

溅射蚀刻时，被蚀刻的材料置于靶极位置，受氩离子的轰击进行蚀刻。蚀刻速率与靶极材料的溅射产额、离子流密度和溅射室的真空度等因素有关。溅射蚀刻时，应尽可能从溅射室中除去溅出的靶极原子。常用的方法是引入反应气体，使之与溅出的靶极原子反应生成挥发性气体，通过真空系统从溅射室中排出。

薄膜淀积时，溅射源置于靶极，受氩离子轰击后发生溅射。如果靶材是单质的，则在基板上生成靶极物质的单质薄膜；若在溅射室内有意识地引入反应气体，使之与溅出的靶材原子发生化学反应而淀积于基板，便可形成靶极材料的化合物薄膜。通常，制取化合物或合金薄膜是用化合物或合金靶直接进行溅射而得。在溅射中，溅出的原子是与具有数千电子伏的高能离子交换能量后飞溅出来的，其能量较高，往往比蒸发原子高出 1 ~ 2 个数量级，因而用溅射法形成的薄膜与基板的黏附性较蒸发为佳。若在溅射时基板加适当的偏压，可以兼顾基板的清洁处理，这对生成薄膜的台阶覆盖也有好处。另外，用溅射法可以制备不能用蒸发工艺制备的高熔点、低蒸汽压物质膜，便于制备化合物或合金的薄膜。溅射主要有离子束溅射和等离子体溅射两种方法。离子束溅射装置中，由离子枪提供一定能量的定向离子束轰击靶极产生溅射。离子枪可以兼作基板的清洁处理和对靶极的溅射。为避免在绝缘的固体表面产生电荷堆积，可采用荷能中性束的溅射。中性束是荷能正离子在脱离离子枪之前由电子中和所致。离子束溅射广泛应用于表面分析仪器中，对样品进行清洁处理或剥层处理。由于束斑大小有限，用于大面积基板的快速薄膜淀积尚有困难。等离子体溅射也称辉光放电溅射。产生溅射所需的正离子来源于辉光放电中的等离子区。靶极表面必须是一个高的负电位，正离子被此电场加速后获得动能轰击靶极产生溅射，同时不可避免地发生电子对基板的轰击。

二极溅射是最简单的等离子体溅射装置。两个平行板电极间加上一个直流高电压，阴极为靶极，阳极为基板。为使这种自持辉光放电保持稳定，除两极板间须保持一定电压外，极板间距和气体压强的大小也很重要。在两极板间距为数厘米的正常溅射间距下，放电气压一般高达 10 Pa。在这样的气压下，粒子的平均自由程很短，对溅射不利。为保持更低气压下的溅射，可采用非自持放电，常用的是热电子激发法。直流四极溅射就是在原有的二极溅射设备上附加一对热灯丝和阳极组成的。从灯丝发出的强大电子流在流向阳极的途中，使处于低气压的氩气分子大量电离，从而提供足够的离子，可使溅射在 $10^{-2} \sim 10^{-1}$ Pa 的低气压下进行。外加磁场可使电子电离气体的效率增加。

对于绝缘体靶的溅射，必须采用高频溅射方法。在靶极上施加高频电压，气体击穿后等离子体中的电子和离子将在靶极高频电场的作用下交替地向靶极迁移。电子的迁移率比离子高得多。频率很高时，离子向靶极的迁移就会跟不上高频信号的频率变化。因为靶是绝缘的，靶极回路净电流必须保持为零。为此，必须在靶极表面维持一个负电势，用以抑制电子向靶极的迁移，同时加速正离子的迁移，使流向靶极的电子数与离子数相等。正是这一负电势加速氩离子，使绝缘靶的溅射得到维持。为使这一负电势保持足够的数值，靶上的高频电压的频率必须足够高。频率过高，高频损耗增大且难于匹配。常用的频率约为 13. 56 MHz。

2. 化学气相沉积（CVD）工艺

CVD 一词最早出现在 20 世纪 60 年代，所谓 CVD 是反应物以气态到达加热的基板表面发生化学反应，形成固态薄膜和气态产物。利用化学气相淀积可以制备金属薄膜，也可以制备无机薄膜。化学气相淀积种类很多，主要有常压 CVD、低压 CVD、超低压 CVD、等离子体增强型 CVD、激光增强型 CVD、金属氧化物 CVD、电子自旋共振 CVD、气相外延等方法[4]。按淀积过程中发生化学的种类不同可以分为热解法、氧化法、还原法、水解法、混合反应等。CVD 制备的薄膜最大的特点是致密性好、高效率、良好的台阶覆、孔盖能力、可以实现厚膜淀积以及低成本；缺点是淀积过程容易对薄膜表面形成污染、对环境的污染等，常压 CVD 的特点是不需要很好的真空度、淀积速度非常快、反应受温度影响不大，淀积速度主要受反应气体的输运速度的影响。低压 CVD 的特点是其良好的扩散性（宏观表现为良好的台阶覆盖能力），反应速度主要受淀积温度的影响比较大；另外，温度梯度对淀积的薄膜性能（晶粒大小、应力等）有很大的影响。等离子体增强型 CVD 最大的特点是反应温度低（200～400℃）和良好的台阶覆盖能力，可以应用在铝等低熔点金属薄膜上淀积，主要缺点是淀积过程引入的黏污；温度、射频、压力等都是影响等离子体增强型 CVD 工艺的重要因素。金属氧化物 CVD 的主要优点是反应温度低，广泛应用在化合物半导体制备。

当在气相中靶的成分通过化学过程在表面附近或在基板表面上反应时，发生材料合成过程，从而导致薄膜的生长。CVD 原理与 PVD 原理不同。一方面，在 PVD 中，薄膜的形成是由于蒸发、离子轰击或溅射导致基板表面上的原子或分子凝聚所致。另一方面，CVD 是一种热力学复杂的过程，涉及特定条件下的化学反应，如温度、压力、反应速率以及动量、质量和能量传输。反应物和底物之间的几种工艺因素和化学反应是造成 CVD 过程中产生薄膜质量的原因，并且可以通过使用适当的工艺参数组合来控制和修改薄膜的质量，如流速、压力、温度、化学种类等。CVD 沉积薄膜速率高，易于生长外延膜，并且可提供具有相同或几乎相似的力学、光学、化学和物理特性的涂层，具有良好的可重复性。另外，CVD 最大优势是相比 PVD 具有更好的台阶覆盖特性，台阶覆盖特性越来越重要（尤其是在通孔边墙覆盖），CVD 方法将成为必不可少的技术。但诸如铜的子晶层和钽氮扩散层薄膜都是通过 PVD 来沉积的，因为现有的大量装置都是基于 PVD 系统的，工程技术人员对 PVD 方法也有较高的熟练程度。CVD 基本过程步骤如下：

（1）气相反应物的对流或扩散运动到反应室。

（2）化学和气相反应，导致形成反应性物质和副产物。

（3）反应物通过边界层传输到基板表面。

（4）反应物在基板表面的化学和物理吸附。

（5）异质表面反应导致形成固体膜。

（6）通过扩散穿过边界层将挥发性副产物稀释到主流气流中。

（7）通过对流和扩散过程从反应室中去除气态副产物。

使用 CVD 技术沉积目标薄膜产物时，其目标产物、原材料及反应类型的选择通常要遵循以下几项原则：

（1）原材料在较低温度下应具有较高的蒸气压且易于挥发成蒸气并具有很高的纯度。简而言之，原材料挥发成气态的温度不宜过高，一般化学气相沉积温度都在 1000℃以下。

（2）通过反应类型和原材料的选择尽量避免副产物的生成，若有副产物的存在，在反应温度下副产物应易挥发为气态，这样易于排出或分离。

（3）尽量选择沉积温度低的反应沉积目标产物，因多数基体材料无法承受 CVD 高温。

（4）反应过程尽量简单且易于控制。

CVD 反应副产物是非常危险的挥发性副产物，如 H_2、Cl_2、HCl、HF 等。使用 CVD 时需要采取安全预防措施。排气、洗涤副产物和未反应的化合物在 CVD 工艺中至关重要。

6.1.4 蚀刻

蚀刻就是用化学的、物理的或同时使用化学和物理的方法，有选择地把没有被掩膜掩蔽的那一部分薄膜层除去，从而在薄膜上得到和掩膜上完全一致的图形。蚀刻是 IC 工艺以及 MEMS 工艺中一种相当重要的步骤，是与光刻相联系的图形化处理的一种主要工艺。蚀刻是用化学或物理方法有选择地从硅片表面去除不需要的材料的过程，其基本目标是在涂胶的硅片上正确地复制掩膜图形。广义上来讲，蚀刻成为通过溶液、反应离子或其他机械方式来剥离、去除材料的一种统称，成为微加工制造的一种普适叫法。

在半导体制造中有两种基本的蚀刻工艺：干法蚀刻和湿法蚀刻。干法蚀刻是把硅片表面暴露于气态中产生的等离子体，等离子体通过光刻胶中开出的窗口，与硅片发生物理或化学反应（或这两种反应），从而去掉暴露的表面材料。干法蚀刻是亚微米尺寸下蚀刻器件的最重要方法。而在湿法蚀刻中，液体化学试剂（如酸、碱和溶剂等）以化学方式去除硅片表面的材料。湿法蚀刻一般只是用在尺寸较大的情况下（大于 3 μm）。湿法蚀刻仍然用来腐蚀硅片上某些层或用来去除干法蚀刻后的残留物。各向同性蚀刻，即在所有方向上均相等的蚀刻，是指基板的方向不影响蚀刻剂去除材料的方式。当将蚀刻剂（一种腐蚀性化学品）施加到被掩膜的基板上时，在所有方向上未被掩膜覆盖的区域中，蚀刻会以相同的速率发生，从而产生倒圆的边缘。而各向异性蚀刻，即在不同方向上以不同速率发生的蚀刻，取决于基板晶面的方向。由于硅的单晶结构，某些蚀刻剂能够根据硅的取向沿着某些平面或角度选择性地蚀刻硅。例如，使用 KOH 作为在 <100> 晶体方向上对硅进行蚀刻的化学药品，其选择性比使用 KOH 在 <111> 方向上对硅进行蚀刻的选择率高 400 倍。通过改变时间、蚀刻化学物质和硅晶体取向，可以在硅晶片中蚀刻许多不同的形状和通道。图 6－7 为硅的各向同性和各向异性蚀刻形貌。

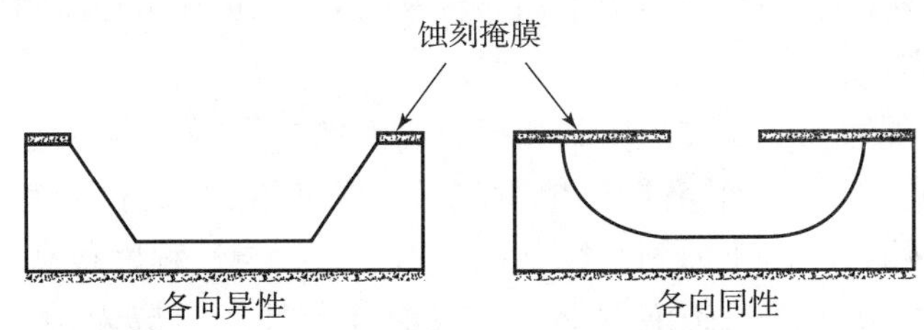

图 6－7　硅的各向同性和各向异性蚀刻形貌

理想的蚀刻工艺必须具有以下特点：①各向异性蚀刻，即只有垂直蚀刻，没有横向钻蚀，这样才能保证精确地在被蚀刻的薄膜上复制出与掩膜上完全一致的几何图形；②良好的蚀刻选择性，即对掩膜和处于其下的另一层薄膜或材料的蚀刻速率都比被蚀刻薄膜的蚀刻速率小得多，以保证蚀刻过程中掩膜掩蔽的有效性，不致发生因为过蚀刻而损坏薄膜下面的其他材料；③加工批量大，控制容易，成本低，对环境污染少，适用于工业生产。

1. *湿法蚀刻*

湿法蚀刻由于其快速的蚀刻时间、低成本、低复杂度以及掩膜版材料的可用性而被广泛使用，是传统蚀刻方法。把硅片浸泡在一定的化学试剂或试剂溶液中，使没有被抗蚀剂掩蔽的那一部分薄膜表面与试剂发生化学反应而被除去。例如，用一种含有氢氟酸的溶液蚀刻二氧化硅薄膜、用磷酸蚀刻铝薄膜等，这种在液态环境中进行蚀刻的工艺称为湿法工艺，其优点是操作简便、对设备要求低、易于实现大批量生产，并且蚀刻的选择性也好。但是，化学反应的各向异性较差，横向钻蚀使所得的蚀刻剖面呈圆弧形。这不仅使图形剖面发生变化，而且当稍有过蚀刻时剖面会产生钻蚀。湿法蚀刻的另一问题，是掩膜在溶液中，特别在较高温度的溶液中易受破坏而使掩蔽失效，因而对于那些只能在这种条件下蚀刻的薄膜必须采用更为复杂的掩蔽方案。

因为湿法蚀刻是利用化学反应来进行薄膜的去除，而化学反应本身不具方向性，因此湿法蚀刻过程为等向性。湿法蚀刻过程可分为三个步骤：①化学蚀刻液扩散至待蚀刻材料表面；②蚀刻液与待蚀刻材料发生化学反应；③反应后产物从蚀刻材料表面扩散至溶液中，并随溶液排出。

湿法蚀刻之所以在微电子制作过程中被广泛采用是由于其具有低成本、高可靠性、高产能及优越的蚀刻选择比等优点。但相对于干法蚀刻，除了无法定义较细的线宽外，湿法蚀刻仍有以下的缺点：①需花费较高成本的反应溶液及去离子水；②化学药品处理时人员所遭遇的安全问题；③光刻胶掩膜附着性问题；④气泡形成及化学腐蚀液无法完全与晶片表面接触所造成的不完全、不均匀的蚀刻。

2. 干法蚀刻

干法蚀刻是利用射频电源使反应气体生成反应活性高的离子和电子，对硅片进行物理轰击及化学反应，以选择性地去除我们需要去除的区域。被蚀刻的物质变成挥发性的气体，经抽气系统抽离，最后按照设计图形要求蚀刻出我们需要实现的深度。干法蚀刻可以实现各向异性，垂直方向的蚀刻速率远大于侧向的。干法蚀刻过程一般来说包含物理溅射性蚀刻和化学反应性蚀刻。对于物理溅射性蚀刻就是利用辉光放电，将气体解离成带正电的离子，再利用偏压将离子加速，溅击在被蚀刻物的表面，而将被蚀刻物质原子击出（各向异性）。对于化学反应性蚀刻则是产生化学活性极强的原（分）子团，此原（分）子团子团扩散至待蚀刻物质的表面，并与待蚀刻物质反应产生挥发性的反应生成物（各向同性），并被真空设备抽离反应腔。

干法蚀刻有离子铣蚀刻、等离子蚀刻和反应离子蚀刻三种主要方法。

（1）离子铣蚀刻：低气压下惰性气体辉光放电所产生的离子加速后入射到薄膜表面，裸露的薄膜被溅射而除去。由于蚀刻是纯物理作用，各向异性程度很高，可以得到分辨率优于1 μm的线条。这种方法已在磁泡存储器、表面波器件和集成光学器件等制造中得到应用。但是，这种方法的蚀刻选择性极差，须采用专门的蚀刻终点监测技术，而且蚀刻速率也较低。

（2）等离子蚀刻：利用气压为10～1000 Pa的特定气体（或混合气体）的辉光放电，产生能与薄膜发生离子化学反应的分子或分子基团，生成的反应产物是挥发性的。它在低气压的真空室中被抽走，从而实现蚀刻。通过选择和控制放电气体的成分，可以得到较好的蚀刻选择性和较高的蚀刻速率，但蚀刻精度不高，一般仅用于大于4 μm线条的工艺中。

（3）反应离子蚀刻：这种蚀刻过程同时兼有物理和化学两种作用。辉光放电在零点几到几十帕的低真空下进行。硅片处于阴极电位，放电时的电位大部分降落在阴极附近。大量带电粒子受垂直于硅片表面的电场加速，垂直入射到硅片表面上，以较大的动量进行物理蚀刻，同时它们还与薄膜表面发生强烈的化学反应，产生化学蚀刻作用。选择合适的气体组分，不仅可以获得理想的蚀刻选择性和速度，还可以使活性基团的寿命短，这就有效地抑制了因这些基团在薄膜表面附近的扩散所能造成的侧向反应，大大提高了蚀刻的各向异性特性。反应离子蚀刻是超大规模集成电路工艺中很有发展前景的一种蚀刻方法。

干法蚀刻也可以根据被蚀刻的材料类型来分类，可分成三种：金属蚀刻、介质蚀刻和硅蚀刻。金属蚀刻主要是在金属层上去掉铝合金复合层，制作出互连线。介质蚀刻是用于介质材料的蚀刻，如二氧化硅。接触孔和通孔结构的制作需要蚀刻介质。硅蚀刻（包括多晶硅）

应用于需要去除硅的场合，如蚀刻多晶硅晶体管栅和硅槽电容。

蚀刻也可以分成有图形蚀刻和无图形蚀刻。有图形蚀刻采用掩蔽层（有图形的光刻胶）来定义要蚀刻掉的表面材料区域，只有硅片上被选择的这一部分在蚀刻过程中刻掉。有图形蚀刻可用来在硅片上制作多种不同的特征图形，包括栅、金属互连线、通孔、接触孔和沟槽。无图形蚀刻、反刻或剥离是在整个硅片没有掩膜的情况下进行的，这种蚀刻工艺用于剥离掩膜层。

反应离子蚀刻技术（reactive - ion etching，RIE）是一种各向异性很强、选择性高的干法蚀刻技术。它是在真空系统中利用分子气体等离子来进行蚀刻的，利用了离子诱导化学反应来实现各向异性蚀刻，即是利用离子能量来使被蚀刻层的表面形成容易蚀刻的损伤层和促进化学反应，同时离子还可清除表面生成物以露出清洁的蚀刻表面的作用。但是该蚀刻技术不能获得较高的选择比，对表面的损伤大，有污染，难以形成更精细的图形。

为了解决硅的各向异性蚀刻效果，可使用深反应离子蚀刻（deep reactive - ion etching，DRIE）实现高深宽比硅结构。在该技术中，在低压等离子体中生成的离子和其他化学反应性物质被加速向基底运动，从而产生各向异性并增强了反应性。DRIE 实际蚀刻深度为 1 mm，蚀刻速率为 2 ~ 3 μm/min。Bosch 公司开发了 DRIE 的另一种形式，其中包括交替进行的蚀刻和侧壁钝化步骤以增强各向异性，通常被称为 Bosch 工艺。该过程依赖于感应耦合等离子体源以及交替的蚀刻和沉积循环。在蚀刻周期中，基板暴露于 SF_6 以蚀刻暴露的硅。然后使用 C_4F_8 气体源覆盖由 CF_2 分子组成的保护性聚合物膜。随后进行另一次蚀刻，其中在沟槽底部的保护聚合物被 SF^+ 离子去除，而不会损坏侧壁上的保护膜。重复该过程以获得具有 30∶1 的各向异性和 90°侧壁角的高深宽比结构。此外，它提供的聚合物和二氧化硅的选择性分别为 50 ~ 100∶1 和 120 ~ 200∶1。

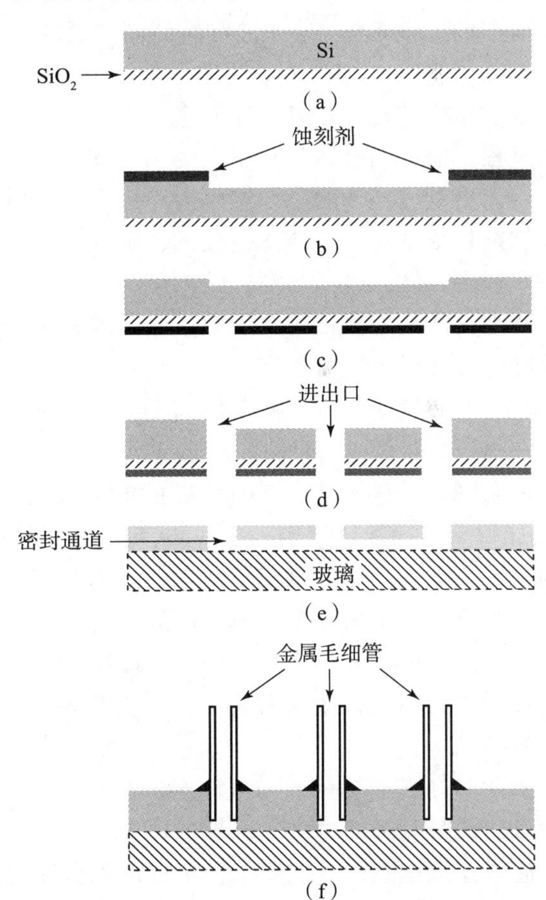

图 6 – 8 使用 DRIE 制作互连孔的微流体通道

（a）在背面生长氧化物；（b）硅蚀刻形成窗口；（c）图案化背面的掩膜层和氧化物层；（d）DRIE 创建入口和出口；（e）硅 – 玻璃阳极键合；（f）射流层间毛细管键合

DRIE 工艺已被广泛用于微流体装置中的通孔和深微通道的制造，使用 DRIE 制造微流体气体离心机以分离稀薄的气体混合物。图 6 – 8 显示了该器件的制造过程。首先，在硅基板的背面生长 2 μm 的氧化物层，以作为蚀刻掩膜层；随后，在基板正面沉积 1.5 μm 的掩膜层并对其进行图案化，使用 DRIE 对 5 μm 深的气体通道蚀刻；沉积 6 μm 掩膜，对通道的入口和出口进行图案化，用缓冲的 HF 溶液继续湿法蚀刻氧化物层；在此基础上，利用 DRIE 打开通孔；然后剥离掩膜层和氧化物层，并且将硅晶片阳极键合至派瑞克斯玻璃以密封通道；最后将金属毛细管插入硅基板入口和出口。

6.1.5 掺杂

半导体的常用掺杂技术主要有两种，即高温（热）扩散和离子注入。掺入的杂质主要有两类：第一类是提供载流子的受主杂质或施主杂质（如 Si 中的 B、P、As）；第二类是产生复合中心的重金属杂质（如 Si 中的 Au）。半导体掺杂是用于制造半导体器件的基础工艺之一。掺杂过程改变了半导体基板中自由载流子的浓度和分布，从而使基于 pn 结或金属－氧化物－半导体结构的电子器件成为可能。掺杂工艺对于在由半导体制成的器件中成功形成电触点也至关重要，不仅对于晶体管和其他电子系统，而且对于硅基或其他材料的 MEMS 器件也是如此[5]。与电子设备的掺杂工艺有关的科学文献非常丰富，描述了掺杂剂分布和电激活的细节，这些细节对于形成较小长度尺度的器件的掺杂剂轮廓是至关重要的。相反，掺杂工艺在当前 MEMS 制造中的作用相对简单，主要影响导电层和经修改以改变蚀刻层性能。

掺杂的 MEMS 结构最广泛地用作电热执行器和微化学反应器的电阻加热结构，以及传感器中的压阻结构，是半导体制造工艺中，为纯的本征半导体引入杂质，使之电气属性被改变的过程。引入的杂质与要制造的半导体种类有关。轻度和中度掺杂的半导体被称作杂质半导体，而更重度掺杂的半导体则需考虑费米统计规则带来的影响，这种情况被称为简并半导体。掺杂物浓度对于半导体直接的影响在于其载流子浓度。在热平衡的状态下，一个未经掺杂的本征半导体，电子与空穴的浓度相等。通常掺杂浓度越高，半导体的导电性就会变得越好，原因是能进入导带的电子数量会随着掺杂浓度提高而增加。掺杂浓度非常高的半导体会因为导电性接近金属而被广泛应用在目前的集成电路制程来取代部分金属。掺杂之后的半导体能带会有所改变。依照掺杂物的不同，本征半导体的能隙之间会出现不同的能阶。施体原子会在靠近导带的地方产生一个新的能阶，而受体原子则在靠近价带的地方产生新的能阶。假设掺杂硼原子进入硅，则因为硼的能阶到硅的价带之间仅有 0.045 eV，远小于硅本身的能隙 1.12 eV，所以在室温下就可以使掺杂到硅中的硼原子完全解离化。掺杂物对于能带结构的另一个重大影响是改变了费米能阶的位置。在热平衡的状态下，费米能阶依然会保持定值，这个特性会引出很多其他有用的电特性。举例来说，一个 pn 结的能带会弯折，起因是原本 p 型半导体和 n 型半导体的费米能阶位置各不相同，但是形成 pn 结后其费米能阶必须保持在同样的高度，造成无论是 p 型或是 n 型半导体的导带或价带都会被弯曲以配合界面处的能带差异。

掺杂的方法主要有扩散和离子注入，两种方法在分立器件或集成电路中都有应用，并且两者可以说是互补的。例如，扩散可应用于形成深结，离子注入可形成浅结。图 6－9 是扩散和离子注入示意图，主要是掺杂浓度的分布有些不同。

1. 热扩散技术

对于施主或受主杂质的掺入，就需要进行较高温度的热扩散。因为施主或受主杂质原子的半径一般都比较大，它们要直接进入半导体晶格的间隙中是很困难的；只有当晶体中出现晶格空位后，杂质原子才有可能进去占据这些空位，从而进入晶体。为了让晶体中产生大量的晶格空位，就必须对晶体加热，让晶体原子的热运动加剧，以使得某些原子获得足够高的

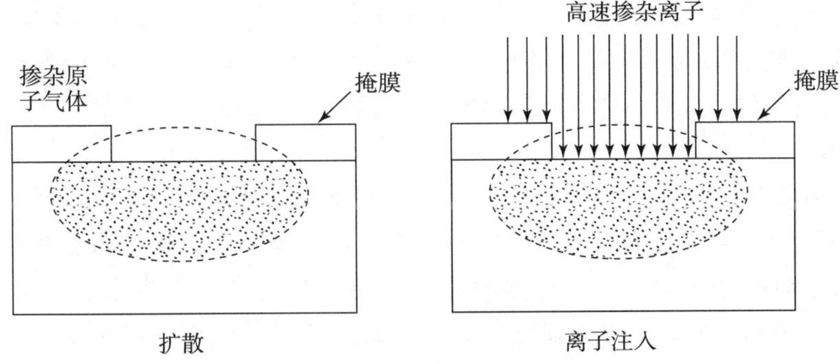

图6-9　扩散和离子注入示意图

能量而离开晶格位置、留下空位（与此同时也产生出等量的间隙原子，空位和间隙原子统称为热缺陷），也因此原子的扩散系数随着温度的升高而指数式增大。对于Si晶体，要在其中形成大量的空位，所需要的温度大致为1000℃，这也就是热扩散的温度。

杂质扩散一般是将半导体晶片放入精确控制的高温石英管炉中，通过带有需扩散杂质的混合气体而完成，扩散进入半导体的杂质原子数目和混合气体的杂质分压有关。对于硅的扩散而言，硼是最常用的p型杂质，砷和磷是最常用的n型杂质。这三种元素在硅中的固溶度都比较高，采用的掺入形式有固相源（如BN、As_2O_3、P_2O_5）、液相源（如BBr_3、AsAl和$POCl_3$）以及气相源（如B_2H_6、AsH_3和PH_3），这三种形式中，液相源使用最为广泛。

杂质在半导体中扩散可以看成是杂质原子在晶格中以空位或间隙原子形式进行移动。下面介绍两种扩散机制：替代式扩散机制和填隙式扩散，如图6-10所示。空心圆表示在晶格平衡位置的基质原子，实心圆表示杂质原子。在高温下，晶格原子在格点平衡位置附近振动，基质原子有一定的概率获得足够的能量从而脱离格点成为间隙原子，产生一个空位，此时邻近的杂质原子就可以占据这个空位，这就是替代式扩散，也叫空位扩散。如果间隙杂质原子从一个位置运动到另一个位置并且不占据格点，称为填隙式扩散，一般在杂质原子相对于基质原子较小时采用这种运动。

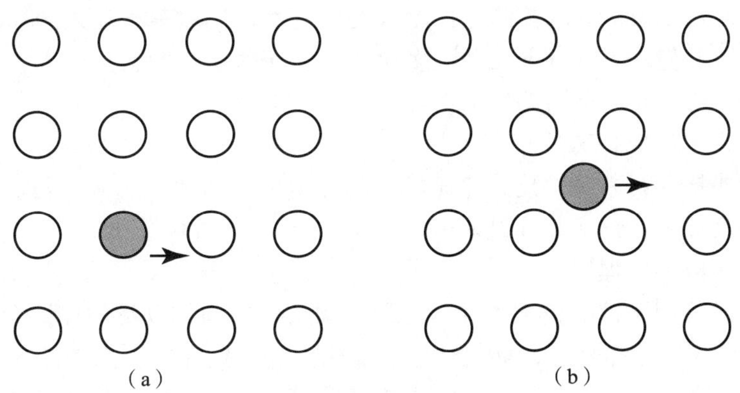

图6-10　杂质在半导体中扩散

(a) 替代式扩散；(b) 填隙式扩散

杂质原子的扩散分布和它初始的条件及边界有关。这里简单介绍两种扩散方法：一种是恒定源扩散，即整个扩散过程杂质源的表面浓度都是保持恒定的；另一种叫有限源扩散，即将一定量的杂质淀积在半导体的表面，接着向半导体内扩散，过程中不再施加任何杂质源。一般在集成电路工艺中采用两步扩散方法：首先在恒定源扩散条件下形成预淀积扩散层，然后在有限源扩散的条件下进行主扩散，能够更好更精确地得到扩散分布。

2. 离子注入技术

为了使施主或受主杂质原子能够进入晶体中，需要首先把杂质原子电离成离子，并用强电场加速，让这些离子获得很高的动能，然后再直接轰击晶体，将离子注入至晶体。当然，采用离子注入技术掺杂时，必然会产生出许多晶格缺陷，同时也会有一些原子处在间隙中。所以，半导体在经过离子注入以后，还必须要进行退火处理，以消除这些缺陷和使杂质“激活”。

相比较扩散方式，离子注入能量要高很多。从图 6－11（C 代表掺杂浓度，x 是半导体距离表面的深度）中可以看到，掺杂分布在半导体内呈现峰值分布，分布的形状主要取决于掺杂离子的质量以及注入时离子所带有的能量。

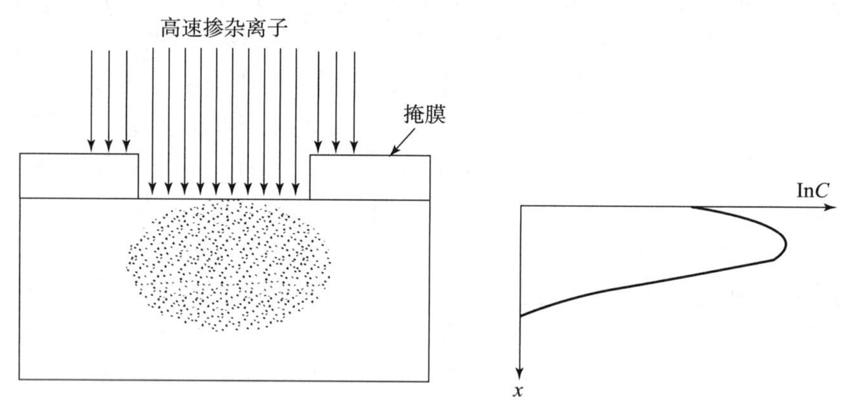

图 6－11　离子掺杂浓度与深度之间的关系

离子注入是将具有一定能量的带电离子掺入到硅中，注入能量在 1 keV ~ 1 MeV，对应的平均离子分布深度范围是 10 nm ~ 10 μm。相对于扩散工艺，离子注入的主要好处是能够使得杂质掺入量得到较为精准的控制，保持好的重复性，同时离子注入的加工工艺温度比扩散低。注入相关的工艺一般有以下几种：多次注入、掩蔽层、倾斜角注入、高能注入以及大电流注入等。离子注入的几点用途如下：

（1）多次注入来形成特殊分布。

（2）选择适当掩蔽材料和厚度，来阻挡一定比例的入射离子进入基板。

（3）倾斜角度注入，形成超浅结。

（4）高能注入以形成埋层。

（5）大电流注入用于扩散技术中的预淀积、阈值电压调整以及 SOI 绝缘层应用。

高能离子在进入半导体之后，最后会停在晶格内的一定深度。离子注入带来的负面影响主要是由于离子碰撞而导致的半导体晶格断裂或者损伤，所以必须在后续的流程中进行退火处理消除这种损伤。

由于高能离子注入之后带来的晶格损伤，会使半导体的迁移率和寿命等参数受到较为严重的影响，同时，在注入时大部分的离子并不是在替位的位置，为了激活注入离子并恢复迁移率等相关参数，必须在适当的时间和温度下将半导体退火。

6.2　非硅基制造典型工艺

6.2.1　非硅基技术概述

非硅材料涵盖的范围很广，包括金属、氧化物、碳材料、聚合物、复合材料，甚至生物材料，这也决定了非硅柔性 MEMS 的加工技术也是多样的，目前还没有成熟的标准化工艺能够实现各种非硅 MEMS 器件的制造。硅技术确实有其局限性[6]，而其他非硅材料则表现出特别吸引人的特性。例如，硅的上限工作温度有限，不耐腐蚀，与其他制造方式相比工序复杂、昂贵且费时。表6－1为非硅 MEMS 技术常用的非硅材料的一些特性。

表6－1　非硅基技术材料

非硅材料	特性
陶瓷	良好的力学性能、耐蚀刻耐高温性能
蓝宝石	高温性能佳、极好的蚀刻和磨损抵抗性
碳化硅	高温性能好、极好的耐磨性和耐蚀刻性
石英	良好且高度稳定的力学性能、固有的压电性能
聚合物	低成本、易于制造、柔性、生物兼容

如果说柔性 MEMS 的产生是需求牵引，其发展则依赖技术推动。目前，这类新兴的非硅 MEMS 技术在世界各国均处于起步阶段。我国要想在非硅 MEMS 领域抢占先机、领跑发展，必须从先进的微纳制造技术和智能化驱动策略两个方面开展自主创新。我们希望通过对这两方面问题的研究，能够推动非硅柔性 MEMS 技术的发展。

柔性 MEMS 器件在军事与民用方面应用广泛，如昆虫飞行器在军事侦察、反恐监视、灾难搜救等重要领域具有不可估量的应用潜力，其研发技术主要依靠 MEMS 器件集成。柔性 MEMS 技术可以打破硅基 MEMS 器件无法与飞行器共形的壁垒，实现仿生共形的同时，提升驱动效率。近年来，软体机器人技术成为机器人与自动化领域的研究热点，然而，软体机器人驱动主要依靠智能材料，无法使用硅基 MEMS 技术，其内在原因也是材料柔性的问题。柔性 MEMS 器件则可以兼容软体机器人研制。

民用方面，柔性 MEMS 器件在可穿戴电子器件研制方面具有很大的优势，现有的电子皮肤技术已经在生物医学领域显示出了一定的应用前景，柔性 MEMS 传感、执行功能器件的研制，将积极推动电子皮肤类可穿戴器件的研制和实用化进程。

6.2.2　LIGA 技术

LIGA 技术源自德国核能研究所，是20世纪80年代初期所发展出来用以制造微结构的技术。它结合了 X－Ray 深刻术（deep X－ray lithography）、电铸翻模（micro electroforming）、精密射出（micro－injection）以及热压成型（micro－embossing）技术，适合量产高深宽比、低表面粗糙度、垂直侧壁的微结构，且材料的应用范围广泛，可制造金属及塑料的微结构。这些技术的特点使得 LIGA 被公认为是最具有技术潜力开发高深宽比、高精度 2D 和 3D 微结构件及微系统。

LIGA 是德文 Lithographie，Galvanoformung 和 Abformung，即光刻、电铸和注塑的缩写。LIGA 工艺是一种基于 X 射线光刻技术的 MEMS 加工技术，主要包括 X 光深度同步辐射光刻、电铸制模和注模复制三个工艺步骤。由于 X 光射线有非常高的平行度、极强的辐射强度、连续的光谱，使 LIGA 技术能够制造出高宽比达到 500、厚度大于 1500 μm、结构侧壁光滑且平行度偏差在亚微米范围内的三维立体结构[7]，这是其他微制造技术所无法实现的。LIGA 技术被视为微纳米制造技术中最有生命力、最有前途的加工技术。利用 LIGA 技术，不仅可制造微纳尺度结构，而且还能加工尺度为毫米级的磁电自旋轨道结构。

与其他微细加工方法相比，LIGA 技术具有如下特点：

（1）可制造较大高宽比的结构。

（2）取材广泛，可以是金属、陶瓷、聚合物、玻璃等。

（3）可制作任意截面形状图形结构，加工精度高。

（4）可重复复制，符合工业上大批量生产要求，制造成本相对较低等。

LIGA 技术从首次报道（1982 年）至今，经过了 30 多年的发展，引起人们极大的关注，发达国家纷纷投入人力、物力、财力开展研究，已研制成功或正在研制的 LIGA 产品有微传感器、微电机、微执行器、微机械零件和微光学元件、微型医疗器械和装置、微流体元件、纳米尺度元件及系统等。为了制造含有叠状、斜面、曲面等结构特征的三维微小元器件，通常采用多掩膜套刻、光刻时在线规律性移动掩膜版、倾斜/移动承片台、背面倾斜光刻等措施来实现。国内新兴发展起来的使用 SU－8 负型胶代替 PMMA 正胶作光敏材料，以减少曝光时间和提高加工效率，是 LIGA 技术新的发展动向。图 6－12 为基于 SU－8 模具制作高深宽比齿轮结构的 LIGA 工艺示意。

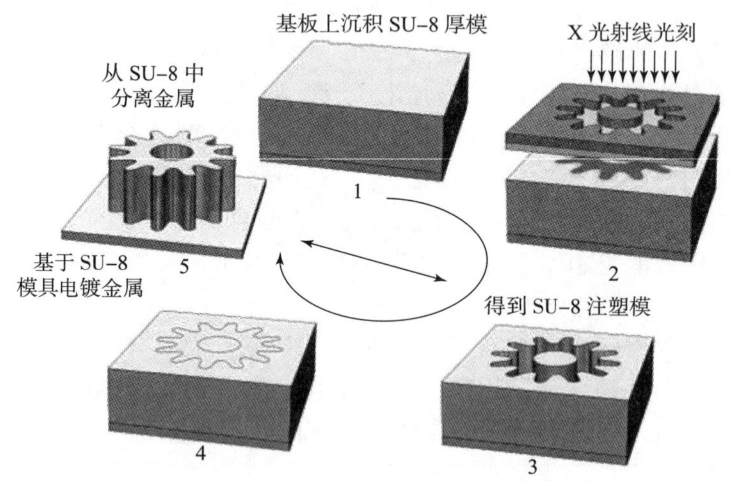

图 6－12　LIGA 工艺制造 MEMS 器件的元件

6.2.3　电沉积

电沉积（也称电镀）是指金属或合金从其化合物水溶液、非水溶液或熔盐中电化学沉积的过程，是金属电解冶炼、电解精炼、电镀、电铸过程的基础。这些过程在一定的电解质和操作条件下进行，金属电沉积的难易程度以及沉积物的形态与沉积金属的性质有关，也依赖于电解质的组成、pH 值、温度、电流密度等因素[8]。在电化学沉积中，将单体溶液加载到电化学池中，镁用作电极之一。当施加电压时，单体经历化学聚合到镁上。电沉积原理图如图6－13所示。电化学沉积的优点包括其相对较低的成本以及在热处理或烧结之前涂层材料与基底之间的界面结合得到改善。涂层的均匀性和形态取决于聚合图案或所使用的聚合物。例如，镁基板上的导电聚合物 PEDOT（Poly（3，4－ethylenedioxythiophene））涂层是颗粒状的。使用镁作为电化学电池中的工作电极和离子液体溶液，将导电聚合物涂层直接电沉积到镁基底。

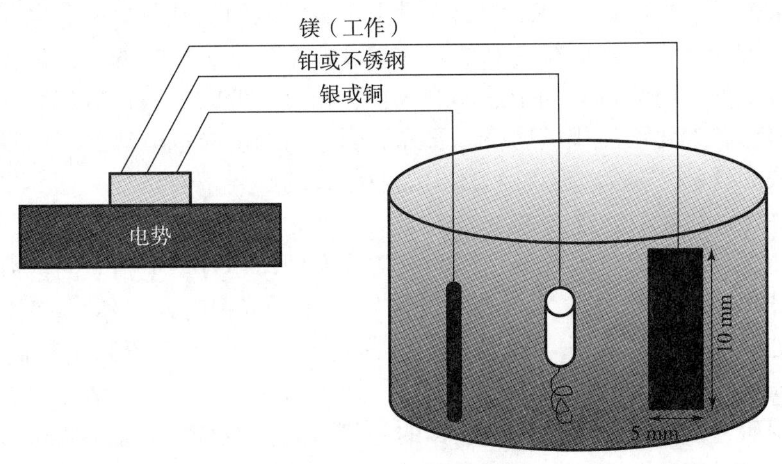

图6－13 电沉积原理图

电沉积通常基于离子物质的水溶液，而电泳沉积（electrophoretic deposition，EPD）则发生在颗粒的悬浮液中，如图6－14所示。电沉积过程中会发生电荷转移，从而在电极中产生金属或氧化物层。换句话说，在施加外部电场时，电解液中带正电的离子会减少，因此它们可以沉积到目标材料（阴极）上。在 EPD 中，沉积过程中没有发生任何化学反应（还原）。实际上，EPD 的主要驱动力是在施加电场的影响下，溶剂中带正电的颗粒在溶剂中的电荷和电泳迁移率，其中溶剂应为有机溶剂以避免水电解。电化学沉积的另一种类型是在还原剂（溶解在电解质中）的存在下进行的化学沉积（自催化），该还原剂充当氧化还原反应的电子源，并且不使用外部电源。

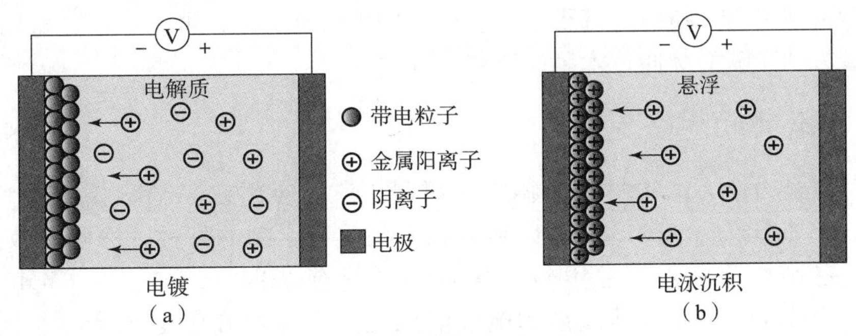

图6－14 两种类型的电沉积过程

（a）电镀；（b）电泳沉积

电沉积是制造纳米晶金属、合金和复合材料的相对低成本的生产途径[9]。它是一种低温、单步工艺，可产生完全致密的纳米结构，而没有纳米晶体粉末前体制成的材料中经常出现的孔隙。纳米材料的电沉积方法是一种直接使用的技术，可以利用现有的电镀和电铸基础设施以及电解质成分（如金属盐和镀液添加物）。从工程的角度来看，电沉积是一种极其灵活的技术。电沉积可具体分为直流电沉积、脉冲电沉积、喷射电沉积法。

1. 直流电沉积

电沉积过程中非常关键的步骤是新晶核的生成和晶体的成长。这两个步骤的竞争直接影响到镀层中生成晶粒的大小，其决定的因素是由于吸附表面的扩散速率和电荷传递反应速率不一致造成的。如果在阴极表面具有高的表面扩散速率，由于较慢的电荷传递反应引起的少量吸附原子以及低的过电势将有利于晶体的成长；相反，低的表面扩散速率和大量的吸附原子以及高的过电势，都将增加成核速率。研究表明，高的阴极过电势、高的吸附原子总数和低的吸附原子表面迁移率是大量形核和减少晶粒生长的必要条件。

2. 脉冲电沉积

脉冲电沉积过程中，除可以选择不同的电流波形外，还有三个独立的参数可调，即脉冲电流密度、脉冲导通时间和脉冲关断时间。采用脉冲电沉积时，当给一个脉冲电流后，阴极-溶液界面处消耗的沉积离子可在脉冲间隔内得到补充，因而可采用较高的峰值电流密度，得到的晶粒尺寸比直流电沉积的小。此外，采用脉冲电流时由于脉冲间隔的存在，使增长的晶体受到阻碍，减少了外延生长，生长的趋势也发生改变，从而不易形成粗大的晶体。电沉积纳米晶较多采用脉冲电沉积法，所用脉冲电流的波形一般为矩形波。脉冲电沉积与直流电沉积相比，更容易得到纳米晶镀层。脉冲电沉积可通过控制波形、频率、通断比及平均电流密度等参数，从而可以获得具有特殊性能的纳米镀层。喷射电沉积是一种局部高速电沉积技术，由于其特殊的流体动力学特性，兼有高的热量和物质传递速率，尤其是高的沉积速率而引人注目。电沉积时，一定流量和压力的电解液从阳极喷嘴垂直喷射到阴极表面，使得电沉积反应在喷射流与阴极表面冲击的区域发生。电解液的冲击不仅对镀层进行了机械活化，同时还有效地减少了扩散层的厚度，改善了电沉积过程，使镀层组织致密，晶粒细化，性能提高。

3. 喷射电沉积法

喷射电沉积法能有效地提高电沉积极限扩散电流密度和沉积速率，并能有效提高镀层的硬度等，将脉冲技术引入喷射电沉积中，利用脉冲喷射电沉积，可以比较容易地得到纳米晶材料。已经有人利用喷射脉冲技术制备出纳米镍层。

6.2.4 聚合物柔性工艺

近年来，聚合物作为结构材料或牺牲层材料，广泛应用在 MEMS 传感器和执行器上。相比硅、多晶硅等传统的 MEMS 材料，聚合物不仅具有柔韧的特性，而且有较好的力学特性、低成本、易制作等优点。常用到的聚合物材料有 PDMS、SU-8、PMMA、Parylene、Polyimide 等，其中 Parylene 以其优良的电性能已经广泛应用在微电子产业和医疗产业中。Parylene 是在室温下沉积而成，透明且具有良好的机械强度，材料无应力，与集成电路制造工艺相兼容，同时具有很好的生物相容性。随着 MEMS 技术的进一步发展，Parylene 以其特有的优点越来越受到 MEMS 领域的青睐，应用到从微结构到集成微流体系统中。同时，

BioMEMS 的发展要求使用生物相容性的材料，更促进了 Parylene 在可植入微系统等 BioMEMS 上的应用，包括微阀、微泵和微通道等微流体系统以及人工耳蜗、视网膜假体等可植入微系统[9]。

SU－8 胶是一种基于环氧 SU－8 树脂的环氧型的、近紫外光、负光刻胶。SU－8 胶对工艺参数的改变非常敏感。影响光刻后图形质量的主要工艺参数包括预烘烤温度和时间、中烘温度和时间、曝光时间及显影时间。其中，预烘烤时间和显影时间是影响图形分辨率及高深宽比最主要的参数。另外，基板弯曲和光刻胶的难以去除作也是需要克服的困难点。

1. SU－8 胶介绍

SU－8 胶基于环氧 SU－8 胶树脂（来源于橡胶工业），平均一个分子中含有 8 个环氧基，所以名称中包含“8”。目前，美国 Microlithography Chemical 公司已经商业化 SU－8 胶，如 SU8－5 和 SU8－50，另外还有瑞士 Sotec Microsystems 公司生产的 SM 系列光刻胶。SU－8 胶专门用于在非常厚的底层上需要高深宽比的应用。此光刻胶在近紫外光范围内光吸收率低，这使得它在整个光刻胶厚度上都有较好的曝光均匀性。即使膜厚达 1000μm，所得到的图形边缘仍近乎垂直，深宽比可达 50∶1。因此，对于整个结构的高度可以有一个很好的尺寸控制。SU－8 胶可用环氧树脂 SU－8 溶解在有机溶剂 GBL（gama－butyrolactone，百万分之一克的丁内酯）。溶剂的数量决定了黏度，从而也决定了光刻胶可能的厚度范围。最后，光引发剂三苯基硫盐（环氧 SU－8 重量的 10%）被混合在树脂中。SU－8 胶另一个优点是在前烘中它的自平整能力，因此也去除了边缘的水珠效应。结果在接触式光刻中使掩膜版和光刻胶之间有良好的接触。该胶经 100℃ 以上固化后，已经交联的 SU－8 具有良好的抗腐蚀性，热稳定性高于 200℃，因而可以在高温、腐蚀工艺中使用。例如，能在高温下抵御 pH＝13 的强碱性电镀液。同时，SU－8 成膜材料具有良好的物理及光塑化特性，其本身也可以制作微型的零件。

基于 SU－8 的光刻机理简述如下：光刻胶中的光引发剂吸收光子发生了光化学反应，生成一种强酸，其作用是在中烘过程中作为酸催化剂促进交联反应的发生。只有曝光区域的光刻胶中才含有强酸，而未曝光的区域则没有这种强酸的存在。在随后的中烘过程中，曝光区域在强酸的催化作用下，分子发生交联。交联反应以链式增长，每一个环氧基都能与同一分子或不同分子中的其他环氧基反应。每个环氧基平均“预连接”有另外 7 个环氧基，再经扩展交联就形成了致密的交联网络。这种网络不溶于显影液中。而未经曝光的区域，光刻胶未发生交联，则溶于显影液中，因此显影后形成了掩膜版的反图形。图 6－15 为基于 SUS－8 厚胶的多次光刻与涂胶步骤形成的三维结构。

2. SU－8 胶工艺

SU－8 胶具有许多优异的性能，可以制造数百微米甚至毫米厚、深宽比可达 50∶1 的 MEMS 微结构，在一定程度上代替了 LIGA 技术，并且成本大大降低，成为近年来研究的一个热点。但众所周知，SU－8 对工艺参数的改变非常敏感，且固化厚的光刻胶难以彻底清除。这些工艺参数包括基板类型、基板预处理、前烘温度和时间、曝光时间、中烘温度和时间、显影方式和时间等。在这些工艺参数中，选择前烘温度和时间、中烘温度和时间、曝光时间及显影时间进行了研究，得到如下结论：

（1）前烘的温度较低时，成品率较高。但是升高前烘温度有利于减小光刻胶图形与掩

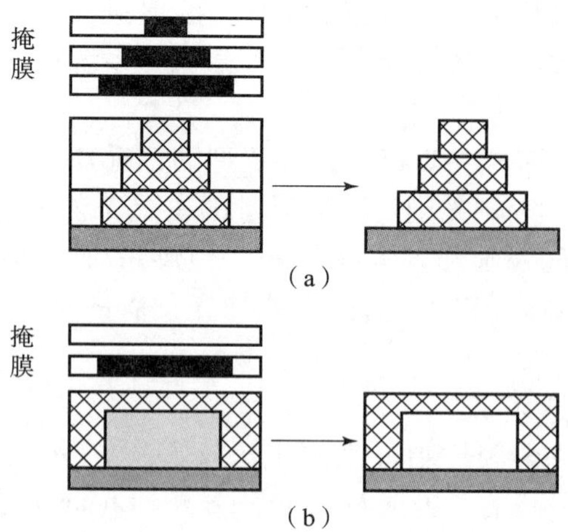

图 6-15 基于 SU-8 厚胶的多次光刻与涂胶步骤形成的三维结构

膜版图形线宽差。对于阳图形，由于存在成品率不高的问题，因此可采用较低的前烘温度，但一般应高于 80℃。对于阴图形，其主要问题则是光刻胶交联不足使曝光区域会发生开裂现象，因此应该采用较高的前烘温度来增加交联度，以改善线形，但不宜超过 95℃，因为前烘温度太高会减弱光引发剂的感光性，反而影响其光化学反应，使生成的酸催化剂的量减少，交联度降低。

（2）对于同一图形，随曝光时间的增加，阳图形线宽偏差单调递增，阴图形线宽偏差单调递减。即阳图形线宽将大于掩膜版图形线宽，阴图形线宽将小于掩膜版图形，且随曝光时间增加此偏差逐渐拉大，同一图形的阴阳板线宽偏差几乎对称。其原因是曝光时间短时，光引发剂反应产生的酸催化剂少，光刻胶交联不足，受热后由于部分曝光区域边缘的胶显影液溶解掉了。因而，阳图形的线宽大于掩膜版图形线宽，而阴图形则相反。随曝光时间的增加，交联变得充分，因而线宽偏差将减小。

（3）中烘温度应控制在 70～90℃，随温度的升高，图形开裂程度逐渐减弱，80℃以上就可以达到较好的效果。中烘时间则应根据光刻胶的厚度及曝光时间来控制，光刻胶越厚，曝光时间短时，中烘的时间应长，这样可使交联充分，开裂也会越少。但超过一定的时间限度，作用就不明显了。

（4）显影的时间以不超过 20 min 为宜，且加噪声显影的质量要优于不加时的。

（5）在预烘烤时间、曝光时间、中烘时间及显影时间这 4 个参数中，其对最终图形的质量影响所占的比重并不一样。其中，前烘时间和显影时间是影响图形分辨率及高深宽比最主要的参数，而曝光时间和中烘时间的影响则较小。而随着光刻胶厚度的增加，显影时间对图形质量影响所占的比重也越来越大。其原因是更多的光刻胶需要显影，因此需要更精确地控制曝光时间。另外，随着结构的变厚，显影液渗透到光刻胶的底部将变得困难，使显影液的效率降低。在这 4 个参数中，前烘时间是最重要的因素之一。其原因在于前烘的作用是除去溶剂，增大光引发剂在光刻胶中的比例，而时间短时，溶剂去除得较少，单位体积内光引发剂所占的百分比较小，曝光后曝光区域产生的酸催化剂就较少，中烘后交联就不完全，大大影响图形的质量。如果时间较长，则因中烘后交联度过大，内应力也较大，对基板的附着力较小，成品率不高。对于曝光时间，当曝光时间太短时，产生的酸催化剂的量就不够，即使在适当的中烘条件下所有的酸催化剂都发生了反应，光刻胶的交联密度也不高，因此，适当的曝光时间是保证图形质量的首要因素之一。

3. SU－8 工艺实际难题

SU－8 在实验中也存在着一些问题，其中最主要的是基板弯曲及交联后的光刻胶难以彻底去除干净的问题。

（1）基板弯曲。在 SU－8 的厚胶工艺中存在的一个很大的问题是内应力和热应力都很大，导致基板发生了弯曲，这样就使得光刻胶图形发生了较大的变形，图形无法经受显影液的腐蚀，大量脱落。下面分析应力的来源。在前烘阶段，由于晶片和 SU－8 胶的热膨胀系数不同，产生了小的拉伸应力。这个应力很小，因为在前烘的冷却阶段，SU－8 分子链在没有交联的光刻胶中发生了重排。晶片的这种小弯曲在接触式光刻中非常有用，这是因为好的掩膜版或晶片接触可以得到保证。当光刻胶的厚度与晶片的厚度可比较时，这个应力会很高，从而使晶片弯曲。曝光阶段只是光引发剂发生了光化学反应，并不引入应力。中烘阶段，在交联后的 SU－8 胶冷却的过程中，产生了主要的应力。一方面是因热膨胀系数不同而产生的拉伸应力；另一方面也是最主要的是，光刻胶聚合所产生的内应力。由于在中烘的冷却阶段，交联后的光刻胶分子链较长，大分子无法进行大的重排，应力就无法消解，导致基板发生了弯曲。简而言之，涂有 SU－8 胶的晶片弯曲（应力）可以通过下面 4 种措施来使其降低：①降低中烘的温度同时增加中烘的时间；②用厚硅片来代替薄硅片，前者承受应力的能力比后者要强得多，弯曲变形也要小得多；③若用薄硅片做实验，在前烘后可用金刚刀切成 4～8 份小片；④适当地设计掩膜版，以降低曝光区域。

（2）光刻胶去除。SU－8 厚胶工艺中存在的另外一个问题是高度交联后的光刻胶难以去除彻底，尤其是经过电铸工艺以后，专用的 SU－8 去胶剂无法去除交联面积大的 SU－8 胶。有学者尝试采用热丙酮加热数小时，使得 SU－8 胶充分溶胀，再用超声振荡，破坏胶膜与基板之间的结合力，可以去除 SU－8。交联的光刻胶并不是在热丙酮中溶解了，而是以一层膜的形式脱落下来，去除效果较好。对于残留在底部的少量 SU－8 胶可以采用 RIE 蚀刻的方法除去。

6.3　引线键合与封装技术

6.3.1　引线键合概述

引线键合是一种电互连技术，它使用细导线以及热、压力和/或超声能的组合[10]。引线键合是一种固相焊接工艺，其中两种金属材料（导线和焊盘表面）紧密接触。一旦表面紧密接触，原子就会发生电子共享或相互扩散，从而导致键合的形成。在引线键合过程中，键合力会导致材料变形、破坏污染层并平滑表面粗糙，这可以通过施加超声波能量来增强。热可加速原子间扩散，从而形成键。

引线键合是一种标准的互连技术，用于将微芯片电连接到芯片封装的端子或直接电连接到基板。引线键合技术可以按键合方法（球形或楔形）分类，也可以通过实际机制在引线和基板之间建立金属互连（热压，超声或热超声）。引线键合是最早的设备组装技术，其第一项成果由贝尔实验室在 1957 年发表。随后，这种技术得到了极大的发展。

目前已开发出用于批量生产的全自动机器；黏合参数可以精确控制；引线的力学性能可以高度复制；每个引线互连（两个焊缝和一个导线环）的接合速度可以达到 100～125 ms；黏合间距为 50 mm，并实现了小于 40 mm 的稳定环；可以通过适当控制和改进工具（毛细管和楔子）和工艺来消除大多数可靠性问题；工程师可以选择特定的接合工具和引线来满足要求。

由于其潜在的低成本、大大提高的良品率和可靠性，引线键合作为主要的芯片连接技术已被用于所有类型的微电子封装，从小型单个芯片封装到大型、高密度多芯片模块。使用引线键合最流行的应用领域有单层以及多层共烧陶瓷以及塑料球栅阵列（plastic ball grid arrays，PBGA）、单芯片和多芯片、陶瓷和塑料方形扁平包装（CerQuad 和 PQFP）、芯片级封装（chip scale packages，CSP）、板上芯片（chip on board，COB）。几乎所有动态随机存储器（dynamic random access memory，DRAM）芯片和大多数塑料封装中的商品芯片都是通过引线键合组装的，每年生产 1.2 万亿～1.4 万亿个电线互连。制造损失和测试失败率为 40～1 000 ppm，并且每年呈下降趋势。据报道，引线键合将继续在未来需要相对较小的 I/O 数量（<500 I/O）的存储器和商品包装中占据主导地位。此外，引线键合方法用于将其他组件（例如电阻器或电容器）连接到基板，将封装端子连接到基板，或将一个基板连接到另一个，如图 6－16 所示。

图 6－16　引线键合芯片

引线键合过程开始于使用有机导电胶或焊料将芯片的背面牢固地附着到芯片载体上（die attach）。然后使用特殊的焊接工具（毛细管或楔子）焊接导线。根据黏合剂（热能和超声能）的不同，可以将黏合过程定义为三个主要过程：热压焊（T/C），超声波焊（U/S）和热声焊（T/S），如表 6－2 所示。

表 6－2　三种引线键合技术

键合方法	压力	温度/℃	超声波能量	引线	衬底
热压焊	高	300～500	无	金	铝、金
超声波焊	低	25	有	金、铝	铝、金
热声焊	低	100～150	有	金	铝、金

6.3.2　引线键合形式

引线键合有两种基本形式：球形键合（球焊）和楔形键合（楔形焊）（图 6－17），相应的键合技术、键合工具和材料列于表 6－3。当前，热超声金球键合是使用最广泛的键合技术，主要是因为它比超声铝键合更快。一旦在设备上进行了球形键合，导线就可以在任何方向上移动而导线上没有应力，极大地促进了自动导线键合，因为移动仅需要沿 x 和 y 方向进行。

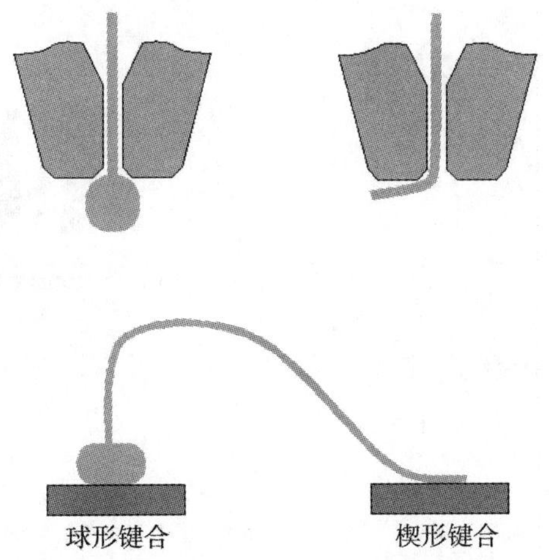

图6－17　球形键合和楔形键合

表6－3　引线键合形成

引线键合	焊接技术	键合工具	引线	衬底	速度/(根·s^{-1})
球形键合	热压焊、热声焊	毛细管	金	铝、金	10
楔形键合	热压焊、超声波焊	楔形	金、铝	铝、金	4

1. 球形键合

球形键合是引线键合的一种，是在芯片和外界之间进行电互连的最常见方法，是半导体器件制造的一部分[11]。引线可以使用金或铜线，尽管金更常见，因为它的氧化物在进行焊接时没有问题。如果使用铜线，则必须使用氮气作为保护气体，以防止在引线键合过程中生成氧化铜。铜比金硬，因此更容易损坏芯片表面。但是，铜比金便宜，并且具有优越的电性能，因此仍然是引人注目的选择。几乎所有现代的球焊工艺都结合使用热量、压力和超声能在焊丝的两端进行焊接。所用的焊丝直径可小至15 μm，从而可以在细丝的整个宽度上进行多次焊接。

初次见到焊球机的人通常会将其操作与缝纫机进行比较。实际上，有一种称为毛细管的针状一次性工具，电线可通过该工具进给。高压电荷被施加到电线上，这会熔化毛细管尖端的导线，由于熔融金属的表面张力，金属丝的尖端形成球形。

球快速固化，毛细管降到芯片表面，通常将其加热到至少125 ℃。然后，机器向下推毛细管，并通过连接的换能器施加超声波能量。热量、压力和超声波能量的总和会在铜球或金球与芯片表面（通常为铜或铝）之间形成焊接，这就是所谓的球形键合，如图6－18所示。

2. 楔形键合

楔形键合工艺利用超声波能量和压力在导线和键合焊盘之间建立键合。当使用金线时，楔焊使用的温度高达150 ℃，类似于球焊，该技术称为热超声焊。楔形键合最主要的工艺是低温工艺或环境温度键合，其中铝线用于管芯和封装的互连。这种“焊接过程”（热的或冷的）都会使金属丝变形为楔形的扁平细长形状。与球形键合不同，楔形键合的第一个键合没有球，这就是为什么此引线键合过程称为楔形键合。

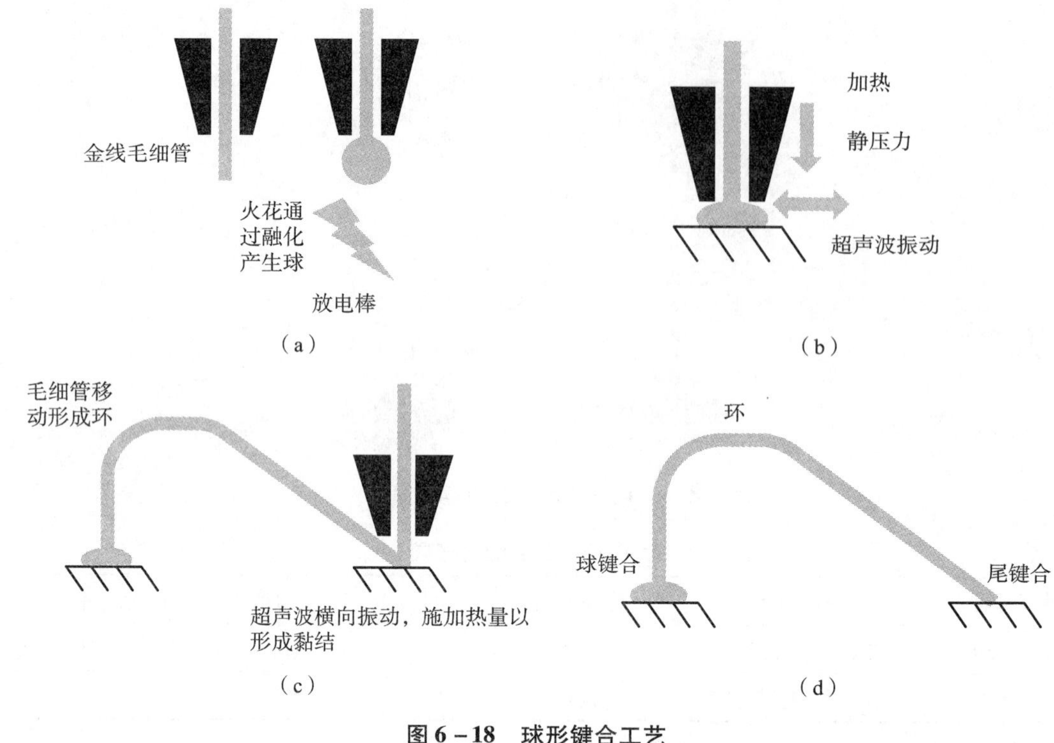

图 6-18　球形键合工艺

(a) 球形成；(b) 球形键形成；(c) 环形成；(d) 尾键形成

楔形焊过程如下：机器将楔形物精确对准并与管芯的焊盘对准，同时导线从楔形脚正下方的孔中伸出。楔形块向下移动，而脚使线变形，力和超声波振动则通过楔形块传递（在金线过程中，热量始终施加）。在第一个键变形后，楔形物上升到垫片上方，夹具的开口使电线可以滑过。在夹具保持打开的状态下，楔形工具向第二键的位置移动。导线通过楔形孔的这种自由进给会形成回路，而回路又是基于机器胶头运动曲线（最常见的是正方形和三角形）。楔形继续朝第二键合焊盘下降，用脚将导线压在引线上，同时施加力和超声波能量以形成第二键。线夹在第二键的末端缩回，拉动线并使其在最弱的位置断裂。在此阶段，干净的导线连接是确保尾部长度一致性的关键因素。楔形焊使用两种导线撕裂方法进行，即夹具撕裂和工作台撕裂。工作台撕裂系统与夹具撕裂的不同之处主要在于导线在成型后断裂，第二键的工作台移动并折断了电线，而不是使夹具回撤。夹具是固定的，只需打开或关闭即可。该方法主要用于进给角较大的情况下，以实现更一致的尾部和黏合位置。焊接头将楔形物提升到初始高度，然后夹具将导线推过底脚下方的孔。以此方式，形成了新的尾部并且楔形物为新的循环做好了准备。如图 6-19 所示。

3. 引线键合材料

微电子键合线有多种纯净和合金材料。除圆线外，扁平带材料还可用于特殊应用，例如射频和微波电路。目前，圆线是最常见的，市售的细圆线直径小至 5 μm。直径最大为 500 μm 的大直径圆线用于电力应用。色带的宽度范围为 50～1 200 μm，并具有各种厚度。这些电线（和带状）最近 5 年使用的主要材料是金（纯金属和合金）、铝（纯金属）、含 1% 硅的铝、含镁的铝以及铜，引线键合材料力学性能如表 6-4 所示，引线键合材料热力学

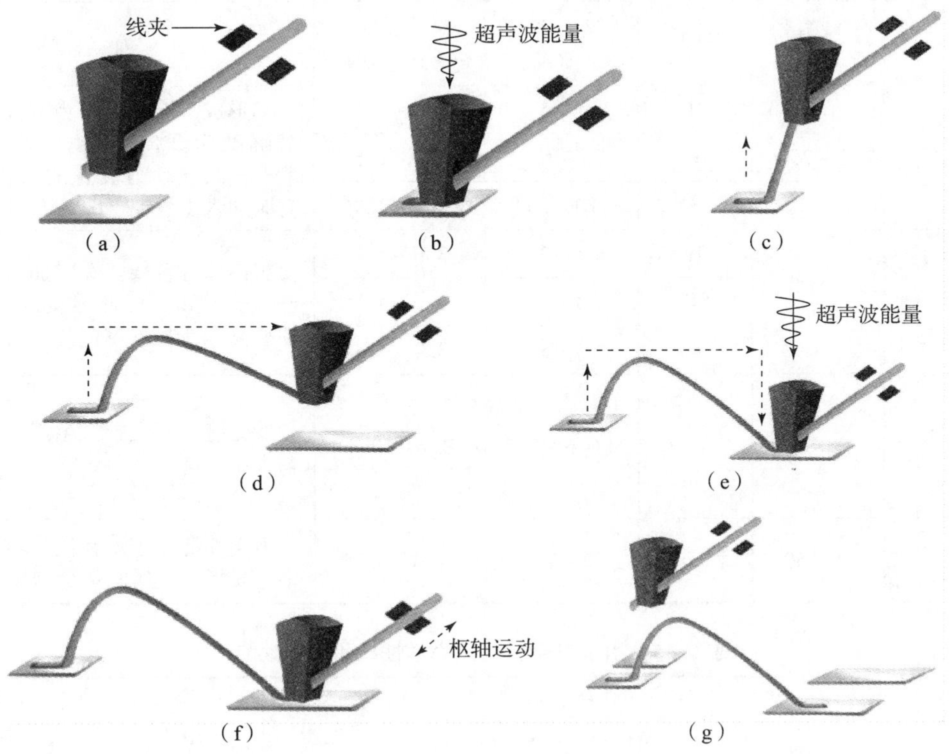

图 6－19　楔形键合工艺

(a) 下降到焊盘；(b) 第一次键合创建；(c) 上升到环高度位置；(d) 环形成；
(e) 第二次建立键合；(f) 引线形成；(g) 下一次键合

性能和电学性能如表 6－5 所示。过去，诸如钯和银之类的其他导线用途有限，近年来，由于银的导电性高且与黄金相比成本较低，因此白银的用途有所增加，占当今引线键合量的 9%。

表 6－4　引线键合材料力学性能

材料	引线直径/μm	回火	延展率/%	拉伸强度/$\times 10^2$ MPa	内容
纯铝	18～75（小直径）	H	2～6	1.9～2.5	比其他电线柔软。对于相同的直径，下垂要比其他导线更多。小直径难以处理
		M	6～12	1.7～1.9	
		S	12～18	1.5～1.9	
	75～500（大直径）		5～10	1.4～1.5	
			10～20	1.0～1.4	
铝+1%硅	25～250	H	1～5	2.9～3.5	标准集成电路键合线（楔形键合）。由于 1% 的硅大大超过了硅在室温下在铝中的溶解度，因此，硅有在键合温度下沉淀的趋势，除非合金在纳米级均匀
		M	5～10	2.2～2.6	
		S	10～20	1.5～1.9	

续表

材料	引线直径/μm	回火	延展率/%	拉伸强度/$\times10^2$ MPa	内容
铝+0.5~1%镁	25~250	H	1~5	2.9~3.5	不形成沉淀相，因为室温下硅的溶解度为2%。卓越的抗疲劳性能——减轻动力装置的低周疲劳。有时加入少量钯（0.1%~0.15%）
		M	5~10	2.2~2.6	
		S	10~20	1.5~1.9	
纯金	18~50	H	1~3	3.0~4.7	主体球键合线。有时非常硬的金丝（>7 MPa拉伸强度，<1%延伸率）用于楔形键合
		SR	3~6	3.6~4.1	
		A	4~8	3.2~3.8	
金(98.5% Pure)+1%钯	18~37		0.5~3	8.7~10.4	专为撞钉而设计。生产一致的均匀大小的球
铜	15~50		2~12	1.6~3.7	力学性能稳定。在混合金属系统中不易形成金属间化合物

表6-5　引线键合材料热力学性能和电学性能

材料	熔点/℃	热传导/($W \cdot m^{-1} \cdot K^{-1}$)	热膨胀系数/$\times10^{-6}$·$℃^{-1}$	电阻/$\times10^{-6}\Omega \cdot cm$	电导率/%IACS
纯铝	660	230	23~24	2.49~2.77	69~62
铝+1%硅	600~630	195	22~23	2.96~3.18	58~54
铝+0.5%~1%镁	654	180~195	22~24	3.01	57
纯金	1 063	312	14~15	2.20~2.29	78~75
铜	1 083	395	16~17	1.72~1.81	100~95
钯	1 552	75	10~12	10.75~15.63	16~11
银	961	406	18~19	1.59~1.64	106~108

过去，金是用于球形键合工艺的主要材料，而铝及其合金在楔形（超声波）键合工艺中一直占主导地位。球形键合所使用的金是极纯的（99.99%），总杂质通常小于10 ppm下的引线键合，以进一步提高引线的纯度。铍是用于稳定导线和控制其某些力学性能的关键杂质。用于双头凸点（单端球形键合）的金线不那么纯净，添加了大量的钯（~1%）以确保形成均匀的球，且尾部最少（金属丝残留在焊丝上）被打破。含1%硅的铝与用于半导体器件金属化的普通合金相匹配，并且在小直径应用中比纯铝具有更高的强度和刚度。纯铝用于大多数大型电线应用中，而铝和镁则用于互连时经受低周疲劳或开关电源循环的情况。

6.3.3 焊接设备

1. *超声波焊接*

1）概述

超声波焊接是一种工业技术，高频超声波的声振动使局部地施加压力以将固态的工件的焊接。其通常用于塑料和金属（图 6－20），特别是用于连接异种材料[12]。在超声波焊接中，不需要将材料黏结在一起的连接螺栓、钉子、焊接材料或黏合剂。当应用于金属时，该方法的显著特征是温度保持在所涉及材料的熔点以下，从而防止由于材料暴露于高温而产生的任何不良性能。

图 6－20　超声波焊接薄金属箔

2）历史

超声波焊接在硬质塑料中的实际应用在 20 世纪 60 年代完成。超声波焊接硬质热塑性塑料零件的专利已于 1965 年授予 Robert Soloff 和 Seymour Linsley。第一辆完全由塑料制成的汽车是在 1969 年通过超声波焊接组装而成的。即使塑料汽车没有流行，超声波焊接还是成功了。自 20 世纪 80 年代以来，汽车工业就在使用它。

3）处理

为了连接复杂的注塑热塑性零件，可以轻松定制超声波焊接设备，以适合被焊接零件的确切规格。在焊接过程中，将要焊接的材料放置在固定形状的夹具和超声焊极之间，该超声焊极连接到产生低振幅声振动的换能器，频率约为 20 kHz（用于热塑性塑料超声波焊接的常用频率为 15 kHz、20 kHz、30 kHz、35 kHz、40 kHz 和 70 kHz）。在焊接塑料时，两个部分的界面经过专门设计以集中熔化过程。其中一种材料通常具有与第二塑料部件接触的尖峰或圆形能量导向器。超声波能量会熔化零件之间的点接触，从而形成接头。此过程是胶水、螺钉或卡扣配合得很好的自动化替代方法设计，通常用于小型零件（如手机、消费电子产品、一次性医疗工具、玩具等），但也可以用于像小型汽车仪表板一样大的零件。超声波也可用于焊接金属，但通常仅限于薄的可延展金属（如铝、铜、镍）的小型焊接。由于所需的功率水平，超声波不能用于汽车底盘或自行车零件的焊接。

热塑性塑料的超声波焊接由于沿待焊接接头吸收振动能而导致塑料局部熔化。在金属中，由于表面氧化物的高压分散和材料的局部运动而发生焊接。尽管有加热，但不足以熔化基础材料。

超声波焊接可用于硬塑料、软塑料（例如半结晶塑料）和金属。随着研究和测试的深入，对超声波焊接的了解也越来越多。更先进、更便宜的设备的发明以及对塑料和电子元件的需求的增加，导致人们对基本工艺的了解不断深入。但是，超声波焊接的许多方面仍需要更多研究，例如将焊接质量与工艺参数相关联。超声波焊接仍然是快速发展的领域。

超声波焊接的好处是它比传统的黏合剂或溶剂快得多，干燥时间非常快，并且碎片无须长时间保持在夹具中，以等待接头干燥或固化。焊接可以很容易地实现自动化，制作干净、精确的接头；焊接部位非常干净，几乎不需要任何补漆工作。超声波焊接对所涉及材料的低热影响使其可以将大量材料焊接在一起。

4）组件

所有超声波焊接系统均由相同的基本元素组成：

（1）通常用气动或电动驱动的压力机，用于在压力下组装两个零件。

（2）放置零件的夹具，并允许将高频振动传递到接口。

（3）超声波堆，由转换器或压电换能器、可选的增强器和超声波发生器组成。堆栈中的所有三个元素都经过专门调整，以在相同的准确超声波频率（通常为 15 kHz、20 kHz、30 kHz、35 kHz 或 40 kHz）下产生谐振。

（4）转换器：利用压电效应将电信号转换为机械振动。

（5）助推器：机械地改变振动的幅度。它也用于标准系统中，以将纸堆夹在压力机中。

（6）喇叭或超声波焊头：采用零件的形状，还可以机械地改变振幅，并对要焊接的零件施加机械振动。

（7）电子超声波发生器：可提供高功率电信号，其频率与电池组的谐振频率相匹配。

（8）控制器控制压力机的运动和超声能量的传递。

2. *激光焊接*

各种 MEMS 和 BioMEMS 器件的制造、组装和包装都需要接合不同的材料，例如聚合物、金属、玻璃和硅[12]。为了保护生物可植入装置不受潮，其封装系统要求将某些不同的材料密封在一起。黏接异种材料的广泛使用方法是黏接和焊接。固化过程中的黏合剂收缩会引入残余应力，这使生物可植入设备的气密黏合剂包装成为一项艰巨的任务。在微电子器件的焊接中，焊接过程中输入的高热量可能会影响器件的电气特性和功能。这些限制可以通过使用透射激光接合技术来克服。激光接合技术的优点是能够将激光束聚焦到微米范围内的光斑大小，并能够精确控制聚焦点的激光功率。在这种接合方法中，待接合的系统由在激光波长处的透明部分和吸收部分组成。激光能量穿过透明材料并被吸收材料吸收，因此直接在界面处产生热量，从而允许在两种材料之间形成化学键。透射激光接合技术如图 6－21 所示。

低水分吸收是用于封装生物可植入装置的包装材料的重要要求。聚酰亚胺具有生物相容性和柔性，这使其对包装可植入设备具有吸引力。但聚酰亚胺的主要缺点是它们的平均吸水率为 1%，透水率为 1.350 g·mm/m^2。有学者将 Teflon 氟化乙烯丙烯（FEP）薄膜激光焊接到钛箔上。这种材料的优点是它的平均吸水率小于 0.01%，透水率为 0.178 g·mm/m^2。

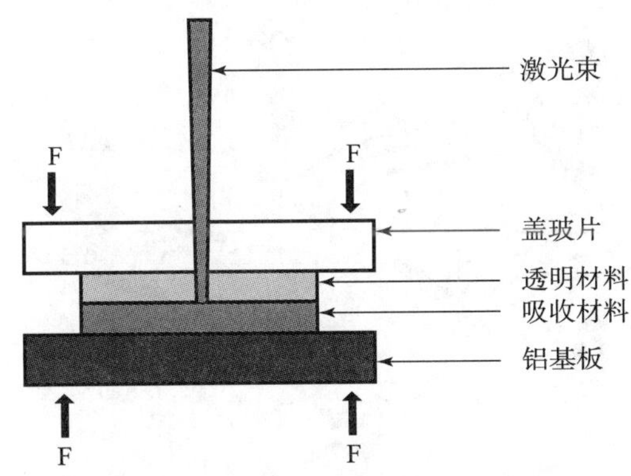

图 6－21　透射激光接合技术示意图

3. 热压黏合

热压黏合（或焊接）是在受控的时间、温度和压力（或力）周期内将两个金属表面（例如，焊线和基板或焊盘金属化）紧密接触在一起[13]。在此键合周期中，金属丝以及一定程度上的下层金属化层在原子尺度上发生塑性变形和相互扩散。如果同时使用金线和金垫或基底金属化层（或铜线和铜垫），则这种原子互扩散可导致均匀的焊接界面。当使用金线和铝垫（反之亦然）时，会形成金铝金属间化合物结构。无论如何，在键合界面处发生的塑性变形可确保导线与焊盘之间的表面紧密接触，增加了界面键合面积，并破坏了任何界面膜层（氧化物、污染物等）。表面粗糙度、空隙、氧化物和吸收的化学物质或湿气层都会阻碍金属与金属之间的紧密接触，并限制界面焊缝的程度和强度，因此导致不良的联系。在某些情况下，这种界面污染（通常在焊盘上）是如此之大，以至于完全无法黏接。焊接界面处的污染物会导致严重的可靠性问题。

对于通过热压黏合进行的黏合，界面黏合温度通常在 300～400 ℃的范围内。键合周期不包括键合定位，仅需几分之一秒。在热压键合中，通过加热的毛细管（导线穿过的焊接工具）或通过将基板和/或封装安装在加热台（柱）上来施加界面形成所需的热量。在阶段或列加热的情况下，模具和封装的组合必须与平台达到热平衡，这可能需要几秒钟到几分钟的时间，具体取决于质量。由于热压黏合涉及的阶段或柱温较高（＞300 ℃），因此 IC 或器件管芯的附着通常仅限于金－硅共晶或某些金属合金的附着。此外，长时间处于加热阶段会导致先前放置的引线键合出现可靠性问题，如不受控制的金属间生长（例如，在铝垫－金线系统中）。大多数现代的热压黏合机同时使用毛细管和柱热。毛细管由陶瓷、红宝石、碳化钨或其他耐火材料制成。对于细间距和深通道应用，需要特殊的毛细管形状。需要控制毛细管电阻以防止损坏静电敏感电路。球焊循环如图 6－22 所示。

4. 热超声键合

在热超声引线键合中，超声能量与热压黏合中使用的球形键合毛细管技术相结合。通常，热超声黏合过程以与热压黏合过程类似的方式执行，除了不加热毛细管（或与热压黏合中的毛细管温度相比保持较低的温度）外，并且阶段或塔的温度通常为 150 ℃或更低。为了在焊丝和焊垫的界面处产生焊接所需的界面热，当焊丝和焊垫接触时，将短脉冲（数十毫秒）的超声波能量施加到毛细管上。由于增加了超声波能量（导致线－垫界面处产生局部热量），因此可以放宽对载物台和毛细管的热量（如前所述）和压力（力）的要求。热

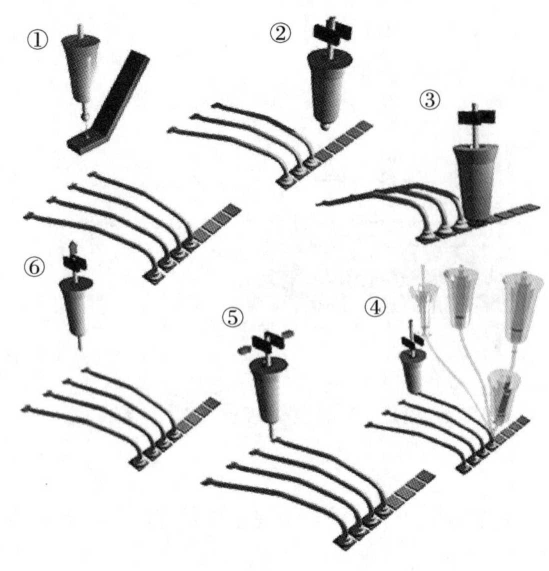

图 6－22　球焊循环示意图

超声键合中所施加的力通常比热压黏合中所遇到的力小得多，因此允许在精密或受力敏感的芯片或基板区域上进行键合。由于互连是通过将 IC（和基板）保持在 150 ℃或更低（甚至室温）的温度下进行的，因此可以将这些芯片与环氧树脂或其他有机胶黏剂连接在一起，而不必担心性能下降（即长时间暴露在高于其玻璃化转变温度）。由于温度较低，因此如果使用混合金属焊丝系统，金属间非受控生长的风险也大大降低。从历史上看，热超声线焊主要是用金线进行的。随着高性能 IC 的金属化从铝合金迁移到铜，出现了新的焊盘堆叠配置（例如，铜－镍－金或仅是铜）。这些新的焊盘配置需要重新评估热超声键合工艺。早在 1985 年，铜热超声引线键合就已经成功地在生产中得到了证明，用于将 IC 连接到双列直插式封装中的铜合金引线框架。这种技术已经使用了 30 多年，现在铜（镀钯和裸铜）占引线键合产品的 50% 以上。

5. 其他方式

应当指出的是，多年来使用了其他引线键合或引线焊接技术，包括直流电阻焊、交流电阻焊以及最近的激光键焊或焊接。尽管这些技术有其应用（许多用于端子引脚和/或电路板），但与主要的引线键合技术相比，它们的使用和灵活性受到限制。扁平带状微电子规模的激光焊接相对较新，与通过标准引线键合实践生产的常规微电子线焊相比，具有一些潜在的优势。激光焊缝的穿透深度比超声焊缝大得多。可以在很宽的范围内调制激光束，从而可以产生从 1 μm 到几微米的焊缝熔深。激光带焊可以使用多种材料，包括镀镍铜和金。与经过疲劳测试的超声波焊接铝线相比，激光焊接镍包铜的可靠性很高（大约 3 个数量级）。

6.3.4　封装技术

1. 封装概述

电子和 MEMS 封装是指 IC 和机电组件的外壳，以提供机械坚固性及其与结构电子系统的互连[14]。它具有多种功能，例如芯片保护和支持、散热、信号分配、可制造性和可维修性以及功率分配。可制造性、质量和成本是设计 MEMS 封装时要考虑的最重要参数。通常，封装技术可分为四个级别，如图 6－23 所示。这四个封装级别中的每个级别都包括数量不断增加的需要安装在系统主板上的零件、半导体芯片和无源组件。

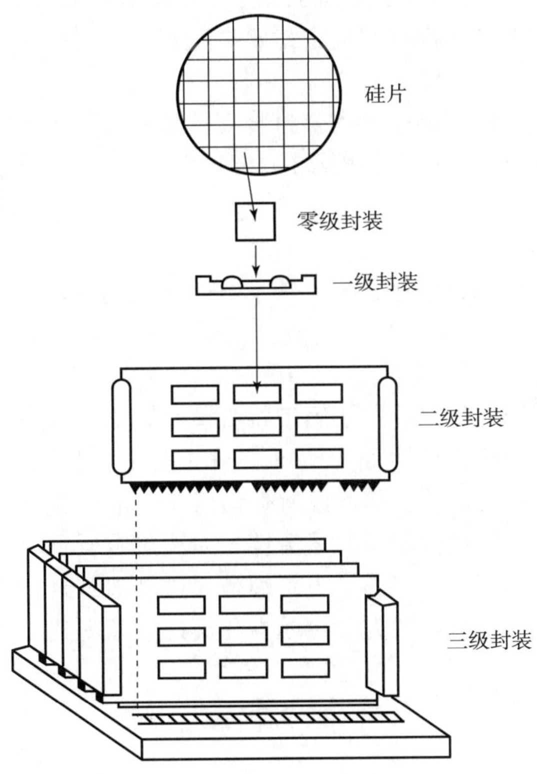

图 6－23 电子封装的层次结构

电子封装技术由于持续的关注而不断变化。微电子行业一直在寻找更高密度的封装和更多的芯片功能，这导致更大的芯片而更小的封装，因此管芯正成为总封装体积中更大的一部分。对更小封装的更多芯片功能的日益增长的需求推动了未来的封装技术。最近，采用了三维（3D）堆叠管芯封装策略来缓解其中的一些挑战。所有用于电子封装的按比例缩小策略都需要有效的可制造性和成本。两种常用的小型化工艺是 CMOS 缩放和封装。但是，由于更高的成本和 CMOS 缩放的制造挑战，封装格局正在朝着系统级缩放快速变化。

2. 封装类型

蝶形封装：蝶形封装用于数据传输和电信中的大多数收发器和激光源。金属或陶瓷用作密封外壳的材料。支持的电信号数量在 10 ~ 20 范围内，信号在低频（low－frequency，LF）范围内。如果有射频要求，则应使用同轴连接器。这种表面贴装技术（surface－mount technology，SMT）封装非常适合边缘光纤耦合的组件，例如边缘发射激光器。通过变送器的热电冷却器进行热管理，接收器不需要主动冷却[15]。

TO－CAN 封装：TO－CAN 中文名称为镭射二极体模组，模制嵌入连接器的 TO－CAN 用于包装光源或探测器管芯。可以使用各种标准，如 TO－05、TO－18 和 TO－46。从 20 世纪 80 年代开始，TO－CAN 封装主要用于光学组件（optical subassemblies，OSA）。多年来已经开发了这种 OSA，以减少所需的组装步骤和零件，从而降低成本并增强耦合性能。带模制连接器的 TO－CAN 是内置光链之一。OSA 的另一种形式——带有窗口/透镜的 TO－Can——也用于包装光源或检测器管芯，提供 TO－05 和 TO－18 密封包装。

引线框上的包覆成型管芯：引线框上的包覆成型管芯为单个 LED 或检测器管芯封装提供了非常低成本的解决方案，而没有任何密封要求。超模压铸模在引线框架上的组装可实现大批量生产。

带玻璃盖的陶瓷封装：带玻璃盖的陶瓷封装支持带有可移动元件（如光学镜）的 MEMS 器件的封装。这些要求具有可能的多根引线的高度密封的布置。在数字光处理（digital light processing，DLP）中，在此类封装中使用了基于 MEMS 的反射镜。这些设备对静电放电高度敏感，并且具有各种模型尺寸。

表面贴装封装：表面贴装封装适合包装基于 LED 的指示器，这些指示器具有 SMT 尺寸（如 0804、0603）。与其他 LED 封装概念类似，主要要求是低成本和大批量生产。这种类型的封装可以支持低功耗要求。

晶圆尺度封装：晶圆级光学封装主要用于相机模块。迄今为止，对包装的要求是占地面积小且成本低。诸如图像传感器或表面 MEMS 器件之类的器件晶圆通常在硅基板的一侧具有有源传感器，必须封装该有源传感器而没有任何限制。晶圆级封装与结合的高质量玻璃晶圆和硅通孔接触相结合，可以提供所需的灵活性。一次封装所有管芯后，通过锯切晶圆对每个组件进行分割。导管中照相机系统的最小轮廓是通过晶圆级封装获得的。

通过以下方面的改进，标准包装方法在成本和设计方面得到了优化：

（1）减少零件数量。

（2）减少组装步骤。

（3）减小包装尺寸。

（4）接口数量的灵活性。

（5）自动化整个装配的能力。

（6）重复使用现有的组装技术和设备。

3. MEMS 封装

成功开发的 MEMS 设备包括压力传感器、硅麦克风、加速计、陀螺仪、微光机电系统（microoptoelectromechanical systems，MOEMS）、微燃料电池和新兴的 MEMS。MEMS/MOEMS 和基于纳米设备的产品将渗透到 IT、汽车、国防、生命科学、医疗和可植入应用中。MEMS/MOEMS 产品的包装通常占成本的 70%。与电子 IC 封装不同，它们的包装是定制的，并且由于移动的结构元素而难以包装。MEMS 器件的封装是 MEMS 商业化最具挑战性的部分之一。MEMS 设备通常由空腔、移动的、独立的、甚至平面外的微结构组成。这意味着用于 MEMS 设备的包装不仅必须满足标准要求，还必须留出空间用于执行器移动，并允许传感器元件与周围环境相互作用，MEMS 封装需要一个封装盖（图 6－24）。

必须将 MEMS 器件密封在盖中，以使其能够在受控良好的气氛中有效运动。对于某些 MEMS 设备，如谐振器和陀螺仪，需要真空包装。通常，封装盖是在晶片级上加工的。在 MEMS/MOEMS 封装方面，由于由光子、电子、RF、等离子体和无线组成的多物理组件/层的 3－D 异质集成所支持的集成密度不断提高，仍有许多关键问题需要解决。MEMS/MOEMS 的基础设施及其封装尚不完善。

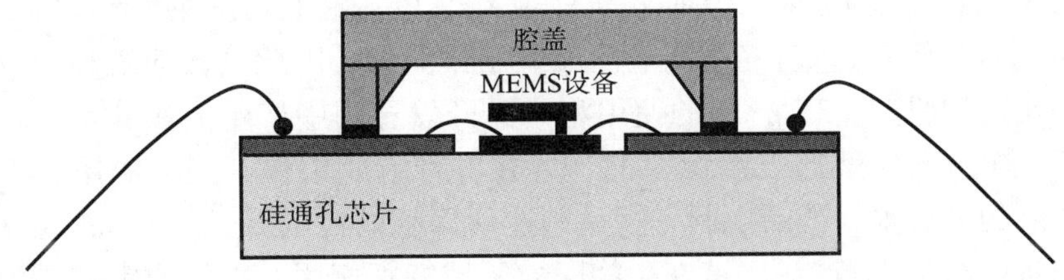

图6-24　MEMS封装示意图

先进的MEMS封装至少具有三个晶片选项：MEMS器件晶片（带有引线键合焊盘，通过硅通孔（through silicon via，TSV）衬底凸焊的焊料或不带TSV的焊料凸块倒装芯片），带或不带TSV的晶片，如图6-25所示，以及腔盖晶圆。3-D MEMS封装大约有9种不同的配置。这些包装被认为可以生产出占地很小的低成本、高性能包装。

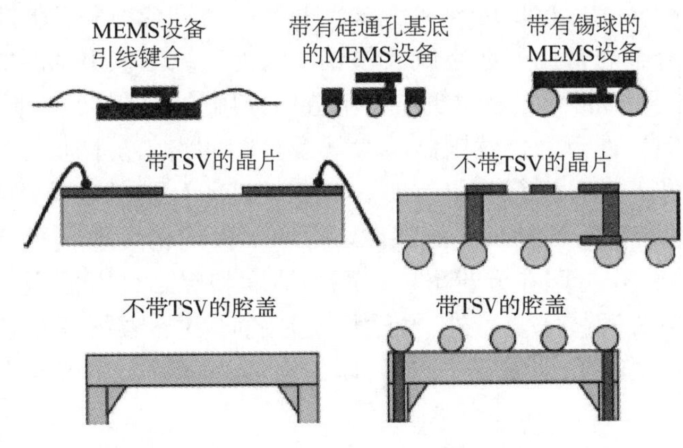

图6-25　用于先进MEMS封装三晶片设备

6.4　3D打印技术

6.4.1　3D打印概述

3D打印（3D printing）是一种增材制造（additive manufacturing，AM）技术，用于从三维模型数据中制造各种结构和复杂几何图形[16]。这一过程包括打印连续层叠在一起的材料。这项技术是查尔斯·赫尔于1986年在一种被称为立体光刻（stereo lithography apparatus，SLA）的工艺中发展起来的，随后又出现了粉末层熔合、熔融沉积模型（fused deposition modelling，FDM）、喷墨打印和轮廓工艺等后续技术。3D打印涉及各种方法、材料和设备，经过多年的发展，已经具备了改变制造和生产工艺的能力。增材制造在建筑、成型、生物工程等领域有着广泛的应用，特别是在建筑业。尽管3D打印具有浪费少、设计自由和自动化等优点，但其应用却非常缓慢和有限。

随着新型材料和增材制造方法的不断发展，新的应用正在兴起。这项技术变得更容易获得的主要驱动力之一归因于早期专利的到期，这使制造商能够开发新的3D打印设备。最近的发展降低了3D打印机的成本，从而扩展了其在学校、家庭、图书馆和实验室中的应用。最初，由于3D打印具有快速且经济高效的原型制作能力，因此已被建筑师和设计师广泛用于生产美观和实用的原型。3D打印的使用将产品开发过程中产生的额外费用降至最低。但是，直到最近几年，从原型到产品，3D打印才在各种行业中得到充分利用。由于为最终用户生产定制产品的高成本，产品定制一直是制造商面临的挑战。另外，AM能够以相对较低的成本3D打印少量的定制产品。这在生物医学领域特别有用，因为通常需要为独特的患者定制产品。定制功能产品当前正在成为3D打印的趋势，未来约50%的3D打印将围绕商业产品的制造。这项技术由于能够从CT成像的组织复制品中生产出各种各样的医疗植入物而引起了医学界的关注。目前，3D打印在建筑行业中已得到有效使用。

在传统技术上采用3D制造系统的共识日渐增长，这归因于以下几个优势：高精度地制造复杂的几何形状，最大限度地节省材料，设计上的灵活性以及个人定制。当前3D打印中使用的各种材料包括金属、聚合物、陶瓷和混凝土。聚乳酸（polylactic acid，PLA）和丙烯腈丁二烯苯乙烯（acrylonitrile butadiene styrene，ABS）是复合材料3D打印中使用的主要聚合物。先进的金属和合金通常用于航空航天领域，因为传统工艺更加耗时、困难且昂贵。陶瓷主要用于3D打印支架，混凝土是建筑增材制造中使用的主要材料。但是，3D打印部件的较差的力学性能和各向异性行为仍然限制了大规模打印的潜力。因此，优化的3D底漆图案对于控制缺陷敏感性和各向异性行为很重要。同样，打印环境的变化也会影响成品的质量。AM能够制造从微观到宏观的各种尺寸的零件。打印部件的精度取决于所采用方法的精度和打印规模。例如，微型3D打印在分辨率、表面光洁度和层黏合方面提出了挑战，这些挑战有时需要诸如烧结的后处理技术。另外，可用于3D打印的有限材料在各种行业中利用该技术提出了挑战。因此，需要开发可用于3D打印的合适的材料，还需要进一步的开发来增强3D打印部件的力学性能。

3D打印技术的优势将通过不断的研究努力不断显现。3D打印的显著优势是大规模定制，即生产一系列个性化商品，从而使每个产品在保持批量生产、较低价格的同时可以有所不同。3D打印可避免因定制产品的模具制造和工装而增加成本。因此，大量生产相同零件的成本可能与相同数量不同个性化产品的成本效益一样。AM还具有批量生产复杂几何形状（如晶格结构）的潜力，而传统的制造方法（如铸造）的应用并不简单，需要进一步耗时的工具和后处理。但是，必须通过改善机器设计来解决制造速度提高和成本降低的问题。

6.4.2 3D打印工艺

目前已经开发了增材制造的多种方法来满足高分辨率打印复杂结构的需求。快速成型，打印大型结构的能力，减少打印缺陷和增强力学性能是推动AM技术发展的一些关键因素[17]。主要使用聚合物细丝的最常见3D打印方法称为熔融沉积建模。此外，在3D打印中通过选择性激光烧结（selective laser sintering，SLS）、选择性激光熔化（selective laser melting，SLM）或液体黏合以及喷墨打印、轮廓加工、立体光刻、直接能量沉积（direct energy deposition，DED）进行粉末的增材制造层压制品制造（laminated object manufacturing，LOM）是增材制造的主要方法。目前也出现了针对特定应用的新型新兴方法，例如，双光子聚合（two-photon polymerization，TPP）、投影微立体光刻（projection micro stereolithography，P-μSLA）和电流体动力学打印（electrohydrodynamic printing，EHDP）等。

1. 熔融沉积法

在FDM方法中，热塑性聚合物的连续长丝用于3D打印材料层（图6－26）。细丝在喷嘴处加热至半液态，然后挤出在平台上或先前打印层的顶部。聚合物长丝的热塑性是该方法的基本特性，它允许长丝在打印过程中熔合在一起，然后打印后在室温下固化。细丝的层厚度、宽度和方向以及气隙（在同一层或两层之间）是影响打印零件力学性能的主要工艺参数。层间变形被发现是机械性弱点的主要原因。低成本、高速和过程简单是FDM的主要优势。另外，FDM的主要缺点是力学性能弱、层外观差、表面质量差和热塑性材料数量有限。使用FDM的纤维增强复合材料的开发增强了3D打印零件的力学性能。但是，纤维取向、纤维与基体之间的黏合以及空隙的形成是3D打印复合材料零件中出现的主要挑战。

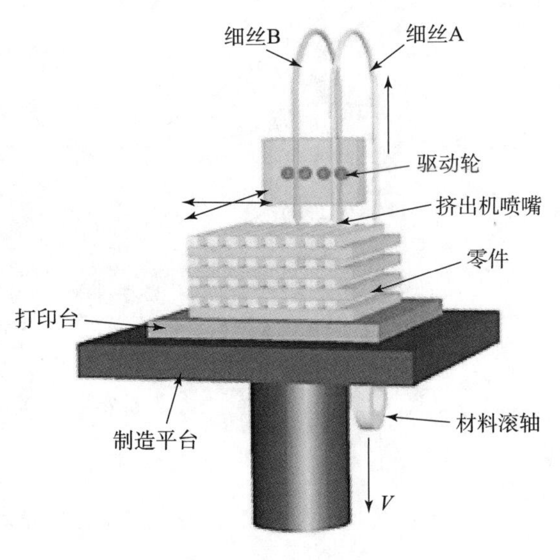

图6－26 熔融沉积法

2. 粉末熔化法

粉末熔化过程由极细粉末的薄层组成，这些薄层散布并紧密堆积在平台上。每层中的粉末与激光束或黏合剂熔合在一起。随后的粉末层在先前的层上滚动并融合在一起，直到构建了最终的3D零件（图6－27）。然后通过真空除去过量的粉末，并且如果需要，进行进一步的处理和细化，如涂覆、烧结或浸渗。粉末尺寸的分布和堆积决定了打印零件的密度，是影响该方法功效的关键因素。激光只能用于具有低熔点/烧结温度的粉末，否则应使用液体黏合剂。SLS可用于多种聚合物、金属和合金粉末，而SLM仅可用于某些金属，例如钢和铝。SLS中的激光扫描不能完全熔化粉末，而晶粒表面上升高的局部温度会导致粉末在分子水平上熔合。另外，在SLM中进行激光扫描后，粉末被完全熔化并熔合在一起，从而导致了优异的力学性能。

在使用液体黏合剂的情况下，该方法称为三维打印或3DP。黏合剂的化学和流变性、粉末颗粒的大小和形状、沉积速度、粉末与黏合剂之间的相互作用以及后处理技术在3DP中起着重要的作用。与激光烧结或熔化相比，通过黏合剂沉积打印的零件的孔隙率通常更高，后者可以打印致密的零件。激光功率和扫描速度是影响烧结过程的主要参数。精细的分辨率和高质量的打印是粉末熔化的主要优势，使其适合于打印复杂的结构。这种方法广泛用于各种先进应用的行业，如组织工程的支架、网格、航空航天和电子设备。该方法的主要优点是将粉末床用作载体，克服了去除载体材料的困难。粉末床熔合的主要缺点是工艺缓慢，包括当粉末与黏合剂熔合时的高成本和高孔隙率。

3. 喷墨打印和轮廓加工

喷墨印刷是陶瓷增材制造的主要方法之一，用于印刷复杂和高级的陶瓷结构，如组织工程支架。在这种方法中，将水中的氧化锆粉末泵送并通过喷嘴以液滴形式沉积到基材上。然

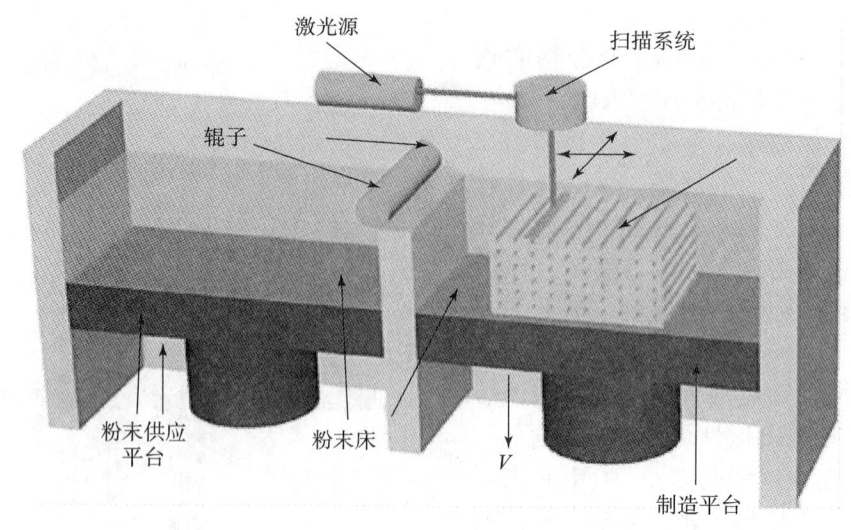

图 6-27 粉末熔化法

后，这些液滴形成一个连续的图案，该图案固化成足够的强度，以便固定后续的印刷材料层（图 6-28）。该方法快速有效，为设计和打印复杂结构增加了灵活性。陶瓷油墨的两种主要类型是蜡基油墨和液体悬浮液。蜡基油墨熔化并沉积在冷的基材上以固化。液体悬浮液通过液体蒸发而固化。陶瓷的粒度分布、油墨的黏度和固体含量，以及挤出速率、喷嘴尺寸和印刷速度是决定喷墨印刷零件质量的因素。保持可加工性、较粗糙的分辨率以及各层之间缺乏黏附力是该方法的主要缺点。

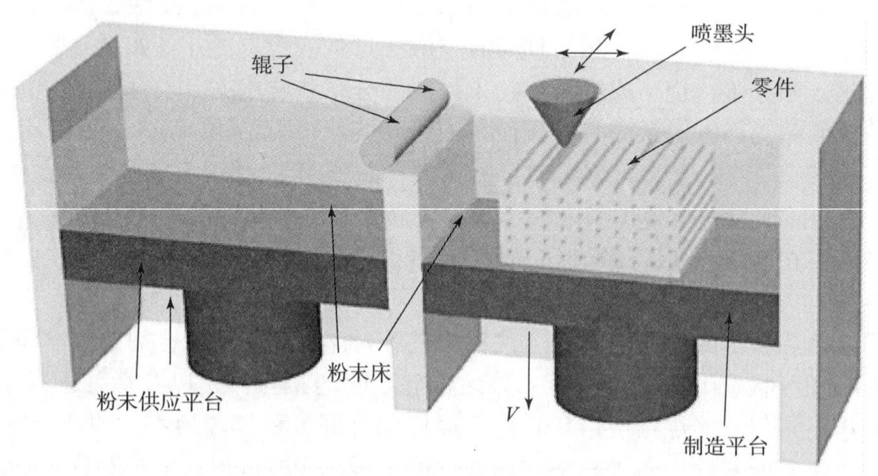

图 6-28 喷墨打印和轮廓加工

大型建筑结构的增材制造的主要方法是与喷墨打印类似的技术，即轮廓工艺。该方法能够通过使用较大的喷嘴和高压来挤出混凝土浆或土壤。轮廓工艺已被原型化，可用于在月球上建造。

4. 立体光刻法

SLA 是最早的增材制造方法之一，于 1986 年开发。它使用紫外线（或电子束）在树脂或单体溶液层上引发链反应。单体（主要是丙烯酸或环氧类）具有紫外线活性，并在活化（自由基化）后立即转化为聚合物链。聚合后，固化树脂层内部的图案，以固定后续层（图6-29）。完成印刷后，将未反应的树脂除去。为了获得所需的力学性能，可以对某些印刷部件使用加热或光固化的后处理处理。陶瓷颗粒在单体中的分散体可用于印刷陶瓷-聚合物复合材料或聚合物衍生的可陶瓷化单体，如聚合物、碳氧化硅。SLA以低至10 μm的精细分辨率打印高质量的零件。但是，它相对较慢、昂贵并且用于打印的材料范围非常有限。另外，其反应动力学和固化过程是复杂的。光源的能量和曝光是控制每一层厚度的主要因素。SLA可以有效地用于复杂纳米复合材料的增材制造。

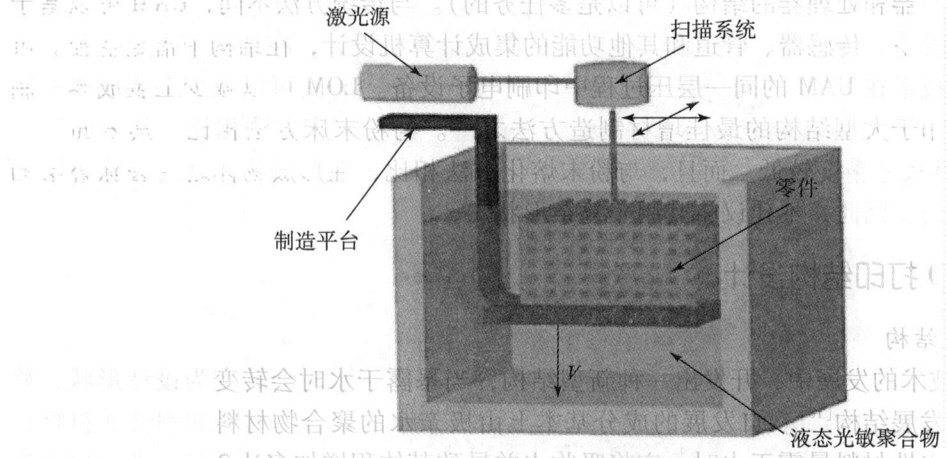

图6-29 立体光刻法

5. 直接能量沉积法

直接能量沉积已用于制造高性能超级合金。这种方法也称为激光工程网成型（laser engineered net shaping，LENS™）、激光实体成型（laser solid forming）、定向光制造（directed light fabrication）、直接金属沉积（direct metal deposition）、电子束AM（electron beam AM，EBAM）和导线+电弧AM（wire+arc AM，WAAM）。DED使用的能源（激光或电子束）直接聚焦在基板的一小部分上，还用于同时熔化原料（粉末或金属丝）。然后将熔化的材料沉积并熔合到熔化的基材中，并在激光束移动后固化。DED和SLM方法之间的区别在于，DED中不使用粉末床，并且在沉积之前以类似于FDM的逐层方式熔化原料，但熔化金属的能量非常高。因此，DED对于粉末熔化方法的应用受到限制的裂纹填充和制造零件的翻新有帮助。此外，DED可以轻松地与常规切削工艺结合起来完成加工。这项技术通常与钛、铬镍铁合金、不锈钢、铝和相关合金一起用于航空航天应用。通常，DED的特征是速度高（LENS 0.5 kg/h到WAAM为10 kg/h）和非常大的工作范围（对于商用打印机，高达6 m×1.4 m×1.4 m）。但是，与SLS或SLM相比，它的精度较低（0.25 mm），表面质量较低，可以制造复杂程度较低的零件。因此，DED通常用于复杂度低的大型组件，也用于修复大型组件。DED可以减少制造时间和成本，并提供出色的力学性能、受控的微观结构和精确的成分控制。该方法可用于维修各种领域的涡轮发动机和其他应用，如汽车和航空航天。

6. 分层实体制造

分层实体制造是最早的商业化增材制造方法之一，该方法基于对板材或材料卷的逐层切割和层压。使用机械切割机或激光将连续层精确切割，然后将它们黏合在一起（先成型后黏合），反之亦然（黏合后成型）。成型后黏结方法特别适用于陶瓷和金属材料的热黏结，该方法还可以通过在黏结前去除多余的材料来促进内部特征的构造。切割后多余的材料留作支撑物，过程完成后可以去除并回收利用。LOM 可用于多种材料，如聚合物复合材料、陶瓷、纸张和金属填充带。根据材料的类型和所需的特性，可能需要进行诸如高温处理的后处理。超声增材制造（ultrasonic additive manufacturing，UAM）是 LOM 的新子类，它在层压过程中将超声金属缝焊和 CNC 铣削结合在一起。UAM 是唯一能够在低温下构造金属结构的增材制造方法。LOM 已用于各种行业，如造纸、铸造行业、电子和智能结构。智能结构被归类为具有多个传感器和处理器的结构（可以是多任务的）。与传统方法不同，UAM 可以基于用于嵌入式电子设备、传感器、管道和其他功能的集成计算机设计，在结构中指定空腔。可以使用直接写入技术在 UAM 的同一层压过程中印刷电子设备。LOM 可以减少工装成本和制造时间，并且是用于大型结构的最佳增材制造方法之一。与粉末床方法相比，其表面质量（无后处理）及其尺寸精度较低。而且，与粉末熔化方法相比，在形成物体之后去除叠层的多余部分是费时的。因此，不建议将其用于复杂形状。

6.4.3 3D 打印结构设计

1. 自我发展结构

在 3D 打印技术的发展中，开发出一种新型结构，当暴露于水时会转变为设计形状，称这个概念为自我发展结构[18]。自发展的成分基本上由极亲水的聚合物材料和刚性塑料材料组成。当这种亲水性材料暴露于水时，它将吸收水并导致其体积增加多达 2 倍。在这项研究的初始阶段，制造了三种不同的部件，这些部件在暴露于水时会表现出不同类型的变形。三种类型的变形如图 6－30 所示，其中顶部和中间部分显示拉伸变形，而底部部分显示折叠变形。顶部组件显示线性拉伸。当该组分暴露于水时，其长度随时间变化，通过改变亲水材料与刚性材料的比例，可以实现不同百分比的线性膨胀。

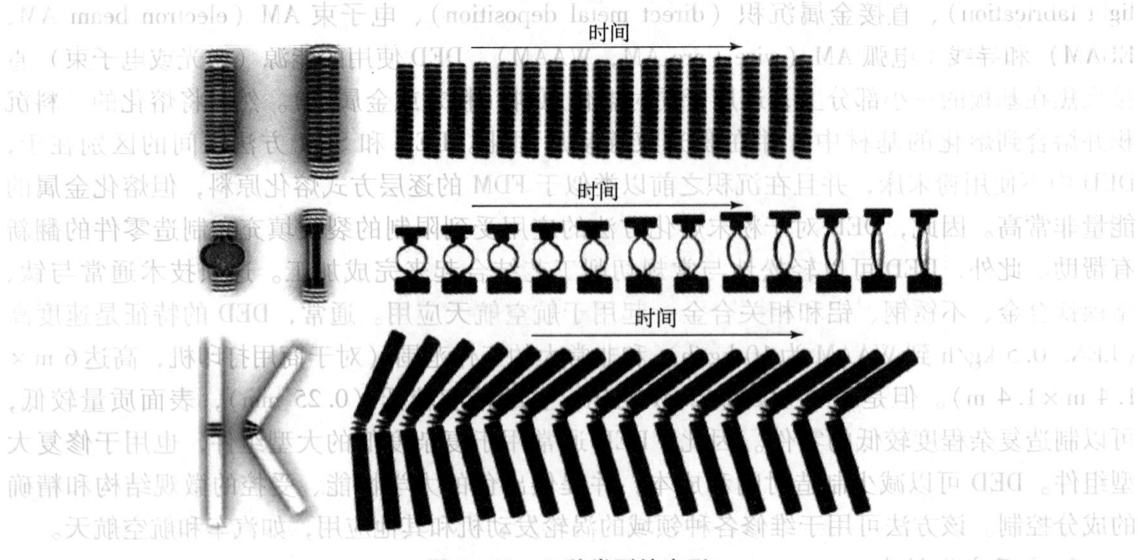

图 6－30　三种类型的变形

图6-30所示的中间组件，演示了环拉伸。该组件由许多环形形状组成，每个环上都印有两层不同的材料。当该部件暴露于水时，内层膨胀并引起环变形。可以通过改变环的半径或直径来控制该部件的整体线性膨胀。底部组件出现折叠现象，这可以通过在刚性材料层上打印一层亲水材料来完成。为了获得期望的折叠角度，将不同间距和直径的刚性板插入杆之间，以便在板彼此物理干涉时停止折叠过程。

基于从拉伸和折叠变形获得的结果，制造了各种更复杂的多材料组件。这些复杂的组件已经证明了1D折叠、2D折叠和2D拉伸折叠。具有拉伸和折叠功能的复杂2D多材料组件如图6-31所示，该组件通过折叠和环形拉伸变形为凹凸表面。

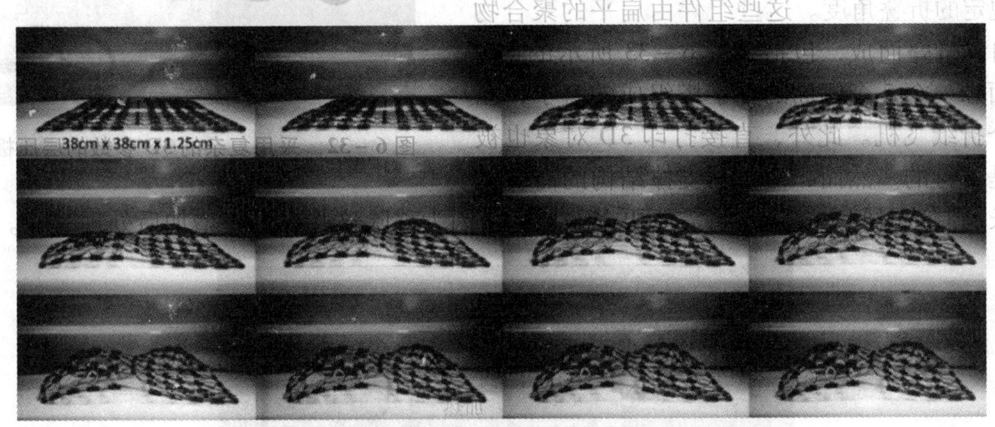

图6-31 具有拉伸和折叠功能的复杂2D多材料组件

然而，根据获得的结果，当组件反复经历折叠和展开（润湿/干燥）的转换循环时，会发生机械降解。此外，当将材料反复润湿和干燥时，也可以观察到亲水材料的降解。不同形状之间的转换不是永久的，这种可逆转换可以是优点或缺点。遇到的另一个问题是，顶部组件易碎，扩展限制为仅30%。尽管如此，通过在未来的研究中探索新材料可能可以解决该问题。总体而言，未来还有很多可能要做的改进，还可以探索其他激活机制，如温度变化和紫外线照射。这种新颖的自演化结构设计可以应用于许多领域。例如，一种结构可以很容易地在深水下组装，否则人类将很难做到这一点。

2. *主动和受控顺序折叠*

尽管折纸是将一张平板纸折叠成三维对象的一种传统艺术，但如今，折纸的概念已得到广泛研究，以提供将大型对象压缩到较小空间的创新方法。例如，折纸的应用可以在具有变形能力的汽车、纸箱、购物袋和光伏电池的安全气囊上找到。然而，包装过程通常具有挑战性，因为如果折叠设计发生任何变化，则可能需要新设备。因此，主动折叠可以帮助减少折叠设备所需的投资。

主动折叠3D打印的一项发展是利用多材料打印技术来研究打印的活性复合材料（printed active composites，PAC）的性能。PAC的例子是由玻璃状SMP纤维制成的可增强弹性体基质的柔软复合材料。通过调节SMP纤维的体积分数和方向以及薄片的堆叠顺序，可以制造出不同的层压板。然后，对这些层压板进行热机械编程，以采用复杂的3D配置，如弯曲、卷曲、扭曲和折叠，如图6-32所示，可以通过加热变形的层压板来恢复层压板的原始平板形状。

有学者进行实验以确定铰链折叠角与微结构参数之间的关系。此外，还开发了描述观察到的现象的理论。主动折叠的设计和制造包括3D打印由PAC铰链组成的扁平聚合物片，此处制造的PAC铰链只有两层PAC层压板，一层仅包含弹性体基质材料，而另一层包含预定的纤维尺寸和间距。使用开发的理论模型为选择设计参数提供指导，设计并制造了几种有效的折叠组件，以演示规定的折叠角度。这些组件由扁平的聚合物片材自动折叠而成，包括如图6－33所示的由6个侧面和一个5个侧面的金字塔组成的盒子，以及两个折纸飞机。此外，直接打印3D对象也被证明是可行的。然而，由于对支撑结构的需要以及更长的制造时间，这样做将需要更多的材料，因为移除这些支撑将增加后处理时间。

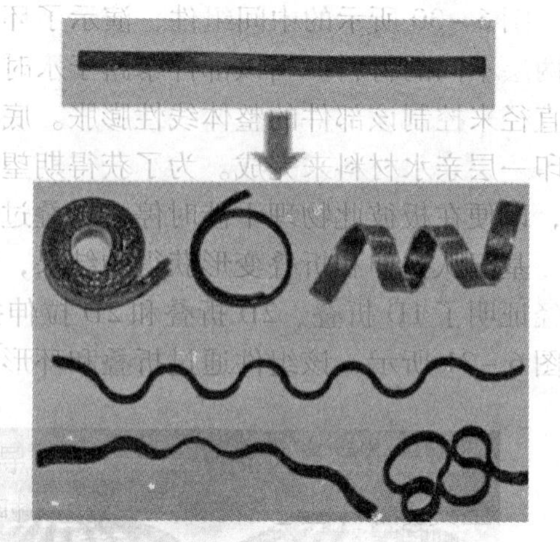

图6－32　采用复杂的3D参数的层压板

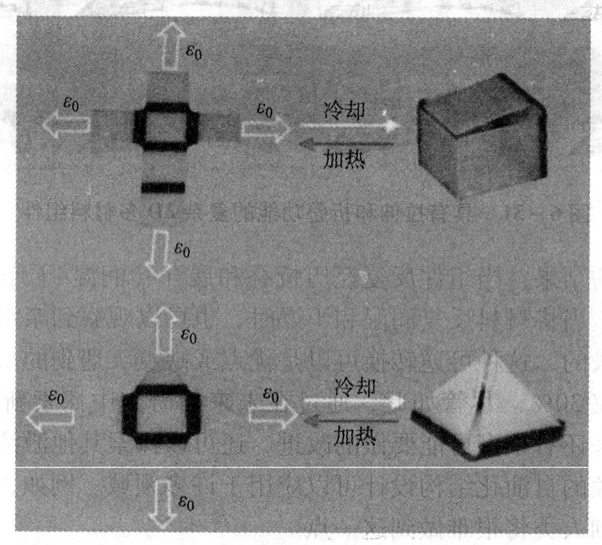

图6－33　主动折纸盒和金字塔的自折叠前和自折叠后

3. 3D打印螺旋微结构

使用FDM在微尺度上打印3D结构，喷嘴内径范围：0.05～0.25 mm，挤出速率0.01～100 mm^3/min，平台扫描速度（5～200 mm/min），材料PLA、PGA和PLGA和加热室温度（170～235 ℃）进行不同微观结构的3D打印，最佳喷嘴直径取决于尺寸以及需要制造的结构的设计精度，内径尺寸为50 μm的精细内径的喷嘴可以制造具有高分辨率的微结构，加热室的温度取决于用作墨水的聚合物的熔融温度。挤出速度在打印图案的精度方面发挥着重要作用。因为高挤出速度会导致形成团块，而低挤出速度则会导致打印图案破裂或不连续，这表明可以使用PLGA作为墨水材料打印3D的FDM制成的结构。图6－34显示了所制造的螺旋形微结构的光学图像，该结构由5个匝组成，间距约为0.8 mm。线圈的直径约为0.9 mm，细丝的直径约为200 μm。在以微管形式的自立式3D打印中，该直径可以减小到约45 μm。

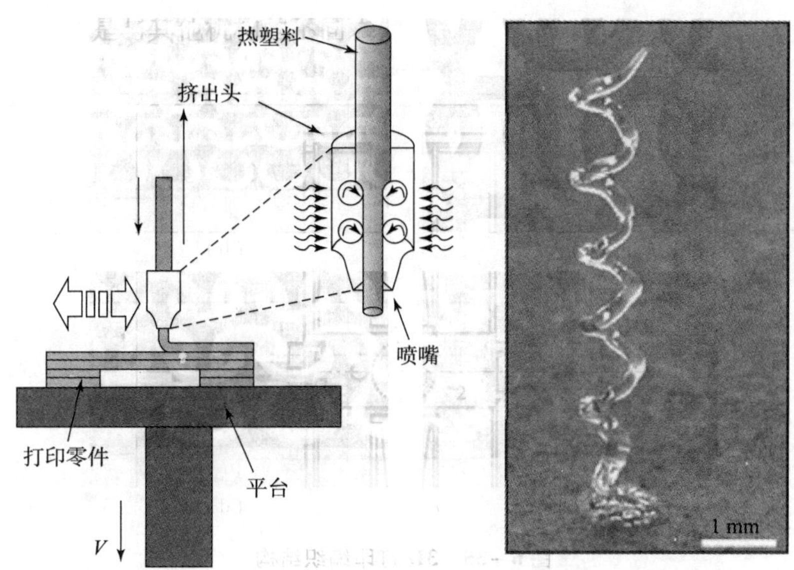

图 6-34 用 FDM 制造热塑性 PLA 制成的螺旋形微结构

尽管 FDM 方法在 3D 打印中得到了广泛的应用，但很少有研究涉及螺旋形微结构的自由形式打印。制造具有精确的直径和螺距的螺旋形微结构比较困难，因为在挤压材料的冷却和硬化过程中打印结构可能变形。

4. 3D 打印编织结构

3D 打印的编织结构的创建基于 CAD 模型的开发［图 6-35（a）］。为此，使用 Blender™导入在 Adobe Illustrator 中创建的编织针迹的模型，以复制针迹并通过使描绘针迹的 Beziér 曲线变形来添加三维形式[19]。必须考虑到，对于 SLS 或 FDM 技术，材料厚度以及相邻针迹之间的距离都足够大。使用“netfabb”程序，已经验证了设计的可打印性。开发的 CAD 模型已通过 SLS 工艺用于 3D 打印［图 6-35（b）］，材料厚度为 0.8 mm，不同针迹之间的最小距离为 0.4 mm。所得模型原则上重现了单面编织物的外观。但是应该指出的是，与传统纺织纱线制成的针织结构相比，材料本身缺乏柔韧性会导致模型的力学性能明显不同。此外，SLS 过程通常每个模型只能使用一种材料。多材料模型必须单独打印，对于 FDM 工艺，原则上需要使用与模型本身使用的材料不同的支撑结构，以实现针迹之间的短距离，用相同材料制成的小型支撑结构很难实现。此外，必须放大设计以达到避免结构破裂所需的最小材料厚度（1.88 mm）。但是，支撑结构仍然太细，无法由打印机根据需要生产。以这种方式，不可能通过 FDM 建立这样一个相对精细的模型。

然而，应该指出的是，与人造或天然纺织纤维的微观粗糙度相反，软 PLA 模型的表面仍表现出宏观尺度的粗糙度。尽管如此，实验已经表明，常见纺织结构的简单复制可能不是生产 3D 打印纺织材料的理想方法。由于 FDM 技术的逐层构造，因此可以预期从层构建的模型可以更成功地打印，并且出现的问题更少。

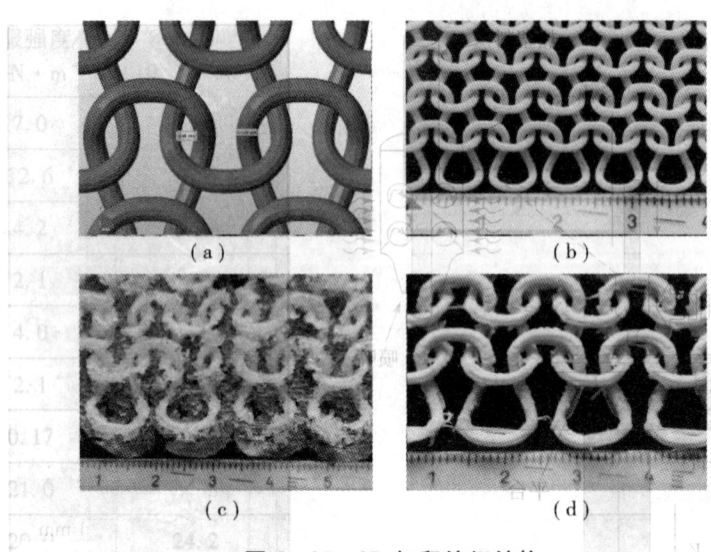

图 6-35　3D 打印编织结构

(a) 使用 Blender™；(b) 3D 打印 SLS；(c) 带有 BendLay 和支撑结构的 FDM；
(d) 带有不带支撑结构的软 PLA 的 FDM 单面编织物

6.4.4　3D 打印技术在军事上的应用

3D 打印具有许多军事应用。世界各国的军队一直在致力于开发 3D 打印技术，将 3D 打印用于原型，开发自己的数字化制造实验室（fablab，digital fabrication laboratories），并将该技术用于飞机和其他军用车辆。美军已经投入了数百万美元用于开发新技术。许多指挥官和计划人员已经意识到 3D 打印是一项具有战略和战术意义的技术。

美国陆军在阿富汗的快速装备部队实验室项目就是一个很好的例子。在这个项目中，一个移动实验室被安置在剧院里。该实验室拥有 3D 打印机、激光切割机、铣床等设备。这个想法是为了快速帮助军队打印他们需要的 3D 打印物品。

M249 双脚架就是一个例子，M249 是美军的主要小队自动武器（squad automatic weapon，SAW）/轻机枪（light machine gun，LMG）。它的目的是为小型作战单位提供压制火力和较高的自动火力。它是关键武器，尤其是在袭击或试图克服伏击或持续袭击时。该武器自 1984 年以来一直在美国的每一次重大冲突中使用。随着时间的流逝，报告了一些问题。在阿富汗，美军对此枪提供了反馈，并报告了由于其两脚架而引起的武器关键问题：M249 两脚架标准附件不允许水平移动，从而限制了武器能力。从本质上讲，不能水平扫射或移动枪支，因此每次必须与新目标交战时，都必须拿起武器并重新放置。在不到一周的时间里，实验室开发并安装了新附件，扩展了 M249 的运动范围。确定问题所在，使用 3D 打印对解决方案进行原型设计，然后将经过铣削的金属零件在一周内投入使用。与通常军队为解决这一问题花费数月时间相比，这大大提高了生产速度。另外，基于士兵的反馈，该解决方案可以重新设计或进一步改进。3D 打印为军事指挥官和战士提供了在工程上快速解决其现场问题的敏捷性。随着环境或战争的发展，他们的设备也将随之发展。

在另一个示例中，IED探测器无法在夜间工作，从而大大降低了其实用性和士兵的安全性。制作了用于IED探测器灯的3D打印支架，让士兵在夜间使用它们，这提高了他们的安全性。然后军方与3D打印技术公司合作，迅速生产了500台这种IED探测器灯架，用于现场。量身定制的解决方案适合特定目的并快速开发。

美国海军最新的一艘军舰目前已退役，原因是需要大量的维护和修理。特别是对于技术先进的国家，矛尖越来越尖锐，也越来越脆。现代军舰就像是流动的大学校园，配备了更多的装备，并且对消防安全的要求更高。设备、传感器、布线、计算能力、电气设备和机械的数量非常庞大。如果关键部件破裂，那么无论这艘军舰多么复杂，都将无法使用。一艘价值数百万或数十亿美元的船，坐在港口中无法使用，这解释了为什么美国海军正在考虑将金属3D打印机和Fablab放在水面舰船上。如果可以对零件进行3D打印，则船舶可以在海上停留更长的时间，并且可以更长寿。在海上，技术的迭代改进或升级也使军队对技术更灵活的未来具有潜力。

1. 设备维护

同样，在陆上，军方正在寻求3D打印以进行MRO（maintenance，repair，operations）操作。使用3D打印部件进行维护和修理，最普遍的可能是涡轮发电机叶片。坦克和飞机上的涡轮叶片为现代军事提供了很大的动力。当涡轮叶片磨损时，通过3D打印可以制造全新的叶片或转向。通过使用Sciaky的EBAM技术或Optomec的LENS技术，可使磨损的涡轮叶片恢复活力。将现有刀片放在3D打印机上，并向其中添加新材料。通常，多余的材料通过CNC或其他工艺去除，涡轮叶片既具有较高的质量，且成本较低。

而且，现在可以根据需要或在事故发生时制造维修零件。美国海军舰队准备中心East 3D打印了一整夜的塑料零件，然后将其用于为当晚硬着陆的Harrier飞机制造维修零件，如图6-36所示。关于3D打印的许多媒体报道集中在零件的直接打印上，但是3D打印通常也可以与现有技术结合使用。如此快速的维修为海军节省了数周的飞机停机时间，并提高了整夜的战备能力。

图6-36 Stratasys Fortus系统制造的海军喷气机制造维修部件

2. 航空器

联合攻击战斗机（joint strike fighter，JSF，洛克希德·马丁公司的F-35“闪电”战斗机）上可能有多达800个3D打印部件。塑料3D打印技术、高温塑料3D打印和多金属3D打印都已实现了JSF的航空业商业化。这不仅是洛克希德集团的一个拥抱，这也是非波音公司将航空3D打印工业化的特洛伊木马。洛克希德及其合作伙伴在将3D打印用于太空和航空领域方面远远落后于波音公司。波音在提高飞机零件和更快地生产原型方面具有巨大的运营优势。一些间谍无人机程序让洛克希德公司紧追不舍，而JSF计划为该公司提供了开发3D打印无人机和飞机零件所需的专业知识。

在航空3D打印零件中，可以减轻重量，这意味着飞机的性能将因此得到显著而直接的提高；还可以减少零件数量，从而大大节省生产、存储时间、风险和前期投资；可以更快地进行迭代，更快地进行改进，并且成本会更低。JSF的3D打印金属部件如图6－37所示。

图6－37　JSF的3D打印金属部件

3. 无人机

3D打印技术影响最大的领域之一是无人机。北美地区3D打印服务的大量生产能力被用于无人机。无人机原型展示了3D打印在快速迭代、减轻重量和减少零件方面所具有的所有优势。由于每个人都希望在某一时刻拥有自己的无人驾驶飞机，因此该系列很小，必须包括从可打包无人机到用于航空母舰和情报无人机的无人机制造许多版本。这些小系列通常会在工具和时间上需要大量的前期投资。相反，许多无人机制造商决定在最终无人机中使用3D打印。通过3D打印最终零件，如支柱、机翼、进气口、外壳和结构零件，可以节省金钱和时间，并迅速推向市场。它们还可以进一步改善和迭代无人机零件，同时进一步为其他军队提供定制的解决方案。无人机没有与飞机相同的认证和资格要求，因此将这些部件投入使用要容易得多。此后，许多承包商在制造业中更广泛地采用了3D打印。公司正在金属和塑料中使用粉末床熔融、熔融沉积建模、EBAM、EBM和其他技术来直接生产这些无人机的零件，如图6－38所示。

图6－38　为Arcturus T－20 UAV无人机制作的EOS粉末状熔合机翼支柱

4. 导弹

同样，航空航天和军事承包商在3D打印导弹方面的工作已有十多年了。雷神公司和其他公司希望用3D打印制成的所有组件制造完全3D打印的导弹。雷神公司表示，其“研究人员几乎使用3D打印技术制造了制导武器的每个组件，包括火箭发动机、鳍片、制导和控制系统零件等”。正在开发使他们能够做到这一点的技术。制造速度更快的轻型导弹将使承包商和军方受益。“三叉戟”导弹计划是潜艇发射的弹道导弹，装有热核弹头。由于遗留成本和制造的复杂性，“三叉戟” D5导弹计划希望通过使用3D打印来降低这些成本。然后，在一个生产步骤中，将由单独制造的零件组成的一个复杂的零件装配体以金属3D打印。3D打印成为民用飞机、制造和产品开发的一项有趣技术的相同原因，也使它们成为供全世界军队使用的良好技术。雷神公司3D打印演示导弹如图6-39所示。

图6-39 雷神公司3D打印演示导弹

军方将采用并使用任何可用的技术。在3D打印方面，自20世纪90年代中期以来，军队已在3D打印方面进行了大量投资。3D打印具有使军事装备更快、成本更低的潜力。同时，可以减轻最终零件的重量，并且可以新颖的方式设计该零件。3D打印加快了产品开发速度，为制造新产品节省了资金，并且可以集成功能、零件和装配。全球范围内都在进行大量投资以开发、鉴定和认证军用3D打印零件。我们必须接受我们深爱的技术将以我们可能无法接受的方式使用。3D打印有可能从根本上改变核导弹的许多制造方式。

参考文献

[1] Tian W C, Finehout E. Microfluidics for biological applications [M]. New York: Springer, 2008.

[2] Tran K T M, Nguyen T D. Lithography - based methods to manufacture biomaterials at small scales [J]. Journal of Science: Advanced Materials and Devices, 2017, 2 (1): 1-14.

[3] Abegunde O O, Akinlabi E T, Oladijo O P, et al. Overview of thin film deposition techniques [J]. AIMS Materials Science, 2019, 6 (2): 174.

[4] Hellegouarc'h F, Arefi - Khonsari F, Planade R, et al. PECVD prepared SnO_2 thin films for ethanol sensors [J]. Sensors and Actuators B: Chemical, 2001, 73 (1): 27-34.

[5] Raisanen A D. MEMS materials and processes handbook [M]. New York: Springer, 2011.

[6] Goel P. MEMS non - silicon fabrication technologies [J]. Sensors & Transducers, 2012, 139 (4): 1.

[7] Chen K S. Modeling electrodeposition in LIGA micro – fabrication using an arbitrary Lagrangian – Eulerian formulation for moving – boundary tracking with repeated remeshing [J]. WIT Transactions on Modelling and Simulation, 2003, 36.

[8] Zach M P, Ng K H, Penner R M. Molybdenum nanowires by electrodeposition [J]. Science, 2000, 290 (5499): 2120 – 2123.

[9] Kim B J, Meng E. Review of polymer MEMS micromachining [J]. Journal of Micromechanics and Microengineering, 2015, 26 (1): 013001.

[10] Harman G G. Wire bonding in microelectronics [M]. New York: McGraw – Hill, 2010.

[11] Charles H K. Materials for advanced packaging [M]. 2nd. New York: Springer, 2016.

[12] Bagger C, Olsen F O. Review of laser hybrid welding [J]. Journal of Laser Applications, 2005, 17 (1): 2 – 14.

[13] Liu Y, Li K. Development and characterization of adhesives from soy protein for bonding wood [J]. International Journal of Adhesion and Adhesives, 2007, 27 (1): 59 – 67.

[14] Rahim K, Mian A. A review on laser processing in electronic and MEMS packaging [J]. Journal of Electronic Packaging, 2017, 139 (3): 110 – 115.

[15] Tekin T. Review of packaging of optoelectronic, photonic, and MEMS components [J]. IEEE Journal of Selected Topics in Quantum Electronics, 2011, 17 (3): 704 – 719.

[16] Ngo T D, Kashani A, Imbalzano G, et al. Additive manufacturing (3D printing): a review of materials, methods, applications and challenges [J]. Composites Part B: Engineering, 2018, 143: 172 – 196.

[17] Khoo Z X, Teoh J E M, Liu Y, et al. 3D printing of smart materials: a review on recent progresses in 4D printing [J]. Virtual and Physical Prototyping, 2015, 10 (3): 103 – 122.

[18] Melnikova R, Ehrmann A, Finsterbusch K. 3D printing of textile – based structures by fused deposition modelling (FDM) with different polymer materials [C]//IOP Conference Series: Materials Science and Engineering. IOP Publishing, 2014, 62 (1): 012018.

[19] Farahani R D, Chizari K, Therriault D. Three – dimensional printing of freeform helical microstructures: a review [J]. Nanoscale, 2014, 6 (18): 10470 – 10485.

第 7 章 智能 MEMS 弹药引信技术

武器弹药系统的发展对引信技术提出了更高的要求，如小型化、微型化、灵巧化、智能化、高可靠性、低成本等。传统的技术手段已经很难满足这些要求，而正在蓬勃发展的 MEMS 技术却恰恰适应了这些要求，必将给引信技术的发展带来革命性的变革。因此，在国际上，MEMS 技术得到了各主要发达国家国防部门的广泛关注。随着引信技术的发展，弹道修正引信、母弹开舱引信、安全与解除保险机构、战场侦察等都需要 MEMS 技术作为新的技术支撑[1-4]。

7.1 现代引信本质与内涵

“引信是利用目标信息和环境信息，在预定条件下引爆或引燃战斗部装药的控制装置或系统”，其基本功能是：在引信生产装配、运输、储存、装填、发射以及发射后的弹道起始段上，不能提前作用，以确保我方人员的安全；感受目标的信息并加以处理，确定战斗部相对目标的最佳起爆位置；向战斗部输出能量足够的起爆信息，完全地起爆战斗部。就引信技术而论，它是一个集机械、电子、声、磁、化学、计算机及其复合技术为一体的高技术研究领域[1]。

引信作为弹药的大脑，其功能决定了弹药的功能。现代化战争的发展要求弹药具备精确打击、高效毁伤等能力。目前，大量库存的中大口径榴弹仅具有碰炸功能，需进行旧弹改造[笨弹（dumb bombs）改造为智能弹药（smart bomb）]；子弹药引信受国际公约的限制，需在引信中加入“三自”（自失能、自失效与自毁）功能；小口径弹不但要具有空爆、触发和自毁等作用模式，还需要满足定距、定时起爆功能，而受弹药外形及引信与战斗部接口尺寸的限制，引信外形难以有较大改变。这些均需要在引信内部增加更多的模块，如感知环境的传感器及信息处理单元，以及更大的电源模块。为容纳更多的功能模块需要压缩传统引信核心部件（如安全与解除保险机构）的体积，但传统加工技术已难以满足引信核心部件体积减小的需求，需将新技术用于引信微小型化。

随着科学技术的不断发展，传统引信逐步发展为光学引信、红外引信、静电引信、电磁引信和智能引信。随着引信技术的发展，引信测试技术发生了巨大的变化，它已从过去的静态、缓慢测量逐渐发展为动态、实时、在线、遥测和多信息高动态系统上的动态测量过程。如测试引信炸弹在交会过程中的频率、幅度、相位变化。实时处理是指测量过程需要即时的结果，处理时间能跟上信号变化的需要，或者信号处理速度能跟上信号变化的速度。在引信动态测试中，几乎每个项目测试都满足实时处理要求。在线测量是指计算机始终处于运行状态，在运行系统的过程中监视或测量一些动态参数。遥测是指接收端通过信息传输介质来接收测量值，从而间接获得信息的测量值。例如，为了测量工作状态轨迹中的引信，遥测是最有效的手段之一。多信息测量是指从信号测量中同时提取多个信息。例如，在无线电引信测试中，经常测试频率、幅度、相位，有时还测试高频分量和低频分量。实际上，对引信探测目标的过程是一个多信息的测量和处理过程。

目前，引信测试技术已经发展成为集信号采集、信号处理与传输、信号分析与识别与处理、记录和显示技术于一体的测试单元。基于测试要求，为了简化引信测试的难度、降低过多的测试设备的负担，引信通用测试技术应运而生。引信通用测试技术是完成引信相同或相似原理的多参数测量的测试技术，它集成了测试过程中需要的多种测试技术，通过中央控制器来实现引信的测试，大大减少了测试设备的重复开发数量，避免资金和资源的反复投资，为完成测试对象的全面测试带来了极大的便利[1-4]。

7.2 MEMS 智能引信技术

MEMS 的特点与引信智能化需求吻合，近年来已在引信核心部件（如安全与解除保险机构）开展了 MEMS 技术研究[2]。DAPRA 将引信 MEMS 技术的应用排在第一位，以下统称为 MEMS 引信技术。如图 7－1 所示，利用 MEMS 安全与解除保险机构来取代传统机械式安全与解除保险机构，体积缩小 95%，质量减轻 90%。

在弹道修正技术中，可以用惯性测量单元、GPS 接收器、MEMS 微陀螺或者传感器测量弹丸距离发射炮口的距离和飞行过程中弹丸的各种飞行姿势，从而测量出弹丸的实际飞行参数，并与理想的飞行参数进行对比，最后根据结果进行弹道修正，提高弹丸的打击精度。例如，美国海军研发的 MK64 制导弹药中所用的 MEMS 惯性测量单元包含三个硅振动陀螺，该结构由直径为 6 mm 的环形谐振器和一个加速度传感器构成，能抵抗 16 000 g 的加速度冲击（图 7－2）。

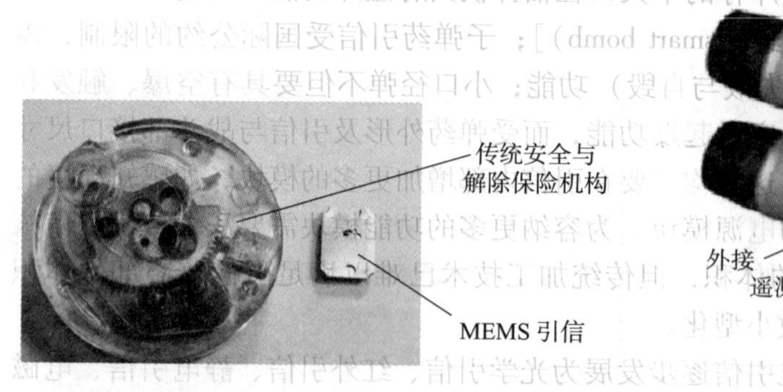

图 7－1　传统安全与解除保险机构与 MEMS 引信

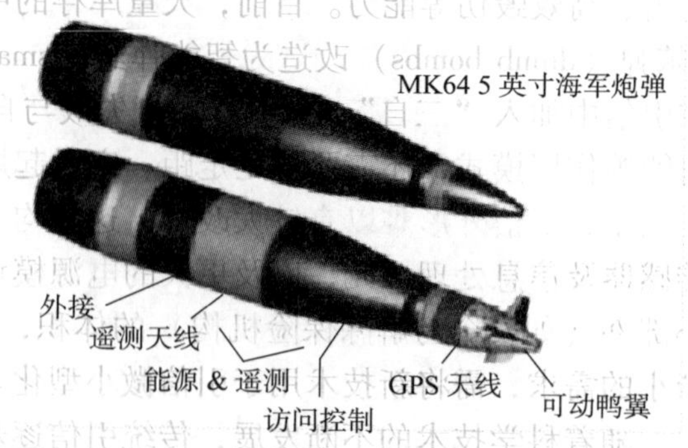

图 7－2　装有弹道修正引信的 MK64 制导炮弹

在第 48 届引信年会上，Hendershot 研究员提出将微型起爆技术应用在下一代的 MEMS 引信中，研发厚度小于 0.4 mm 集成雷管[5,6]；Merkwan 工程师介绍了应用在引信中的微型起爆器结构，包括 MEMS 安全与解除保险机构及其封装；在 2006 年 3 月发表的一篇报告中，Mink 研究员介绍了美国海空作战中心研制的一种应用于 MEMS 引信的分布式安全与解除保险机构[7]。图 7－3 所示为应用在引信中的微型起爆器结构，其中包括 MEMS 安全与解除保险机构及其封装示意图。

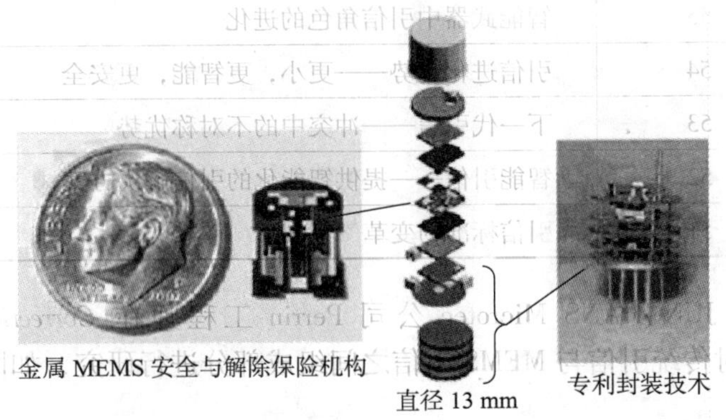

图 7－3　应用在引信中的微型起爆器结构

对比传统引信，MEMS 引信具有以下优点：

（1）体积小、质量轻，可以根据需要安放在弹药所需的任何位置上，比传统引信具有更强的空间灵活性和适应性。

（2）MEMS 安全与解除保险机构体积更小，易于实现引信对战斗部的分体式多点起爆控制。

（3）MEMS 引信进一步促进常规弹药的灵巧化和智能化。

（4）MEMS 引信性能一致性和可靠性很高。

（5）MEMS 引信抗高冲击过载性能明显优于传统引信。

（6）对于批量生产，MEMS 引信的成本较传统引信低。

20 世纪 90 年代中后期，美国和德国将 MEMS 技术首先应用在引信系统，DARPA 更是将 MEMS 技术作为驱动军事进步的重要技术之一。统计 2007—2017 年美国引信年会（Annual Fuze Conference）内容，关于引信 MEMS 技术的报告数量逐年增加，关注领域逐渐从引信零件 MEMS 化向引信部件和系统级集成发展。表 7－1 统计了 2007—2017 年美国引信年会关注领域。引信微小型化、智能化、网络化与多功能化是未来引信的主要发展方向[8-19]。

表 7－1　2007—2017 年美国引信年会主题

年份	届数	关注领域
2017	60	引信行业“政、产、学、研”协调发展
2016	59	先进武器性能的引信系统
2015	58	复杂环境下引信的生存能力
2014	57	应对引信挑战的协作
2012	56	应用于新一代武器中的新一代引信

续表

年份	届数	关注领域
2011	55	智能武器中引信角色的进化
2010	54	引信进化趋势——更小，更智能，更安全
2009	53	下一代引信——冲突中的不对称优势
2008	52	智能引信——提供智能化的引信解决方案
2007	51	引信标准的变革

2011 年，德国 JUNGHANS Microtec 公司 Perrin 工程师在 *Correction Fuze—Integration Technologies* 文章中对传统引信与 MEMS 引信之间组成部分进行研究，如图 7－4 所示[24]。

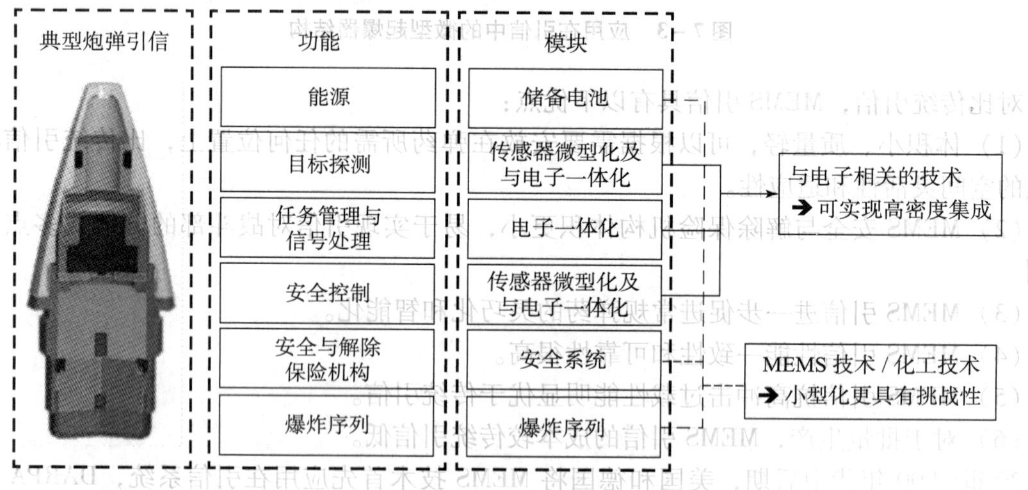

图 7－4　引信技术的发展图

引信中的 MEMS 技术发展主要分为三个阶段：

（1）器件级研究，主要研究引信组成的核心器件，例如耐高过载的 MEMS 传感器、引信用射频 MEMS 开关、pyro－MEMS 等，重点解决引信各器件的小型化和低成本大批量制造等问题。

（2）部件级研究，在攻克 MEMS 核心器件的基础上，进行部件级集成，形成引信模块化子系统，重点解决环境防护与电机性能匹配性等问题，如 MEMS 安全与解除保险机构、微型传爆序列（micro scale firetrain，MSFM）、引信核心功能控制组件等。

（3）系统级集成研究，通过对 MEMS 部件的模块化设计，解决模块间的工艺兼容性、能量适配性和功能完整性，并从系统层面综合考虑优化各模块，采用系统工程手段全面提升系统各项性能，利用多芯片组件（multi－chip module，MCM）、SIP 和芯片上系统（system on chip，SoC）等集成技术，进一步提高系统集成度，将 MEMS 安全与解除保险机构、微型传爆序列、微能源装置、微发火控制单元以及 MEMS 传感器有机结合起来。

7.3 国外MEMS智能引信现状

7.3.1 典型的MEMS引信器件

早在1992年，美国国防部指示DARPA制定一项将MEMS技术从实验室过渡到军事应用的三年计划。美国众多著名大学、公司和国家实验室以典型的MEMS引信器件入手，展开MEMS技术的研究工作，包括耐高过载、高冲击的用于目标信息感知和环境信息感知的传感器，高过载、高冲击下有效控制引信动作的MEMS开关以及用于MEMS引信安全与解除保险机构的第二道远距离解除保险的执行器等。

1. MEMS传感器

压力传感器是影响最为深远且应用最为广泛的MEMS传感器。MEMS压力传感器在引信中的应用方式主要有测引信迎面气流压力、测火药气体压力和测弹底压力等。其中引信MEMS压力传感器主要有耐高温技术、加速度补偿技术、无引线技术、耐高频技术和抗高过载技术等几项关键技术。美国近年来依靠国内先进的MEMS技术已研制出了多种MEMS压力传感器[25]。

2001年的美国引信年会中，美海军水面武器中心的印第安娜分部已经利用MEMS技术开发出用于鱼雷引信的微小型起爆装置，该起爆装置就是利用MEMS压力传感器测量迎面流体的压力作为起爆信息，体积仅为115 cm^3，该压力传感器可以有效区分出弹道迎面流体压力环境和勤务处理环境，比较适合应用于引信安全与解除保险机构作为解除保险信息。图7－5为Indian Head流量压力传感器。

2003年Deeds研究员发表的文章中系统地分析了这种基于流量压力传感器的引信安全与解除保险机构。图7－6为该压力传感器组件。2004年，引信年会文献展示了采用了深反应离子蚀刻工艺的安全与解除保险机构升级版本，其与前一版本相比价格更便宜、体积更小、更可靠、精度更高。

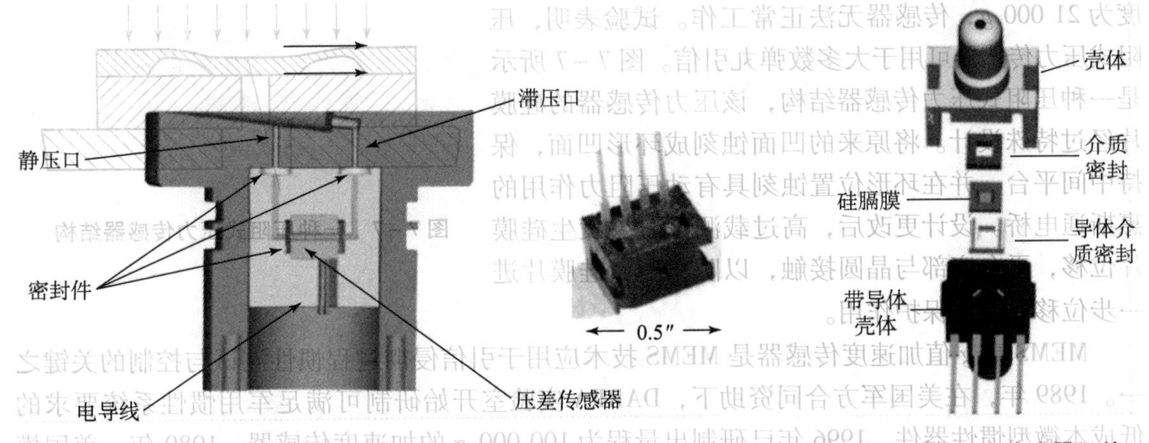

图7－5 Indian Head流量压力传感器

图7－6 压力传感器组件

引信环境按时间顺序可分为勤务处理环境和使用环境。服务处理环境是从生产工厂到投产的整个过程中的一系列体验环境，通常包括运输、存储、处理中的冲击、振动、撞击、高低温、湿度和其他环境。引信安全与解除保险机构在正常勤务处理环境不应启动，至少要确保安全以及解除保险机构不能解除保险。振动环境包括运输过程中的振动、装载操作中的振动以及运载火箭飞行中的振动。勤务过程的振动环境一般不会太强，而大型导弹的战斗部则较弱。但是振动的特点是反复加载，因此零件容易疲劳和老化，尤其对于机械保险来说更为严重。运输过程中存在典型的振动环境。作为主要运输工具，火车运输和汽车运输代表了振动环境的主要特征。对于运输，惯性加速度的最大值不超过20 g，通常仅为3 ~4 g。由运动方向上的加/减速引起的加速度较小，通常小于1 g。冲击环境包括运输中的相互撞击、与地面的撞击以及发射前进入钻孔过程中的撞击等。冲击环境的特点是冲击较大，持续时间相对较短。典型的案例是在运输过程中意外掉落。引信意外跌落时冲击力及作用时间取决于弹丸重量、包装方法、高度和跌落撞击物的表面特性等因素。例如，对于硬目标（钢板、水泥地等），冲击力大（上万 g）、作用时间短；对于软目标（土地、木板等），冲击力小（几百 g）、作用时间长。当弹体所受冲击力与引信安全与解除保险机构的运动方向一致时，可能导致引信机构的提前作用，危害极大。对于引信安全与解除保险机构，影响安全与解除保险机构的冲击参数主要包括冲击加速度峰值和持续时间。在相同高度下，引信落在软土地上的冲击较小，过载时间较长，而对坚硬表面的冲击较大，持续时间较短。使用环境是从装填到碰击目标的整个过程中一系列环境，通常包括装填、膛内、炮口、空中飞行和打击目标五个阶段。在弹丸的发射过程中，环境包括膛孔内的高温、后坐力、弹道上的离心力、弹道上的蠕变力等。引信 MEMS 压力传感器的主要影响因素是高温和后坐力。通常，小弹丸的发射过载可能高达100 000 g 以上，大口径弹丸为30 000 g，火箭弹更小，为几十到几百 g[9]。

早在1997年，美国陆军研究实验室就评估了 MEMS 传感器在低成本智能武器中的应用。他们对 IC Sensor 公司的 MEMS 压阻式压力传感器进行了冲击测试。冲击加速度在9 000 ~36 000 g 之间。冲击试验可分为轴向冲击和横向冲击，并做多次冲击试验。冲击强度逐渐增加，直到每次测试失败为止。轴向冲击加速度增加到36 000 g，并且没有发生传感器故障。对同一传感器进行了水平冲击测试，最后，冲击加速度为21 000 g，传感器无法正常工作。试验表明，压阻式压力传感器可用于大多数弹丸引信。图7 -7 所示是一种压阻式压力传感器结构，该压力传感器的硅膜片经过特殊设计。将原来的凹面蚀刻成环形凹面，保持中间平台，并在环形位置蚀刻具有动压阻力作用的惠斯通电桥。设计更改后，高过载测量时会发生硅膜片位移，平台底部与晶圆接触，以防止测量硅膜片进一步位移，起到保护作用。

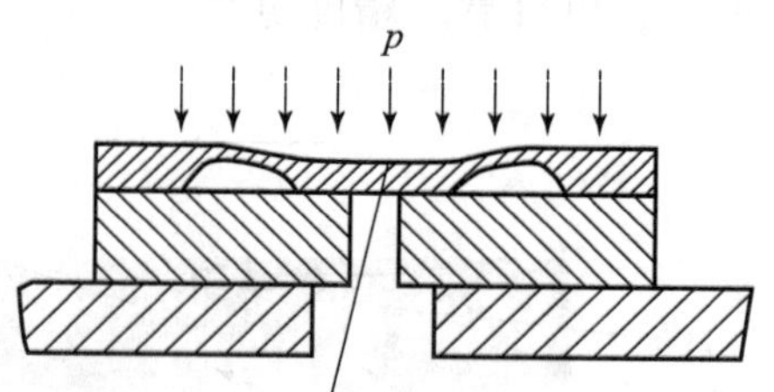

图7 -7　一种压阻式压力传感器结构

MEMS 高 g 值加速度传感器是 MEMS 技术应用于引信侵彻过程惯性测试与控制的关键之一。1989年，在美国军方合同资助下，DARPA 实验室开始研制可满足军用惯性系统要求的低成本微型惯性器件，1996年已研制出量程为100 000 g 的加速度传感器。1989年，美国模拟器件公司（Analog Devices Inc.，ADI）开始进行叉指电容式微加速度传感器的研究，1993年投产，现已形成 ADXL 系列产品。在模拟炮弹发射环境的冲击台和空气炮上进行高 g 值冲击试验，可以承受超过60 000 g 的冲击。20世纪90年代末，美国桑迪亚国家实验室利用表面微加工技术研制的一种钻地武器用高 g 值加速度传感器，如图 7 - 8 所示，量程可达 5 万 g。加速度传感器的结构单元包括参考电容、检测电容和支撑梁。结构材料为多晶硅。

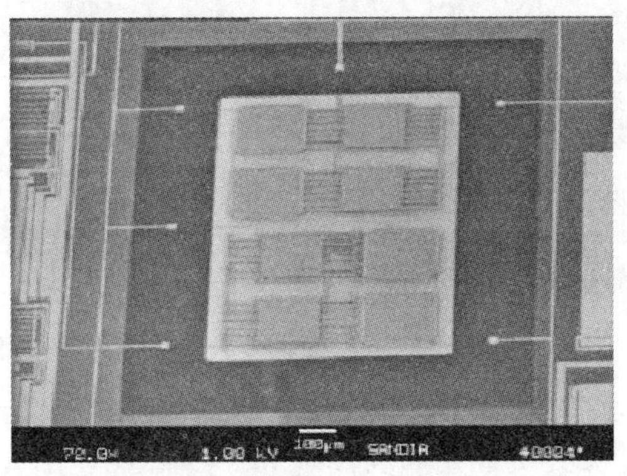

图 7 - 8　Sandia 实验室研制的高 g 值加速度传感器

20 世纪 90 年代，美国 Endevco 公司 7270A 系列的第一代商业化产品已经广泛用于武器系统的引信冲击测试等。图 7 - 9 是高 g 值加速度传感器 7270A - 200k 的敏感元件结构和封装结构。该敏感元件为双质量块结构，类似于工字梁结构。利用各向异性蚀刻技术和体加工技术由单晶硅蚀刻而成，压阻条用于提高灵敏度，铰链则用于抑制横向灵敏度和提高共振频率。芯片的大小为 1 mm × 1 mm × 200 μm。芯片下面有底座，以便于贴片和过载保护，但上面没有上盖板保护，芯片也无阻尼设计。为了抵抗 20 万 g 的冲击作用，采用直径 2 μm 的焊丝，芯片被环氧材料灌封起来（包括焊点，但芯片的中心区域不灌封，管壳也未完全灌封），芯片与硅衬底之间用熔融玻璃键合（500 ℃）。外部管壳为不锈钢管壳，封装后重量仅 1.6 g。经霍普金森棒（Hopkinson Bar）冲击测试，结果证实传感器量程高达 100 000 g，固有频率达到 1 MHz 量级，且在大于 10 万 g 的情况下，加速度传感器具有很好的线性和敏感性。

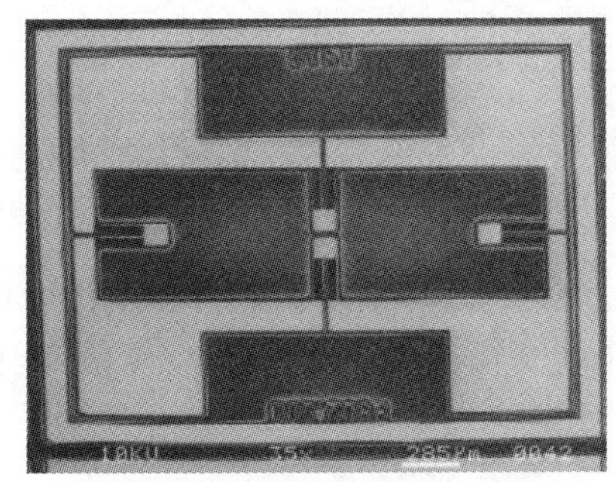

图 7 - 9　高 g 值加速度传感器 7270A - 200k 的敏感元件结构和封装结构

ADI 公司设计并制造了高 g 值加速度传感器（ADXSTC3 - HG），该传感器的厚度为 10 μm。该单片传感器包装在 8 引脚无铅芯片载体中，并在以 15 000 g 发射的炮弹的飞行试验中，作为惯性测量单元的一部分。美国陆军研究实验室成功地在以 15 kg、260 Hz 的初始自旋速率发射的炮弹上进行了仪器化试验，成功证明了 ADXSTC3 - HG 的生存能力，如图 7 - 10 所示。

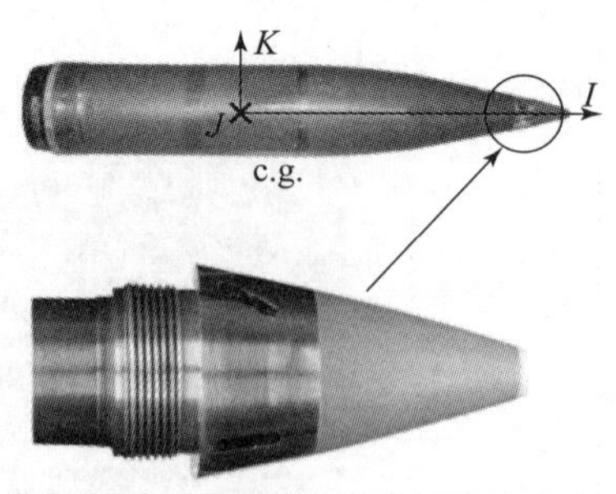

图 7-10　ADXSTC3-HG 传感器管芯引线已焊接到 LCC-8 封装

加拿大 Alberta 微电子中心研制的高 g 值悬臂梁加速度传感器可测 10 万 g 加速度，谐振频率优于 100 kHz，无论在静态还是在冲击环境下，均能承受 10 000 g 的加速度冲击。这是一种没有质量块的压阻式加速度传感器，传感器的敏感元件是一层 4 μm 厚的单晶硅薄膜构成的单端悬臂梁结构，在悬臂梁上通过扩散的方法构成惠斯通电桥，该传感器在 5 V 桥压激励时的输出灵敏度是 0.75 μV/g。如图 7-11 所示。

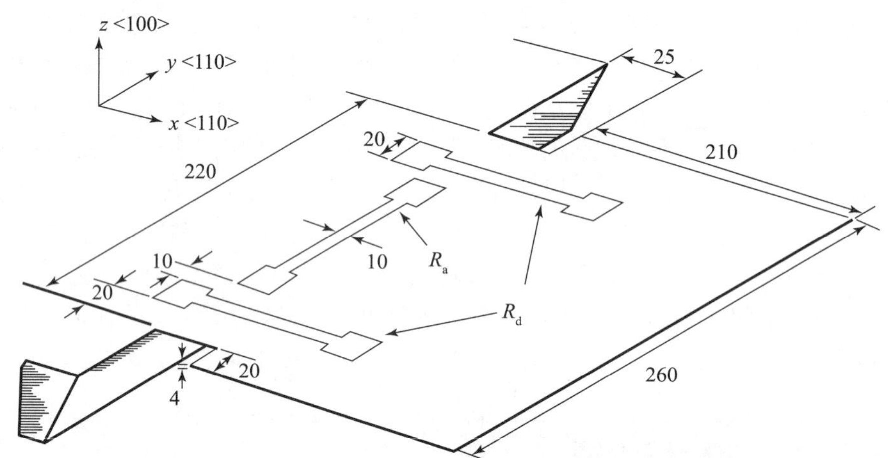

图 7-11　Alberta 中心研制的高 g 值加速度传感器（图中单位为 μm）

2. MEMS 开关

常见 MEMS 开关的驱动方式有静电、压电、热、磁、形状记忆、流体和惯性等。这些驱动方式的工作原理、各种驱动方式下反应的速度、输出力、抗过载能力和实现难易程度各不相同。表 7-2 为几种常见 MEMS 开关驱动方式的比较。

表 7-2　几种常见 MEMS 开关驱动方式的比较

MEMS 开关驱动方式	驱动时间	抗过载	能源	输出力	加工与实现难度
静电	10~50 μs	>2 000 g	10~100 V	≤1 mN	容易
压电	>1 ms	>3 GPa	10~300 V	≤155 mN	中等
热	≈1 ms	>20 000 g	3~40 V	<50 μN	容易
磁	>50 μs	<10 000 g	≈1 V	<10 μN	困难

续表

MEMS 开关驱动方式	驱动时间	抗过载	能源	输出力	加工与实现难度
形状记忆	>50 μs	<10 000 *g*	否	≤155 mN	困难
流体	>100 μs	>20 000 *g*	>10 V/否	>10 mN	困难
惯性	>50 μs	>25 000 *g*	否	>100 mN	容易

一般认为，用于引信电源开关的驱动方式应满足低功耗、输出力大、反应速率快、抗过载和易实现等要求。目前，引信中的开关主要有引爆开关和电源接通开关两类：引爆开关主要是弹道末端感受目标信息并正确点火；电源接通开关主要在引信中使用，负责在发射后一段时间内正确地接通引信电源。这种基于技术的加速度开关具有尺寸小、成本低、抗高冲击、可靠性高等优点，在武器系统中将有着广阔的应用前景[26]。

2012 年，ARDEC 报道了两种分别对后坐过载与离心过载敏感的 MEMS 开关，封装后的尺寸分别为 2 mm×2 mm 和 1.5 mm×1.5 mm（图 7-12）。

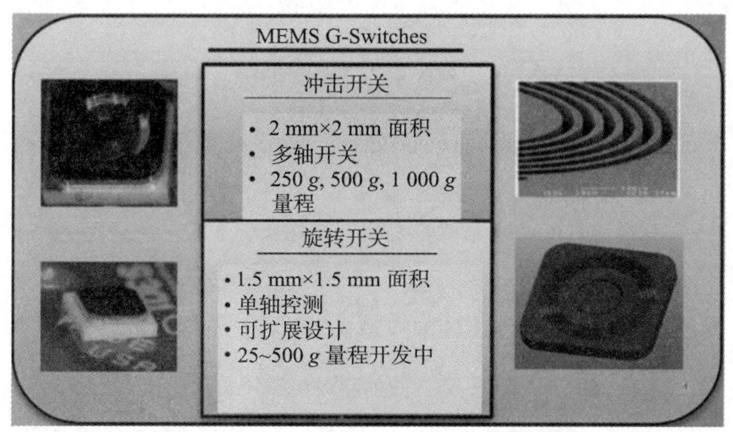

图 7-12 无闭锁机构 MEMS 开关

MEMS 机械开关是一种主要由微型弹簧、质量块和微型闭锁机构等组成，可以在加速度激励下致动的微型机构。ARDEC 目前已经获得了与加速度开关集成的多孔硅含能材料，如图 7-13 所示，证明其作为未来 MEMS 结构中含能材料的可行性。

图 7-14 为一个美国的集成机械冲击传感器，该传感器的功能结构是一个加速度冲击开关。该加速度冲击开关主要由质量块、弹簧和闭锁梁组成；设计闭合阈值为 25 000 *g*。该开关结构简单，可以承受较大的冲击载荷。实验表明，在 25 000 *g* 冲击载荷下，无明显的破坏现象；在 25 000~30 000 *g* 的冲击下，主要是弹性梁和闭锁梁发生破坏，测试中结构发生这两种破坏的概率分别是 5/40、2/40。

MEMS 等离子体导通型固态开关在引信中主要用作导通低能火工品的主能量通道，特点是作用电压高、利用等离子体建立的导电通道导通电阻小；但该开关导通时间短，只具有单稳态的缺点造成其与火工品配合使用时对彼此间同步性要求较高。美国奥本大学（Auburn University）Baginski 教授在第 53 届引信年会上报道了这种开关，如图 7-15 所示。

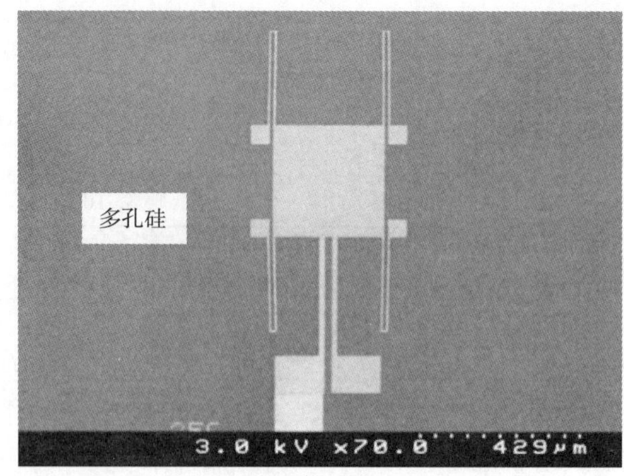

图 7－13　MEMS 加速度开关与多孔硅集成

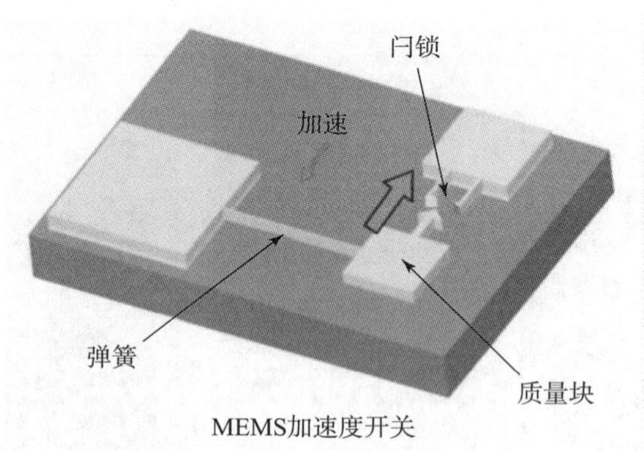

图 7－14　一个美国的集成机械冲击传感器

RF MEMS 开关在国外起步较早，世界上第一款 RF MEMS 开关便是由美国的 Peterson 博士研制成功的，它是一款静电驱动欧姆接触式开关，由于制造工艺等原因，该开关性能并不稳定，但是开了 RF MEMS 开关的先河，如图 7－16 所示。

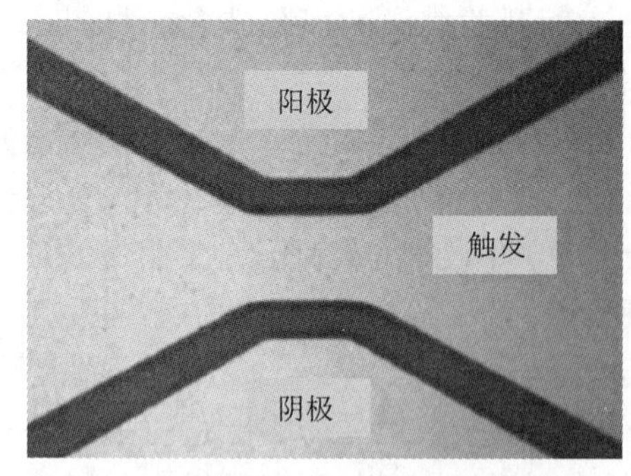

图 7－15　等离子体导通型固态开关

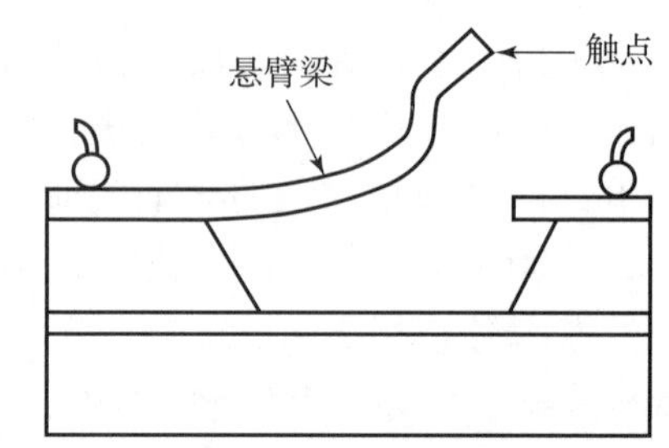

图 7－16　第一款 RF MEMS 悬臂梁式开关

经过数十年的发展，RF MEMS 技术有了长足的进步，图 7－17 为 Goldsmith 等人设计的静电驱动并联式电容 RF MEMS 开关。该开关使用 0.3 μm 厚的铝合金作为梁膜、铬金合金作为下电极以及射频信号中心导带、铜作为锚点及射频信号短接线，通过梁上开孔的方式降低驱动电压至 30 V 左右；采用 0.28 μm 厚的二氧化硅作为电介质层，并在电介质层上开孔且使用矩形波驱动电压以降低介质充电现象。该开关的寿命达到了 10^{11} 次，并在 40 GHz 时获得小于 0.1 dB 的插入损耗及 20 dB 的隔离度。

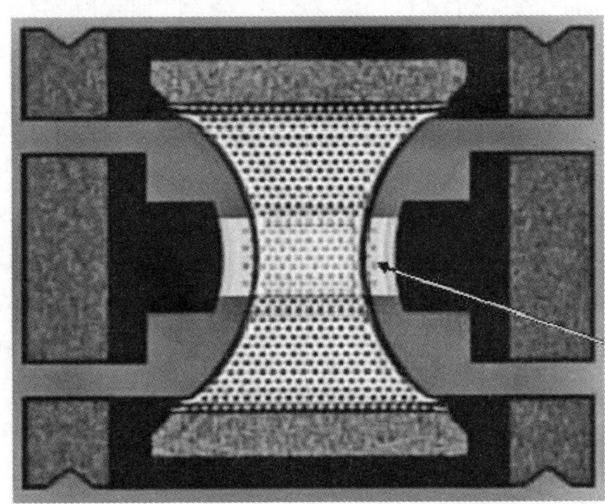

图 7-17　Goldsmith 等人设计的静电驱动并联式电容 RF MEMS 开关

MEMS 惯性开关是对加速度的变化敏感并提供开关闭合动作的 MEMS 执行器，也称加速度开关、碰撞开关或者 g 值开关。它通过自身系统把捕捉到的加速度信号转化为系统的位移和变形，输出开关接触闭合的电信号。与加速度传感器相比，它并不记录每一时刻的加速度变化，仅在超过阈值的加速度作用下完成闭合动作，所以它既是传感器又是执行器。

根据结构材料的不同，可将 MEMS 惯性开关分为硅开关和非硅开关。硅开关通常采用单晶硅作为结构材料，采用体硅微加工技术或表面硅微加工技术在硅衬衣上进行加工制作，其工艺相对较成熟。非硅开关则采用电镀金属（如镍、铜等）作为结构材料，在强度和导电性方面具有一定的优势，主要采用光刻及紫外光刻等加工技术进行制作，其工艺成熟度相对较低。

根据敏感方向的差异，可将 MEMS 惯性开关分为单向敏感和多向敏感开关（包括多轴向和万向敏感开关）。单向敏感开关是指只能响应某一特定方向加速度的一类开关，即它的敏感方向只有一个；而多向敏感开关的敏感方向有多个，可在径向和（或）轴向多个方向进行响应。

根据应用载荷环境的不同，可将 MEMS 惯性开关分为高 g 值和低 g 值开关。阈值加速度范围在几百 g 至几万 g，甚至几十万 g 的 MEMS 惯性开关，称为高 g 值开关；相反地，阈值加速度范围在几毫 g 至几百 g 的 MEMS 惯性开关，称为低 g 值开关。

3. 微执行器

在引信的发火机构中，多采用微执行器作为发火信号的输出源，即引信在撞击目标时瞬间产生极大的冲击力，使执行器闭合，导通引爆电路，打击目标。该执行器要在小能量作用下产生极大位移，以确保器件能够稳定、正常闭合。目前应用最广泛、最成熟的执行方式为静电式执行，而电热执行能够在小能量的作用下产生更大的位移，作为一种执行方式，有很大的研究价值和研究意义，是未来 MEMS 发展的趋势。

微执行器能够实现力或者位移的输出，伴随着微机电系统的发展而不断发展。其基本工作原理是将其他形式的能转化为机械能，使器件能够完成所需要的运动。微执行器的种类众多，根据运动形式的不同，可以将执行器分为面内形变和面外形变等。根据执行原理的不同，又可将执行器分为静电式、压电式、电磁式、电热式等。从功能上又可以将执行器分为微位移系统、微流体系统、微夹持系统、微光学系统[12]。

1998 年美国 Robinson 博士提出了一种利用外界环境力来解除保险的引信用 MEMS 微执行器并申请了一系列相关专利，其结构如图 7－18 所示。其工作原理是：当弹丸发射时，后坐滑块 1 受到后坐力的作用，带动延时滑块 3 沿着导轨槽 2 曲折下沉，通过延时滑块 3 和导轨槽 2 上蛇形槽之间的碰撞摩擦起到延时作用，延时滑块 3 在下沉的过程中带动安全保险销 6 一同运动，使其脱离安全挡块 8，此时离心滑块 9 在离心力的作用下向左滑动到挡块 12 的位置。当后坐环境力慢慢消失后，安全保险销 6 在微弹簧 7 的刚度作用下向上运动到解除保险挡块 13 位置，保证离心滑块处于解除保险位置。此时起爆通道 11 与雷管 10 对正，当识别到起爆环境时，在起爆药的作用下引爆传爆序列，直至起爆主装药，完成整个引信作用过程[27]。

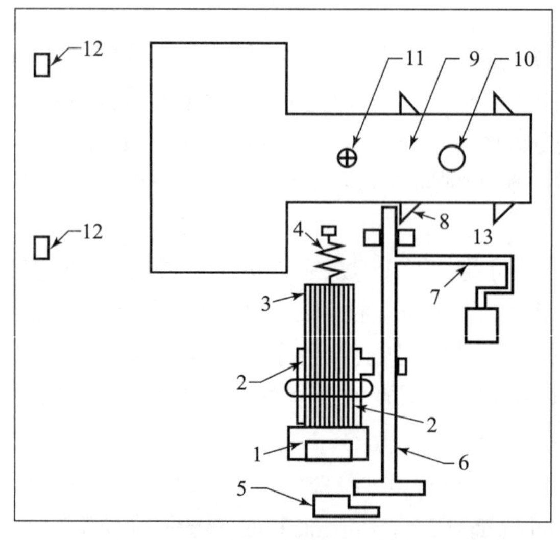

图 7－18　早期的引信用 MEMS 微执行器

1—后坐滑块；2—导轨槽；3—延时滑块；4—限位弹簧；5—安全保险坐；6—安全保险销；7—微弹簧；8—安全挡块；9—离心滑块；10—雷管；11—起爆通道；12—挡块；13—保险挡块

为了使结构紧凑，早期的引信用 MEMS 执行器更倾向于单片样式的设计思路，整个操作过程都是在单层结构中实现的。但由于空间设计太过狭小，安全与解除保险机构的结构设计受到了限制。为弥补这种设计的弊端，2003 年 Koehler 等人突破传统设计思想，设计制造了双层结构的引信用 MEMS 执行器。如图 7－19 所示，该引信用 MEMS 执行器是由后坐卡锁 1（悬臂梁机构设计）、滑块 2、弹簧 3、卡销 4、基板 5 等组成。日常情况时，滑块 2 受到后坐卡锁 1 的限制不能动作，当弹丸发射时，后生卡锁 1 受到后坐环境力的作用下沉解除对滑块 2 的限制，这是与其他机构的不同之处。

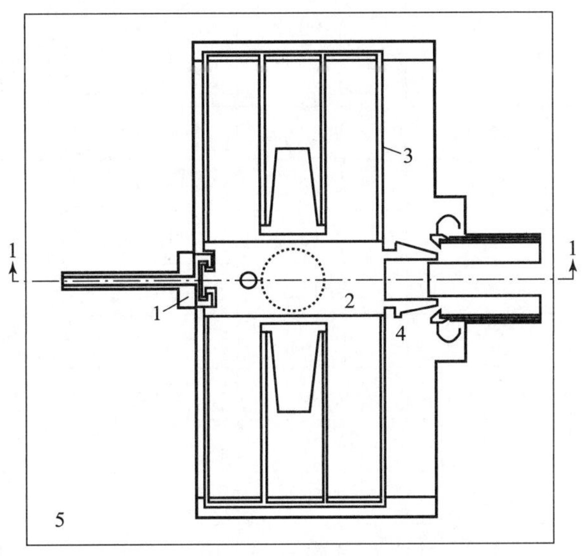

图 7-19　分层式引信用 MEMS 微执行器

1—后坐卡锁；2—滑块；3—弹簧；4—卡锁；5—基板

7.3.2　典型的 MEMS 引信组件

典型的 MEMS 引信组件主要包括模块化的 MEMS 安全与解除保险机构、微型传爆序列以及微能源等。其中，微能源主要向小体积、高能量密度方面发展，代表作是瑞士“阿海德”集束式预制破片编程空爆弹引信的多层压电电源和美国 M80PIP 子弹近炸引信的卤氧化物锂电池，尺寸只有 ϕ6.5 mm×7 mm。微型传爆序列被美国列为实现减小引信体积、降低生产成本的四项关键技术之一，是实现 MEMS 引信的重要技术[14,15]。

传统安全与解除保险机构采用精细机械加工方法，体积较大，占用了引信内部较多空间，压缩了引信探测、控制以及战斗部空间，使引信整体功能与弹药威力受到影响。而应用了微纳加工技术的 MEMS 安全与解除保险机构由于体积小、集成度高，非常适合小口径的炮弹。

从工艺上来说，MEMS 安全与解除保险机构微加工的两个路线为硅基与非硅基路线。两者各有优点，也各有缺点。硅基路线一般采用 DRIE 或者 SOI 工艺，其优点是：工艺与传统的微电子工艺有很好的兼容性，可以通过掺杂等工艺与微电子很好地结合起来，实现一体化加工，真正实现微型化；而缺点是：硅材料的抗冲击性比较差。非硅基路线主要是基于镍以及铜材料，加工工艺一般采用 LIGA 或者 UV-LIAG 工艺，其优点是：制造成本相对较低，取材广泛，可以是金属、陶瓷、聚合物等，可制造较高深宽比的结构；而缺点是：不能一体化加工，还需要微装配的环节。表 7-3 为单晶硅、UV-LIGA 镍与其他材料的基本力学特性对照表。

表 7-3 单晶硅、UV-LIGA 镍与其他材料的基本力学特性对照表

材料	屈服强度/(10^9 N·m^{-2})	努氏硬度/(10^9 N·m^{-2})	弹性模量/(10^{11} N·m^{-2})	密度/(10^3 kg·m^{-3})	传热系数/[W·(m.℃)$^{-1}$]	膨胀系数/($\times10^{-6}$·℃$^{-1}$)
硅	7.0	9.3	1.90	2.3	157.0	2.33
铁	12.6	3.9	1.96	7.8	80.3	12.0
高强度钢	4.2	14.7	2.0	7.9	97.0	12.0
不锈钢	2.1	6.0	2.00	7.9	97.0	12.0
W	4.0	4.8	4.10	19.3	179.0	4.5
Mo	2.1	2.7	3.43	10.3	139.0	5.0
Al	0.17	1.3	0.70	2.7	236.0	25.0
SiC	21.0	24.3	7.00	3.2	350.0	3.3
TiC	20.0	24.2	4.97	4.9	330.0	3.3
Al_2O_3	15.4	20.6	5.3	4.0	50.0	5.4
Si_3N_4	14.0	34.2	3.85	3.1	19.0	0.8
SiO_2	9.4	9.0	0.73	2.3	1.4	0.50
钻石	53.0	69.6	10.35	3.6	2000.0	1.0
镍	1.047	—	2.1~2.3	9.9	90	—

硅材料的密度为 2.3×10^3 kg/m^3，大约为不锈钢的1/3，屈服强度为 7×10^9 N/m^2，是不锈钢的3倍多，是高强度钢的1.7倍，硅的努氏硬度为 9.3×10^9 N/m^2，比高强度钢低一半，比不锈钢高1/3，与石英接近。硅的弹性模量为 1.9×10^{11} N/m^2，与不锈钢、镍接近，具有较高的硬度、美丽的色泽和良好的抗腐蚀性能。同时，硅的错位密度使硅具有高循环寿命并抗疲劳，如果在硅上镀膜上氮化硅，则可以增加硅的硬度和抗磨损性从而增强其隔爆强度。通过上述分析，总结出如下优点：

（1）硅机构原件表面光滑，在不需要润滑的条件下与传统金属材质的零件相比摩擦阻力很小，对 MEMS 安全与解除保险机构的运动稳定性和可靠性有显著的提高。

（2）硅的屈服强度高于不锈钢，而密度比铝低；硅的强度系数（定义为屈服强度与密度只比）比一般工程材料都要高很多。

（3）硅是单晶体，因此使用它制作的 MEMS 安全与解除保险机构不会受磁场和电磁脉冲影响，抗干扰性能较强。

（4）硅材料质轻（硅的密度为 2.3×10^3 kg/m^3；钢是 7.8×10^3 kg/m^3），采用硅材料制作 MEMS 安全与解除保险机构，不但体积小，而且质量轻，可以提高作战效费比。

（5）硅的硬度比不锈钢稍大，比大多普通玻璃都要高，与石英接近。

（6）在硅上生长的 Si_3N_4，其硬度仅次于金刚石。因此，Si_3N_4 钝化后的硅常被用来制造 MEMS 安全与解除保险机构中需要高度抗磨损性的部件。

镍材料是重有色金属中重要的战略金属之一，具有耐蚀、耐热、强度高、塑性好等特

点。UV－LIGA 电铸镍的材料特性与其电铸时的工艺参数有着直接的关联。由表 7－3 可以看出，镍的屈服强度比较低，为 $1.047\times10^9\ N/m^2$，只是比 Al（$0.17\times10^9\ N/m^2$）大。而单晶硅的屈服强度为 $7.0\times10^9\ N/m^2$，是镍的 7 倍，二氧化硅的屈服强度为 $9.4\times10^9\ N/m^2$，是镍的 9.3 倍。镍的弹性模量为 $2.1\times10^{11}\ N/m^2$ 和硅的弹性模量（$1.9\times10^{11}\ N/m^2$）基本相似，是二氧化硅（$1.9\times10^{11}\ N/m^2$）的 2.9 倍。而镍的密度是 $9.9\times10^3\ kg/m^3$ 是单晶硅的 3.9 倍，是二氧化硅的 3.9 倍。

传统的 MEMS 安全与解除保险机构一般是采用基于同步辐射（X 射线）的 LIGA 技术，在 PMMA 掩膜的帮助下实现关键机构（滑块和锁）的微加工。最初的安全与解除保险机构是采用硅基材料制备的，但是硅易碎，因此，改为采用镍基制备，因为镍可以提供良好的延展性和耐爆炸冲击的能力。图 7－20 显示了侧壁形貌非常平滑的 LIGA 技术制备的 MEMS 安全与解除保险机构。但是，这种造价昂贵的 LIGA 技术需要较高的功率以及精准的 X 射线对准才能制作模具，因此无法实现大规模生产 MEMS 安全与解除保险机构。

UV－LIGA 相比 X 射线 LIGA 价格更低廉，可实现单层和多层工艺技术，同时也易于实现高精度的垂直侧壁结构。图 7－21 显示了基于 UV－LIGA 技术的高深宽比金属 MEMS 安全与解除保险机构具有良好的硬度和光滑的侧壁。

图 7－20　基于 LIGA 技术的 MEMS 安全与解除保险机构

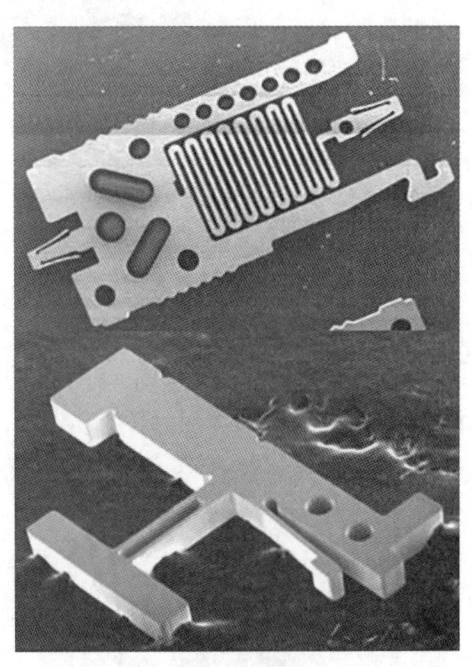

图 7－21　基于 UV－LIGA 工艺的滑块和锁结构

图 7－22 为镍框架的 UV－LIGA 工艺。将 300 μm 厚的 SU－8100（美国 Microchem 公司生产）光刻胶涂覆在覆有 30 μm、150 μm 和 50 μm 的钛、铜和钛种子层的硅衬底。移除光刻胶后，镍框架与基板分离，并与其他组件组装在一起。图 7－23 显示了 SU－8 模具和组装的球转子延期解除保险机构。该球转子延期解除保险机构具有耐更高冲击的能力，且制造更容易，有望应用于智能弹药的小口径和大口径弹药。

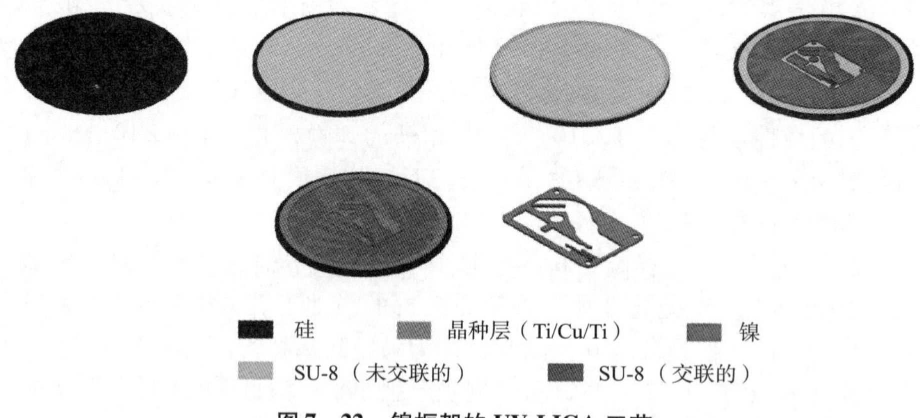

图 7－22　镍框架的 UV LIGA 工艺

（a）　　　　（b）

图 7－23　球转子延期解除保险机构

（a）SU－8 模具；（b）组装的安全与解除保险机构

MEMS 安全与解除保险机构功能的实现至少包括两道独立的安全锁定机构，在意外条件下每一道都能实现保险状态，防止意外解除保险。美国陆军装备研究、开发与工程公司（Armament Research，Development and Engineering，ARDEC）采用 LIGA 或 UV－LIGA 工艺制造的滑块弹簧式 MEMS 安全与解除保险机构处于锁定状态与解锁状态，如图 7－24、图 7－25 所示。尽管这类滑块弹簧结构已应用于众多小型安全与解除保险机构，但在高冲击环境下的高宽高比弹簧质量块结构仍然很脆弱。

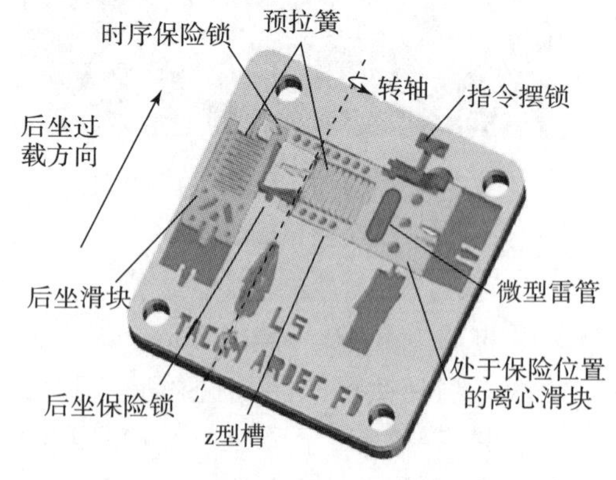

图 7－24　安全与解除保险机构处于锁定状态

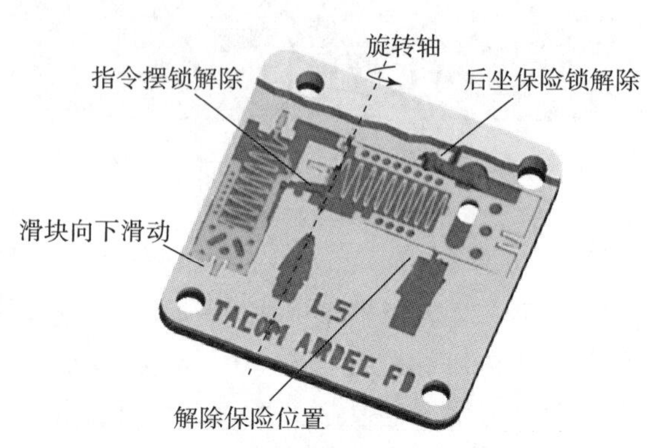

图 7－25　安全与解除保险机构处于解锁状态

图 7－26 显示了耐高冲击条件下（约 20 000 g）的 MEMS 球转子延期解除保险机构[16]。延期解除保险是指弹药从发射到解除保险所经过的时间或所经过的距离，可使用电气或机械方式实现。这种 MEMS 安全与解除保险机构由直径为 3 mm 的碳化钨（tungsten carbide，TC）球、镍框架、滑块和外壳组成。控制安全与解除保险机构主要功能的镍框架是一个惯性悬臂和一个锁紧机构。

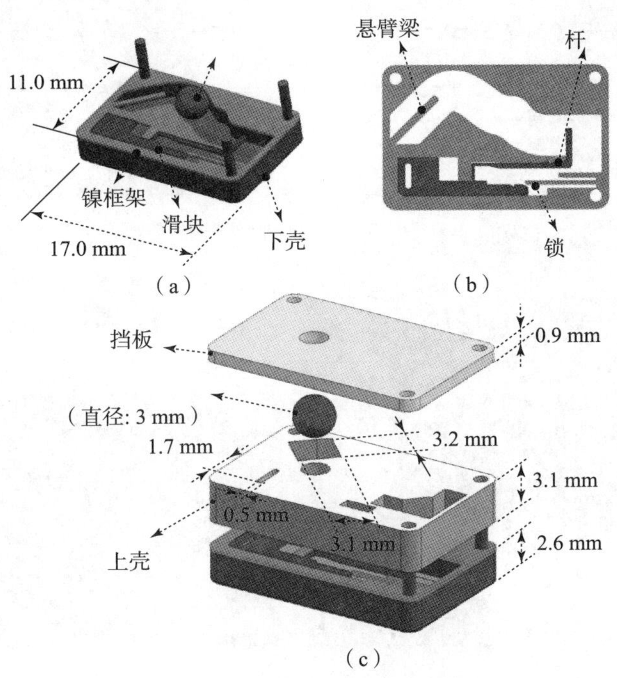

图 7－26　球转子延期解除保险机构

（a）安全与解除保险机构；（b）镍框架；（c）封装盖板

图 7－27 演示了球转子延期解除保险机构工作原理。惯性悬臂的挠度设计为大于 1.35 mm，以便在加速度在 600～1 000 g 时从上壳体释放 TC 球。

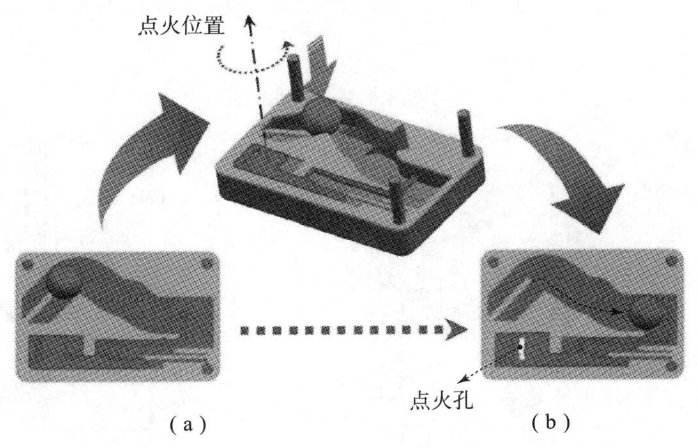

图 7－27　球转子延期解除保险机构工作原理

（a）安全状态；（b）解除保险状态

图7-28为法国国家科学研究中心研制的安全与解除保险机构，固态化设计使大部分的引信安全与解除保险结构集成在一块面积在1.0 cm×0.8 cm的芯片上。该安全与解除保险机构采用了小型化、模块化和系列化设计方法，其中安全与解除保险机构在机构的底部，作为一个传感器使用。

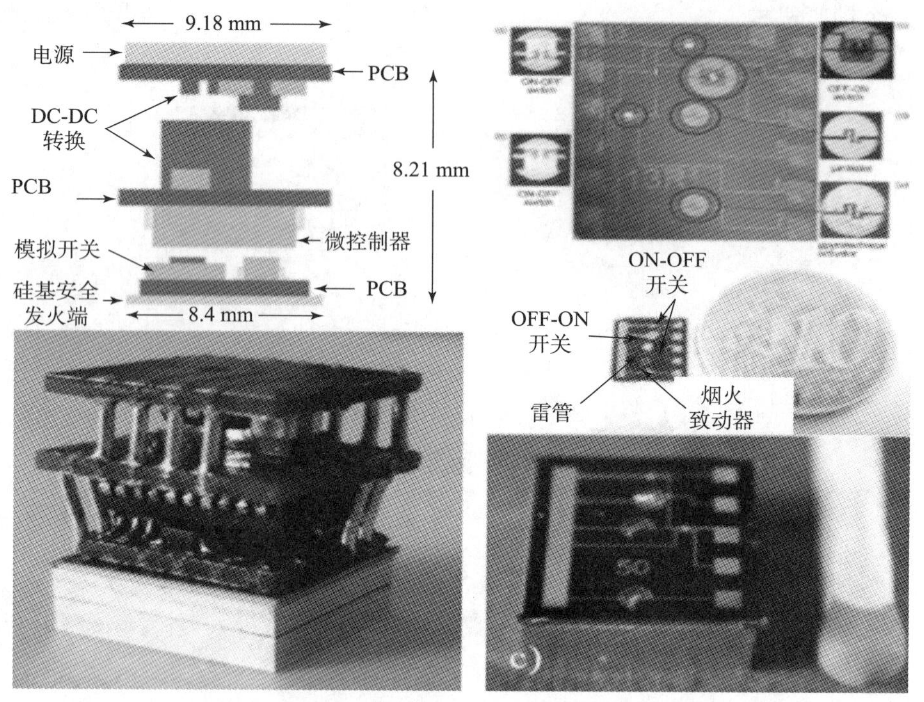

图7-28　法国国家科学研究中心研制的安全与保险机构图

为了防止弹药发射后过早爆炸，造成误伤，图7-29展示了一种具有延迟解保机构的MEMS安全与解除保险机构[16]，包括不锈钢框架、滑块、旋转质量块、惯性质量块、驱动质量块、齿条和延迟解保机构。图7-30为其工作原理，在弹药发射时，后坐力作用在惯性质量块上，使其向下运动，惯性锁打开并释放齿条。当惯性锁打开后，惯性质量块下降并从

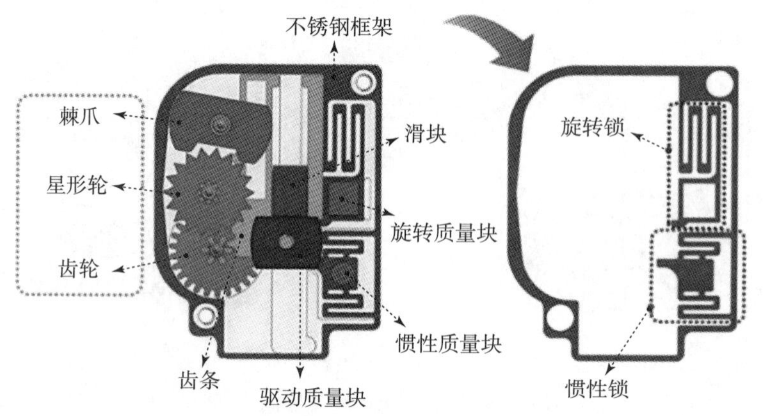

图7-29　具有延迟解保机构的MEMS安全与解除保险机构

壳体的导向孔中脱离，最终被卡住，阻止惯性锁重新上锁。弹药发射后离心力使质量块从弹药自旋中心向外运动，旋转锁打开并释放齿条。由于质量块受离心力的作用有向外侧运动的趋势，在托板的调控下通过齿条和齿轮配合，驱动质量块周期性运动。当离心力作用时间足够长，质量块最终带动滑块对准导爆序列，如图 7－30（b）所示。

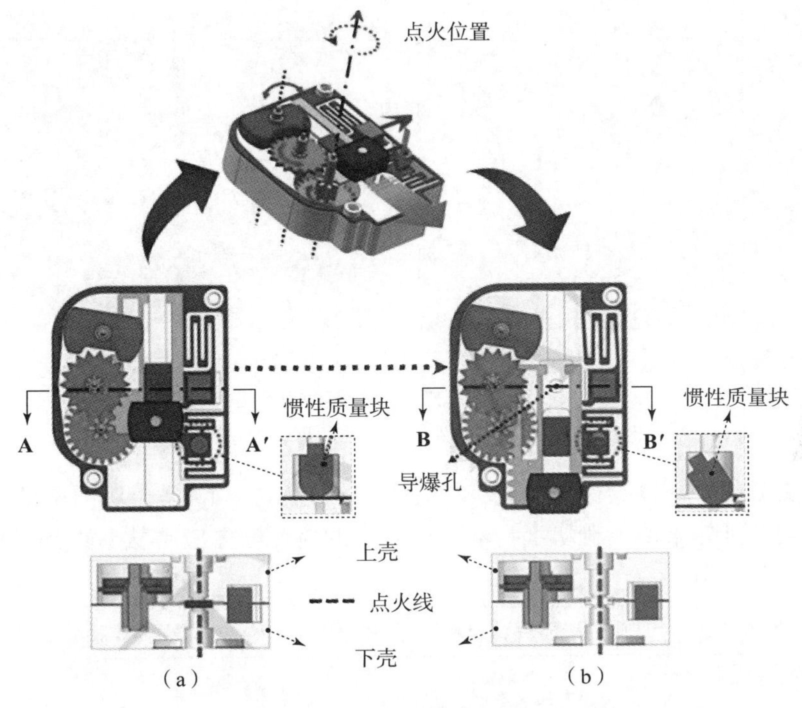

图 7－30　安全与解除保险机构的工作原理

不锈钢材质的框架、齿条和齿轮采用湿法蚀刻工艺，尺寸误差小于 20 μm。其他部件，如外壳、滑块、旋转质量块、惯性质量块、齿轮总成和星轮总成的小齿轮轴、星轮和托盘，均采用传统的精密加工工艺（铣削、车削和落料）制造。通过精密加工工艺制造的所有零件的公差均小于 0.05 mm。在放置好所有结构后，外壳用两个不锈钢螺栓固定在一起，如图 7－31 所示。经测量，该安全与解除保险机构的体积为 4 000 mm^3，相当于传统机械安全与解除保险机构的体积的一半。该安全与解除保险机构可以在不使用电磁信号的情况下运行，主要响应于后坐力和离心力，并有效地延迟了爆炸序列的对准，直到弹药距离我方单位足够的安全距离。

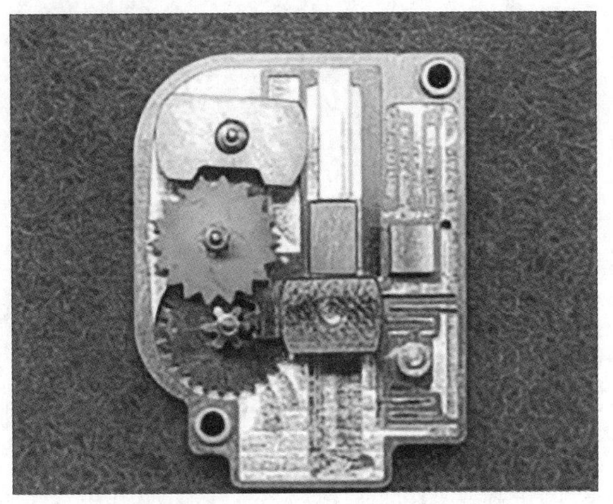

图 7－31　不锈钢材质的安全与解除保险机构实物

为了对抗战场上的敌方电磁干扰，可采用独特排布系列的滑块齿宽和齿距，实现安全与解除保险机构的加密能力。齿宽在 32～82 μm 周期性重复，齿距为 68 μm，如图 7－32（a）所示。为了防止由于棘爪跳过多个齿距引起的错误解码，滑块上安有防跳齿设计，如图 7－32（b）所示。

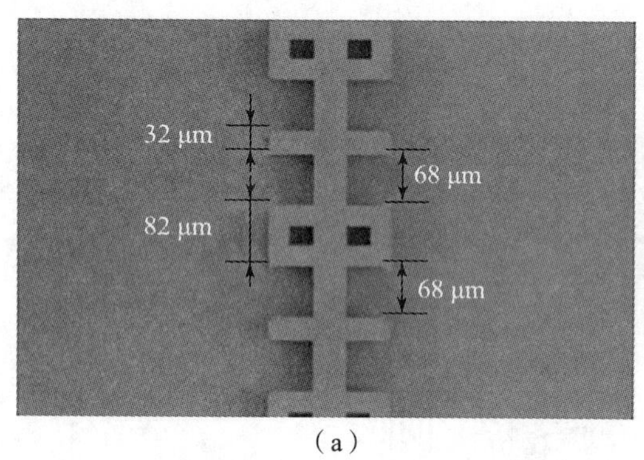

（a）

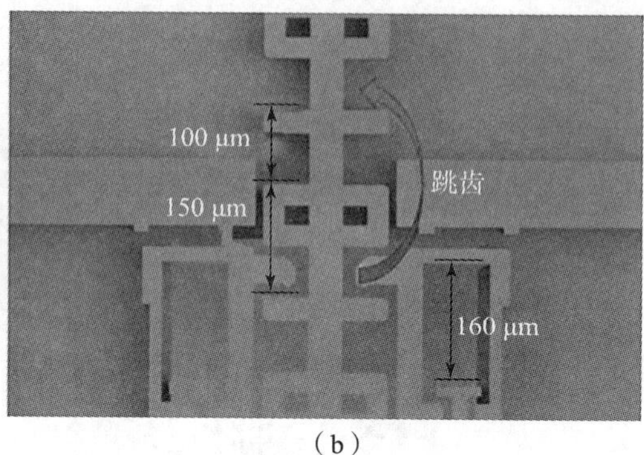

（b）

图 7－32　加密系统

（a）滑块齿距；（b）防跳齿设计

出于双向驱动的要求以及保证分离/啮合过程的可靠性，隔爆滑块两侧的齿宽顺序在运动方向上应相同，具体来说，滑块上从 c 点到 d 点的齿宽顺序应与从 b 点到 a 点的齿宽顺序相同，如图 7－33 所示。

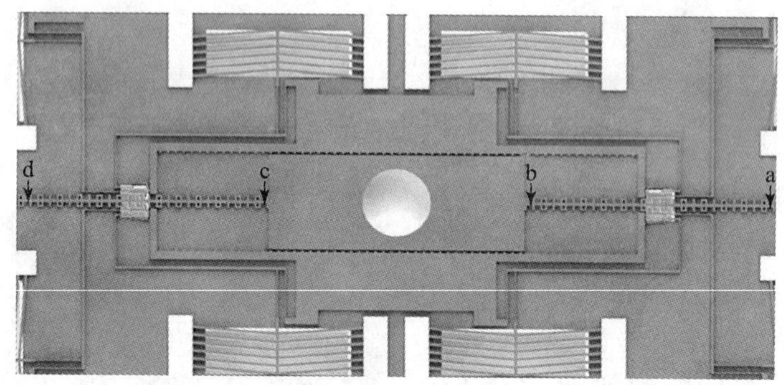

图 7－33　隔爆滑块两侧的齿宽

由于输入电压与电热执行器的输出存在一一对应，隔爆滑块的位移对应于棘爪驱动的唯一解码电压。因此，如果解除保险电压不准确，解除保险过程将被卡住。如图 7－34（a）所示，为了清楚地说明安全和接触保险过程，将 8 个人字形执行器与微型操纵杆组合为 4 个组，如垂直执行器组（b，d）和水平执行器组（a，c）。隔爆滑块的一步运动可分为 6 个子步骤：

步骤 a：在水平执行器 c 上施加电压，上棘爪脱离滑块；

步骤 b：在垂直执行器 b 上施加电压以下拉滑块；

步骤 c：去掉水平执行器 c 上的电压，上棘爪重新啮合滑块，滑块位置锁定；

步骤 d：在水平执行器 a 上施加电压，下棘爪松开滑块；

步骤 e：去除垂直执行器 b 上的电压；

步骤 f：去除水平执行器 a 上的电压，下棘爪重新啮合滑块，4 组执行器返回其初始状态。

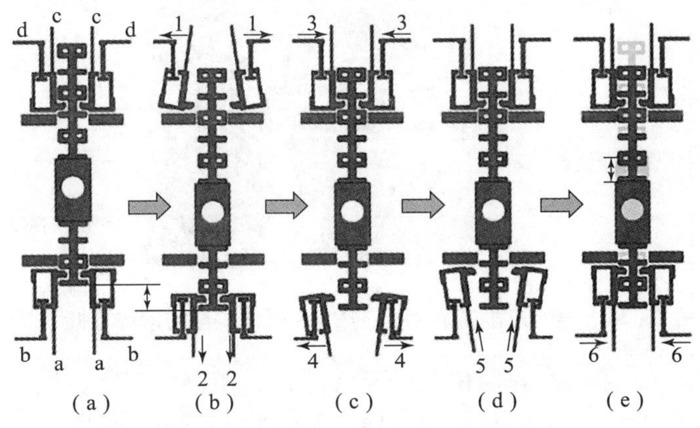

图 7－34　安全与解除保险机构的操作过程

安全与解除保险机构解除保险过程的每个步骤中，如果解码电压不正确或者过高，安全与解除保险机构芯片将被卡住，隔爆滑块被锁定，如图 7－35 所示。

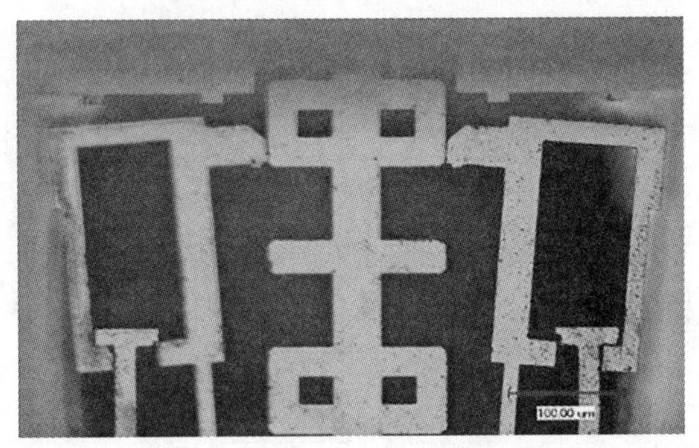

图 7－35　解码错误棘爪卡住

图 7－36 中所示的导弹用电磁驱动式 MEMS 引信安全与解除保险机构适用于自身不发生旋转的武器，如导弹、榴弹、迫击炮弹等，解除保险主要是利用电磁力，体积小、信息化程度高。这种引信结构采用 LIGA 或者 UV－LIGA 工艺制备，材料是镍金属。锁销弹簧保证平时在搬运、维护过程中不会发生保险解除，保证了弹药的安全性，即便由于晃动，锁销脱离滑块卡槽也能迅速恢复。其次在发射时，电磁执行器接收到电信号产生磁力，使锁销克服平面弹簧的拉力脱离滑块卡槽，滑块没有了锁销的约束后，可在磁力吸引下解除保险。最后锁销的电磁执行器断电，锁销被平面弹簧拉回，使滑块保持解除保险，当收到起爆信号时，通电加热将起爆药引爆，然后依次引爆输入药、传爆药、输出药，完成起爆。

为保证鱼雷引信在恶劣环境中仍能可靠作用，自 1994 年开始，美海军的水面武器控制中心的 Indian Head 就开始秘密研究应用在鱼雷领域的引信用 MEMS 微执行器，其引信用 MEMS 微执行器机构如图 7－37 所示，包括滑块、环境传感器、光检测装置、水压调节器等元件。此机构的第一道保险是由水压调节器控制，通过感触海底不同水位下水压的大小来判断是否解除保险；第二道保险则受加速度传感器的动力所控制，根据海底下单股水流量的大

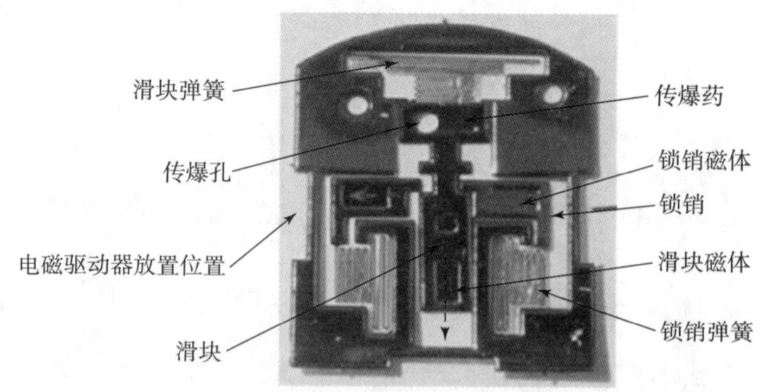

图 7-36 导弹用电磁驱动式 MEMS 引信安全与解除保险机构

小来判断是否解除保险；第三道保险由受流动传感器作用器所控制，通过感受海底水流的流量大小判断是否解除保险；在第一道保险、第二道保险和第三道保险完全解除后，解除保险作动器才能动作，这时引信便输出解除保险的命令信号，随即滑块在解除保险作动器的控制下移动到解除保险的指定位置。

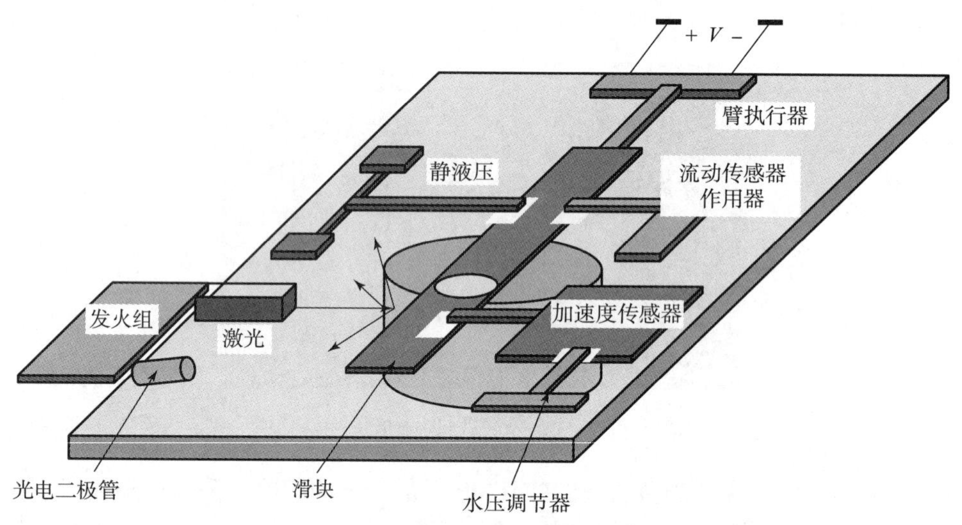

图 7-37 鱼雷引信用 MEMS 微执行器

勤务处理阶段，滑块处于安全保险的状态，激光电信号透过滑块上方的透镜，此时光电二极管不能接收到感应信号。在鱼雷引信发射过程中，水压调节器、加速度传感器和流动传感器检测到解除保险环境，依次解除三道保险，然后引信发出解除保险信号，随即滑块在解除保险作用器的控制下移动到指定的位置，此时激光便由滑块上的发射镜反射给光电二极管，后者把光电信号转变为能被起爆电路识别的电信号，接收到该电信号后起爆电路便会被接通，当引信控制电路输出发火信号后，电雷管起爆，通过传爆序列引爆主装药。

图 7-38 为具有抗外部爆炸冲击能力的 MEMS 安全与解除保险机构，尺寸为 11 mm × 10 mm × 0.4 mm，主要用于旋转弹药引信。主离心滑块和子离心滑块的中心位置以及弹丸轴线的位置如图 7-38 所示。

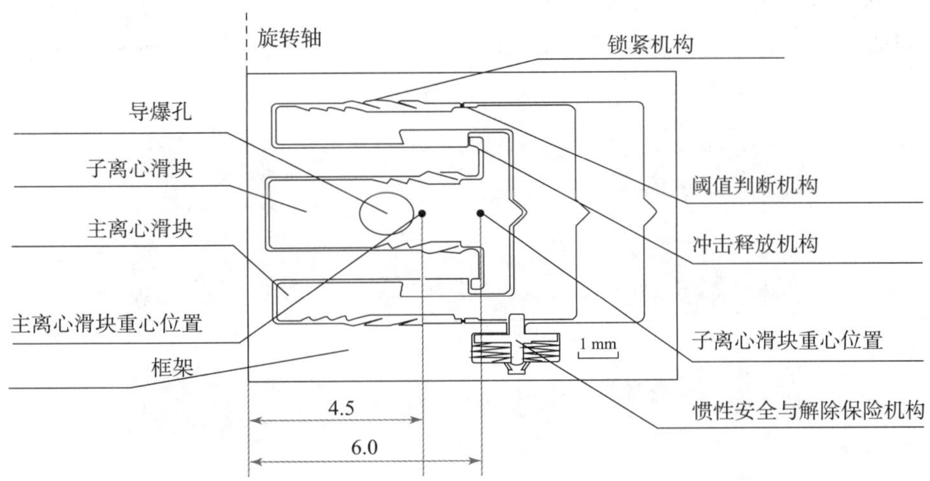

图 7－38　抗爆炸环境的 MEMS 安全与解除保险机构

在正常情况下，弹药发射时，弹簧在牵引力作用下向下运动，并释放惯性安全与解除保险机构。由于离心力，主离心滑动器和子离心滑动器开始沿离心力方向运动，并且爆炸序列对齐。但是，在异常情况下，爆炸序列未对准，引爆器被触发，主离心滑块和子离心滑块需要有效地引爆能量。此外，离心式阈值确定机制较弱，因此阈值确定机制的抗冲击性是集成 MEMS 安全与解除保险机构器件的关键。

硅基 MEMS 安全与解除保险机构平行安放于弹药旋转轴方向。弹药发射时，惯性安全与解除保险机构在后坐力作用下向下运动，安全与解除保险机构释放。在离心力的作用下，主离心机滑块和子离心机滑块向外侧运动，并使爆炸列对准。基于离心力的阈值判定机构易受外部冲击干扰，因此提高阈值判定机构抗冲击性是 MEMS 安全与解除保险机构的关键。

如图 7－39 所示，具有抗外部爆炸冲击能力的硅基 MEMS 安全与解除保险机构由吸能层、玻璃层和中间安全与解除保险机构机构组成。当爆炸冲击波作用于安全与解除保险机构时，冲击吸能层可以有效地吸收冲击能量，极大降低冲击波对 MEMS 安全与解除保险机构的影响。由于 MEMS 引信空间的限制，MEMS 安全与解除保险机构的结构尺寸极其有限。由于金属材料同时具有塑性变形的特征以及吸收冲击能量的特征，因此可以选择性地在 MEMS 安全与解除保险机构表面镀上金属膜，以保证该结构的整体尺寸基本不变。

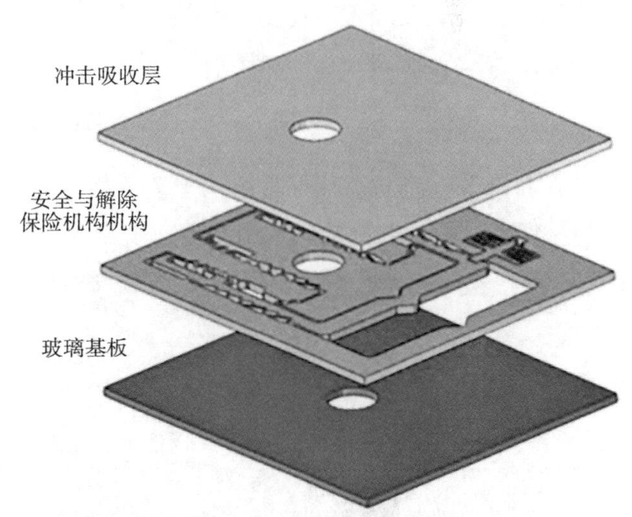

图 7－39　硅基 MEMS 安全与解除保险机构

硅基 MEMS 安全与解除保险机构阈值判断机构和隔爆滑块的工艺流程如图 7－40 所示。其步骤包括：准备 4 英寸干净硅晶片、热氧化形成 SiO_2、双面光刻图形、DRIE 蚀刻、去除掩膜层（光刻胶、二氧化硅）、双面蚀刻、去除掩膜层；在 120 ℃98% 硫酸和过氧化氢溶液中清洗，剥离光刻胶和物理沉积杂质，以氢氟酸除去 SiO_2 掩膜层；准备玻璃衬底；玻璃键合。实际结构如图 7－41 所示。

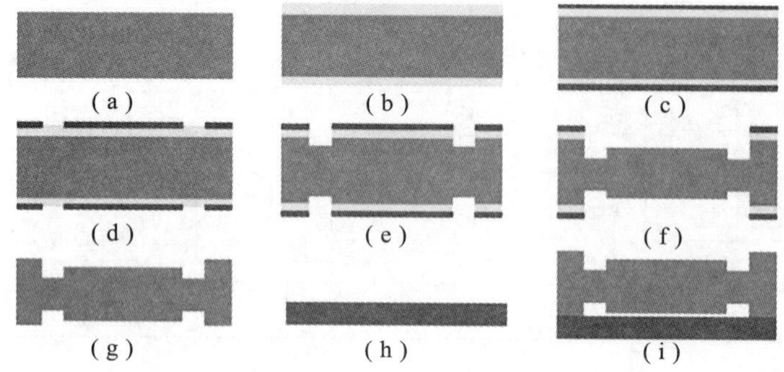

图 7－40　阈值判定机构的 MEMS 工艺流程

图 7－41　硅基 MEMS 安全与解除保险机构

在 MEMS 安全与解除保险机构工艺采用电镀的方法制备吸能材料，如图 7－42 所示，用 $CuSO_4$ 作电镀液，电镀基板采用 4 英寸干净硅片。

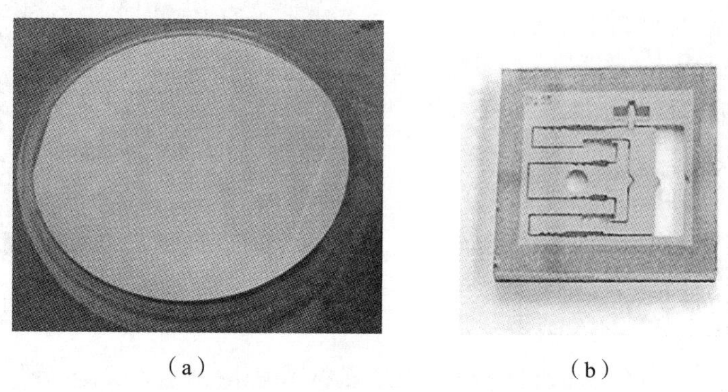

(a)　　(b)

图 7－42　电镀后的 MEMS S&A 结构

（a）电镀铜晶片；（b）电镀铜图案结构

电镀工艺如下：

（1）为了防止气泡的形成，对硅基片进行了有机溶液清洗，即在 40 ℃丙酮溶液中清洗 10 min，随后在 40 ℃乙醇中清洗 10 min。采用磁控溅射方法在硅基片上沉积铜种子层。

（2）用铜导电带将 MEMS 安全与解除保险机构黏附在阴极基板上，用高压去离子水冲洗硅基板 15 min，消除孔内的气泡。

（3）将硅浸入 8% ~10% 稀硫酸溶液 10 min，以去除铜种子层上的氧化物。

（4）将覆有硅的阴极板垂直浸入 $CuSO_4$ 溶液中进行电镀。

（5）用去离子水清洗镀膜玻璃基板表面 15 min。

（6）采用电镀表面抛光，降低镀膜表面粗糙度。

通过旋涂工艺在金属薄膜表面制备聚酰亚胺薄膜。在此基础上，将 MEMS 安全与解除保险机构与外延层集成，最终封装结构如图 7 -43 所示。

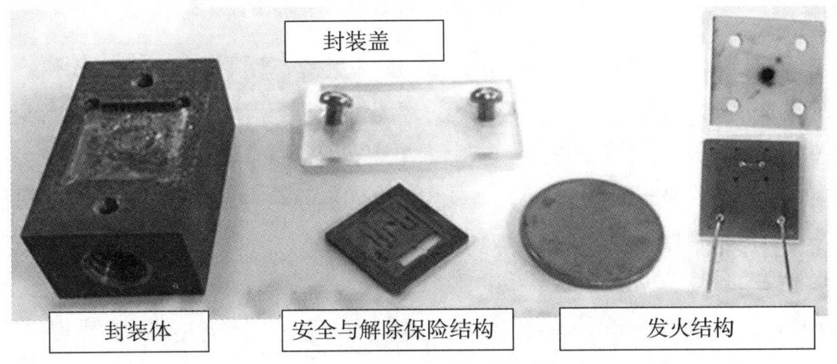

图 7 -43　MEMS 安全与解除保险机构集成过程

MEMS 安全与解除保险机构需要一个电启动的微指令执行器（command micro actuator，CMA）在物理上移除离心滑块上的第二道锁，使安全与解除保险机构解除保险。指令信号来自安全与解除保险机构外部的引信电路。如图 7 -44 所示，该 CMA 采取“摇杆锁”的形式，与离心滑块接合，以停止其向前运动，直到引信电路发出的信号，弹出在摇杆另一端的活塞，迫使其向下。最终，指令摆锁向上摇动，离开滑块，使其释放。

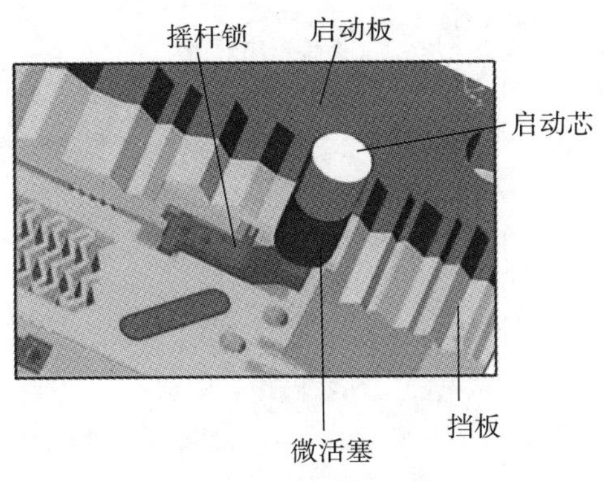

图 7 -44　MEMS 微命令执行器

CMA 是一种可靠的设计，以可重复、稳健的方式运行。设计所需克服的技术问题包括：防止功能过程中的反应气体越过 MEMS 安全与解除保险机构并导致过早启动；采用二维制造工艺实现三维成形微零件；在保持材料性能和装置功能的同时，实现在弯曲和平面外表面冷成型平面电镀零件。图 7-45 显示了 CMA 摇臂锁在驱动前后的位置。

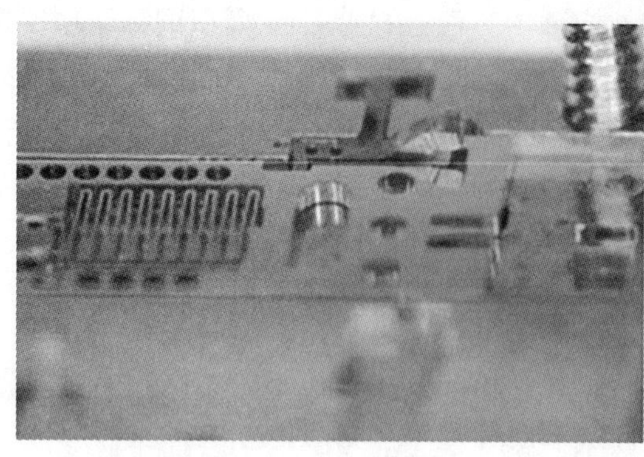

图 7-45　CMA 摇臂锁在驱动前后的位置

与 MEMS 安全与解除保险机构并行开发的是一种微型的爆炸序列技术。微型爆炸序列技术替代了传统的大型爆炸组件，这些组件的尺寸和炸药能量输出过大，当与微米或亚毫米尺寸的安全装置集成时无法保持安全。微型爆炸序列需要解决三个难题：

（1）大多数二次爆炸物将不起作用，因为它们的临界直径和运行到爆轰长度的值过大，无法在 MEMS 安全与解除保险机构中实施。

（2）很难将炸药装载到 MEMS 尺寸的形状和尺寸中。

（3）在这种规模的组件中起爆，需要一个桥接头和一个比传统可用于军事用途装置小得多的封装。

如图 7-46 所示，按照在弹药中的传爆方式，微爆炸序列主要分为两种：一种是安全与解除保险机构平行于弹轴的 L 型传爆方式，另一种是安全与解除保险机构垂直于弹轴的直列式传爆方式。

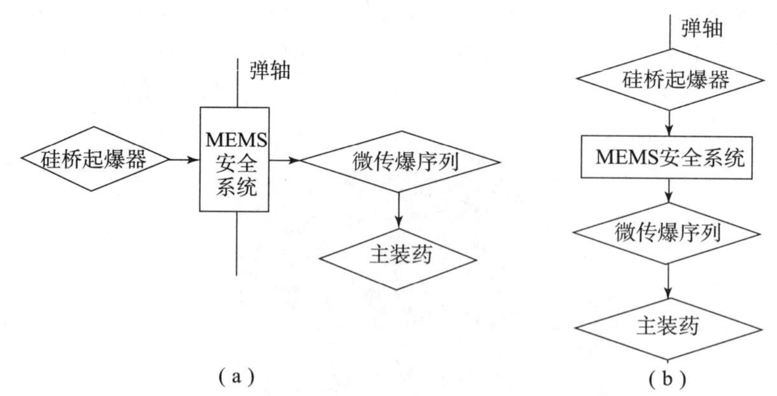

图 7-46　微爆炸序列

(a) 平行于弹轴的 L 型传爆方式；(b) 垂直于弹轴的直列式传爆方式

随着 MEMS 安全与解除保险机构尺寸的减小，爆炸部件的距离越来越近，使得安全性更加难以实现。基本的设计使用的爆炸性成分形成的巩固粉末呈球状，很像传统的成分，只是在尺寸上更小。

英国的 Claridge 等人在 2008 年研究的用于 MEMS 引信中的微型雷管尺寸为内径 1.0 mm、高度 2.0 mm，如图 7－47 所示，其装药方法为压装。结论中认为微型雷管中起爆药 AgN_3 的高度不低于 0.5 mm，猛炸药 C 的高度不低于 1.0 mm。但到目前为止，装药高度控制方面仍然存在较大困难。

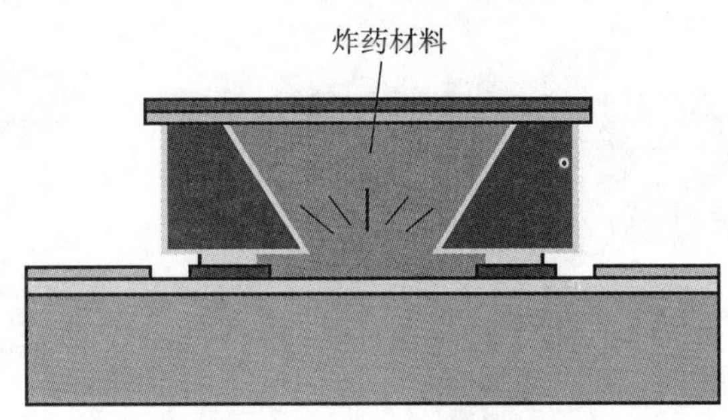

图 7－47　MEMS 起爆器结构

传爆序列是一系列火工品的排列组合，其作用是将一个很小的初始能量通过爆炸元件逐级放大，输出爆轰能量，以引爆弹药或者爆炸装置中的主装药。传爆序列一般装置在引信结构中。引信控制主装药起爆的功能就是传爆序列所起的作用，可见传爆序列是引信的核心之一。对武器系统来说，引信作用的成功与否直接决定了武器系统毁伤作用的成功与否，而传爆序列的成败又决定了引信作用的成败。传爆序列对引信装置的影响首先表现在传爆序列是引信控制弹药起爆的核心部分，传爆序列是直接作用于弹药的主装药上的，这体现了传爆序列的可靠性对于引信的影响。传爆序列的安全性保证了引信装置在勤务处理时的安全，传爆序列的延时作用和引信装置的其他控制时间机构共同保证了弹药毁伤作用的最佳时刻。同时，引信装置的要求体现在对于传爆序列的要求，如引信装置的瞬发或者延时、要求传爆序列作用时间的长短。引信装置所控制的弹药主装药量的大小决定了传爆序列的输出能量要求。传爆序列是装置在引信内部的，因此引信装置体积的大小也限制了传爆序列的尺寸。微机电技术为引信的小型化设计提供了可能，那么引信的小型化必然要求引信的传爆序列的微小型化，同时传爆序列的微小型化又会进一步促使引信的小型化，两者是相辅相成的[9,31－33]。

微小型化传爆序列是实现引信安全和发火系统的重要技术，美国将其列为实现引信安全和发火系统体积减小、降低成本的四项关键技术之一。如果微小型传爆序列的设计得不到有效解决，就无法设计微机电引信装置。应用这种微小型传爆序列的引信装置除了可以用在常规的武器弹药上，用于各种武器如榴弹、手雷、地雷等，也能用于各种小型化爆炸装置，如爆炸螺栓、起爆索、执行器、自毁装置和火箭发动机等。

2001 年和 2002 年报道的微型传爆序列主要为概念研究，组成部分包括电起爆器、可移动传递装药和输出装药。2003 年至今，微型传爆序列采用错位式结构，由概念研究转为实验研究，同时起爆序列组件也细化为起爆器芯片、输入装药、传爆药、受主装药和输出装药六部分。各个装药部件安装在不同的引信体模块上，包括起爆板、盖板、解保模块和基板。目前，该 MEMS 引信保险与解除保险机构体积达到 10 mm × 10 mm × 1 mm。

法国国家科学研究中心于 2008 年设计了体积约 $1cm^3$ 的层叠式 MEMS 安全与解除保险，见图 7－48，不包含起爆电路的安全与保险机构尺寸为 8.4 mm × 7.4 mm × 3 mm，系统中起爆电路供给起爆器的电流为 53 mA，微型雷管通过约 1 mm 空腔起爆猛炸药。

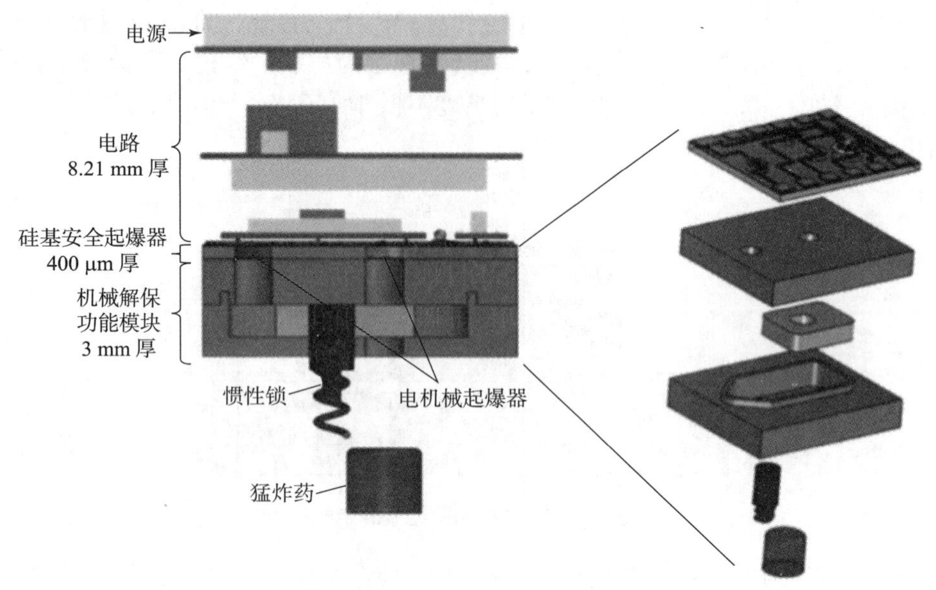

图 7-48　MEMS 引信结构

为了适应新型引信结构，美军从 20 世纪 50 年代就开始研究小型约束爆炸装药，这是微传爆序列技术的开端。目前，随着 MEMS 引信的出现，引信整体体积进一步减小，推动微传爆序列技术继续向前发展。2001 年，Robinson 研究员在第 45 届引信年会上报道了 20 mm 理想单兵作战武器（objective individual combat weapon，OICW）空爆弹保险机构，并论述了配套使用的微传爆序列（micro scale firetrain，MSF）结构和原理，如图 7-49 所示。

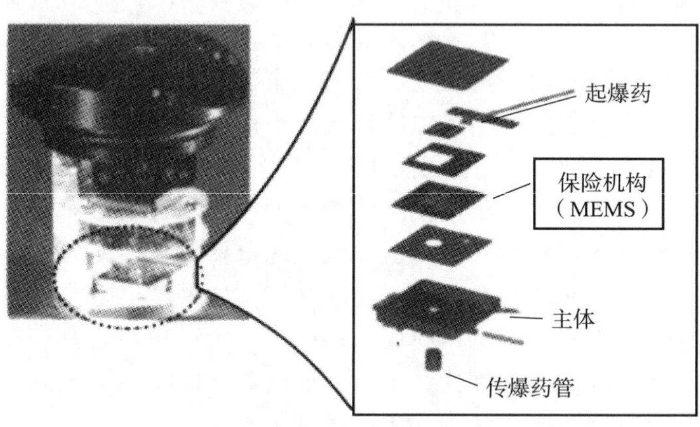

图 7-49　20mm OICW 空爆弹 MEMS 安全与解除保险机构与微传爆序列集成模块

2006 年，美国专利中公布了一种利用电磁驱动力解保的 MEMS 安全与解除保险机构，这种安全与解除保险机构适用于无法直接利用离心力解保的非（低）旋弹，如图 7-50 所示。它由框架 1、滑块弹簧 2、导爆药 3、锁销 4、锁销磁体 5、滑块 6、锁销弹簧 7 和滑块磁体 8 组成。发射前，滑块 6 被锁销 4 固定在安全位置上。当传感器检测到发射时的特定环境力时，锁销电磁致动器启动，吸引锁销磁体 5，使两个锁销（可将解保条件设置为不同的环境力）克服锁销弹簧 7 的抗力分别向两侧运动，解除对滑块 6 的限制。当延时电路设置的延时时间结束时，锁销电磁致动器启动，吸引滑块磁体 8，使其克服滑块弹簧 2 的抗力滑动到保险解除位置，传爆序列对正，此时锁销电磁致动器断电，锁销 4 在弹簧力的作用下复位，将滑块 6 固定在保险解除位置。

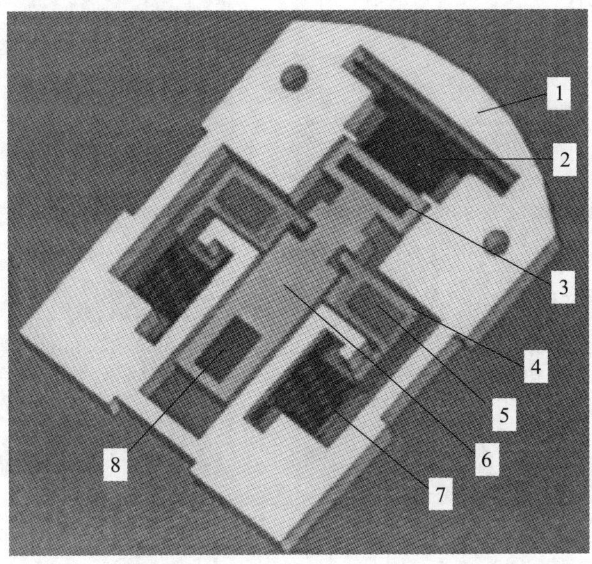

图 7 – 50　电磁驱动力解保的 MEMS 安全与解除保险机构

7.3.3　典型 MEMS 引信系统级集成

系统级方面，通过对 MEMS 器件以及 MEMS 组件的模块化设计，结合通用化、系列化设计的思想，将 MEMS 安全与解除保险机构、微型传爆序列、微能源器、微发火控制单元以及微传感器有机结合起来，形成新一代 MEMS 引信[30 – 40]。

美国海军水面武器中心印第安娜分部研制的鱼雷 MEMS 引信是最早的集成化的微机电引信，通过微机电传感器或电子逻辑结构将武器信息和解除保险的环境信息传递给主控制单元，主控制单元将信息处理后通过光通路发送给子控制器，由子控制器和发火安全与解除保险机构共同作用灵巧起爆装置完成引爆任务，其体积仅为 7 in^3 *，是 MK48 鱼雷使用的 MK21 引信的 1/17，造价是其 1/4，可用在 158 mm 反鱼雷鱼雷上，已成功地进行了演示。如图 7 – 51 所示，引信的环境传感器采用 ADI 公司的 ADXL – 150 型 MEMS 加速度传感器和霍尼韦尔公司的微流体压力差传感器，采用了 MEMS 惯性测量速率传感器、MEMS 碰击传感器，Slapper 雷管起爆电路和控制单元使用了 DRIE 技术的 MEMS 芯片和 LIGA 技术加工安全与解除保险芯片。

MEMS 引信系统级集成最终达到以下的技术目标：

（1）采用 MEMS 工艺加工制造。

（2）采用 MEMS 封装实现可靠性与鲁棒性。

（3）成功应用集成传感器技术。

（4）加入远端起爆系统。

（5）采用光开关的方式控制远端起爆。

* 1 in = 25.4 mm。

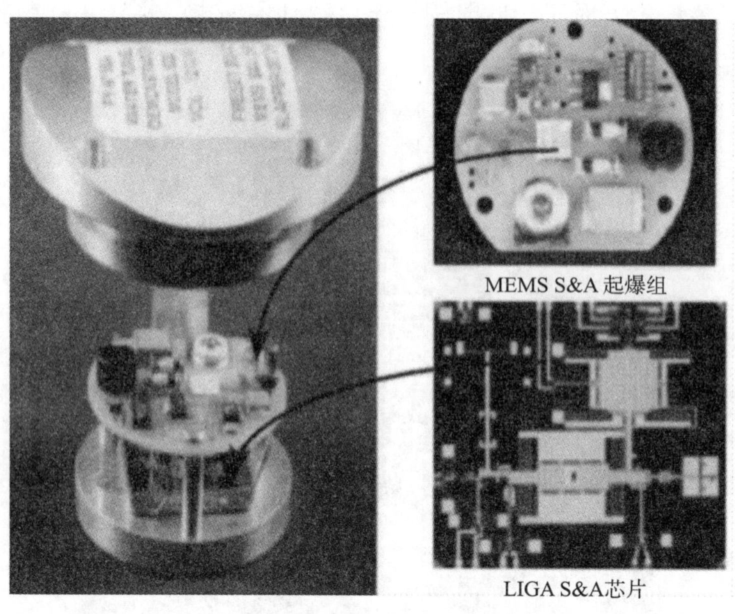

图 7－51　集成化的微机电引信

MEMS 引信系统级集成在 MEMS 引信中成功的典型案例是美国单兵综合作战系统的 20 mm 空爆榴弹可编程引信微系统集成。为提高轻武器面杀伤弹药的精确打击和高效杀伤能力，美国在 OICW 和理想班组支援武器（objective crew served weapons，OCSW）高爆榴弹的空炸引信中大量采用了 MEMS 技术[8]。首先在引信安全与解除保险机构中，采用“机械安全逻辑”概念，将传统的带钟表机构的保险机构合并为“机械安全逻辑”保险与解除保险芯片，采用 LIGA 工艺制造出安全与解除保险机构，并采用低能起爆的半导体微桥火工品技术实现了爆炸序列微型化和双向起爆，体积只有 0.1 in^3，重量减为原来的 53%，制造成本降低 50%，是目前世界上最小的满足引信安全性设计准则的安全与解除保险机构，如图 7－52 所示。在 OICW 和 OCSW 引信中，还采用了 MEMS 磁传感器，用于测量弹丸在飞行过程中的转速，利用弹丸飞行的转数进行远距离解除保险控制和定距起爆控制。采用 MEMS 碰炸开关用于触发起爆控制，实现了入窗炸、碰炸功能与定距空炸功能的集成。

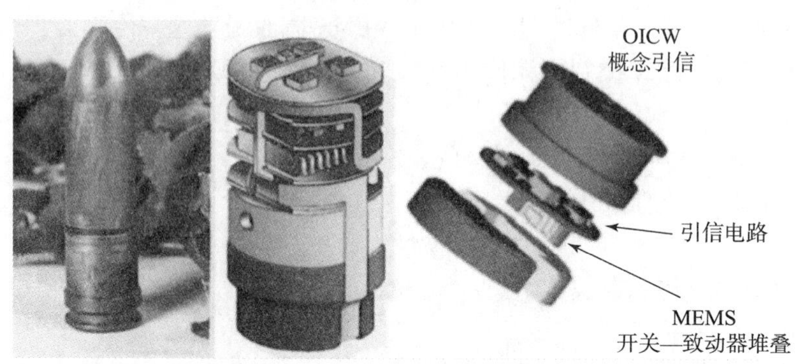

图 7－52　20 mm 空爆核弹引信微系统

为提高防空反导弹药对目标的毁伤和拦截效果，在防空反导引信方面发展了可编程无线电近炸引信和感应装定时间引信，如瑞典博佛斯公司的 3P 可编程引信以及法国汤姆逊公司研制的 TB40 和 TB35 自适应近炸引信。在诸如此类的引信中，大量应用了 MEMS 滤波器、振荡器和 MEMS 射频开关、移相器等。MEMS 高 Q 值滤波器能够提高接收机的选择性和降低接收机的噪声；MEMS 射频开关、可调滤波器可用于捷变频无线电引信和软件无线电引信实现信道编程，提高引信的抗干扰能力；MEMS 射频开关、移相器适用于中、低重复频率的电扫描阵列，可用于定向扫描探测的近炸引信。

此外，美国已为 25 mm 口径弹药引信安全与解除保险机构研制开发了一套集生产、装配及自动检测为一体的基于机器视觉的自动微装配系统，如图 7－53 所示。这套装置的研发目的是实现 MEMS 引信安全与解除保险机构装配的高精度、高生产力。使用该系统进行装配的过程中，在装配前或装配后，都利用了机器视觉技术对零件进行排列成套及检查，如图 7－54 所示。该系统能自动地对视频图像进行测量和数据归档，以及零件的 100% 校验。它在三个轴上的分辨率为 1 μm，片内的运动速度为 1 m/s。该系统还有一个 0.1～50 N 的可编程控制平台，用于对夹持装置上的力进行测量及施加。分析数据预测，使用这套设备最终可以达到每小时完成 100 套 MEMS 引信安全与解除保险机构的装配目标，而手工装配每个安全与解除保险机构则耗时 1 h。

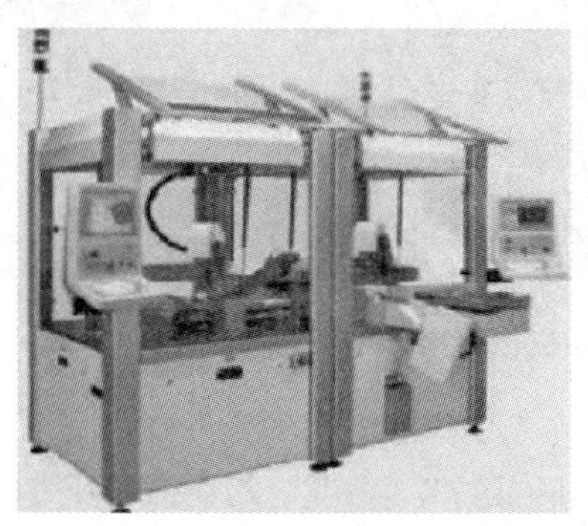

图 7－53　MEMS 引信安全与解除保险机构自动装配装置

图 7－54　系统进行装配的过程

美国陆军武器研究发展与工程中心坦克机动车辆与武器司令部通过将低成本导航、制导与控制（guidance，navigation and control，GN&C）系统集成为高动态微系统，能够提高射程超过 9 nmi（1 nmi≈1.852 km）的非制导旋转弹丸的打击精度，可以达到圆概率 10 m 误差（图 7－55）。已经验证的硬件技术包括 GPS 接收机和完全基于 MEMS 技术的微惯性测量单元，以及由减旋控制和鸭舵控制单元组成自动驾驶仪，其中减旋模块允许装有 GN&C 单元的引信相对于弹尾部分自由转动，鸭舵控制单元使舵面运动，以在引信上产生升力。如图 7－56 所示，在该项目中，所有的 GN&C 硬件要求集成在 13 in^3 大小的空间之内，且能承受 15 000 g 以上的发射过载，能替换现有“笨”弹的非制导引信，实现弹药的灵巧化，而且可提供经济上可行的精确打击，无须昂贵的导引头或目标指示器。命中精度的提高还可减少后勤支援负担，增加机动性，提高生存能力等。

该款子弹由洛克希德公司旗下的桑迪亚国家实验室制造，子弹采用了激光驾束引导原理，采用滑膛枪管发射，射手通过枪械上的激光设备照射被射击目标，然后子弹会沿着激光信号不断地修正自身飞行轨迹，直到最终命中目标。之所以采用激光驾束引导装置，主要还是因为其造价低廉、结构简单可靠，对于外部设备依赖较小，最大的优点就是可以小型化。

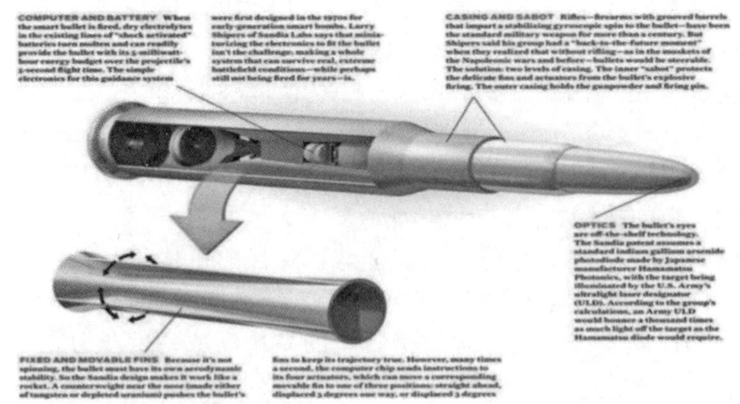

图 7 – 55　高精度打击弹药

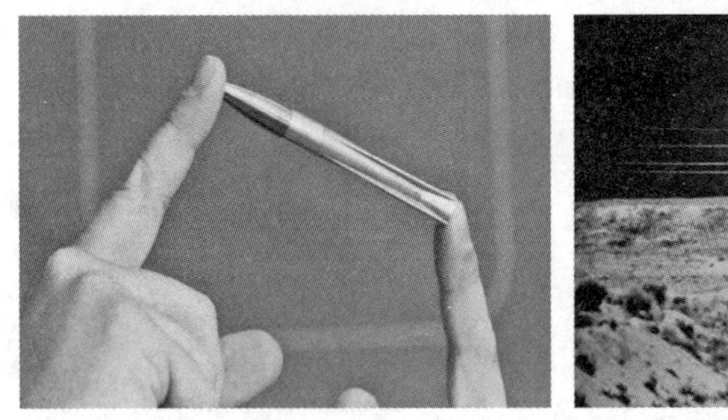

图 7 – 56　美国 12.7 mm 机枪弹道修正子弹

目前低技术微小型引导武器系统绝大多数都采用了激光驾束引导。

美国投入战场使用的唯一弹道修正引信是 OrbitalATK 公司为美国陆军开发的 M1156PGK（precision guidance kit，PGK）精确制导组件。2013 年春季，根据紧急作战需求，美国陆军将 PGK 投入阿富汗战场使用，用于 155 mm M549A1 和 M795 榴弹。PGK 基于引信系统，可将常规 155 mm 炮弹改进为 GPS 制导弹药，是一种提高炮弹精度的高效费比解决方案。PGK 将具备防诱骗能力的 GPS 接收机与十字形布置的 4 个鸭式舵翼结合起来。PGK 不需要电池，所需电能通过 4 个可通过气流旋转、但彼此位置相对固定的舵翼来产生。PGK 的使用非常简单，将引信安装到弹丸上，使用增强型便携感应式引信装定器（enhanced portable induction artillery fuze setter，EPIAFS）的目标数据进行编程，而后装填和发射炮弹。在开始阶段，即飞行的非制导阶段，舵翼在气流中旋转产生电力，电力被存储起来供以后使用；在飞行的制导阶段，GPS 接收机接收 GPS 信号，2D 制导启动，舵翼停止旋转，仅在两个方向上进行有限转动，以在纵摇和横摆方向上产生控制力，从而实现射程和射向修正。制导将一直持续到引信解除保险之前不久。引信引入有失效保险能力，在弹丸落在预定目标范围之外时，不引爆弹丸。

BAE 系统公司下属以色列 Rokar 分公司正在开发“银弹”（SILVERBULLET）弹道修正引信。这种直接安装到制式 155 mm 弹丸上的引信采用基于 GPS 的制导系统，研制目标是将 CEP 减小到 20 m 以内。“银弹”的研制始于 1997 年，其使用非常简单，直接安装到 155 mm 弹丸上，即可将常规炮弹转变为精确制导弹药。“银弹”通过射频链接进行编程，而后通过

2 对舵翼将弹丸导向目标。“银弹”采用固态 GPS 传感器的制导系统引入有 1 个消旋头部，后者带有 2 对活动舵翼，一对尺寸相对大，另一对尺寸相对小，尺寸大的可以用来产生纵摇力，尺寸小的可以用来产生横摆力。这表明“银弹”具备 2D 弹道修正能力，可实现射程和射向修正。在使用 155 mm/52 倍口径火炮系统进行初始射击试验期间，即实现 CEP 不到 10 m。在过去几年中，已在恶劣环境下共发射了数量超过 150 枚配备“银弹”的 155 mm 炮弹，射击平台包括 M109“帕拉丁”和 K9“霹雳”自行火炮，射击目标包括陆上目标和海上目标，试验已证明了设计的成熟性和可靠性，大部分炮弹落入目标 10 m 之内，甚至部分炮弹落入目标 4 m 之内。装配“银弹”制导组件的榴弹如图 7－57 所示。

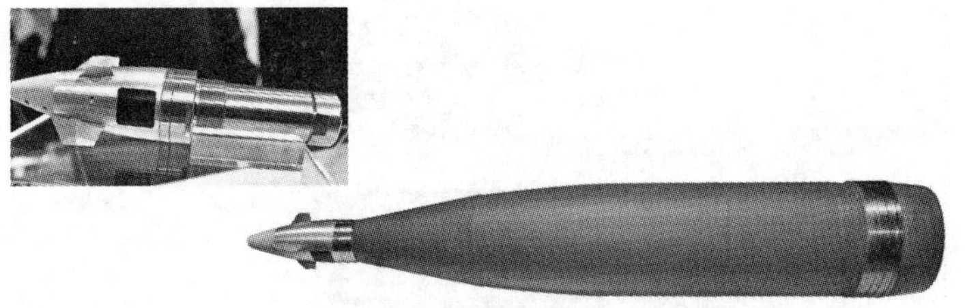

图 7－57　装配“银弹”制导组件的榴弹

以色列航空工业公司的 C2F 弹道修正引信，也称为 TopGun，是另一种基于 GPS 制导的 2D 弹道修正引信，采用 4 个舵翼，可将制式常规炮弹转变为精确制导炮弹，CEP 在全射程上为 10 m。美国以图 7－58 中所示的 MEMS 安全与解除保险机构为核心，通过小型化、模块化和系列化设计，辅以其他功能模块，共同组成新型引信。该系统实现了 MEMS 安全与解除保险机构与起爆控制电路的集成设计，目前主要用于 MK19 40 mm 枪榴弹中。

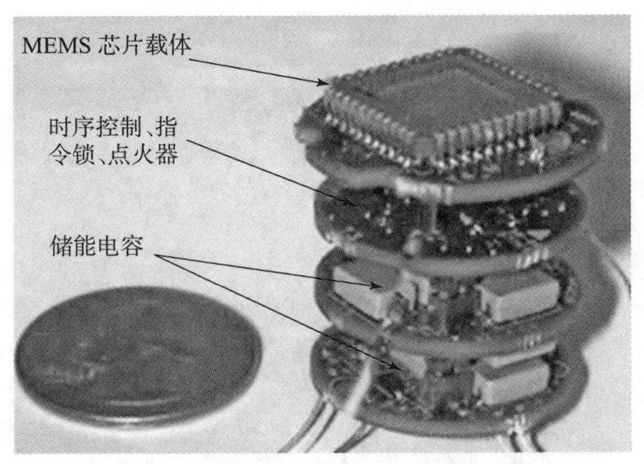

图 7－58　美国 MK19 枪榴弹 SAF 系统

为改进中、小口径弹药的性能，莱克斯特公司为 25 mm 空爆弹药设计了 MEMS 安全与解除保险机构。该研究分为 MK Ⅰ阶段和 MK Ⅱ阶段。其中 MK Ⅰ研究阶段的目标是：能在 1 000 m 的距离上，以 1 m 的精度控制弹药在目标上方起爆；空爆的模式与 25 mm、30 mm 及 40 mm 口径弹药的最大射程相适应；作用模式包括空爆、触发和自毁；符合 STANAG 4187 标准的规定；对空爆引信进行编程的装置与现有武器系统兼容，采用感应线圈编程。MK Ⅰ空爆弹的结构图如图 7－59 所示。而 MK Ⅱ 25 mm 空爆弹药电子器件更为低成本化，可靠性更高，适应能力更强，可根据所有中口径弹药进行设定。其研制流程为：先对后坐、旋转安全与解除保险机构以及隔断机构等进行仿真，并进行静态和动态测试，完成优选后再对整个 MEMS 安全与解除保险机构进行仿真、静态和动态测试。

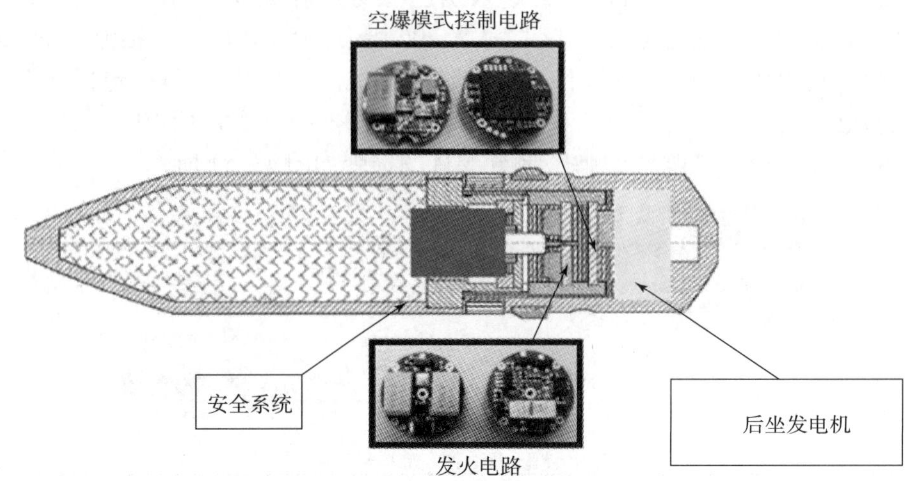

图 7 - 59　Mk I 空爆弹的结构

在应用层面，NexterMunitions 公司于 2011 年引信年会提出将烟火式微机电系统（pyrotechnical micro electrical mechanical system，pyro - MEMS）应用于引信微系统中，整体体积小于 2 cm^3，能够可靠起爆极度不敏感含能材料，如图 7 - 60 所示。在 120 mm“独眼巨人”激光制导坦克炮弹上完成了初步性能测试，结果良好。

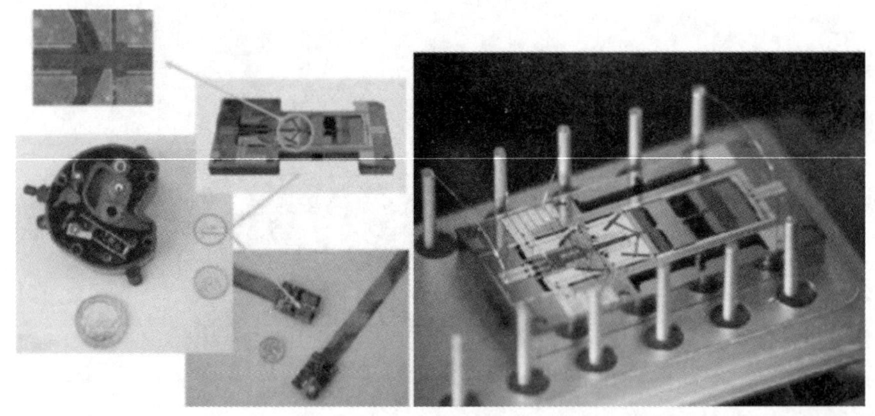

图 7 - 60　NexterMunitions 弹药公司研制的 pyro - MEMS 安全与解除保险机构

2015 年 Kaman 公司提出了一种基于 LIGA 工艺和微飞片的 MEMS 引信，代替现役 M55040 mm 机械引信，如图 7 - 61 所示。该系统采用低能药剂驱动飞片，起爆电路与斯蒂芬酸铅构成始发换能元，作用后激发叠氮化铅，依靠叠氮化铅驱动飞片，飞片撞击机械感度较高的 HNS - Ⅳ装药，最终输出可以起爆主装药。由于使用了低能激发药剂，因此需要对起爆系统进行隔离。该方案提出利用 MEMS 安全与解除保险机构隔离飞片以保证系统安全性，相比于传统非直列式 MEMS 引信微系统，该方案优势在于具备更高的输出能力和更小的体积，加速膛长度在亚毫米量级，极大地缩短了爆炸序列的轴向尺寸，使整个集成系统更加扁平化。

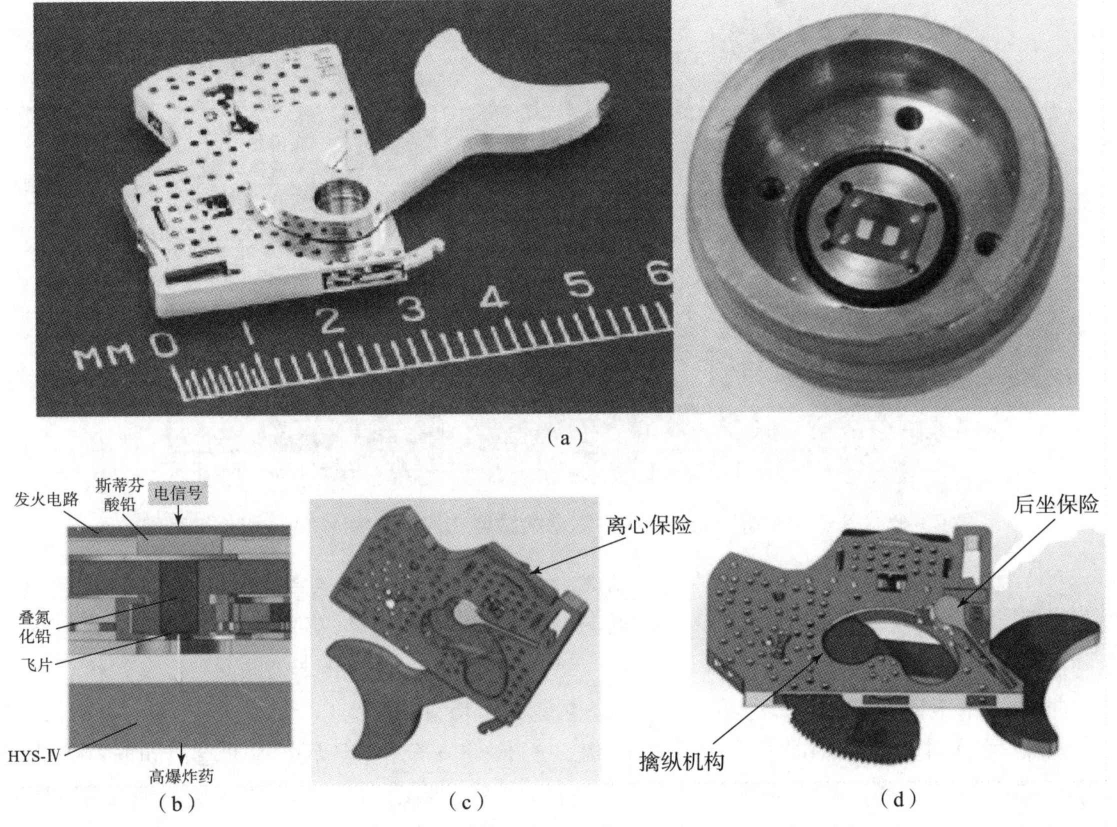

（a）

（b）　（c）　（d）

图 7－61　Kaman 公司的 MEMS 引信火工一体化微系统

（a）实物图；（b）传爆序列；（c）安全状态；（d）解除保险状态

叠氮化铅与飞片设置在隔爆滑块内，隔爆滑块对正前，叠氮化铅与始发火工品错位，同时飞片与加速膛错位，双重保证系统隔爆安全性。系统工作时，首先在发射过载作用下后坐保险释放，离心保险在离心力作用下解除对操纵机构齿轮的约束，操纵机构开始运动，当炮弹达到远距离解除保险距离时操纵机构运动到位，其上的叠氮化铅与始发火工品对正，同时飞片与加速膛对正，引信进入待发状态。

同样在 2015 年，美国防部提出了基于 MEMS 安全与解除保险机构和药剂驱动微型飞片技术的 MEMS 引信微系统，该系统技术成熟度已达 6 级，并已在 40 mm 榴弹上验证。该系统采用压药工艺将叠氮化银压入 MEMS 安全与解除保险机构。通过叠氮化银驱动飞片，飞片撞击起爆药，经 90°传爆后激发传爆药。整个系统封装在金属壳体内，提高系统可靠性，如图 7－62 所示。

从以上国外在 MEMS 引信方面的集成和应用可以得到国外在 MEMS 引信研究中的一些特点如下：

（1）对 MEMS 引信研究开展较早，美国从 1996 年起已开始了对微小型爆炸序列和其相关点火装置同 MEMS 引信安全与解除保险机构的集成研究。

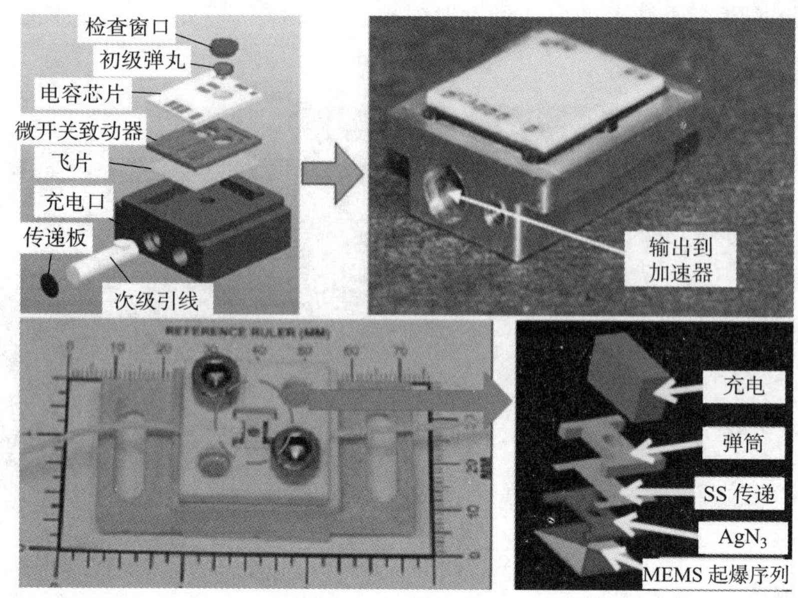

图 7-62 基于 MEMS S&A 和药剂驱动的微型飞片技术的 MEMS 引信微系统

（2）将 MEMS 引信分为产业支撑、制造价格、生产设备、封装成熟度、封装适宜度、材料性能的一致性、安全与解除保险机构设计的成熟度、安全与解除保险机构反应性能和安全与解除保险机构执行器性能等关键技术，每年都会对这些关键技术的技术成熟度进行评级，根据技术成熟度开展下一步的工作，这也是 MEMS 引信产业的核心所在。

（3）通过对引信 MEMS 化，不但可以提高引信的安全性能以及多功能，同时还能降低成本，提高生产效率，这也是国外对 MEMS 引信研究的驱动力所在。MEMS 引信采用 MEMS 加工工艺，性能一致性和可靠性很高，特别是易于排除人为失误造成的影响，便于质量控制。大批量生产后生产效率远高于传统引信，同时成本低于传统引信。

（4）针对引信具有更高的性能以及可以腾出空间完成更多的任务等需求牵引，国外近几年主要对小口径弹和反鱼雷鱼雷进行 MEMS 化，以实现更高的性能；同时，在旧弹改造以及新弹研制过程中，对引信 MEMS 化，原有模块 MEMS 化腾出更大空间，加入各种传感器及执行器以实现近炸、校射、弹道修正、毁伤评估、敌我识别等任务。

7.4 MEMS 智能引信未来发展方向

引信微系统共芯片一体化集成是微纳加工技术、信息技术和微电子技术的有机结合产物。这个过程中综合批量加工、嵌入式编程、定制化设计、自适应控制、多传感融合和接口驱动技术等群体技术的优势，从微系统集成理论出发，根据功能目标和适用的组织架构，对各组成要素及其间的功能信息处理和能量传递进行分析和优化设置，确保芯片一体化微型引信在高动态环境下的高性能指标。

引信安全与解除保险机构一体化集成是更为有效的小型化方式。共芯片一体化的安全与解除保险机构与引信内部其他部分只有电连接或场连接，在自身体积减小的同时也可以根据需要在引信内与其他电路部分一起灵活安置，可以与引信中现有的电子系统形成一个有机整体，有利于空间的排布及对多种弹道环境的适应。国内外引信微系统的发展现状和技术实践也充分证明，利用现有的应用材料、微加工设备及工艺条件，采用高动态集成技术，可以开发研制出微型引信或芯片级引信，从而促使引信向更小型、一体化集成度更高的方向发展[34]。

2012 年第 56 届引信年会上美海军提出单芯片引信概念，如图 7－63 所示。该概念首次设计了 MEMS 安全与解除保险机构与火工品一体化集成系统，该系统采用三层 SoI 结构，芯片层被基础层和盖板层封装在中间，形成密封结构，直接在隔爆滑块上合成装药尺寸为直径 2 mm、厚 0.5 mm 的多孔叠氮化铜微型雷管。滑块平时被后坐锁和命令锁锁定在安全位置，在发射过载的作用下，后坐锁下移，解除对滑块的锁定，滑块在离心力的作用下向右滑动，滑动速度被命令锁控制，命令锁是一个工作频率为 25 Hz 的振动“电机”，和滑块的配合工作，类似于棘轮—棘爪机构，可控制滑块在 1 s 内运动 2 mm 到达解除保险位置，使微雷管和起爆器对正。起爆器同样采用 MEMS 工艺，具有较强的间隙点火能力，保证发火可靠性。该 MEMS 安全起爆系统已经应用在美国海军陆战队用 81 mm 城市精确打击迫击炮弹中，并于 2014 年进行了实弹演示试验验证。

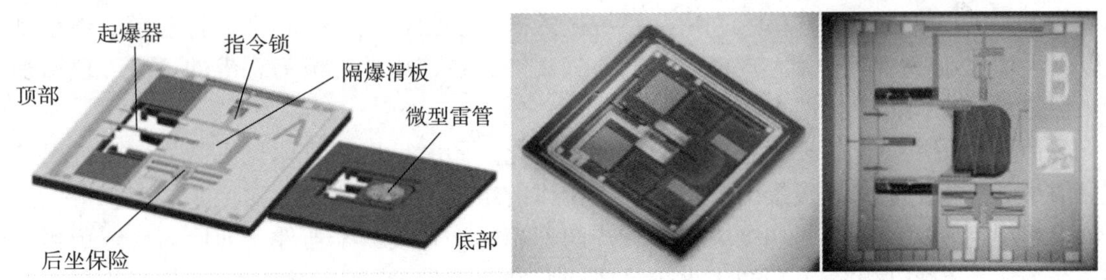

图 7－63　MK19 中使用的引信微型安全与起爆控制系统

芯片上引信主要由 MEMS、混合集成电路和微型火工品有机构成，如图 7－64 所示。在武器系统领域内，作为一种未来具有良好发展前景的引信具有基本的功能外，同时还具有以下优势：

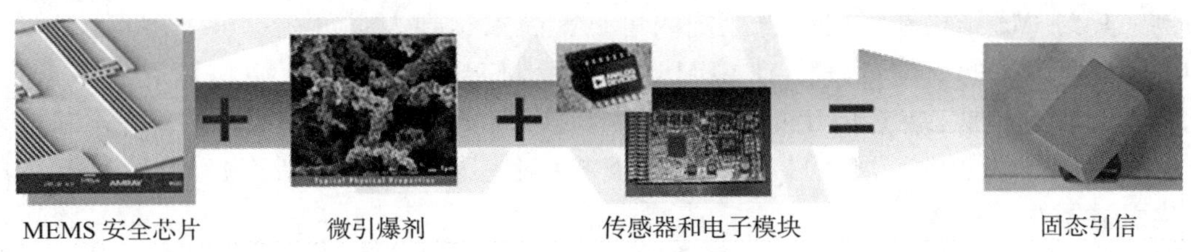

图 7－64　固态引信主要组成

（1）可以集成惯性力、温度、压力、速度、转速、磁场等多种物理环境的高性能微传感器，并接入相对应的安全与保险通道以提高安全性。

（2）可以使用非机械小体积触发源（如击针）的火工品，如电火工品、激光火工品等，减小批量化加工过程中的安全隐患。

（3）引信中传爆序列不需要机械隔爆即火工品可以起爆钝感炸药，也不需要微机电执行器，从而大大降低了集成空间。

（4）引信中使用的火工品具有高安全性与高作用可靠性的特点。

（5）芯片上引信除了在平面上可以集成单功能模块以外，在立体集成方面同样可以大大减小空间，并且有效降低成本。

（6）对于微小型结构可用多种技术手段进行质量检测。

所以芯片上引信具有比现有产品明显小型化的特点。

相比之下，引信核心安全与解除保险机构一体化是一种更为有效的小型化方式。一体化的安全与解除保险机构与引信内部其他部分只有电连接或场连接，在自身体积减小的同时也可以根据需要在引信内与其他电路部分一起灵活安置，同时还具有芯片化的可能，可以与引信中现有的电子系统形成一个有机整体，有利于空间的排布及对多种弹道环境的适应。因此芯片上一体化引信，是引信 MEMS 化的未来。

芯片上引信集成化设计包含的技术手段有高性能微波器件、射频和数模电子集成电路、实时的信号处理、先进器件和封装、先进算法、先进测试方法、全弹道仿真方法等。

通过固态化集成设计，微型微波天线结构可与其控制部分进行一体化设计，不但可以解决关键的成本问题，同时依靠先进的微纳加工和封装工艺保证了器件的质量和可靠性，并将重要的控制软件和整体架构信息利用微系统嵌入式方法很好地保护起来。将射频器件小型化可以极大增强小型弹药或无人攻击平台的作战功能，在使用条件极为恶劣的环境下也增加了战斗部定点和定向的杀伤威力。

芯片上引信集成化的设计思想不但更加多样化，同时也更加具体化。例如，传统引信对于引信中点火头的定义是直接引起传爆序列工作的组件。而在利用微纳工艺的工艺下，点火头可以是利用发火能量引起初级火工品或炸药作用的一个或若干器件，即使有一定距离的分布式系统或者在物理状态上和初级火工品或炸药并不一致。其中，初级火工品或炸药也被认为是点火头的一部分，例如爆炸桥丝、半导体桥点火头、激光二极管和初级炸药或传爆序列及相关转换件、包括桥丝和炸药的爆炸箔点火头以及针刺雷管等。

芯片上引信作为一种新型的引信形态最早于 1996 年由马宝华教授提出，指在人眼的可视程度上看不到微加工运动零件的一种引信，具体说来是使用 MEMS 安全与解除保险机构替代传统引信安全与解除保险机构。以美国引信年会目前公开的 MEMS 安全与解除保险机构为例，其 MEMS 结构在人眼可视范围内可见，尚未达到人眼可视程度上不可见的水平，此种不是彻底固态的引信可以称为 MEMS 固态化引信，作为芯片上引信发展的一个阶段，在此阶段引信随着加工工艺尺寸的缩小，微宏观接口匹配性问题将依旧存在，并不断带来挑战。所以这种类型的引信器件可以认为是实现芯片上引信道路上的一个过渡阶段——MEMS 固态化引信器件。

但如果将开关、安全与解除保险机构等核心元件采用固态的方式在一个面积很小的芯片上实现，就可以引申其他领域固态化的概念，即实现固态化的某种事物应具有完全无可动件的特点，得出芯片上引信的概念。“芯片上引信”是指在任何情况下引信中没有肉眼可视的可动的机械、电子及火工系统，采用新型的微加工技术、微组装技术、微电子技术、微火工品技术等共同组成具有全部引信的感知、控制、安全与起爆功能的新型引信系统。其使用特征是可以作为引信或一个系统模块应用于弹药中。

同样，引信安全与解除保险机构的作用是保障引信在平时储存及进行勤务处理时的引信安全，并保证在预定条件下实现起爆能量的传递。依照定义，同样可以得到 MEMS 固态安全与解除保险机构的基本特征至少应包含以下几点：

（1）安全与解除保险机构中没有可动件。

（2）可以实现安全与解除保险机构的全部功能。

（3）安全与解除保险机构控制方式应采用高性能的双稳态固态开关或电子控制系统。

固态安全与解除保险机构可以在下述环境中使用：

（1）与具有高安全性与高起爆可靠性的电火工品配合使用。

（2）作为复杂安全与解除保险机构的一个组件配合使用来增加系统安全性。

目前符合上述要求的安全与解除保险机构为全电子安全与解除保险机构。这样 MEMS 全固态安全与解除保险机构与芯片上引信共同构成了一个新的引信领域的技术方向，具有广阔的发展前景。

可见，引信 MEMS 固态化是引信小型化的一个新的思路，随着引信朝着小型化、智能化方向发展，在引信外形变化较小的情况下，为容纳更多的功能模块，只能通过缩小引信安全与解除保险机构与起爆系统的体积完成，传统技术已难以满足其体积减小的需求，而以微机械方向为主的引信 MEMS 技术受限于国内的技术条件，同样存在装配困难、工艺复杂、对摆放位置有特殊要求等问题，在引信中的实际使用效果较差，对引信内空间的有效利用率提高有限，而新型引信用控制器件组成新型安全与解除保险机构使引信内部核心功能真正实现了小型化。

芯片上引信是多学科交叉的综合性技术领域，从设计、控制、验证、制造等方面涉及多个学科群下传统及新兴分支学科，并不断向外扩延。为实现研究成果满足实际需要，各个分支必须有系统化解决手段，并在各个流程交互界面有完备的交付形式规定和要求。对于芯片上引信的设计，大致可以划分为系统搭建、信息处理设计和加工控制等方面，而各个细化流程所需要的专业知识领域包括材料科学、CAD 设计、引信工程、微电子和微系统学及电子信息等方面。这些学科应用中的侧重点都可以用专门方法集中考虑到。

（1）引信小型化带来的设计、加工和验证等问题，必须保证对于引信的各项功能的影响不会导致整个武器系统的失效。

（2）单个模块的减小和功能模块数量的增加导致的数据和能量交互界面复杂可以通过有效的通道规划进行控制。

（3）各个环节都有相应的计算机辅助设计开发环境可供使用、完善的数据库和成熟的算例，确保设计、计算和仿真的有效性。

（4）系统化设计方法对于可靠性控制和失效机理的研究提供重要的蓝图指导作用，将设计缺陷降至最低。

参考文献

[1] 马宝华．引信起爆控制的基本理论［M］．马宝华教授学术文集．北京：国防工业出版社，2003：89－98.

[2] 马宝华，高世桥，谭惠民．抓住 MEMS 技术带来的机遇，实现我国引信技术大跨越发展［M］．马宝华教授学术文集．北京：国防工业出版社，2003：180－183.

[3] 马宝华. 战争，技术与引信－关于引信及引信技术的发展 [J]. 探测与控制学报，2001（01）：1－6.

[4] 崔平，齐杏林，王卫民. 从外军引信装备研制情况看引信技术发展趋势 [J]. 综述，2005，4：9－12.

[5] 张菁华. 引信用阵列式微机械加速度传感器研究 [D]. 北京：北京理工大学，2005.

[6] John H. Weapon fuzing/ safety & arming technology programs overview [C]//NDIA 48th Annual Fuze Conference，2004.

[7] Randall D. NAVAIR fuze overview [C]//NDIA 48th Annual Fuze Conference，China Lake. Naval Air Warfare Center Weapons Division，2004.

[8] 黄峥. 引信技术发展现状及趋势 [C]//第 18 届引信学术年会，2013：1－6.

[9] Sanchez C. MEMS based safe & arm development for the XM29 （OICW） weapon system update [C]//2003 Joint Services Small Arms Section Symposiu，2003.

[10] Mink Steven S. Microelectromechanical systems （MEMS） interrupter for safe and arm devices [C]//Air Force Institute of Technology，2006.

[11] Randall D C. NAVAIR fuze overview [C]//NDIA 48th Annual Fuze Conference，2004.

[12] Robinson C H. Micro－scale firetrain for ultra－miniature electro－mechanical safety and arming device [P]. USP7055437，2006－06－06.

[13] Mehta N. Design and Development of Micro Energetic Initiators （MEI） [C]//NDIA Fuze Conference，2003.

[14] Liu F Y，Lou W Z，Wang F F，et al. Theoretical Method Research on a MEMS Safety and Arming Device [J]. Advanced Materials Research. Trans Tech Publications，2014，901：93－97.

[15] Zhang H，Wang Y，Lou W Z，et al. Reliability Factors Analysis of MEMS Safety and Arming System [J]. Key Engineering Materials. Trans Tech Publications，2014，609：1494－1497.

[16] Jeong J，Eom J，Lee S S，et al. Miniature mechanical safety and arming device with runaway escapement arming delay mechanism for artillery fuze [J]. Sensors and Actuators A：Physical，2018，279：518－524.

[17] 石庚辰，李华. 引信 MEMS 机构特点研究 [J]. 探测与控制学报，2007，29（5）：1－5.

[18] 赵越. 引信用 MEMS 固态控制器组机理研究 [D]. 北京：北京理工大学，2012.

[19] Fowler S E. Safety and Arming Device Design Principles [R]. Naval Air Warfare Center Weapons Div China Lake CA，1999.

[20] Arden W，Brillouet M，Cogez P，et al. “More－than－Moore” White Paper [online]. www. itrs. net/Links/2010ITRS/IRC－ITRS－Mt M－v2%203. pdf.

[21] Lafont R. Pyro－MEMS Technological breakthrough in fuze domain [C]//55th Fuze Conference，2011.

[22] Tang W. High－g MEMS Fuze [C]//56th Fuze Conference，2012.

[23] 何光. 基于 MEMS 技术的微机械保险机构基础理论及应用研究 [D]. 北京：北京理工

大学，2006.
[24] Benz R. Kaman MEMS Fuzing Technology [C]//58th Fuze Conference，2015.
[25] 刘建华. 引信微机械机构研究 [D]. 北京：北京理工大学，2008.
[26] 冯鹏洲，朱继南，吴志亮. 美国典型 MEMS 引信安全保险机构分析 [J]. 探测与控制学报，2007，29（5）：26 – 30.
[27] Plessis M. A Decade of Porous Silicon as Nano – Explosive Material [J]. Propellants，Explosives，Pyrotechnics，2014，39（3）：348 – 364.
[28] 姜波，齐杏林. 引信 MEMS 压力传感器研究 [C]//第十八届引信学术年会，2013：506 – 511.
[29] 李华. 基于 MEMS 技术的子弹引信安全与解除保险机构研究 [D]. 北京：北京理工大学，2007.
[30] 刘建华. 引信微机械机构研究 [D]. 北京：北京理工大学，2008.
[31] Biggs B. Distributed Fuzing [C]//58th Fuze Conference，2015.
[32] Simon Bower. Recent developments in Exploding Foil Initiator (EFI) based electronic safety，arming and initiation systems [J]. Explos. Eng.，2014：17 – 21.
[33] Hua C. High – g MEMS Fuzes [C]//Baltimore，USA：56th Annual Fuze Conference，2012
[34] 牛兰杰. 微机电技术在引信中的应用 [J]. 探测与控制学报，2008，30（6）：54 – 59.
[35] 姜波，齐杏林. 引信 MEMS 压力传感器研究 [C]//第 18 届引信学术年会，2013：506 – 511.
[36] Plessis M. A Decade of Porous Silicon as Nano – Explosive Material [J]. Propellants，Explosives，Pyrotechnics，2014，39（3）：348 – 364.
[37] Parim V，Tadigadapa S. Yetter R，Control of nanoenergetics through organized microstructures [J]. Journal of Micromechanics and Microengineering，2012，22：055011.
[38] Cochran K. Wafer Level Packaging for High – Aspect Ratio MEMS [C]//NDIA 56th Annual Fuze Conference，2012.
[39] Robinson C H，Wood R H，Hoang T Q. Development of inexpensive，ultra – miniature MEMS – based safety and arming device for small – cabliber munition fuzes [C]//23rd Army Science Conference，2002：20 – 29.
[40] Robinson. Miniature，Planar，Inertially – Damped，Inertially – Actuated Delay Slider Actuator [P]. US 5705767，1998.